Schneider

Datenverarbeitungs-Lexikon

Carl Schneider

Datenverarbeitungs-Lexikon

Springer Fachmedien Wiesbaden GmbH

ISBN 978-3-409-31831-0 ISBN 978-3-663-13618-7 (eBook)
DOI 10.1007/978-3-663-13618-7

Ursprünglich erschienen bei Betriebswirtschaftlicher Verlag Dr. Th. Gabler GmbH, Wiesbaden 1970
Softcover reprint of the hardcover 1st edition 1970

Geleitwort

„Im Anfang war das Wort“ heißt es schon in der Bibel. Heute würden wir sagen „Am Anfang war die Information“. Was auch immer am Anfang stehen mag, für die Wissenschaft könnte man wohl sagen: „Was keinen Namen hat, das existiert auch nicht.“

Und so ist dann die Schaffung und Definition neuer Begriffe durch Worte eine lebensnotwendige Begleiterscheinung einer jeden aufstrebenden neuen Wissenschaft und Praxis. Manchmal liegen Begriffe in der Luft, die erst durch plötzlich aufkommende Schlagworte voll bewußt werden und damit für eine Diskussion reif werden. Oft haben die Amerikaner gerade hierin einen gesunden Instinkt. So haben die Schlagworte von der Hardware und der Software schnell in der Fachwelt Eingang gefunden, weil sie eine kritische Situation schlagartig beleuchten.

Auf einem derartig schnell wachsenden Gebiet, wie dem der Datenverarbeitung, gehört einiger Mut dazu, sich der Arbeit zu unterziehen, die gebräuchlichsten Begriffe in einem Lexikon festzulegen. Einmal tauchen fast täglich neue Begriffe auf, zum anderen sind die bereits eingeführten laufend Änderungen unterworfen. Und so wird es wohl auch keinen Fachmann geben, der bei der vorliegenden Neuauflage nicht irgendwo etwas zu kritisieren oder zu ergänzen hätte. Das ist jedoch nur ein Zeichen für die Aktualität eines solchen Unternehmens. Ich glaube, im Namen aller Fachleute und sonst auf diesem Gebiet Interessierten dem Verfasser und dem Herausgeber den Dank aussprechen zu können, der ihnen für ihre unermüdliche Arbeit gebührt.

Professor Dr. Konrad Zuse

Vorwort

Unsere industrielle Gesellschaft ist seit dem zweiten Weltkrieg in Wirtschaft und Verwaltung durch die sogenannte Automatisierung in erhebliche Unruhe versetzt worden. Es nützt wenig, wenn eifernde Kulturkritiker dem Hang des Publikums entgegenkommen und die damit zusammenhängenden Probleme nur unter dem Aspekt von Weltuntergängen darstellen. Dadurch werden die vorhandenen Spannungen und Unsicherheiten des Verhaltens in Wirtschaft und Gesellschaft überflüssigerweise nur vergrößert.

Worauf es ankommt, ist eine nüchterne Bestandsaufnahme der tatsächlichen Grundlagen dieser bedeutsamen Teilerscheinung unserer modernen Welt; das hat man bedauerlicherweise in der Bundesrepublik im Vergleich zu anderen Industriestaaten im großen und ganzen vernachlässigt. Um so mehr ist es zu begrüßen, wenn mit dem vorliegenden Datenverarbeitungs-Lexikon die nicht einfache Fachsprache dieses Gebietes nach dem neuesten Stand in Stichwörtern geordnet vorgeführt und dem weiterstrebenden Leser auch ein Einblick in die englischen Begriffe sowie die Ausbildungsmöglichkeiten geboten wird.

Die Materie fordert eine solche Form der Darstellung geradezu heraus. Die Entwicklung der Datenverarbeitung vollzieht sich so schnell, daß das Lexikon gegenüber dem unbeweglichen Lehrbuch mannigfache Vorteile bietet. Immer mehr Berufskreise sind genötigt, sich mit dem Problem der Datenverarbeitung zu befassen. Dem Unternehmer und seinem Stab kann die Datenverarbeitung Entscheidungen zwar nicht abnehmen, sie kann aber aus einer Fülle von Informationen wesentliche Tatbestände auswählen und analysieren und dadurch die Entscheidungsprozesse erleichtern. Manche Entscheidungen werden durch die großen Rechengeschwindigkeiten der Datenverarbeitung überhaupt erst ermöglicht. Auf vielen Stufen der Unternehmenshierarchie, in der inneren Verwaltung wie im Verkehr mit der Außenwelt, befähigt die Datenverarbeitung zu massenmäßiger Bewältigung standardisierter Belege und gewissermaßen fabrikmäßiger Bereitstellung von Informationen im modern organisierten Büro. Dazu kommen aber auch die noch keineswegs voll ausgeschöpften Möglichkeiten, die elektronische Datenverarbeitungsanlagen in den Behörden bieten, im Kassen- und Finanzwesen, in vielleicht nicht zu ferner Zukunft auf gewissen Gebieten der Rechtsprechung und endlich ganz besonders in allen Bereichen der Forschung, vorzugsweise der naturwissenschaftlichen und medizinischen.

Ich bin sicher, daß das Datenverarbeitungs-Lexikon jedem Interessenten an der Datenverarbeitung etwas zu sagen hat.

Professor Dr. Martin Lohmann

Vorbemerkung

Kybernetik — Automation — Datenverarbeitung: unter diesen Kategorien sind wesentliche Grundlagen und Zielsetzungen des modernen Wirtschafts- und Gesellschaftslebens erfaßbar. Ist die Kybernetik als „Steuerungswissenschaft" eine Zusammenfassung mehrerer Wissenschaftsgebiete zwischen Biologie und Technik auf der Grundlage der Informationstheorie und stellt die Automation im wesentlichen einen technisch-ökonomischen und sozialen Tatbestand dar, so haben wir es in der Datenverarbeitung mit einem ebenso wirtschaftlich-organisatorischen wie mathematisch-technischen Verfahren zu tun, das sich beider Disziplinen bedient.

Diese neue Begriffswelt vermittelt uns ungeahnte neue Erkenntnisse und vertieftes Wissen, sie setzt neue Maßstäbe und neue Horizonte auf den verschiedensten Gebieten. Zugleich entwickelt sich daraus eine neue Arbeits- und Verkehrssprache. In Technik und Wirtschaft, in Gesellschaft und Verwaltung entstehen neue Vorgänge, neue Sach- und Personen-Beziehungen und damit neue Begriffe, neue Symbole, neue Wortbildungen, neue Wortzusammensetzungen.

Auf dem Gebiet der Datenverarbeitung wie im gesamten Bereich der Automation und der Büro-Organisation entsteht eine besondere Fachsprache, die geradezu üppig sprießt und die bis heute einer generellen, einheitlichen Terminologie noch entbehrt. Die verwendeten Fachbegriffe sind nicht immer eindeutig, dies um so weniger, als die Herstellerfirmen mit jedem neuen „System" häufig auch neue technische und organisatorische Definitionen einführen, einmal, um sich im Wettbewerb auszuzeichnen, zum anderen, um den Kunden gegenüber die Gegenwärtigkeit, den „letzten Stand" hervorzuheben. So entstand eine „Fachsprache" von sehr unterschiedlicher Ableitung, in der oft Wörter der Umgangssprache nicht eindeutig benutzt, sondern mit mehreren Bedeutungen versehen werden, zudem stark mit amerikanischen Begriffen durchsetzt sind, die gelegentlich eingedeutscht wurden. Oft gelten mehrere Ausdrücke für den gleichen Sachverhalt, und Spezialbegriffe stehen für allgemeine Vorgänge. Jeder Hersteller pflegt noch seinen individuellen Stil.

Soweit bereits geprägte Fachbegriffe oder Definitionen bestehen, wurden sie wörtlich übernommen. Neue Definitionen wurden entsprechend dem üblichen Sprachgebrauch formuliert.

Selbstverständlich bringen laufende, sich überstürzende technische Entwicklungen *(hardware)* und zahlreiche Organisationssysteme *(software)* bei den Herstellern neue Aggregate mit neuen Systemen auf den Markt. Die einzelnen Komponenten und die neuen Verfahrensweisen müssen bezeichnet werden. Fast jeder namhafte Hersteller hat dafür sein eigenes Vokabular, und die Benutzer dieser Anlagen haben oft nicht geringe Mühe, sich im Gestrüpp der Definitionen zurechtzufinden.

Durch die wissenschaftliche und geschichtliche Entwicklung bedingt, gibt es nun eine Reihe von feststehenden Bezeichnungen. Vollständigkeit und Klarheit bestehen bisher in der Informations-Darstellung. Überwiegende Übereinstimmung haben wir in der Symbol-Darstellung, bei den Abkürzungen, bei den Maschinenbezeichnungen und beim Einsatz der Maschinen.

Entsprechend der stürmischen Entwicklung und der ihr innewohnenden Dynamik ist natürlich auf dem Gebiet der „Funktionswörter" und der Datenverarbeitungsanlagen noch manches im Fluß. Niemand kann mit Sicherheit sagen, welche Namen und Begriffe endgültig bleiben werden, aber für den gegenwärtigen Stand, für alte und neue Begriffe erscheint es angebracht und nützlich, möglichst abgrenzende und klare Erläuterungen zu finden. Ohne uns in Detailbeschreibungen spezieller Systeme zu verlieren, streben wir an, eindeutige und einheitliche Definitionen und Erläuterungen zu geben, möglichst mit Daten und Beispielen.

Die Begriffserläuterungen werden bewußt in den größeren Zusammenhang der Informationslehre und der Nachrichtenverarbeitung gestellt und gehen in der Perspektive, in den Definitionen und Formulierungen häufig über die reine Datenverarbeitung hinaus.

Carl Schneider

Inhaltsverzeichnis

Seite

Begriffe und ihre Erläuterungen in alphabetischer Reihenfolge

Die Datenverarbeitung und alle damit verbundenen Probleme sind in annähernd 3000 alphabetisch geordneten Stichworten behandelt. Es wurde vor allem angestrebt, die einzelnen Begriffe möglichst gesondert darzustellen, um dem Leser sofort das erforderliche Wissen zu vermitteln und mehrmaliges Nachschlagen zu vermeiden. Um dieses Ziel zu erreichen, war eine starke Aufgliederung des Lexikons erforderlich. Die zahlreichen, durch ein Verweisungszeichen (→) gekennzeichneten Wörter erlauben es aber dem Leser, sich über weitere, ihm wesentlich erscheinende Begriffe gründlich zu informieren.

Um dem Benutzer eine Hilfe zur Einprägung der gebräuchlichsten fachlichen Abkürzungen zu geben, wurden diese nicht nur in ein besonderes Abkürzungsverzeichnis aufgenommen, sondern — soweit erforderlich — auch im laufenden Text hinter den Begriffen in Klammern angegeben.

Bei technischen Daten, insbesondere Leistungsangaben, wurde bewußt vermieden, extreme Werte, nach unten wie nach oben, als allgemein gültig darzustellen.

Soweit die Ausdrücke aus dem Amerikanischen und Englischen bereits feststehende deutsche Begriffe geworden sind, wurden sie aus der Grundschrift gesetzt, im anderen Fall unterscheiden sie sich durch Kursivschrift.

A

ABC-Analyse, systematisches Verfahren zur Klassifizierung der Teile oder Güter in hoch-, mittel- und minderwertige, das als Voraussetzung zur Disposition dient, unter Einschaltung mathematischer Programmierverfahren (automatische Teiledisposition, Lagersimulation, →*impact*). *(IBM)*

Abfrage, *inquiry,* ein Informationsvorgang, der (1) →Ausgabe (A) von gespeicherten →Informationen (Info) aus einem →Datenverarbeitungssystem (DVS) vornimmt oder (2) innerhalb eines →Verarbeitungsprogramms (VP) unter gesetzten Bedingungen den Zustand der abgefragten Daten (D) untersucht (programmierter Vergleich).

Drei Verfahren des Abfragens bzw. Abtastens sind üblich:

1. rein mechanisch mit Fühlstiften,
2. mechanisch-elektrisch mit Kontaktbürsten,
3. photo-elektrisch durch Lichteinwirkung.

Abfragen →Lesen.

Abfrageprogramme, typische Nebenprogramme beim →*multiprogramming (mp)* mit der Aufgabe, spezielle Anfragen über den Stand der Konten zu beantworten oder auch einzelne Rechnungen von →Außenstationen zu bearbeiten. Sie sind üblicherweise im →Magnetplattenspeicher (MPSp) gespeichert und werden durch →Steuerprogramme (STP) in den →Hauptspeicher (HSp) abgerufen.

Abfragestationen, *inquiry stations,* auch →Remote-Stationen, übernehmen die Ein- (E) und Ausgabe (A) von Informationen (Info). Sie können in größeren Entfernungen [i. d. R. 600 bis 700 m, in direkter Verbindung max. 1500 m, bei →Datenfernverarbeitung (DFV) unbegrenzt] von der →Zentraleinheit (ZE) aufgestellt werden und sollen in erster Linie dazu dienen, den Inhalt von →Speichern (Sp) abzufragen. Es kann sich dabei z. B. darum handeln, den Bestand eines Artikels, eines Kontos oder die Umsatzhöhe des Unternehmens zu irgendeinem Zeitpunkt festzuhalten oder auch ganze →Programme (P) zu übernehmen. E und A erfolgen über:

a) Schaltermaschinen, Fernschreiber, Schreibmaschinen,
b) Bildschirm (→optische Anzeige), Kurvenschreiber (→*Plotter*),
c) Sprachein- und -ausgabe (Telefon und Lautsprecher),
d) Filmein- und -ausgabe.

An Datenfernübertragungssysteme können je nach den →Steuereinheiten (STE) und nach der Anzahl und Leistungsfähigkeit von →Multiplexern (MPX) mehrere Hundert standardmäßiger Fernschreiber oder Schreibmaschinen-Abfragestationen angeschlossen werden.

Abfühlbürsten, *reading brushes,* bestehen aus winzigen Stahldrähten, die stromleitend die →Lochungen der →Lochkarte (LK) elektromechanisch feststellen, wobei so viele Bürsten wie LK-Spalten vorhanden sein können. Während des Abfühlvorganges erhalten die Bürsten Kontakt mit einem Gegenpol bei einer entsprechenden Lochung in der LK, wodurch ein elektrischer →Impuls (Imp) ausgelöst wird, der zur Abspeicherung der abgetasteten Information (Info) verwendet wird.

Abfühleinheit, *read unit,* Teil eines →Lochkartenlesers (LKL), der dazu dient, die Lochungen einer Lochkarte (LK) abzufühlen. Sie arbeitet entweder elektromechanisch oder photoelektrisch. Bei elektromechanischer Abfühlung besteht sie aus einer Kontaktwalze und je einer →Abfühlbürste für jede einzelne Spalte oder Reihe einer LK, bei photoelektronischer Abtastung aus einer entsprechenden Anzahl (z. B. 12) photoelektronischer →Speicherzellen, über denen sich 12 Lichtquellen befinden. Gebräuliche Leseleistungen sind 1000 LK/min, beim →Lochstreifen (LS) 1500 Zeichen /s, bei optischer Ablesung max. 22 000 Zeilen /min.

Abfühlen →Lesen.

Abfühlstationen, *reading stations,* Vorrichtungen zum Umsetzen der örtlichen Löcher einer Lochkarte (LK) oder eines Lochstreifens (LS) in (zeitlich aufeinanderfolgende) →Impulse (Imp) auf verschiedenen →Kanälen. Bei bestimmten Lochkartenmaschinen (LKM) bestehen sie i. a. aus (1) der Vorabfühlstation, teilweise „Steuerbürste" genannt, und (2) der eigentlichen Abfühlstation, auch als →„Lesestation" bezeichnet.

Abfühlstifte, Kontaktstifte für die mechanische Lochkartenabfühlung.

Abfühl- und Stanzeinheit, Kombinationsgerät für die Funktionen Abfühlen (→Lesen) und →Stanzen, wobei eine Leseleistung bis zu 1000 Lochkarten/ min und eine Stanzleistung bis zu 300 LK/h erreicht werden kann.

Abgleichen →Mischen.

Ablagefächer, *pockets,* nehmen bei →Lochkartenmaschinen (LKM) die verarbeiteten →Lochkarten (LK) auf, und zwar im Normal- oder im Aussteuerungsfach.

Ablagesteuerung, die über →Programme (P) gesteuerte Lochkarten-Ablage beim →Lese- und Stanzgerät, wenn mehrere →Ablagefächer vorhanden sind, besonders über Schaltverbindungen auf →Schalttafeln bei →Kartenmischern.

Ablauf, *running,* zeitliche Folge von Teilvorgängen, aus denen sich ein Gesamtvorgang zusammensetzt, die sog. Ablauffolge, auch Ablaufplanung genannt.

Ablaufbefehle →Startbefehl, →Stopbefehl, →Sprungbefehl.

Ablaufdiagramme (AD), *timing charts,* auch →Flußdiagramme (FD), dienen der schematischen und logischen Darstellung eines Organisationsablaufes für die DV, verwenden bestimmte Symbole (Sy) für Anlagen, Anschlußgeräte, Datenträger (DT) und Arbeitsvorgänge. Sie sind möglichst in maschinenunabhängiger Symbolik abzufassen. Für ein gutes Organisationskonzept sind sie unerläßlich, entfallen beim →Programmgenerator (PG). (→Diagramme)

Ablaufsteuerung →*job control,* →*supervisor.*

Ablaufteil, Teil des →Organisationsprogramms, das den Verkehr zwischen →Rechenanlage (RA) und Bediener, zwischen →Zentraleinheit (ZE) und →peripheren Einheiten (PE) steuert und den simultanen Ablauf von zwei und mehr unabhängigen →Programmen (P) koordiniert.

Ablaufzeit, Dauer einer zusammenhängenden Folge von Arbeitsbefehlen, die i. d. R. jederzeit wiederholbar ist.

Ablochbelege enthalten als lochkarten- und spaltengerechte Formulare Informationen (Info), die dem Lochpersonal als Vorlage dienen und den Ablochvorgang beschleunigen.

Ablochen →Lochen.

Abrechnungsmaschinen (AM), *accounting machines,* auch Abrechnungssysteme, „neuer zusammenfassender Begriff für Buchungs- und Fakturiermaschinen, die mechanisch, elektromechanisch oder elektronisch für alle Arbeiten des Rechnungswesens eingesetzt werden, mindestens drei Rechenarten beherrschen, über Volltexteinheit verfügen, erhebliche Speicherung und ggf. automatischen Programmablauf besitzen" (DIN 9763). Sie können für die EDVA als →Datenerfassungsgerät tätig werden. Bei ihnen werden →Lochkarten (LK) und →Lochstreifen (LS) als Nebenprodukt gewonnen. Wenn sie mit → Magnetkontenkarten (MKK) oder Magnetbandkassetten beschickt werden, haben sie die Grenze zum Kleincomputer (KlC) überschritten. Durch Anschlußmöglichkeiten für Drucker, Lochkartenleser und Lochstreifenleser wird der Übergang zu integrierten Speichersystemen fließend.

Abschnitt, größere Datenfolge, meist zusammengefaßte →Datenblöcke in einem →externen Speicher.

absolute Adressen, auch echte Adressen, geben die genaue Stelle im →Speicher (Sp) an, wo die Informationen (Info) gefunden oder gespeichert werden können; sie sind also Maschinenadressen.

absolute Codierung →absolute Programmierung.

absolute Programmierung, →absolute Adressen und →Maschinensprache bestimmen eine Programmierung (Pr) mit den maschinenorientierten Speicherplatznummern. Hoher Programmier- und Testaufwand. Gegenteil: symbolische Programmierung.

Abspeichern →Speichern.

Abtasten →Lesen.

Abtaster, *reader,* Gerät, das geschriebene, gelochte oder sonst gespeicherte →Zeichen (Z) in elektrische oder mechanische →Impulse (Imp) umwandelt. (→ *Scanner*)

Abwickler, Verwaltungskern eines Prozesses, der Läufe von Standardprogrammen (wie Übersetzer, Entschlüßler) und von Benutzerprogrammen koordiniert und Verbindung mit dem Betriebssystem unterhält; bei TR 440. *(AEG-Telefunken)*

AC = *automation center,* am. Ausdruck für →Rechenzentrum.

ac = *automatic computer,* Abkürzung, die am Ende von Herstellernamen erscheint, so z. B. in →BINAC, →EDVAC, →UNIVAC usw.

ACCAP = *Autocoder to Cobol conversion-aid program,* →Umwandlungsprogramm für in →AUTOCODER geschriebene Programme (P) der Systeme IBM 1400 und 7000 in COBOL/360. *(IBM)*

accurately defined system, maschinenunabhängiges System, das kleinen und mittleren Unternehmen helfen soll, durch Definitionsblätter eine Programmeinführung zu erhalten.

Acht-bit-Transfer Feature, 8-bit-Übertragungseinrichtung, dient zur Übertragung von Satz- und Wortmarken auf den Plattenspeicher. *(Honeywell)*

Acht-Spur-Lochstreifen, Normung auf 25,4 mm (1 Zoll) Breite und 0,10 oder 0,08 mm Dicke mit acht Signalspuren und einer Transportspur.

Acht-vier-zwei-eins-Code, →Binärcode (BC) für Dezimalziffern zur binären Verschlüsselung in leicht erkennbarer Form. (→*Tetrade*)

ACI = Automation Center International, Zürich, großer, herstellerunabhängiger Dienstleistungsbetrieb mit mehr als 15 Niederlassungen in sechs europäischen Ländern.

ADABAS = adaptierbares Datenbanksystem zum Abspeichern, Pflegen und Wiederauffinden von Daten mit nur fünf Befehlen. *(AIV-Institut)*

ADAPT, Programmiersystem für →numerische Steuerung bahngesteuerter Werkzeugmaschinen, insbesondere Fräs- und Drehmaschinen, wie →APT aufgebaut, ermöglicht die Bearbeitung von Kurvenscheiben, Schablonen und ist i. w. zweidimensional mit einigen dreidimensionalen Fähigkeiten. *(IBM)*

Adapter, technisches Vorsatzstück, steuernde Anschlußeinheit zwischen A/E-Gerät und Kanal, z. B. bei →Magnetband, →Magnetplatte usw.; ein Fernmeldeanschluß für die →Datenfernübertragung.

Addierlocher, Kombination eines →Lochkarten- oder →Lochstreifenlochers mit einer Additions- oder Saldiermaschine zur Herstellung verschlüsselter Datenträger.

Addierwerk (AW), *adder,* Grundbestandteil des →Rechenwerks (RW), besteht aus mehreren parallel arbeitenden Stufen und dient der Addition. Man unterscheidet: a) Serien- und b) Paralleladdierwerk. a) verarbeitet die einzelnen →Ziffern einer →Zahl nacheinander und benötigt drei Eingänge, zwei für die Summanden und einen für den ankommenden Übertrag, und zwei Ausgänge, einen für die entsprechende Stelle der Summe und einen für den weiterzugebenden Übertrag; b) braucht eine entsprechende Anzahl von Ein- und Ausgängen für jede Ziffer der Summanden und der Summe. Beide brauchen Register, Serienaddierer, Schieberegister. →Wortmaschinen (WM) haben oft parallele AW.

Addition (Add), grundlegende Operation beim Digitalrechner in Addierwerken des Rechenwerks, auf die alle weiteren arithmetischen Operationen zurückgeführt werden.

Additionsstreifenleser →Druckstreifenleser.

Additionszeit, erforderliche Zeit für die Addition zweier Zahlen mit einfacher →Wortlänge oder für zwei fünfstellige Dezimalzahlen, ggf. einschl. der Übertragungszeit.

ADE = *automated design engineering,* automatisierte Konstruktion, Arbeitsorganisation für maschinelle Entwurfsbearbeitung, automatische Angebotserstellung und Auftragsbearbeitung, insbesondere für Variantenfertigung, wodurch die Konstruktionskosten verringert, die Produktion erhöht und die Bearbeitungszeit verkürzt werden. *(IBM)*

ADELE = automatische Datenerfassung durch Lochkarten-Eingabegeräte. *(Friden)*

ADL, Verband für Informationsverarbeitung (früher: Arbeitsgemeinschaft für Datenverarbeitung und Lochkartentechnik), Hamburg.

ADP = *automatic data processing* = automatische DV, auch konventionelle DV genannt. (→Lochkartenmaschinen, →Lochkartenverfahren)

ADPS = *automatic data processing system* = automatisches DV-System.

Adreßbuch →Indexliste.

Adresse (Adr), *address,* „ein bestimmtes Wort zur Kennzeichnung eines Speicherplatzes, eines zusammenhängenden Speicherbereiches oder einer Funktionseinheit" (DIN 44 300), um eine Person oder einen Gegenstand aufzufinden. Unter Angabe einer Adr kann eine bestimmte →Information (Info) „abgelegt", verarbeitet und auf Wunsch abgeholt werden. Der gewöhnlich numerische Ausdruck ist gewissermaßen die „Hausnummer". Das „Anwählen" der →Speicherzellen (SpZ) bedeutet technisch das Öffnen bestimmter →Gatter in dem Leitungsnetz zwischen Speicher (Sp) und Rechenwerk (RW). Die *hardware*-Adressen führen vom Betriebssystem über das Kanalprogramm zum Datenelement. Die *software*-Adressen müssen vor der Benutzung konvertiert (umgewandelt) werden, sie sind kürzer und geräteunabhängig. Die Adr bilden zusammen mit dem →Befehlscode und anderen Steuerzeichen das →Befehlswort. Die Anzahl der Adr, die je Befehl (Bef) angegeben werden müssen, wird oft zur Klassifizierung von Rechenmaschinen verwendet. Man unterscheidet einstellige und mehrstellige Adr, außerdem →symbolische (in →Programmiersprachen), →relative und →absolute (im →Maschinencode) Adressen. Durch Subtraktion einer →Basisadresse erhält man aus der relativen die absolute Adresse.

Adressenänderung, Veränderung des Adreßteils eines Befehls (Bef) über → Programmschritte.

Adressenmodifikation, Änderung der → Adreßteile eines auszuführenden Befehls (Bef) durch den augenblicklichen Inhalt eines →Indexregisters (IReg).

Adresse von Adresse →indirekte Adressierung.

Adressieren, genaues Bestimmen der Speicherplätze, was bei der Programmierung (Pr) von wesentlicher Bedeutung ist.

Adressierung, maschinenorganisatorisch bestimmte Befehlsmöglichkeiten. Man unterscheidet →*direkte* und →*indirekte* Adressierung, wobei bei direkter Adressierung eine →symbolische, →relative oder →absolute (echte) Adresse eines →Operanden (Op) angegeben wird, bei indirekter Adressierung jedoch eine symbolische, relative oder absolute Adresse eines Speicherplatzes, in dem die relative oder absolute Adr des Op steht, was der Rechner (Re) durch ein Organisationsprogramm durchführt.

Adreßindex, mehrstufige Adressentabelle zur Satzadressierung bei wahlweiser Verarbeitung. (→Speicherorganisation)

Adreßkarten, Lochkarten (LK), die Anschriften enthalten, meist zusammen mit Ordnungsnummern, Kundennummern, Postleitzahl. Man unterscheidet Ein-Adreßkarten mit max. 3 jeweils 22stelligen Adreßzeilen und Zwei-Adreßkarten für mehrzeilige Anschriften. Daneben gibt es auch Organisationen mit je einer Karte je Zeile (Zl).

Adreßkette verbindet alle offenen Posten bzw. →Sätze einer →Datei im Sinne aufeinanderfolgender Rechnungsnummern.

Adreßkonstante, *address constant,* Zahlenangabe in Programmen zur direkten oder relativen Benennung eines Speicherplatzes.

Adreßmaschinen, zusätzliche Sammelbezeichnung für die mit Adressen arbeitenden Computer. (→Ein-, →Zwei- und →Mehr-Adreß-Maschinen)

Adreßmodus, Verarbeitungsform, bei der Adressen jeweils zwei, drei oder vier →Speicherzellen belegen.

Adreßregister (AdrReg), *address-files,* legen den Speicherplatz fest und → speichern die Datenadresse (Operandenadresse) eines →Befehls.

Adreßschreibung, besonderer Vorgang der variablen →Adressierung von → Plattenspeichern.

Adreßteil, zweiter Teil eines →Maschinenbefehls, in dem angegeben ist, was bearbeitet werden soll, unter welcher Position die zu verarbeitenden → Informationen (Info) im →Speicher (Sp) zu finden sind, kennzeichnet also eine oder mehrere →Arbeitsspeicher-Zellen oder →Register (Reg). Nach DIN 44 300 ist der Adreßteil „der Teil eines Befehlswortes, der Adressen von Operanden oder Befehlen enthält".

Adreßwort →Adresse.

ADS 900 = Anker-Data-Systeme, elektronische →Abrechnungsmaschinen mit 13stelligen dezimalen →Befehlswörtern, die untergliedert sind in zwei Stellen → Operationsteil, zwei Stellen Zusatz zum Operationsteil, vier Stellen Instruktionsadresse und eine Stelle Befehlswort-Kennzeichen. Sie arbeiten vor allem mit →Magnetkontenkarten. *(Anker)*

ADS 2100 = Anker-Data-System, speicherprogrammiertes, textschreibendes, vollelektronisches Abrechnungssystem mit 1500 Additionen oder Subtraktionen/s einschl. Ergebnisspeicherung. *(Anker)*

ADV. I. Arbeitsgemeinschaft für Datenverarbeitung Österreich, Wien. — II. Abkürzung für Automatische Datenverarbeitung, und zwar konventionelle wie elektronische.

AEI = *Associated Electrical Industries Ltd,* englische Herstellerfirma, die vor allem →Prozeßrechner produziert.

AFIPS = *American Federation of Information Processing Societies,* seit 1961 Vereinigung von rund 50 000 Datenverarbeitungsfachleuten in den USA.

AID = *automatic industrial drilling,* Computerprogrammsystem zur automatischen Erstellung von Lochstreifen für →numerische Steuerung von Werkzeugmaschinen, insbesondere Bohrmaschinen. *(ICL)*

AIDS = *air integrated data system, software-packages* für die ständige Überwachung der Flugzeugmotoren, Steuerungssysteme und elektrischen Anlagen, der Bremsen, Öltanks und Klimaanlagen zuzüglich der Durcharbeitung von Checklisten, zur Leistungsberechnung und Flugdatenerfassung. *(IBM)*

AIV = Institut für Beratung und Entwicklung in der Automatischen Informationsverarbeitung, Darmstadt. Das Institut ist die erste →*software*-Firma in der BRD.

akkumulatives Register →Akkumulator.

Akkumulator (Akk) *(lat. accumulare = anhäufen),* auch akkumulatives Register, zusätzliches Arbeitsregister des Rechenwerkes (RW), eine spezielle →Speicherzelle (SpZ), in der Zwischenergebnisse aufbewahrt werden. Er stellt i. a. bei allen arithmetischen und logischen Operationen (O) einen der beiden →Operanden (Op) und enthält in den meisten Fällen nach Durchführung des Befehls (Bef) das Ergebnis unter Löschung des ersten Op. Der zweite Op wird aus einer adressierbaren SpZ geholt, die im Bef angegeben ist.

Der Akk ist, insbesondere für die Ein-Adreß-Maschinen, ein „Kurz"- oder „Schnell"-Speicher mit sehr geringer →Zugriffszeit (Zug). Die Informationen (Info) sollen schnell aufgenommen und schnell wieder abgegeben werden. Der Akk wird außer bei arithmetischen O auch für →Verschiebebefehle, →Druckaufbereitung, →Vergleiche und Einzelbearbeitung eingesetzt.

AKOR = Arbeitskreis Operational Research im AWF und AWV.

Aktivität, Tätigkeit bzw. Tätigkeitsgruppe, die im Netzwerk zwischen zwei Ereignispunkten durchgeführt werden muß.

akustische Anzeige, digital-verschlüsselte Schwingungswerte von Lauten bzw. Lautelementen werden entsprechend kombiniert, wieder in Schwingungen umgesetzt, die eine synthetische Darstellung gesprochener Wörter ergeben. (→Vocoder)

akustische Ausgabe (Sprachausgabe), *audio response unit,* seit 1964 die phonetische Antwort auf Anfragen, die bei Datenfernverarbeitung (DFV) — häufig über Telefon mit Tastaturfunktion — direkt in eine DVA eingegeben werden. An eine →Steuereinheit (STE) sind mehrere Telefone anschließbar. Der Wortschatz ist je nach Benutzerbedarf und Fabrikat beschränkt. Die Wörter sind →binär verschlüsselt gespeichert und durch Programm (P) auch in Kombination zusammengefügt, z. B. aus „ein" und „undzwanzig" = einundzwanzig. Anschließend werden binäre Impulse (Imp) in Fernsprech-Imp umgewandelt. Der Wortschatz wird individuell nach Benutzerbedarf durch „Zerhacken" der auf Tonband gesprochenen Worte in Zahlen (Rechnerprogramm) umgesetzt. Funktionsmäßig besteht die akustische Ausgabe aus drei Einheiten: Abfrage, digitale Steuerung und →audio (= Sprachausgabe).

akustische Eingabe (Spracheingabe) von Daten in den Computer ist noch nicht möglich.

ALCOR-Code, „5-Kanal-System-Code, der die Darstellung einiger für ALGOL benötigter Zeichen auf Lochkarten und auf Lochstreifen vereinheitlicht" (DIN 66 006), und zwar zur Erleichterung des Programmaustausches zwischen verschiedenen DVS.

ALCOR-Gruppe = *ALGOL converter,* Arbeitsgemeinschaft von Herstellern und Rechenzentren, 1959 gegründet, um die vorläufige Festlegung von in →ALGOL noch nicht genau spezifizierten Teilproblemen zu erreichen, wobei auf gewisse ALGOL-Elemente verzichtet wird und einheitliche Pläne für die Erstellung von Übersetzerprogrammen benutzt werden.

ALDOS, Informationssystem, das aus einem Komplex von →Modularprogrammen besteht und eine vollautomatische Lagerdisposition unter optimalen Kosten ermöglicht.

ALERT, mikrominiaturisierter Vielzweckrechner nach MIL-Spezifikationen für extreme Umweltbedingungen, der logische Entscheidungen, →Datenübertragungen und binärarithmetische Operationen mit extrem hoher →Geschwindigkeit durchführt. Er benötigt für eine vollständige 24stellige Addition nur zwei →Mikrosekunden (μs) einschließlich Speicherzugriff sowohl für die Instruktion als auch für den Operanden, d. h. 500 000 Additionen /s; er multipliziert in 12 μs und dividiert in 80 μs. Bei einer →Speicherkapazität von 4096 →Wörtern, ausbaufähig auf 32 768 Worte (24 bit = 4 Byte je Wort), hat dieser →Rechner trotzdem nur einen Rauminhalt von etwa 25 Litern bei einem Gewicht von etwa 17 kg, arbeitet bei Temperaturen von — 55 ° C bis + 85 ° C und ist extrem stoßunempfindlich. *(Honeywell)*

ALGOL = *algorithmic language,* universelle, maschinenneutrale →Programmiersprache (PSpr) mit einigen Wörtern der englischen Sprache, und zwar für mathematisch-wissenschaftliche Probleme aus Naturwissenschaft und Technik, als Ergebnis einer internationalen Zusammenarbeit von etwa 120 Institutionen und Einzelpersonen aus 14 Ländern. ALGOL ist allgemeingefaßt, arbeitet wie →FORTRAN mit den Grundrechenarten, mit →Buchstaben, Namen aus Buchstaben und →Ziffern, Wortsymbolen wie *begin, end, print, read* u. ä., kann eine Reihe von Standard-Routinen aufrufen und erleichtert die Programmierarbeit, hat aber andere Prinzipien der Speicheraufteilung und des Einsatzes der →Unterprogramme. Der Einsatz wird ab 8 →K möglich. Zur maschinellen →Übersetzung wird ein Compiler nötig. Die Programme müssen mit Lochkarten oder Lochstreifen eingegeben werden.

algorithmisch, gemäß einem →Algorithmus.

Algorithmus, *algorithm,* Satz von Regeln, eine Rechenvorschrift zur Lösung eines Problems innerhalb einer endlichen Anzahl von Rechenschritten, z. B. eine Reihenfolge streng definierter Instruktionen für eine DVA.

Alphabet, „ein in vereinbarter Reihenfolge geordneter Zeichenvorrat" (DIN 44 300): →Buchstaben, →Ziffern, →Zeichen (Z); allgemein: →Symbole (Sy), aus denen die Menge aller →Codewörter (CW) gebildet wird.

alphabetische Lochung, Lochkombinationen mit zwei oder mehr Löchern in einer Spalte zur Darstellung von →Buchstaben in Lochkarten (LK) oder Lochstreifen (LS).

alphabetischer Code, vereinbarte Kombination von Lochungen (Lochkarte, Lochstreifen) oder Bits (Magnetspeicher) zur Darstellung von →Buchstaben.

alphamerisch →alphanumerische Zeichen.

alphanumerisch →alphanumerische Zeichen.

alphanumerischer Code, Zusammensetzung aus →Buchstaben, →Ziffern und zusätzlichen →Sonderzeichen.

alphanumerische Zeichen, auch alphamerische Zeichen, eine Zusammenziehung aus den Begriffen alphabetisch und numerisch. Wörter oder Informationen, die aus den Buchstaben A bis Z, den Ziffern 0 bis 9 und Sonderzeichen wie Punkt, Komma, Doppelpunkt u. dgl. bestehen. Für die DV bedeutet dieses System, dieser „geordnete Zeichenvorrat" (DIN 44 300), ein Alphabet oder einen Zeichensatz. Für jedes →Zeichen werden ein →Byte bzw. sechs →bit benötigt.

Alphazeichen, Darstellung von →Buchstaben und →Sonderzeichen. 20 % aller zu speichernden Zeichen sind Alphazeichen. Gegensatz: numerische Zeichen.

ALPS = *automatic linear programming system,* ein →Programmiersystem für den Großrechner H 8200. *(Honeywell)*

Alternativentscheidung →logische Entscheidung.

AMP = *automated manufacturing planning,* vom Computer aufgestellter Arbeitsplan (→Planungslogik), der nach automatischer, schneller und wirtschaftlicher Umsetzung von Konstruktionsdaten in Fertigungsunterlagen und -anweisungen die Folgen der Arbeitsgänge, Werkzeugmaschinendaten, Arbeitsmethoden, Vorrichtungen und Vorgabezeiten angibt, beispielsweise Getriebebau, Pumpenfertigung, Zahnradherstellung u. ä. *(IBM)*

analog →Analogrechner.

Analog-Digital-Umwandler (ADU), *analog-to-digital-converter,* den DVA vorgeschaltete Geräte, selbständig oder in Datenerfassungs- oder Datenübertragungsanlagen eingesetzt, mit der Aufgabe, die von den einzelnen Meßgeräten ankommenden analogen →Signale in digitale Impulsfolgen umzuwandeln, damit sie in der DVA abgespeichert und verarbeitet werden können. Das Ergebnis bearbeiten die →Digital-Analog-Umwandler (DAU).

Analogrechner (AR) oder Stetigrechner, *(gr. ana logan = in richtigem Verhältnis),* Rechengeräte, deren physikalische Eigenschaften mit denjenigen des zu untersuchenden Problems korrespondieren, bei denen die veränderlichen physikalischen Größen durch Längen, Winkelgrößen usw. (mechanische AR) oder durch elektrische Spannungen und Ströme (elektronische AR) dargestellt werden, die den zu verarbeitenden Zahlengrößen „analog" sind. AR gibt es seit über 50 Jahren. Der Rechenschieber ist das älteste analoge Rechengerät. AR entsprechen in etwa dem Geschwindigkeitsmesser im Auto, während die →Digitalrechner (DR) die Kilometerzähler sind.

AR arbeiten bei der Lösung von Rechenproblemen voll parallel, besitzen also so viele Rechenelemente wie Rechenfunktionen auszuführen sind. Als frei programmierbarer →Rechner (Re) ist nur der elektronische AR verbreitet, der vornehmlich der Lösung von Differentialgleichungen dient und sich damit besonders zur →Simulation dynamischer Vorgänge in Mechanik, Elektrotechnik, Luftfahrttechnik, Chemie und Biologie eignet. In ihrer Genauigkeit sind sie abhängig von den Herstellgenauigkeiten der verwendeten →Bauelemente (→Widerstände, →Kondensatoren). Die hier erreichbaren Werte von 0,01 % reichen für die meisten technischen Berechnungen aus, entsprechen denen eines Rechenschiebers. In speziellen Anwendungsfällen (Differentialgleichungen) sind AR schneller als DR und werden daher häufiger bei Echtzeit-Simulationen verwendet. Es werden Tisch-AR und Präzisions-AR unterschieden, und zwar in bezug auf Genauigkeit, Zahl der Rechenelemente und Bedienungskomfort. Programme (P) für AR werden durch Steckverbindungen auf auswechselbaren Programmierfeldern festgelegt. Freie →Parameter werden mit →Potentiometern eingestellt. Eine langfristige Datenspeicherung im Sinne einer Archivierung wird prinzipiell nicht vorgesehen.

Analogsichtgerät, Gerät mit einer Bildröhre zum Anzeigen von Rechenergebnissen, die i. d. R. als Spannungsverläufe in Form einer Kurve vorliegen.

Analogwerte, Informationsdarstellungen, die exakte Beziehungen zu Originalinformationen haben, z. B. Telefonsignale analog den erzeugenden Stimmen.

Analysator →Systemanalytiker.

Analyse, Zerlegung eines Ganzen in seine Teile, Untersuchung eines Vorganges, eines Verfahrens, einer Methode oder des Ist-Zustandes eines Betriebes, wodurch die Voraussetzungen für die →Planung und →Programmierung (Pr) geschaffen werden. Die Problemstellung wird organisatorisch und/oder mathematisch formuliert und ein geeignetes Lösungsverfahren ist zu erarbeiten. Sie regelt den →Datenfluß, bestimmt die Arbeiten der EDVA, legt die Ausgabewerte nach Form und Inhalt fest und mündet meist in die Erstellung eines →Flußdiagramms (FD), ausgenommen beim →RPG. Die EDV-Analyse als wissenschaftliche Tätigkeit ist durch den technischen Fortschritt einem steten Wandel unterworfen, was durch Ausbildung und Routine reduziert werden kann.

analytische Maschine, *analytical engine,* nannte *Charles Babbage* (1834) seine Erfindung, die bereits ein Rechenwerk (= *mill*), ein Speicherwerk (= *store*) und ein Steuerwerk (= *control*) besaß, aber noch mechanisch (mit Kurbel) betrieben wurde.

Änderungsband, *updating tape,* Datenträger (Lochstreifen oder Magnetband), der die für den Änderungsdienst notwendigen Informationen enthält, die zur Änderung der Stammdatei führen.

Änderungsdienst, *updating,* manuelles oder maschinelles Austauschen geänderter →Datenträger. Berichtigen und Ergänzen von gespeicherten Daten, ein meist unproduktives Verfahren, das durch die vielfältigen Beziehungen und Rückwirkungen innerhalb der Arbeitsgebiete immer schwieriger wird. Man unterscheidet dispositiven und Sachnummern-Änderungsdienst.

Änderungskarten, *change cards,* dienen dem Ergänzen und Verändern von →Standardprogrammen bzw. von Stammdateien, sind nach Anlagentyp und Betriebssystem unterschiedlich.

Änderungsprogramme ändern Datenbestände, berichtigen Programmierfehler, passen ein Programm oder eine Datei neuen Voraussetzungen an oder dienen einem einmaligen Spezialfall.

Ångström, Maß für eine Längeneinheit, mit dem die Dickezustände der aufgedampften Schichten bei den magnetischen Speichermedien gemessen werden, ausgedrückt in 10^{-8} cm.

ANIS = allgemeines nichtnumerisches Informations-System, Dokumente- und Text-Speicherung auf →Speichern mit →direktem Zugriff und Aufbau eines →Thesaurus von Begriffen, die in den Informationen selbst vorhanden sind oder hinzugefügt werden. *(IBM)*

Anlagenmitbenutzung, Form des externen Rechenzentrums, bei dem einem Interessenten vorübergehend →Rechenzeit im eigenen Computer eingeräumt wird. (→Datenverarbeitung außer Haus).

Anlagenvergleich ermittelt für ein gegebenes Aufgabenspektrum die bestgeeignete Anlage, wobei viele Punkte gewichtet werden müssen, z. B. Kosten, Leistung, Betriebssystem, technischer Stand, Peripherie, Personalfrage, Service usw.

Anlieferungszeit, „Zeit zwischen dem Ende einer Aufgabenstellung und dem Ende der Übertragung der vollständigen Antwort darauf von der Zentraleinheit her für eine Benutzerstation" (DIN 44 300).

Anpassungsprogramme, Verarbeitung der Ausgabe (A) der →Umwandlungsprogramme, die noch allgemein ist, zu einem Steuerlochstreifen, z. B. für eine spezielle →numerische Steuerung von Werkzeugmaschinen, wobei sich fünf Funktionen gliedern lassen: Dateneinlesung, Verarbeitung der Hilfsfunktionen für die Werkzeugmaschine, Weiterverarbeitung der Bewegungsangaben, richtige Formierung der Ausgabesätze und Kontrolle des Programmablaufes. (→*post-processor*)

Anpaßwerk, zwischen Kanalwerk und Peripheriegerät eingeschaltetes Werk zur Anpassung des Peripheriegerätes an den Rechner (zeitlich, elektrisch u. a. m.). *(AEG-Telefunken)*

Anschlußpunkt →Anschlußstelle.

Anschlußstelle, *connector,* Stelle im Flußdiagramm, an der zwei Programmteile zusammengefügt werden.

Anweisungen, *statements,* „Arbeitsvorschriften in einer beliebigen Sprache, die im gegebenen Zusammenhang im Sinne einer benutzten Sprache abgeschlossen sind" (DIN 44 300). Nach Art der Arbeitsvorschriften werden unterschieden: arithmetische, Boolesche, Verzweigungs-, Sprung- und Transportanweisungen. In der →Programmierung (Pr) umfassen mehrere Worte eine Anweisung, und mehrere Anweisungen ergeben einen →Programmsatz. Die Grenzen zwischen Anweisung und Satz sind fließend. Durch den dazugehörigen →Compiler (Com) werden sie in eine oft recht umfangreiche Folge von →Maschinenbefehlen umgewandelt. (→Befehle)

Anwendungsprogramme oder Benutzerprogramme, eigentliche DV-Programme, denen statistische, kaufmännische oder wissenschaftliche Problemstellungen zugrunde liegen. I. a. werden sie der zumeist individuellen Anforderungen wegen vom Benutzer selbst erstellt, übernehmen aber auch Teile der Hersteller-*software.*

Anwendungsprogrammierer, Programmierer für kundenbezogene Arbeitsbereiche (AB). Gegenteil: →Systemprogrammierer.

Anwendungs-software, allgemeingültige Standard- und Modularprogramme, Stücklistenprocessoren u. ä. (→*software)*

Anzeigekonsol, 53 cm-Bildröhre, die alphanumerische Zeichen (Z) und auch Kurven darstellen kann, die aus dem Computer (Comp) abgefragt werden.

Anzeigevorrichtung, *display device* oder *indicator,* mechanische oder elektronische Einrichtung, die Maschinenzustände, z. B. Registerinhalte, Speicherbelegung usw., für den Menschen wahrnehmbar macht.

A-Phase →Ausführungsphase, →Operationsphase.

APS = *Assembly Programming System,* Sprachübersetzer für die →Übertragung (Ü) von Original-(Quellen-)programmen in Maschinen-(Objekt-)programme als Vorlage für Austesten oder Verarbeitung. Durch Verwendung mnemonischer Abkürzungen und symbolischer Definitionen für Instruktionen, Speicherbereiche und Konstanten verringert sich der Codieraufwand erheblich. *(BGE)*

APT = *automatic programming of tool(s),* automatische Programmierung für geometrisch schwierige Teile (dreidimensional), speziell bei Bearbeitung mehrachsig bahngesteuerter Werkzeugmaschinen und kompliziert räumlicher Fräsarbeiten. Die APT-Sprache besteht aus zwei Teilen: der Beschreibung des Herstellungsteils und der technologischen Information. Zu den →Umwandlungsprogrammen, die standardisierte Zwischenergebnisse liefern, kommen noch die →Anpassungsprogramme, die die endgültige Anpassung an eine spezielle Werkzeugmaschine vornehmen und den Steuerlochstreifen erzeugen. Für die einfache Programmierung ist APT zu umfangreich.

APTS = *automatic programming testing system,* intellektuell höchst anspruchsvolle Prüfungstechnik für die Programmierung.

Arbeitsablauf →Programmablauf.

Arbeitsablaufdiagramme →Blockdiagramme.

Arbeitsbereich (AB), *working area,* vom Programmierer festgelegter Bereich im →Arbeitsspeicher. Er wird für die laufende Verarbeitung der eingegebenen und auszugebenden Daten benutzt, darf also nicht durch →Konstanten oder →Instruktionen belegt sein.

Arbeitsgeschwindigkeit →Geschwindigkeiten.

Arbeitsinformationen, bei der Maschinensteuerung notwendige, nicht in Weg- und Schaltinformationen unterteilte Befehlsangaben.

Arbeitsprogramme (AP), Programme (P), die vom Computer (Comp) zum jeweiligen Zeitpunkt gerade bearbeitet werden. Sie sind unterteilbar in →Umwandlungsprogramme, →Dienstleistungsprogramme (DP) und →Anwendungs- oder Benutzerprogramme und bearbeiten lediglich Informationen (Info). Sie können auch als →Standardprogramme (StP) oder →Programmiersysteme (PS) vom Hersteller geliefert und direkt programmiert sein.

Arbeitsprotokoll, genaue schriftliche Arbeitsanweisung für den Maschinenbediener, der seinerseits ein sog. →Logbuch über alle Einzelarbeiten und Vorkommnisse während des Programmablaufes führt.

Arbeitsspeicher (ASp), *working storage,* auch Hauptspeicher (HSp), kombiniertes →Speicherwerk (SpW) und → Rechenwerk (RW), ein Teil der →Zentraleinheit (ZE), vorwiegend Kernspeicher (KSp), in kleineren Anlagen auch →Magnettrommelspeicher (MTSp), →Magnetdrahtspeicher (MDSp), Magnetdünnschicht-Filmspeicher (MDFSp), in denen neben den Programmen die Daten verarbeitet werden. Die ASp umfassen Programmbefehle, Ein- und Ausgabedaten, Zwischenergebnisse, Kenndaten und sind in eine bestimmte Anzahl von →Speicherstellen eingeteilt, die je ein →Zeichen (Z) aufnehmen können. Entsprechend dem Typ der Rechenanlage (RA) weist der ASp nach den Programmanforderungen Hunderte bis Millionen von Speicherstellen auf. ASp und Schaltungslogik einer großen EDVA enthalten nahezu eine halbe Mio. →Transistoren, eine noch größere Anzahl von →Widerständen neben 10 Mio. →Magnetkernen. Aus Kostengründen hält man die →Kapazität meist recht beschränkt, muß dann aber bei großen Problemen die Gesamtaufgabe in Teile zerlegen. Problemgebunden orientiert kann man den ASp unterteilen in: → Programm-, Konstanten-, →Daten- und →Zwischenspeicher. Peripheriespeicher haben größere Kapazität, aber längere Zugriffszeit und sind billiger. Gegenteil: →Großraumspeicher oder →Massenspeicher.

Archive, Plätze zur Aufbewahrung von →Daten, →Datenträgern, Speicherinhalten. (→Bandarchiv)

Archivierung. I. Externes Speichern von symbolischen und/oder Maschinenprogrammen [→Anwendungs-, Hilfs-, →Dienstleistungsprogramme auf Lochkarten, Lochstreifen, Magnetband oder Magnetplatte, wobei letztere zunehmend als Programmarchivierung (Systemplatte) an Bedeutung gewinnt]. — II. Externes Speichern von Informationen (Info) über längere Zeiträume.

A-Register, andere Ausdrucksform für →Akkumulator. (→arithmetisches Register)

arithmetische Ausdrücke werden analog arithmetischen Formeln gebildet.

arithmetische Befehle (Rechenbefehle), →Maschinenbefehle für die Durchführung der vier Grundrechenarten, und zwar i. a. einer zwischen zwei →Operanden (Op). Bei →Ein-Adreß-Maschinen steht ein Op im →Akkumulator, der andere unter der Op-Adresse.

arithmetische Operationen werden durch arithmetische Befehle mit numerischen Zeichen ausgeführt, und zwar durch arithmetische Register, zugeordnete Hilfsregister und Schaltkreise des Rechenwerkes (RW).

arithmetische Register, Teile des → Akkumulators, die für die Rechenoperationen einen →Operanden stellen und das Ergebnis einbringen.

ARMAC, Abkürzung für das holländische Rechenzentrum „automatische Rechenmaschine, mathematisches Centrum", seit 1953 in Amsterdam.

Artikelnummern, i. a. die beiden ersten Stellen der →Lochkarte.

ASA-Schrift = *american standards association,* stilisierte Schrift für → optische Beleglesser, besteht aus den 26 Großbuchstaben des Alphabets, den Ziffern 0 bis 9 und aus 25 Satz- und Sonderzeichen. (→Schriftarten)

ASB = Arbeitsgemeinschaft für wirtschaftliche Betriebsführung und soziale Betriebsgestaltung e. V., Heidelberg.

ASCC = *automatic sequence controlled calculator,* auch →MARK I genannt, erste vollautomatische Rechenmaschine in den USA, entwickelt von *Howard H. Aiken,* Direktor des mathematischen Institutes der Harvard-Universität, 1944 in Betrieb genommen. In ihrem Mechanismus enthielt sie u. a. allein 3000 Kugellager und brauchte $^3/_{10}$ Sekunden (s), um zwei sechsstellige Zahlen zu addieren.

ASCENT, Symbolsprache für die Rechnerfamilie *CD* 6000. *(CDC)*

ASCII-Code = *american standard code for information interchange,* interner 8-bit-BCD-Code (2^7 = 128 Verschlüsselungskombinationen), der sich besonders für den Datenaustausch zwischen entfernt liegenden Punkten eignet. ASCII-7 ist der gebräuchlichste 7-bit-Übermittlungscode in den USA.

ASLT = *advanced solid logic technology,* fortgeschrittene Mikrofestkörpertechnik, bei der mit ultraschnellen →Schaltkreisen →Schaltzeiten von nahezu einer milliardstel Sekunde (s) erreicht werden, wodurch die bisher verwendeten SLT-Schaltkreise etwa um das Dreifache übertroffen werden. *(IBM)*

ASP = *attached support program,* Programmiersystem (PS) für einen Duplexbetrieb (→duplex), wobei ein →*mainprocessor* die reine Verarbeitung übernimmt. E/A-Funktionen, Datenspeicherung, werden vom kleineren →System durchgeführt. *(IBM)*

ASPER, ergänzende Programmiersprache zu →ASCENT für die Bedienung der →peripheren Einheiten. *(CDC)*

Assembler (Ass), *assemble = zusammenbauen,* automatisch arbeitendes →Umwandlungsprogramm, Teil der →*software (sw),* der ein in →Symbolsprache (SSpr) geschriebenes →Ursprungsprogramm (Quellenprogramm) auf maschinellem Wege in ein →Maschinen-(Objekt-)programm umwandelt. *Jeder* symbolische Befehl (Bef) entspricht *einem* Maschinenbefehl, bzw. *einem* Makrobefehl entsprechen *mehrere* Maschinenbefehle. Programme (P) in AssSpr werden über Lochkarten (LK), Lochstreifen (LS) oder Magnetband (MB) eingegeben, ebenso werden die Maschinenprogramme auf LK, LS oder MB ausgegeben.

Assemblerbefehle, →Steueranweisungen, →Übertragungsbefehle, zur Ausführung von Hilfsfunktionen, zum Prüfen und Auflisten eines Programms (P), zum Zuordnen von Speicheradressen, zum Verknüpfen von P und vor allem zum Steuern des gesamten Übersetzungsvorganges.

Assemblersprache (AssSpr), Symbolsprache, die in ihrem →Befehlskatalog mit oder ohne Makros ganz von der Maschine abhängig, also von Maschine zu Maschine unterschiedlich ist, insofern →maschinenorientierte Programmiersprache.

Assoziativspeicher, *associative storage,* auch *data addressed memory,* Speicher, „deren Speicherzellen durch Angabe eines Teils ihres Inhaltes aufrufbar sind" *(K. Steinbuch),* bei denen auf eine bestimmte Information durch Assoziieren eines Kenninhaltes, sog. Inhaltsadressierung, anstelle einer reinen →Adresse zugegriffen wird, ohne dieses zu programmieren und auf Zeit, Zugriffsmöglichkeit u. a. Rücksicht nehmen zu müssen. Such- und Adressierverfahren sind unmittelbar durch beliebige Zugriffe und „Durchrufe" abgelöst, bei denen durch eine vielfache Verästelung in vielen Bereichen gleichzeitig Begriffe gesucht und gefunden werden können.

astabile Kippschaltung, Schaltung ohne stabilen Zustand. Sie erzeugt ein zeitabhängiges →Ausgangssignal, das ausschließlich von Eigenschaften der Schaltung selbst bestimmt wird. (→Multivibrator)

ASTRA = *Automatic Scheduling with Time integrated Resource Allocation,* Programm (P) zum optimalen Einsatz von Produktionsmitteln und Zeit bei Projektierung, Planung und Kontrolle des Betriebsgeschehens. *(BGE)*

asynchron = ungleichzeitig, ohne Takt arbeitende Anlagen, für die Einzeloperationen werden keine festen Zeitabschnitte vorgesehen, was eine höhere Rechengeschwindigkeit ermöglicht. Dieses Prinzip wird vor allem zwischen einzelnen Teilen einer größeren Rechenanlage (RA) verwendet. Die Arbeitsfolge in den →peripheren Einheiten (PE) ist je nach System von dem Arbeitsablauf in der →Zentraleinheit (ZE) unabhängig. Da die Arbeitsgänge in der ZE meist weniger Zeit in Anspruch nehmen als die der PE, kann die ZE bei asynchron arbeitenden RA Arbeiten aus anderen P in der Zeit übernehmen, in der die PE ihre Arbeit ausführt, z. B. ein →Drucker (Dr). PE haben dabei Leistungsabfall, wenn der Grundzyklus durch Rechenzeit überschritten wird.

ATLAS, Computer, der 1964 mit 500 000 Rechenoperationen/s der schnellste der Welt war.

audio *(lat. audire = hören),* eine besondere Empfängerschaltung für die →akustische Ausgabe, bei der eine →Elektronenröhre gleichzeitig Demodulation und Verstärkung auf hohem Schwingungsbereich (15 000—20 000 →Hertz) der aufmodulierten →Signale bewirkt.

audio-response-system, programmgesteuertes Datenfernübertragungssystem, bei dem im Computer (Comp) gespeicherte Informationen (Info) durch eine Telephontastatur in den Kernspeicher (KSp) eines andern Comp übertragen werden. *(Burroughs)*

AUDIO-VERTER, Lochstreifensender, für die Datenfernübertragung (DFÜ) als Eingabe (E) und als Magnetbandeinheit für Ausgabe (A), leicht transportierbar, an jede Steckdose anschließbar, mit jedem normalen Telephonapparat zu verbinden. →Übertragungsgeschwindigkeit 48 numerische bzw. 36 alphanumerische Zeichen/s im 5-, 6-, 7- oder 8-Kanal-Lochstreifen mit geringem Aufwand auf der Sendeseite. *(Philips Electrologica)*

Aufbereiten, *edit,* das Umordnen und Verteilen von Informationen für die Ausgabe, z. B. für das →Drucken.

Aufrißpläne →Diagramme.

Aufspaltung, „eine Stelle im Programmablaufplan, von wo aus mehrere Zweige parallel verfolgt werden können, ohne eine Verzweigung zu sein“ (DIN 44 300).

aufwärtskompatibel →kompatibel.

Ausdruck, *expression,* Symbol (Sy) oder Gruppe von Sy, mit denen eine oder mehrere →Variable dargestellt werden, die mit festgelegten Regeln übereinstimmen. Man unterscheidet: →FORTRAN, →ALGOL. →PL/1, →arithmetische und →Boolesche Ausdrücke.

Ausfallzeit, *down-time,* Zeit, in der die Rechenanlage wegen Maschinenfehler oder Auftragsmangel aussetzen muß (→Totzeit). Gegenteil: →Betriebszeit.

Ausführen, *execute,*Interpretation eines →Maschinenbefehls und die Durchführung der im →Operationsteil vorgeschriebenen Vorgänge mit einem oder mehreren →Operanden.

Ausführungsphase (A-Phase) oder Ausführungszyklus, Arbeitsablauf in einer EDVA zur Befehlsdurchführung, schließt sich dem Befehlskreislauf an. (→Operationsphase)

Ausführungsprogramm →automatische Programmierung.

Ausführungszyklus →Ausführungsphase.

Ausgabe (A), *output,* die Arbeitsergebnisse des →Rechners (Re) aufgrund seines Programms (P) und der Eingabedaten, herausgebracht in →Datenträgern (DT) durch →Ausgabegeräte, auch die →Datenübertragung (DÜ) vom internen auf einen externen Speicher (Sp) oder durch ein Ausgabegerät.

Ausgabebefehle steuern die →Ausgabegeräte, dienen dem Datentransport von der Rechenanlage auf externe →Datenträger.

Ausgabebereiche stehen in den →Arbeitspeichern als feste, variable oder zerstreute Bereiche für Daten zur Ausgabe in den →peripheren Einheiten.

Ausgabecode, Schlüsselsystem der Ausgabedaten, abhängig vom →Ausgabegerät oder vom →Datenträger. Bei Verschiedenheit von →Maschinencode und Ausgabecode ist Umcodierung notwendig.

Ausgabeeinheiten →Ausgabegeräte.

Ausgabegeräte, *output devices,* auch Ausgabeeinheiten, dienen der Ausgabe (A) der Daten (D) nach der Verarbeitung, z. B. →Lochkartenstanzer (LKSt), →Lochstreifenstanzer (LSSt), →Drucker (Dr), →Magnetband (MB), →Magnetplatte (MP), →Magnetkarte (MK), →optische Anzeige, akustische Anzeige und →Konsolschreibmaschine. Typische Funktionsgeschwindigkeiten sind:

Elektromagnetisch betätigte Schreibmaschine 20 Z/s
Fernschreibmaschine 10 Z/s
Addiermaschine 25—50 Z/s
Tabelliermaschine 300 Z/s
Schnelldrucker 2000—4000 Z/s
Lochstreifenlocher 100—150 Z/s
Lochkartenlocher 20 Z/s
Lochkartenstanzer, sequentiell, 160 Z/s
Lochkartenstanzer, zeilenweise, 800 Z/s
Magnetbandspeicher, 7 Spuren, 70 000 Z/s
Magnetbandspeicher, 9 Spuren, 120 000 Z/s
Magnetplattenspeicher, 9 Spuren, 170 000 Z/s.

Ausgabemagazin, Mechanismus zum Sammeln und Stapeln von →Lochkarten nach ihren →Durchlauf.

Ausgabemedien →Ausgabegeräte.

Ausgabeprogramme, meist mit Eingabeprogrammen verbunden, bilden einen wesentlichen Teil eines →Betriebssystems.

Ausgabepuffer, Zwischenspeicher zur Aufnahme der Ausgabedaten zur zeitlichen →Überlappung von Verarbeitung und Ausgabe.

Ausgabespeicher →Ausgabepuffer, →Ausgabebereiche.

Ausgabewerk, „die Funktionseinheit einer Rechenanlage, die das Übertragen von Daten vom Zentralspeicher in Ausgabegeräte oder periphere Speicher steuert" (DIN 44 300).

Ausgang, Start- oder Beendigungsbefehl für eine →Programmschleife, wenn die entsprechende Bedingung für Start oder Beendigung erfüllt ist.

Ausgangsschleifen, Schlingen bei der Magnetbandverarbeitung, die Beschädigung und Reißen des →Magnetbandes verhindern.

Ausgangssignal, Signal, das von einer elektrischen Schaltung abgegeben wird.

Auslegung →Konfiguration.

Auslesen, Abrufen der →Zeichen aus gewünschten →Speicherstellen zur Ausgabe, Auswertung oder Weiterverarbeitung.

Auslöseimpuls, Vorgang, der zu einem festgelegten Zeitpunkt einen anderen Vorgang auslöst. (→Trigger)

Außenstationen, *remote job entries,* besitzt der *multiprogramming*-Bereich. Sie werden über Datenfernübertragungsgeräte angeschlossen. (→*terminals)*

Aussteuern, *select,* der Hinweis der Maschine für das Personal auf nicht einwandfrei erkennbare Eingabedaten und Belege, besonders bei →Belegleser, →Magnetband und →Magnetplatte.

Aussteuerungsbefehle →Aussteuern.

Aussteuerungsfach →Ablagefächer.

Auswahlfach, Fach in der Maschine, in das aufgrund von Bedingungen Lochkarten oder Belege von der entsprechenden Einheit nach der Eingabe bzw. Ausgabe abgelegt werden.

Auswertungsprogramme, besondere Programme für die Informationsausgabe.

AUTOCODE, einfache, leicht erlernbare und leicht verständliche Symbol-Programmiersprache mit →Makrobefehlen für alle kommerziellen und wissenschaftlichen Aufgaben. Die im AUTOCODE geschriebenen Programme (P) werden direkt in die →Maschinensprache (MSpr) umgewandelt. *(BGE)*

AUTOCODER, maschinenorientierte Programmiersprache spezieller →Assembler zur Vereinfachung und Verbilligung bei EDVA des Systems IBM 1400. Ein einziger →Makrobefehl kann ein ganzes →Unterprogramm auslösen. *(IBM)* (→Programmiersprachen)

AUTOGRADE, *automatic pattern grading, ICL*-1900-Programmsystem zur automatischen Vergrößerung und Verkleinerung von Schnittmustern in der Konfektionsindustrie. *(ICL)*

Automat *(gr. automatos = aus eigenem Antrieb),* Selbstbeweger, ein physikalisches System, eine „mechanische Einrichtung, die nach Aufhebung einer Hemmung eine oder mehrere Funktionen selbständig und zwangsläufig ausführt" *(Brockhaus),* z. B. der →Elektronenrechner (ER). Bei der Beurteilung der „Intelligenz" eines Automaten sind vier Punkte zu berücksichtigen:

1. „Die Fähigkeit, eine große Mannigfaltigkeit von Informationen zu verarbeiten,
2. die Fähigkeit, sehr viele Informationen je Zeiteinheit zu verknüpfen,
3. die Größe des Speichers mit kurzer Zugriffszeit und
4. die Zweckmäßigkeit der Strategie bei der Verarbeitung von Erfahrungen"

(K. Steinbuch).

Automatic Operator, Ergänzung zum *ICL* 1900 →EXECUTIVE, durch die die vom Bediener über die →Konsolschreibmaschine eingegebenen Instruktionen (Instr) mit normalen Eingabe-Informationen gemischt werden können, die nicht vom →Bedienungspult kommen. Er vereinfacht Programmwechsel, reagiert automatisch auf Vorfälle im Programm (P) und reduziert Eingriffe des →Operators. *(ICL)*

Automatik, „die Eigenschaft eines zweckbestimmten Mechanismus, die seine Eigensteuerung gewährleistet" *(Brockhaus).*

Automation, die Weiterentwicklung von →Mechanisierung und →Rationalisierung; seit etwa 1954 ein technisch-ökonomischer und sozialer Tatbestand. Die →Automatisierung dient der Steigerung der Rentabilität eines Unternehmens. D. h., daß nicht nur die einfacheren Arbeiten und Handreichungen einer Bedienungskraft durch „automatische" Vorrichtungen ersetzt werden, wozu auch der Vollzug organisierter (= geregelter) Abläufe mit Hilfe mechanischer und elektronischer Anlagen zu verstehen ist, sondern auch die Übertragung von zur Routine gewordener geistiger Arbeit erleichtert und überflüssig gemacht wird. Zentraler Bestandteil der Automation, insbesondere der Automation von Informations- und Kommunikationsprozessen, ist die →

Kybernetik. Gegenwärtig ist die Automation auch ein Bildungsinvestitionsproblem. (Das 1. Handbuch der Autopneumatica und Automatica stammt bereits von Heron von Alexandria, 1. Jh. v. Chr.)

Automationsaufwand, technischer und finanzieller Aufwand zur Steigerung von →Rationalisierung und →Automatisierung.

automatisch, in der DV bedeutet es, daß kein personeller Bedienungsaufwand erforderlich ist.

automatische Abfrage →Abfrage.

Automatische Datenverarbeitung (ADV) →Datenverarbeitung.

automatische Fabrik, höchste Stufe der →Rationalisierung und der →Informationsverarbeitung, wobei Daten (D) direkt von Produktionsanlagen und Transporteinrichtungen usw. abgenommen und zum Computer (Comp) übermittelt werden. In umgekehrter Richtung werden Steuerdaten zurückgesendet. (→Rückkopplung)

automatische Operationen realisieren die Aktionen der Maschinenorgane und ersetzen die menschlichen Handlungen.

automatische Programmierung, auch Ausführungsprogramm, ein Vorzug der Maschinenprogrammierung, die in bezug auf die Bestimmung der Programmschreibweise, Reihenfolge und Verschlüsselung vom Rechengerät selbst ausgeführt wird, was die Programmierarbeit auf ein Minimum reduziert.

automatische Programmsteuerung, Steuerung (ST) der Programme (P), mit deren Hilfe die vorgesehenen Arbeiten maschinell durchgeführt werden. Sie besteht aus dem →Monitorsystem, dem →*supervisor*, dem →Adapter, dem →*linker* oder ähnlichen →Steuerprogrammen (STP), nach Hersteller, nach Organisation und Leistungsfähigkeit des Betriebssystems (BS) verschieden.

automatische Prüfung, Einrichtung in der →*hardware (hw)* zur Untersuchung der Vollständigkeit übertragener, bearbeiteter oder in einer internen oder externen Einheit gespeicherter Daten (D).

automatische Regelung, Prüfeinrichtung für bestimmte →Operationen (O) des Rechengerätes auf ihre korrekte Durchführung. Sie ist in der Anlage eingebaut und tritt automatisch immer dann in Tätigkeit, wenn eine der zu kontrollierenden O ausgeführt wurde.

automatischer Programmablauf, vorgedachte Aufeinanderfolge der einzelnen →Programmschritte, so daß der Gesamtprozeß ohne manuellen Eingriff abläuft.

automatische Satzherstellung, *type setting,* →DIGISET.

automatische Vorrangsteuerung, Steuereinrichtung für den bevorzugten Ablauf von bestimmten →Operationen (O), wodurch die Anpassung von Ein-/Ausgabe (E/A) und Verarbeitung bei der →Parallelverarbeitung mehrerer Programme (P) gesichert wird. (→Vorrangsteuerung)

automatisierte Betriebe, Höchststufe der →Rationalisierung unter Einsatz elektronischer →Prozeßsteuerung und einer nach optimalen Gesichtspunkten zusammengestellten EDVA. Vollkommene Beispiele sind: Ölraffinerien, chemische Werke, Glaswarenfabrikation, Papierherstellung, Fernsprechanlagen mit Wählscheibe und Zeitregistrierapparat. Beim derzeitigen Stand der Automation kommt die Investition für einen Arbeitsplatz in der Mineralölindustrie auf etwa 13 200 DM, im Bergbau auf 55 000 DM, in der chemischen Industrie auf 45 000 DM, in der Nahrungs- und Genußmittelindustrie auf 38 000 DM, in der Textilindustrie auf 23 000 DM, im Schiffbau auf 20 000 DM, im Maschinenbau und in der Papierindustrie auf je 17 000 DM.

automatisiertes Informationssystem setzt sich zusammen aus einem Planungsrechner für Bestandsführung der Aufträge und Werkstofflager, für Fertigungsplanung, Abrechnung und Berichterstattung und aus einem Betriebsrechner für zeitgerechte Überwachung und Lenkung des Arbeitsablaufes und des Materialflusses, und der *on-line*-Übertragung, die mit allen Meßgeräten verbunden ist.

Automatisierung, Einsatz von Maschinen anstelle des Menschen zur Ausübung einer bestimmten Arbeit, also ein technisch-industrieller Vorgang, wobei der Produktionsprozeß in der Weise verknüpft, koordiniert und gesteuert wird, daß alle Entscheidungen für den Arbeits- und Anlageablauf selbsttätig getroffen werden. Zum anderen ist sie eine Rationalisierungsmöglichkeit auch in der Verwaltung. Die Automatisierung hat folgende Zielrichtung:

a) Überwachung und Regelung mechanischer Arbeit durch selbstregelnde mechanische oder elektronische Anlagen,

b) Steuerung und Kontrolle von technischen Vorgängen,

c) Steigerung jeglicher Rationalisierung,

d) Optimierung des betrieblichen Arbeitsvollzuges,

e) Ausdrucken von Führungsunterlagen.

Die Maschinen bzw. Automaten werden vom Menschen beschickt und überwacht mit den Hauptzielen: Erhöhung der Produktion, Senkung der Produktionskosten, Einsparung von Arbeitskräften, Entlastung des Menschen von Routinearbeiten zur Freisetzung seiner geistigen Kräfte und zur Schonung des Nervensystems, Vermeidung von Unfällen und Fehlern.

Automatismus, „in der Physiologie und Psychologie die Bezeichnung für sich wiederholende Vorgänge, die ganz oder teilweise auf innerer Reizerzeugung beruhen, z. B. Atmung, Herzschlag, Verdauung" *(Brockhaus).*

AUTOPOL = *automated programming of lathes,* Symbolsprache zur Programmierung von numerisch gesteuerten Drehmaschinen mit →Streckensteuerungen und zweidimensionalen →Bahnsteuerungen. Sie besteht aus nur 28 Wörtern, womit sich die Konturen eines Werkstückes, die benötigten Werkzeuge und die Folge der Arbeitsgänge vollständig beschreiben lassen. Die →Übersetzung und Anpassung an einen bestimmten Maschinentyp erfolgt wie üblich durch →*processor (p)* und →*postprocessor (pp). (IBM)*

AUTOPROMT = *automated programming of machine tools,* Arbeitsverfahren, das die zeitraubenden und mühseligen Berechnungen bei der Erstellung von Programmen für die numerische Werkzeugsteuerung, insbesondere bei Fräsmaschinen, durch eine Rechenanlage erledigen läßt. Das erforderliche Quellenprogramm wird anhand einer technischen Zeichnung entworfen. Die im AUTOPROMT-System verwendete →Symbolsprache entspricht weitgehend der technischen Bezeichnungsweise. *(IBM)*

AUTOSPOT = *automated system for positioning of tools,* Programmiersystem für das →Steuerprogramm zu einer Werkzeugmaschine, insbesondere Bohrmaschinen und einfache Streckenfräsen, das aus einer sehr leistungsfähigen →Symbolsprache mit etwa 60 Ausdrükken, dem dazugehörigen Übersetzerprogramm und einem allgemeingültigen →Anpassungsprogramm besteht. Die Ausgabe erfolgt meist in Lochstreifen. *(IBM)*

B

Backus-Notation, Definiersystem zur Beschreibung der Syntax von ALGOL 60.

Bahnsteuerung, *path control,* aufwendige Art der →numerischen Steuerung zum Erzeugen zwei- oder dreidimensionaler Formen, wobei grundsätzlich ein →Interpolationsrechner gebraucht wird. Die gewünschte Bahnkurve wird Punkt für Punkt errechnet. Zwischen den Bewegungsvorgängen in den einzelnen →Koordinaten besteht ein dauernder Funktionszusammenhang.

ban = bundeseinheitliche Artikelnummern, Rationalisierungsmaßnahme für die Warenbereiche, wobei für jeden Artikel der gleiche →Code (C) verwendet wird. (→Verschlüsselung)

Band, *tape,* Kurzbezeichnung für →Magnetband (MB).

Bandarchiv, Sammlung der benummerten →Magnetbänder (MB) mit den →Stammdaten in spezifischer Aufgliederung, z. B. Lohn-, Lager-, Debitorenstammdaten usw., und der gesetzlich zur Aufbewahrung vorgeschriebenen →Bewegungsdaten. Bei Großunternehmen sind das Tausende, deren Inhalt in herkömmlicher Weise 10 000 bis 100 000 Ordner füllen würde. Alle MB sind in einer Kartei erfaßt, die über Anschaffungstermin, Lieferfirma, Bandlänge, Beschreibungsdichte, Inhalt und frühesten anderweitigen Verwendungstermin Auskunft gibt. Jedes MB bekommt eine unveränderliche Archivnummer bzw. seinen eigenen, unverwechselbaren Namen, der als →Vorsatz auf dem MB steht; den Schluß der Daten bildet der →Nachsatz. (→Kennsatz)

Bandbeschriftung, die Einteilung auf dem Magnetband zum Wiederauffinden von Informationen.

Band-Betriebssystem →Betriebssystem.

Bandblock, Zusammenfassung einer zusammenhängenden Folge beliebig vieler →Bandsätze, die bei Aufruf der Information (Info) als Einheit behandelt werden. Ein Block mit den Daten (D) einer Lochkarte (LK) nimmt 0,125 cm Bandlänge ein. Die Größe ist vom verfügbaren Eingabe- und Ausgabebereich im →Arbeitsspeicher (ASp) abhängig.

Bandbreite, *bandwidth.* (1) Frequenzbandbreite, gemessen in →Hertz, (2) Magnetbandbreite ½ und 1 Zoll. Die Bandbreite bestimmt die →Übertragungsgeschwindigkeit.

Banddichte, Anzahl der Informationen (Info) auf einer Längeneinheit eines →Magnetbandes (MB), gemessen in Zeichen/cm, i. a. 320 und 640 Byte/cm. (→Bitdichte)

Bandeinheit, Vorrichtung zum Abspulen, Transportieren und Aufspulen eines →Magnetbandes (MB) beim Lesen/Schreiben von Daten (D). Für den Einsatz bzw. für die Verarbeitung sind i. a. immer zwei Bandeinheiten erforderlich, je eins für Eingabe (E) und Ausgabe (A).

Bandgeneration, Datensicherung durch Aufbewahren des Eingabebandes, sog. „Vaterband", während das Ausgabeband „Sohnband" genannt wird, das zurückliegende „Großvaterband" usf.

Bandgeschwindigkeit, zeitlicher Ablauf, in dem das →Magnetband (MB) beim Schreiben/Lesen von Daten (D) über die →Schreib- oder →Leseköpfe bewegt wird.

Bandkennsätze, Bandvorsatz und -nachsatz, dienen der Sicherung des Magnetbandes gegen Überschreiben oder falsche Verwendung. Ihre Prüfung erfolgt i. a. durch Unterprogramme, die vom Hersteller innerhalb seiner *software* geliefert werden.

Bandmarke, besonderes Markierungszeichen für Beginn (Anfangsmarke = *load point* oder BOT-Marke = *beginning of tape)* und Ende (EOT-Marke = *end of tape)* einer geschlossenen Informationsreihe auf einem →Magnetband (MB), je 3 bis 4 m nach bzw. vor dem tatsächlichen Anfang und Ende des Magnetbandes.

Bandnachsatz, *end mark,* Kennzeichnung nach dem letzten Datensatz bzw. Datenblock auf dem Magnetband, also nicht am physischen Ende des MB. Er setzt sich u. a. zusammen aus Block- und Satzzähler und Kontrollsumme.

Bandnummer, Archivnummer für die Magnetbandverwaltung.

bandorientiert, die nächsthöhere Stufe der lochkartenorientierten EDVA.

Bandprüfung, festgelegtes Schreib-Lese-Verfahren zur Überprüfung der Funktionssicherheit eines →Magnetbandes (MB), meist vor Beginn der Benutzung, und ein Vergleichen mit Prüfgrößen, wie z. B. bit-Anzahl und alle Informationen (Info), die der Identifikation des Bandinhaltes dienen.

Bandresident →Systemspeicher.

Bandsatz, *frame,* kleinste, zusammenhängende Einheit auf dem →Magnetband (MB), z. B. 1 cm für 80 Zeichen (Z). Mehrere Bandsätze können zu einem →Bandblock vereinigt werden.

Bandsortierung →Magnetbandsortierung.

Bandsprosse, *label,* vierstelliges → Kennwort zur Kennzeichnung der Daten, das vom Programm auf Paarigkeit geprüft wird. I. a. kann jede Bandsprosse ein Zeichen aufnehmen.

Bandspule, Kunststoffrolle auf einem Aluminiumkern mit seitlichen Begrenzungen, auf die ein →Magnetband (MB) aufgespult wird. Jede einzelne Spule ist mit einem →Schreibschutzring versehen, der alle Funktionen der →Bandeinheit blockiert, die zu einem unbeabsichtigten Löschen bzw. „Überschreiben" der alten Daten (D) führen könnte.

Bandvorsatz, *load mark,* Kennzeichnung vor dem ersten Datensatz bzw. Datenblock auf dem Magnetband. Er enthält Archiv-, Datei- und Rollen-Nummer, Erstellungs- und Wiederverwendungsdatum und die maximale Block- und Satzlänge.

bar, kleinste logische Einheit in Form von →*flip-flops* oder →Gattern, wobei sich auf einer Silizium-Scheibe einige Hundert bis Tausend bars befinden.

BASIC, *Beginners All purpose Scientific Instruction Code,* problemorientierte Programmiersprache (PSpr) für → *timesharing (ts)* mit Redewendungen der normalen Umgangssprache, die ab 5 K einsetzbar ist. Sie kann in wenigen Tagen erlernt werden und macht jedermann zu seinem eigenen Programmierer. *(BGE)*

BASIC-ASSEMBLER, symbolisches Programmiersystem, das aus zwei Hauptbestandteilen besteht:

1. die maschinenorientierte Symbolsprache,
2. das Umwandlungsprogramm.

Der Basic-Assembler programmiert zur Lösung komplexer Probleme in Einzelschritten, wodurch eine optimale Anpassung an ein bestimmtes Problem ermöglicht wird.

BASIC-Assembler-Sprache, Mini-Version der *(Full-)*Assembler-Sprache, geschaffen für kleine EDVA.

BASIC-Betriebssystem, *software (sw)* für kartenorientierte DVS von 4 bis 12 K der Serie H 200. *(Honeywell)*

basic-system, kleinste arbeitsfähige →Konfiguration einer Rechenanlage und eines Betriebssystems.

Basis, *base,* Zahl, die mehrere Male als Faktor gesetzt werden soll, in der DV die Grundzahl eines Zahlensystems, z. B. 10, 2, 8.

Basisadresse, *basic address,* Adresse (Adr), auf die im Programm (P) alle anderen bezogen sind. Sie steht in einem zugewiesenen →Register (Reg) als Kurzadresse und bildet mit der →Distanzadresse den echten Kernspeicherplatz, die absolute Adresse. Durch ihre Änderung entsteht die →relative Adressierung.

Basisausstattung, von den Herstellern angebotene Minimal-Maschinenzusammenstellung einer DVA.

Basisautocode, einfache, leicht erlernbare und leichtverständliche →Symbolsprache mit der Logik der →Maschinensprache (1 : 1). *(BGE)*

Basismaschinen, umfassen Schreibmaschinen bis zu speichergesteuerten Schreibautomaten, Rechenmaschinen bis zu Fakturiermaschinen und Registrierkassen.

Basisregister, i. a. kein selbständiges →Register (Reg); aber es ermöglicht durch die Einspeicherung der →Basisadresse das Programm (P) an einer beliebigen Stelle im →Speicher (Sp) unterzubringen. In den modernen Rechnern (Re) spielt es eine besondere Rolle.

Basissatz, Ausgangspunkt zum Aufsuchen eines freien Platzes im →Speicher, insbesondere beim →Überlauf.

BATCH = *block allocator transfer channel,* Datenkanal für den Anschluß schneller peripherer Geräte mit blockweiser →Übertragung.

batch-processing *(bp),* auch Stapelverarbeitung, bei der eine Aufgabe vollständig gestellt sein muß, bevor die Abwicklung beginnen kann und umgekehrt. Die schubweise, sukzessive, sequentielle Verarbeitung des Programms in Blöcken *(batches)* bzw. der einzelnen Aufgaben eines Rechenzentrums (RZ) dient dem Aufruf von Programmteilen, wobei nur die →peripheren Einheiten (PE) tätig sind, die verarbeitet werden. Gegenteil: →*real-time-processing (rtp).*

batch-Programme →*batch-processing.*

Baud (Bd), nach *Emile Baudot* (1845 bis 1903), seit 1875 ein Begriff der → Nachrichtentechnik (NT), bezeichnet die →Übertragungsgeschwindigkeit von Informationen (Info) als reziproken Wert der in Sekunden gemessenen Dauer des kürzesten Stromschrittes eines →Zeichens (Z), wobei ein Bd gleich einem bit/s ist. Im 5-Kanal-Code bei TELEX entsprechen 50 Bd = $6^2/_3$ Z/s, da jedes die Zeit für $7^1/_2$ Schritte = bit erfordert. Es gibt auch 200 (= ungefähr 26 Z/s), 600, 1200 und 2400 Bd-Leitungen, die entsprechend mehr Zahlenmaterial bewältigen bzw. die Übertragungsgeschwindigkeit steigern. Impulsdauer und Pausendauer sind immer gleich.

Bauelemente oder Funktionseinheiten, mechanische (meist nur →extern) und elektronische Grundbestandteile (etwa zwischen 10 000 und 100 000) einer Rechenanlage (RA), wie z. B. →Zählräder, →Elektronenröhren (Er), →Transistoren (Tr), →Dioden (Dio), →Magnetkerne (Ke), →Kondensatoren und →Widerstände, die innerhalb einer Schaltung (→Grundschaltungen) nach gewissen Gesichtspunkten miteinander verknüpft und mit jeweils genau definierten Aufgaben versehen sind. Im Laufe der technischen Entwicklung werden sie ständig kleiner und sind z. T. kaum noch mit dem bloßen Auge erkennbar. Wichtige Eigenschaften sind: Schaltzeit, Raumbedarf, Leistungshöhe, Lebensdauer. (→Gatter)

Baugruppen, variable Zusammenschaltungen kleiner elektronischer und magnetischer Elemente (etwa 2 bis 8), sog. →Bausteine, z. B. →integrierte Schaltungen (iS), →*flip-flops,* →Gatter, →Inverter, →Schieberegister (SchReg), Einheiten für →arithmetische Operationen, für den →Datenfluß, für die Zeitsteuerung, für die Befehlsfolge usw., i. d. R. als Steckbaugruppen.

Baukastenprinzip oder Baukastensystem, Kennzeichen der 2. und verstärkt der 3. →Generation, bezeichnet die vielfältigen Kombinations- und Ausbaumöglichkeiten einer EDVA, benennt die einzelnen Aggregate, die nach der vom Benutzer benötigten Größe und deren Zielsetzung zusammengestellt werden, wodurch bis zu 40 % Programmierzeit und mind. 30 % der üblichen bei Umstellung auf die EDV anfallenden Kosten eingespart werden können. Alle modernen Rechnerfamilien (RF) sind nach diesem Prinzip aufgebaut. Die Zentraleinheiten (ZE) sind in kleinen, gleichbleibenden →Modulen und →Mikromodulen ausbaufähig. →Kompatibilität der Programme (P) innerhalb des Systems wird gewährleistet, große Flexibilität und Kontinuität werden garantiert.

Baukastensystem →Baukastenprinzip.

Bausteine, *modules,* Elemente der Rechnertechnik. (→Bauelemente, →Baugruppen)

BCD = *binary-coded-decimals,* auch 8421-Code genannt, binär verschlüsselte Dezimalzahlen im sechsstelligen →Code (C), mit dem max. 64 →Zeichen (Z) dargestellt werden können: 26 →Buchstaben, 10 →Ziffern, 27 →Sonderzeichen und eine →Leerstelle. Jedes Z wird durch eine in einem C festliegende Kombination von →Binärziffern ausgedrückt.

BCP = *basis control program,* kleines →Betriebssystem (BS) für kommerzielle Aufgaben, das i. w. der Programmeingabe und der Eingabe-Ausgabe-Steuerung weniger →peripherer Einheiten (PE) dient. *(Burroughs)*

BCS = *basis control system,* vereinfachte →*software (sw)* für Programmladen, Programmzusammenführung und Eingabe-Ausgabe-Abwicklung.

BDAM = *basic direct access method,* direkte Zugriffsart zu den Daten ohne →Warteschlange mit den Makros: *read* und *write,* innerhalb des Betriebssystems (BS) der Rechnerfamilie /360. *(IBM)*

Bedienungsbetriebssystem →Betriebssystem.

Bedienungsfeld, *operator control panel,* „eine Baueinheit, die dem Bedienungspersonal Eingriffe in den Betrieb erlaubt" (DIN 44 300), z. B. Ein-, Aus- und Umschalten, Laden usw., wobei die Arbeitsspeicherzellen-Inhalte und wichtige Register (Reg) sichtbar angezeigt werden.

Bedienungspult (Bp), *control console,* auch Steuerpult oder Konsol, der mit Tasten, Schaltern und Lampen ausgestattete Teil an oder neben der →Zentraleinheit (ZE) einer EDVA, der dem Bediener die zentrale →Steuerung (ST) und optische Kontrolle der DVA von außen ermöglicht und ihm gestattet, manuell in den →Programmablauf einzugreifen, sich Werte anzeigen zu lassen und geänderte Informationen (Info) einzugeben. Verschiedene Schalter geben dem Operator die Möglichkeit, die Maschine zu starten oder anzuhalten, Kernspeicher (KSp) und →Register (Reg) zu laden und abzufragen und →Verzweigungen durchzuführen. Eine Reihe von Anzeigen gibt Auskunft über die verschiedenen Betriebszustände der Maschine und über den Stand des laufenden Programms (P). Das Bp ist oft auf einen Konsolschrank gestellt und mit einer →Konsolschreibmaschine verbunden.

Bedienungssprache, Gesamtheit der Bedienungsmöglichkeiten eines →Betriebssystems (BS): *operating language* oder *job-control-language* genannt.

bedingte Befehle ermöglichen nach bestimmten Voraussetzungen Programmverzweigungen (Sprünge und Entscheidungen) und befreien das Programm von seiner Starrheit. (→Verzweigung)

bedingter Sprung →Verzweigung.

Bedingung, Prüfung durch einen Vergleich mehrerer Größen oder Zustände und entsprechende Änderung des →Programmablaufes. Befehle (Bef) dieser Art heißen logische Bef, für deren Ergebnisauswertung die →Boolesche Algebra dient.

Befehle (Bef), *instruktions,* „Anweisungen, die in der benutzten Sprache keinen Teil mehr enthalten, der selbst Anweisung ist" (DIN 44 300). Es sind Informationen (Info), auch *commands,* die eine Aktion auslösen, die angeben, welche →Operationen (O) ablaufen sollen und wieviele Daten (D) und maschinelle Einsätze für ihre Durchführung gebraucht werden, also in →Maschinensprache (MSpr) formulierte Arbeits- und Rechenvorschriften, Einzelschritte innerhalb eines Programms (P), und zwar in Form von →Zahlen, ziffernmäßig dargestellt. Jeder Bef liegt der Maschine [im Kernspeicher (KSp) verschlüsselt] als eine Folge von Zahlen vor. Bei speicherprogrammierten Maschinen erfolgt dieser Prozeß durch gespeicherte Bef, bei schalttafelgesteuerten durch geschaltete Stromkreisverbindungen auf der →Schaltplatte. Die Formulierung des Bef und seine Verschlüsselung hängen von dem der Maschine zugehörigen →Befehlscode ab. Ein Bef besteht aus einem Operationscode (→Operationsschlüssel), der die verlangte O spezifiziert, und einer oder mehrerer →Adressen (Adr), sog. A-Adr und B-Adr. Daneben enthält er Angaben über →Register (Reg) und evtl. über die Länge der angesprochenen →Operanden (Op). DVA besitzen etwa 25 bis 150 verschiedene Grundbefehle. Jeder Bef steht für eine genau definierte O, die das →Steuerwerk (STW) ausführen kann.

Nach den Hauptgruppen der Operationen unterscheiden wir:

1. Verarbeitungsbefehle:
   a) arithmetische Operationen (Grundrechenarten),
   b) logische Operationen, z. B. ODER-Verknüpfung zweier Binärstellen,
   c) Vergleichsbefehle;
2. Transfer- oder Transportbefehle:
   a) interne Transferbefehle, wie Übertragung (Ü), Ein- und Ausspeichern,
   b) Einlese- und Ausgabebefehle;
3. Steuerbefehle:
   a) Steuerung (ST) des Programms, Sprungbefehl, Stopbefehl,
   b) Steuerung der Anlageeinheiten, z. B. Bandtransport.

Befehlsablauf →Befehlsausführung.

Befehlsadresse, Adresse (Adr) des Speicherplatzes, auf dem der Befehl (Bef) gespeichert ist oder wohin er gespeichert werden soll.

Befehlsaufbau, Art und Reihenfolge der einzelnen Bestandteile eines Befehls im Befehlswort, wobei die Anzahl der

→Operandenadressen strukturell bestimmend ist. Die Befehlsformate haben unterschiedliche Bezeichnungen, z. B.:

RR = beide Operanden sind Registerinhalte,

RX = ein Operand im Register, der andere im Speicher, seine Adresse ist indizierbar (Ein-Adreß-Befehl),

RS = ein Operand im Register, der andere im Speicher,

SI = der erste Operand im Speicher, der zweite ist als 8-bit-Direktoperand Bestandteil der Instruktion,

SS = beide Operanden im Speicher (Zwei-Adreß-Befehl).

Befehlsausführung, gesamter Ablauf aller internen Elementarschritte, die eine DVA durchlaufen muß, um die im →Operationsteil vorgeschriebenen Ergebnisse zu erzielen. Sie erfolgt in zwei scharf voneinander zu trennenden Phasen:

1. →Interpretierphase, d. h. Herausholen des Befehls aus dem →Speicher in das →Befehlsregister, dort →Analyse,
2. →Operations- oder →Ausführungsphase, d. h. Verarbeitung der in den Adressen bezeichneten Werte aus den →Speicherstellen.

Befehlsbibliothek →Programmbibliothek.

Befehlscode (BefC), verschlüsselte (fabrikatbedingte) Darstellung eines Befehls, wobei zu beachten ist, daß er um so besser ist, je weniger Befehle für die Lösung einer Aufgabe benötigt werden. Er ist die Darstellungsliste der Zuordnung zwischen den möglichen Code-Kombinationen (→Operationsteil eines →Befehlswortes und den zugehörigen eingebauten →Operationen) in der Maschine.

Befehlsdiagramme, die am meisten detaillierten Programmformen, aber nicht in →Maschinensprache.

Befehlseinteilung entspricht i. a. der Zelleneinteilung des →Speichers für die →Zahlen. Eine Zahl enthält bei den meisten Maschinen genau einen Befehl, bei manchen aber zwei.

Befehlsfolge, logische Aufeinanderfolge einzelner Befehle (Bef) eines Programmes (P) im Sinne einer zu bearbeitenden Aufgabe bzw. auch eines Teilprogrammes.

Befehlsfolgezähler →Befehlszähler.

Befehlsformat, Gliederung einer Maschineninstruktion in Elemente, Darstellung, Platzanordnung und Stellenbedarf. (→Befehlsaufbau)

Befehlsgruppen, zusammengefaßte Befehle für typische Aufgaben, wie Zu- und Abspeichern vom →Arbeitsspeicher, Suchen und Vergleichen. Sie gliedern sich (ohne Gleitkommabefehle) nach ihrer Häufigkeit wie folgt:

Zu- und Abspeichern etwa 30 %—35 %
Indexregisterbefehle etwa 18 %—20 %
Verzweigen u. Testen etwa 16 %—20 %
Gleitkommaaddition etwa 5 %— 7 %
Addieren u. Subtrahieren etwa 5 %—7 %
Stellenversetzen etwa 4 %— 5 %
Sonderbefehle etwa 5 %— 6 %
Suchen u. Vergleichen etwa 3 %—4 %

Befehlskatalog oder Befehlsvorrat, *instruction set,* nennt die vorhandenen (leistungsstarken) Befehle für eine Anlage, wobei die Anzahl nicht als Bewertungsmaßstab zu gelten hat.

Befehlskettung, Verbindung neuer Befehle zur arbeitenden oder logischen Einheit, insbesondere zur bequemen Abwicklung des →Kanalprogramms. *(IBM)*

Befehlskreislauf, *instruction cycle,* Gang der Befehle von der Eingabe über den Hauptspeicher in das Steuerwerk zur Verarbeitung für die Ausgabe.

Befehlsliste, *list of instructions,* Zusammenstellung und Beschreibung der charakteristischen Befehle (Bef) einer Rechenanlage (RA), die zusammengefaßte Menge der Anweisungen, die das →Steuerwerk (STW) zu verstehen und durchzuführen imstande ist, etwa 25 bis mehrere Hundert. Je umfangreicher die Bef-Liste ist, desto schwieriger wird naturgemäß der logische Aufbau der RA und desto höher der technische Aufwand. Die Bef-Liste ist die Arbeitsunterlage für den Programmierer. Je nach Herstellung und Verwendungszweck der RA sind diese →Befehlssysteme in Umfang und Zusammenstellung außerordentlich unterschiedlich. (→Befehle und →Befehlskatalog, →Befehlsschlüssel)

Befehlsregister (BefReg), Aufnahme des →Befehlswortes im Moment der Ausführung, und zwar für die Dauer eines →Befehlszyklus im Steuerwerk.

Befehlsrepertoire →Befehlsliste.

Befehlsschleife →Programmschleife.

Befehlsschlüssel, vom Hersteller der Rechenanlage vorgeschriebene Anordnung, meist ein- oder mehrstellig, numerisch oder alphanumerisch, die vom Programmierer genau beachtet werden muß. (→Operationsschlüssel)

Befehlsspeicher →Speicher.

Befehlssteuerung löst die zu den Befehlsabläufen nötigen Operationen in der richtigen Reihenfolge aus.

Befehlsstruktur, Aufbau der Befehle gemäß der Rechenanlage z. B. Ein-Adreß-Befehle, Zwei-Adreß-Befehle usw. (→Befehlsaufbau)

Befehlssystem, geschlossene, abgerundete Gesamtheit der Befehle und der →Befehlsliste einer Rechenanlage, was ihre Leistungsfähigkeit widerspiegelt.

Befehlsteil, Teil eines →Befehlswortes (BefW), der den Operationscode (OC) (→Befehlsaufbau und →Befehlsschlüssel) einer bestimmten maschinenorientierten Programmiersprache enthält.

Befehlsvorrat →Befehlskatalog.

Befehlswort (BefW), aus einer bestimmten Anzahl von →Zeichen (Z) zusammengesetztes Wort (W) in fester oder variabler Länge, das vom Rechner (Re) als Befehl (Bef) interpretiert wird. Es stellt i. a. eine festgelegte Folge von →Binärziffern in der Maschine dar und hat i. a. zwei Teile: →Operationsteil und →Adreßteil; es enthält kaum →Redundanz.

Befehlsworteinteilung, gliedert das Befehlswort (BefW) in →Befehls- bzw. →Operationsteil, →Adreßteil und Steuer stellen auf. Bei einigen Maschinen enthält eine →Speicherstelle (SpSte) genau ein BefW, bei den meisten aber zwei.

Befehlszähler (BefZ), *control counter,* Einrichtung im →Steuerwerk zum Festhalten der →Speicheradressen der Befehle, die nach der gerade laufenden SpAdr verarbeitet werden sollen, was besonders für →Ein-Adreß-Maschinen gilt. Der BefZ nimmt normalerweise die jeweils nächstfolgende SpAdr auf, soweit nicht ein Bef oder eine →Übertragung (Ü) eines anderen Grundwertes in den BefZ eine Veränderung veranlaßt. Bei jeder →Interpretierphase wird er um eine Bef-Länge erhöht. Je mehr BefZ vorhanden sind, desto mehr Programme oder Programmteile können gleichzeitig ohne zusätzlichen Verarbeitungsaufwand in der Maschine bearbeitet werden.

Befehlszählregister (BefZReg) →Befehlszähler.

Befehlszyklus (BefZyk), Vorbereitung, Durchführung und Abschluß eines einzelnen →Befehls (Bef), der aus dem Arbeitsspeicher (ASp) in das →Befehlsregister (BefReg) übernommen wird. Er setzt sich aus einer mehr oder weniger großen Zahl von Einzelschritten zusammen, den sog. Mikrobefehlen, die kombiniert ein →Mikroprogramm, den BefZyk, ergeben.

Begrenzung einer →Programmfolge geschieht durch die →Befehle „Start" und „Stop".

Begrenzungsmarke →Wortmarke.

Beisatzadressen dienen der Heraushebung der →Beisätze.

Beisätze, *trailer records* oder *details,* insbesondere bei Plattendateien, eine Maßnahme für die Auslagerung von Daten (D), die zu einem →Hauptsatz (HS) gehören und die auch nur über ihn auffindbar sind, zur Vermeidung von Verwechslungen.

Beleg, *document,* schriftliches Beweismittel für einen Geschäftsvorfall sowie die von einer EDVA erstellten optischen Unterlagen zur Weiterverwendung, wie Markierungs-, Klarschrift- und Magnetschriftbelege.

Belegaufbereitung, Erstellen der maschinengerechten Belege, meist durch →Lochen und →Prüfen der Lochkarten.

Belegen. I. Das Speichern von Daten. — II. Die Inanspruchnahme von Teilen einer DVA.

Beleginhalt, visuell und maschinell lesbare →Informationen.

Belegkapazität, der →Belegleser bestimmt die max. mögliche Anzahl von →Zeichen (Z) je Beleg, sie ist von der Beleggröße und der verwendeten →Schriftart abhängig.

Beleglesen, direkter Weg, die Angaben des Urbeleges ohne die Umwege über Lochkarte (LK), Lochstreifen (LS) usw. unmittelbar in die DVA einzugeben, wobei sich gegenüber der manuellen Arbeit eine Steigerung von 1 : 8 und bei Einschluß des Prüfers von 1 : 16 ergibt.

Belegleser, *document reader,* dient zum Lesen von Klarschrift direkt in die Rechenanlage. Die Zeilen werden von rechts nach links gelesen.

Es gibt →Klarschriftleser (vollοptisch), →Markierungsleser und →Magnetschriftleser. Ihre horizontale Lesegeschwindigkeit liegt je nach Typ zwischen 400 und 1500 Belegen/min. Alle drei können mit der Ablesung gleichzeitig die Belege nach beliebigen Gesichtspunkten sortieren, und zwar mit einer Effektivleistung von 250 Belegen/min. bei einem sechsstelligen Kennbegriff. Sie verfügen über 3 bis 16 Ablagefächer. (→optischer Belegleser)

Belegsortierer, *document sorter,* transportables Zusatzgerät, das als eigenständige →Sortiermaschine oder auch als →Eingabegerät in Verbindung mit DVA oder Magnetbandeinheiten verwendet werden kann. Die mit zwölf Fächern ausgestattete Maschine sortiert max. 33 000 Belege/h, die mit einer stilisierten, visuell und photoelektrisch lesbaren Schrift (→OCR-A-Schrift) bedruckt sind. Das Gerät enthält die Sortiermechanik, die Zeichenerkennungseinrichtung, die Sortierelektronik sowie die Stromversorgung.

Belegungsdichte, *file packing,* die von einem →Datenbestand (DB) tatsächlich belegten →Sätze (S) im Verhältnis zu den zur Verfügung gestellten Sätzen im Speicherbereich. (→Speicherdichte)

Belegverarbeitung basiert auf dem →Beleglesen und ist billiger als die mehrfache Manipulation von Lochkarten (LK) und besonders günstig bei großem Datenanfall. Die direkte Eingabe aller Belege in den Computer erspart den Arbeitsgang des Aufbereitens.

Belegverarbeitungsmaschine →Belegleser.

bench mark, Verfahren zur Ermittlung der Leistungsfähigkeit von DVA. (→GAMM-Formel)

Benutzerprogramme →Anwendungsprogramme.

Bereich, *array,* jeweiliger Teil eines Kernspeichers (KSp) innerhalb des →Verarbeitungsprogramms (VP), z. B. Ein- und Ausgabebereiche, Stanz- und Druckbereiche, und Teil eines →Großraumspeichers (GSp), der →Dateien speichert.

Bereichsspiele →Planspiele.

Bereitstellen →Laden.

Beschrifter, separate Maschine, die die gelochten Lochkarten (LK) abfühlt und in →Signale für einen Druckmechanismus umsetzt, der sämtliche üblichen 63 Zeichen (Z) mit einer Geschwindigkeit von 40 Z/s druckt. *(Univac)* (→Lochschriftübersetzer)

BESM = *Bystrovjestwuzuchtschaja Elektronaja Skhotinaja Maschina,* 1952 der schnellste russische Computer mit 10 000 Operationen/s. (USSR)

Beschrifter →Lochschriftübersetzer.

BEST = *business EDP systems technique,* die Programmierung (Pr) weitgehend vereinfachendes Programmiersystem (PS), auf Ausfüllen von Parameterformularen reduziert, z. B. Rechnen, Sortieren. *(NCR)* (→Programmgenerator)

Bestandsband, Lochstreifen (LS) oder Magnetband (MB) mit einer Information (Info), die wie eine Kartei einen Bestand repräsentiert und bis zu einem geringen Prozentsatz durch die „Bewegungen" verändert wird. (→Änderungsband)

Bestandsdaten →Stammdaten.

Betrieb bzw. betrieblicher Teilbereich, nach den Regelkreismodellen der Kybernetik „ein System, dessen Elemente (Menschen und Sachmittel, wie Maschinen usw.) in einem Austausch von Informationen und Leistungen stehen" *(H. Blohm).*

Betriebsanweisungen, in der →Bedienungssprache gegebene Anweisungen an das →Betriebssystem.

Betriebsrechner (BR) oder Dispositionsrechner, einfache Rechenanlage (RA), die im Prozeßverfahren oder im *real-time-processing* die Verbindung zwischen Peripherie (Prozeß) und Hauptrechner herstellt, und zwar zur unabhängigen Datenerfassung (DE) und Datenverdichtung für Verwaltungszwecke.

Betriebssystem (BS), auch Bedienungsbetriebssystem oder →*operating system (os),* die Gesamtheit aller Steuerprogramme (STP) und Bearbeitungsprogramme, ein umfassender Programmkomplex mit der Aufgabe, die tatsächliche Leistungsfähigkeit des DVS in einem Höchstmaß auszunutzen und den Arbeitsdurchfluß zu automatisieren, wobei der Computer (Comp) durch ein →Programmpaket die auf dem →Rechner (Re) stattfindenden Arbeiten zu überwachen hat: (1) der automatische Übergang von einem Programm (P) zu einem andern muß gewährleistet sein, (2) die vorhandene Peripherie des Comp muß zeitoptimal ausgenutzt werden.

Bestandteile sind:

a) Organisationsprogramm mit →Ablaufteil, EA-System und →Monitorsystem;
b) Programmiersprachen, wie →Assembler →COBOL, →ALGOL, →FORTRAN;

c) Dienstprogramme und Testhilfen.

Das BS hat folgende Aufgaben: Bereitstellung von P, Steuerung (ST) des Datenverkehrs zwischen der →Zentraleinheit (ZE) und den →peripheren Einheiten (PE), Überwachung des programmierten Durchlaufes (Exekutive), Koordinierung der →Simultanverarbeitung (SV) mehrerer P, Start und Stop. Zur gleichen Zeit können mehrere P abgewickelt werden, z. B. generell ein Ein- oder Ausgabeprogramm, speziell ein Buchungs- oder Rechenprogramm höheren Schwierigkeitsgrades.

Die Durchführung der Aufgaben ermöglichen folgende Elemente:

a) →Monitor oder →*supervisor (sv)* für die Oberaufsicht,

b) →*linkage editor (le)* für den Verkehr mit der Programmbibliothek und für die Programmabstimmung,

c) →Verarbeitungsprogramme (VP) bzw. →Dienstleistungsprogramme (DP), z. B. Sortier- und Mischprogramme, Übersetzungsprogramme, und

d) Verarbeitungskontrollprogramme, z. B. Systemüberwachung.

Es gibt verschieden große und leistungsstarke BS, je nach Kernspeichergröße und →Konfiguration des zu betreibenden DVS. Die Leistungsfähigkeit und Wirkungsweise von BS — neben der →*hardware (hw)* — wird künftig einen wesentlichen Maßstab für die Wirtschaftlichkeit von Comp abgeben. Für jedes DVS können sie speziell generiert werden. Die Verwendung dieser BS setzt bestimmte Mindestkapazitäten der Arbeitsspeicher (ASp) und ausreichende Ausstattung mit PE voraus. Die Leistungsfähigkeit des BS wächst mit der Größe der Anlagenausstattung. Seine Konstruktion gehört zum Schwierigsten in der EDV. (→*software)*

Betriebssystem residence →Systemspeicher.

Betriebsweisen →Rechenwerk.

Betriebszeit, Zeit, in der eine EDVA ohne das Auftreten von Maschinenfehlern arbeitet, einschließlich der Zeit, während der die Rechenanlage unter Strom steht und betriebsbereit ist.

Bewegungsdaten, variable Daten, Datengruppen im Verarbeitungsbereich, die der Aufzeichnung über das Auftreten eines bestimmten Ergebnisses oder einer Bewegung dienen.

Bewertung →MIX.

Bezugsadresse bestimmt bei →relativer Adressierung den Bereich des →Arbeitsspeichers (ASp), in dem das relativ adressierte Programm (P) gespeichert wird, aus dessen P die Befehle zur Ausführung entnommen werden können.

Bibliothek, *library,* Sammlung von Informationen (Info), die für die EDVA zur Verfügung stehen, gewöhnlich gespeichert in externen Speichermedien.

Bibliotheksprogramme (BP), *library subroutines,* auch *application program library,* Zusammenstellung von →Anwendungs-, →Dienstleistungs- und →Unterprogrammen allgemeinen Charakters für immer wiederkehrende Rechenvorgänge und Verfahren der DV. Sie sind i. a. auf einer →Magnetplatte oder einem →Magnetband archiviert. (→Programmbibliothek)

BIFOA = Betriebswirtschaftliches Institut für Organisation und Automation an der Universität zu Köln.

Bildröhre →Bildschirm.

Bildschirm, *screen* oder *display unit,* aufgebaut aus der alphanumerischen Eingabetastatur und einer Kathodenstrahlröhre mit zugehöriger Stromversorgung. Er besteht dazu aus einer größeren Anzahl von Funktionstasten, Anzeigelampen und der Bildröhre

(15 × 20 cm, 30 × 30 cm) sowie aus Ein-/Ausgabe-Informationen in →Klartext und kann etwa 1000 bis 30 000 →Zeichen (Z) und auch Zeichnungen wiedergeben. Die →Übertragung (Ü) zur DVA über Fernsprechleitungen erfolgt mit 600 bis 1200, 2400 oder 4800 bit/s. (→UNISCOPE 300)

Bildschirmanzeigen →Bildschirmgeräte.

Bildschirmeingabe →Bildschirm.

Bildschirmgeräte gehören künftig zur Standardperipherie eines integrierten DVS. Sie unterscheiden sich nach beabsichtigtem Verwendungszweck in:

(1) einfache *Anzeigegeräte* mit numerischer Tastatur für Buchungs- und Auskunftssysteme,

(2) *Arbeitsplätze* für Konstrukteure und Wissenschaftler mit Tastatur und →Lichtstift zur Prüfung und Beeinflussung von Entwürfen,

(3) *Sichtgeräte* mit gleichzeitiger Darstellung von Radarbildern und Rechnerdaten zur Überwachung und Steuerung (ST) aktuellen Geschehens.

BIMAP = *bill of material processor*, Stücklistenprocessor, zur optimalen Verarbeitung mit fertig codiertem Dateiaufbau und codierter Datenpflege. *(Honeywell)*

BINAC = *binary automatic computer*, 1950 für technische Berechnungen konstruiert, war die Weiterentwicklung der →ENIAC und der →EDVAC. *(Univac)*

binär, *binary* = zweier einander ausschließender Zustände fähig, zweiwertig, Eigenschaft der →Schaltglieder, d. h. die logischen Elemente haben zwei Schaltfunktionen und die Speicherelemente zwei Schaltzustände. Die Auswahlmöglichkeit bedeutet die Fähigkeit, einen von zwei möglichen Werten anzunehmen, also 0 oder 1, Ja oder Nein, Ein oder Aus. In der Nachrichtentechnik (NT) sind auch die Symbole (Sy) L oder Q gebräuchlich. Die binären →Ziffern lassen sich elektrisch leicht darstellen: der Strom fließt oder fließt nicht, ein Impuls (Imp) ist vorhanden oder nicht vorhanden. Ein Schalt-Transistor ist z. B. ein binäres Element.

Binärcode, (BC) „ein Code, bei dem jedes Zeichen der Bildmenge ein Wort aus Binärzeichen ist (Binärwort)“ (DIN 44 300); →Verschlüsselung jeglicher Art von Daten durch Bits, also 0 oder 1.

Binär-Dezimal-Code →BCD.

binäres Programmband, Magnetband (MB), das Programme (P) in binärer Maschinensprache (MSpr) enthält. Gegenteil: symbolisches Programmband.

Binärmaschinen, auch Binärrechner, speicheraufwendige Wortmaschinen (WM), bei denen Zahlen als echte Dualzahlen dargestellt werden, die i. d. R. nur addieren können. (→Dualsystem)

Binärrechner →Binärmaschinen.

Binärstelle →Binärsystem, →bit.

Binärsystem, einfachstes Zahlensystem mit dem Wertevorrat 0 und 1. Der Stellenwert einer Binärzahl ist nicht fest vorgegeben und kann nach Vereinbarung oder Zweckmäßigkeit festgelegt werden. Ein spezielles Binärsystem ist das →Dualsystem, bei dem die Stellenwertigkeit von rechts nach links in den Potenzen von 2 zunimmt, also 32, 16, 8, 4, 2, 1. Ein Binärsystem benötigt wesentlich mehr Stellen zur Darstellung einer Zahl als eine entsprechende Zahlendarstellung im →Dezimalsystem, nämlich 3,3. So günstig das Binärsystem zur Zifferndarstellung in der →Zentraleinheit (ZE) ist, so ungünstig ist die binäre Schreibweise für den Programmierer.

Binäruhr teilt die verfügbare Verarbeitungszeit bei →*time-sharing (ts)* in →Zeitscheiben *(time-slices)* auf, z. B. 10/s.

binär verschlüsseltes Dezimalsystem, *binary coded decimal system,* Zahlensystem, das die zehn Ziffern des dekadischen Systems durch die ersten zehn äquivalenten Dualzahlen ausdrückt, auch 8421-System genannt. Die „Dezimalziffern werden also durch Wörter aus Binärzeichen" (DIN 44 300) dargestellt. (→Dualsystem)

Binärwerte →binär.

Binärwort, endliche Folge von binären Zeichen mit fester oder variabler Länge.

Binärzahl →Binärsystem.

Binärzähler, auch binärer →Ringzähler, zählt die Eingangsimpulse in einem fest vorgegebenen binären Zahlensystem.

Binärzeichen, *binary character,* jedes einzelne →Zeichen aus einem Zeichenvorrat von zwei Zeichen.

Binärzelle, zweiwertiges Element; ein System mit zwei möglichen Zuständen, das ein Informationsgrundelement, ein →bit (b), zu speichern vermag; eine Schaltung mit zwei →Transistoren (Tr), ein →Magnetkern (Ke), ein magnetisierter Punkt.

Binärziffern, Ziffern 0 und 1 und eine Folge von Nullen und Einsen. (→Dualsystem)

BIOS, System der Eingabe-Ausgabe-Steuerung der *GE-115/GE-400. (BGE)*

Biquinärsystem, Zahlensystem, das die zehn Ziffern des dekadischen Systems durch einen →Code (C) ausdrückt, der auf den Grundzahlen zwei und fünf aufbaut, auch 5421-Code genannt.

BISAD = *business information system analysis and design,* Standard-Methodik der Problemanalyse und Systemplanung. *(Honeywell)*

BISAM = *basic index sequential access method,* →Zugriff ohne →Warteschlangen zu einem →Datenbestand (DB), der index-fortlaufend gespeichert ist. Die entsprechenden Makros sind *read* und *write. (IBM)*

bistabile Kippschaltung, Schaltung mit zwei möglichen stabilen Zuständen, die immer nur dann ihren Zustand sprunghaft ändern, wenn sie durch ein äußeres Signal dazu veranlaßt werden. (→*flip-flop)*

bit (b), *binary digit,* Zweierschritt, Binärziffer oder -stelle, eine Wortprägung der englischen Mathematiker *John Tukey* und *Claude E. Shannon* für die Bestimmungszahl des Informationsgehaltes einer →Nachricht (N). Kurzform für →Binärzeichen 0 und 1, für eine →Speicherstelle (SpSte), für einen positiv geladenen →Magnetkern (Ke), als Sondereinheit eine Informationsmeßzahl, die Zähleinheit für Binärentscheidungen. b ist ein vorgegebener magnetisierter Zustand zur Zeichendarstellung innerhalb eines Maschinencodes.

Mit b werden die Informationsmengen gemessen, gespeichert, bearbeitet und übertragen, wobei eine Auswahlmöglichkeit oder auch eine Ungewißheit ausgedrückt werden kann. Mehrere b bilden die Verarbeitungseinheit der EDVA, z. B. →Byte (B) = 8 b + 1 →Prüfbit, →Wort (W) = x b.

Auf Lochkarten (LK), Lochstreifen (LS), Magnetband (MB) usw. gruppiert man:

C	1. Prüfbit = *check-bit, parity check*
B A	2. Zonenbits zur Darstellung von →Buchstaben in Verbindung mit numerischen bit
8 4 2 1	3. numerische bit (0—9 als binär verschlüsselte →Dezimalzahlen)

Mit sechs b kann man z. B. bis zu 64 →Zeichen (Z) = 10 →Ziffern, 26 Buchstaben, 27 →Sonderzeichen, 1 →blank darstellen.

Das Bit wird als Hauptwort (= Binärziffer oder -stelle) groß (die Mehrzahl mit s), als Kurzzeichen (= Maß- oder Zähleinheit) klein geschrieben (die Mehrzahl ohne s, also z. B. 6 bit).

Bitdichte, *bit density,* Verhältnis der Anzahl der gespeicherten →bit (b) zu der Anzahl der hierfür verwendeten Flächen- oder Längeneinheiten, z. B. bei →Magnetbändern (MB) oder →Magnetplatten (MP). DIN 66 014 nennt 32 b/mm. (→Speicherdichte)

Bitebene, horizontale bzw. vertikale Zusammenfassung vieler Magnetkerne (Ke) zu einem dreidimensionalen Gebilde, dem Kernspeicher (KSp).

Bitgruppen →bit.

Bitkosten liegen durch die →integrierten Schaltungen (iS) in starker Degression und betragen etwa einen Cent = 4 Pfennig je →Bit.

blank, unbeschriftete oder ungelochte →Leerstelle, die keine →Information (Info) aufnehmen soll.

Blattschreiber, Seriendrucker, mit dem der Programmierer oder Operator die Anlage bedient, und zwar übernimmt er alphanumerische Protokollierung und Anforderungsschreibung.

Block, festgelegte Einheit für aufeinanderfolgende →Sätze (S) auf einem externen Speicher, die als speichertechnische →Informationseinheit (IE), z. B. Kundenanschrift, zusammengehörend betrachtet und behandelt und zwischen →Arbeitsspeicher (ASp) und →peripheren Einheiten (PE) durch einen →Übertragungsbefehl hin- und hertransportiert wird. Meistens sind die Blöcke zehn oder mehr S lang, unter einer gemeinsamen →Speicheradresse (SpAdr) aufzufinden und anzusprechen und voneinander durch unbeschriebene Stellen (Ste) als →Zwischenräume (ZwR) getrennt, um z. B. das →Magnetband (MB) die Start- und Stop-Operationen genau ausführen zu lassen. Lange Blöcke beanspruchen entsprechend viel Speicherplatz für Ein-/Ausgabe-Bereiche, so daß sorgfältige Überlegungen bei der Wahl der Blocklängen notwendig sind. Je größer ein Block ist, desto rationeller ist die Arbeit der EDVA, da mit einem Befehl (Bef) zugleich eine größere Menge von Daten (D) „gelesen“ oder „geschrieben“ wird. Die zu wählende Blocklänge richtet sich aber auch nach dem verfügbaren →Speicherplatz.

Blockdiagramme (BD) oder Grobdiagramme, auch Arbeitsablaufdiagramme, „Programmablaufpläne, Aufstellungen, betriebswirtschaftlich - organisatorische ‚Operations-Schaubilder‘, die die graphische Darstellung eines bestimmten Arbeitsablaufes bzw. eines bestimmten Anwendungsgebietes mit Hilfe von standardisierten Symbolen übersichtlich wiedergeben, wobei die erforderlichen Arbeitsschritte in einer logischen Ablauffolge durch besondere Kästchen bezeichnet werden, um eine bestimmte Aufgabe zu lösen, aber noch keine genauen Einzelanweisungen bestehen. Die verschiedenen Arten von Grunddaten sind vollständig zu erfassen, und jede Eingabe, Sortierung, Verarbeitung mit allen Verzweigungen ist neben den Ausgaben festzuhalten. Für die Zeichen im BD haben die Herstellerfirmen Symbol-Schablonen zur Verfügung gestellt, die dann nur noch durch den Text ergänzt werden. Es wird von oben nach unten und von links nach rechts gelesen“ (DIN 66 001).

Blockdrucker arbeiten nach dem Prinzip des →fliegenden Drucks mit etwa 60 Zeichen/s. *(Kienzle)*

Blocken und Entblocken, Tätigkeiten, die →Sätze zu →Datenblöcken zusammenfassen bzw. aus eingelesenen Blökken den angeforderten →Datensatz herausholen.

Blockierungsfaktor oder Gruppierungsfaktor, Zahl der →Sätze je →Block, die mit der →Zeichendichte und der →Bandgeschwindigkeit maßgeblich die effektive Schreib-/Lesegeschwindigkeit einer Magnetbandeinheit bestimmt.

Blocklänge, Gesamtzahl von →Sätzen (S), →Worten (W) oder →Zeichen (Z), die zu einem Block zusammengefaßt sind.

Blocklücken, Trennung der →Bandblöcke mit ca. 20 mm Zwischenraum.

Blockmarken, Begrenzungen eines →Blockes.

Blocknummer, eigene Nummer für jeden auf einem →Magnetband gespeicherten Satzblock, die für ihn als →Adresse dient.

Blockschaltbilder, Übersichtsschaltbilder für →Rechenwerke (RW), →Speicherwerke (SpW) u. ä., bei denen die →Baugruppen als Rechtecke, die funktionsmäßig zusammenhängenden Steuerleitungen ohne Rücksicht auf ihre Zahl als einzelne Striche (Pfeile) dargestellt sind. Sie umfassen sowohl die Funktionseinheiten der Schaltelemente wie auch Verstärker, Zähler, Programmsteuerung, logische Verknüpfungen, Speicher (Sp) u. ä. m.

Blockstanzung, die zu stanzenden Lochkarten im Ruhezustand, wo sie mit einem Schlag vollständig gelocht werden.

Blockung faßt mehrere Lochkarten (LK) oder →Bandsätze zusammen, was den Vorzug der optimalen Ausnützung →externer Speicher zu hoher Zeichenkapazität und größerer Schreib-/Lesegeschwindigkeiten hat.

Blockungsfaktor, Anzahl der →Sätze je Block bei der Verwendung von →Magnetplatten und →Magnetbändern als →Speicher zur besseren Nutzung der Speicher.

Blockzähler →Zähler.

Blockzählung, Kontrollmaßnahme, wobei zu den →Sätzen zusätzlich die bearbeiteten Blöcke gezählt werden.

Blockzeit, *block-time,* gemietete oder entlohnte →Maschinenzeit von einem anderen Unternehmen oder einem Rechenzentrum.

Blockzwischenräume, räumliche Unterbrechungen von →Datenblöcken auf →Magnetband (MB) oder →Magnetplatte (MP), etwa 1,3 bis 2 cm lang. Sie rühren aus den Start- und Stopzeiten des MB bzw. der MP her. (→Kluft)

BOMP = *bill of material processor,* Modularprogramm zur wirtschaftlichen Verwaltung von Stücklisten, Lagerbeständen, Arbeitsplänen u. a. m. im Prinzip der speichersparenden →Verkettung, wobei je nach Anwendungsfall durch besondere Parameter (= Karten) variiert werden kann. *(IBM)*

Boolesche Algebra *(George Boole,* 1815 bis 1864), Algebra, deren veränderliche Größe nur 2^n verschiedene Werte annehmen kann. Sonderfall für n = 1 : Logik = wahr/falsch, Datenverarbeitung = 0/1, Schaltungstechnik = Impuls/kein Impuls. Drei-Funktionen: UND, ODER, NICHT werden definiert und verwendet. Hierfür stehen auch Bezeichnungen wie „Logikkalkül", „symbolische Logik", „Schaltalgebra".

Boolesche Ausdrücke, nach den Regeln der →Booleschen Algebra gebildete Formeln.

bootstrap-Karte, „Einziehkarte", die erste →Lochkarte in einem selbstladenden →Maschinenprogramm mit den ersten →Befehlen einer kleinen Selbstladeroutine.

BOS = *basic operating system,* Basis-Betriebssystem mit →Magnetplatte (MP) oder →Magnetband (MB) für *IBM*/360 von 8 →K bis 64 K ab Modell 25, wobei je nach CPU-Größe →Assembler, →COBOL, →PL/1, →RPG und →FORTRAN verfügbar sind. *(IBM)*

BPAM = *basic partitioned access method,* →Zugriff ohne →Warteschlangen zu einem →Datenbestand (DB) in einem Direktspeicher. Eine Tabelle gibt für die Aufteilung den Zusammenhang zwischen Satznummer und Spuradresse an. Die Makros sind: *find, read* und *write. (IBM)*

bpi = *bits per inch* = Bits pro Zoll, Einheit der →Zeichendichte.

BPS = *basic programming support,* mit →Assembler, →RPG und →FORTRAN entwickeltes Betriebsprogramm der →Systemfamilie *IBM*/360 von 8 →K bis 64 K ab Modell 30. *(IBM)*

bps = *bits per second* = Bits pro Sekunde, Einheit der →Übertragungsgeschwindigkeit.

brainware, *(bw)* am. Bezeichnung aller Denk-Vorarbeit für Entwicklung, Planung und Einsatz eines Computers, die geistige Brücke für die Umstellung.

Braunsche Röhre *(Karl Ferdinand Braun,* 1850—1918), Grundlage der gesamten Oszillographentechnik, Urbild moderner Fernsehröhren.

B-Register entspricht dem →Indexregister (IReg) oder ist ein Register (Reg) zur Erweiterung des →A-Registers bei Multiplikationen (Mlt) oder Divisionen (Div).

BRIDGE, ein →Umwandlungsprogramm von Maschinenprogrammen für Maschinenprogramme fremder Systeme. *(Honeywell)*

BTAM = *basis telecommunication access method,* eine besondere Zugriffsmethode bei →Datenfernverarbeitung (DFV), bei der durch einen →Makrobefehl eine Kette von Kanalbefehlsworten aufgebaut wird, die alle mit dem Senden oder Empfangen einer Nachricht (N) zusammenhängenden Kanaloperationen durchführen. *(IBM)*

Buchse, Steckeinrichtung auf einer →Schalttafel, in die ein elektrischer Leiter oder eine →Schaltschnur hineingesteckt werden kann, um elektrische Impulse (Imp) weiterzuleiten. Wir unterscheiden: Eingangs- oder Empfangsbuchsen, Ausgangs- oder Sendebuchsen und →Kombinationsbuchsen.

Buchstaben, in der DV Bestandteile einer qualitativen Aussage, vor allem bei der Zusammensetzung; es wird ein Sinn mitgeteilt. In der Programmierung sind nur Großbuchstaben üblich.

Buchstabenlochung, setzt sich in der Lochkarte (LK) aus zwei Löchern je →Lochspalte zusammen, und zwar aus der Zonen- und Ziffernlochung.

Buchungsautomaten (BA) vereinigen Fakturieren, Saldieren und Buchen, haben das maschinelle Durchschreibeverfahren abgelöst, arbeiten im Duplex-, Triplex- und Multiplexbetrieb mit oder ohne elektrischen Volltext, Registerwahleinrichtung, automatischen Einzugsvorrichtungen u. v. a. →Abrechnungsmaschinen.

BULLCAT = *Bull calcul automatique des temps,* Programmiersystem (PS) zur Wirtschaftlichkeitsrechnung bei Systemplanungen einschließlich Steuerberechnungen *(BGE)*

BULLRAC = *Bull random access,* Magnetkartenspeicher (MKSp) mit →direktem Zugriff bei einer Kapazität (Kap) von 1,3 Mrd. →Zeichen (Z). *(BGE)*

Bündeln, Übertragen von Daten (D) von und zu Geräten mit relativ geringer Transferrate zu oder von einem →Speicher (Sp) mit hoher Transferrate in einer Form, die das Warten des schnellen Sp auf die langsamen Geräte unnötig macht.

Bürocomputer, kleine, kompakte EDVA der 3. Generation, im Baukastensystem ausbaufähig, leicht zu programmieren, mit Lochstreifen oder Magnetkontenkarten-Ein- und -Ausgabe.

Byte (B), kleinste logische Einheit, die technisch gesehen aus positiv oder negativ aufgeladenen Magnetkernen (Ke) besteht, die eine Kombination von →Bits darstellt und je nach Firmendefinition sechs bis einige zehn bit enthält. Bei der IBM umfaßt ein B acht Datenbits und ein bzw. zwei →Prüfbits *(check-bits)*, vertikal und horizontal für die maschineninterne Prüfung. Das ermöglicht 256 Darstellungsformen. Ein B enthält entweder ein Alphabet- bzw. ein →Sonderzeichen oder zwei →Dezimalziffern, und zwar in gepackter Form.

Bytemaschinen (BM) benötigen für die Darstellung einer Instruktion (Instr) 1 bis 5 →Byte (B), im Mittel ergeben sich Instr mit einer Länge von etwa 4 B = 32 Datenbits. 2 B können jeweils zu einem →Halbwort, zwei Halbwörter zu einem →Wort (W) und zwei W zu einem Doppelwort zusammengefügt werden. Nahezu alle modernen EDVA rechnen im Byte-Mode.

C

CAD = *computer aided design,* Programmsystem des *ICL*-Systems 1900 zum automatischen Entwurf von Computer-Neuentwicklungen und zur Korrektur bestehender Computer. CAD geht so weit, daß mit Hilfe einfacher symbolisierter Ausdrücke über Plotter Schaltpläne, Zeichnungen und Schaltplatten automatisch entwickelt werden. *(ICL)*

CAI = *computer assisted instruction,* seit 1965 eine Unterrichtstechnik, die den Anforderungen der Rationalisierung, der Ökonomisierung und der Intensivierung des Unterrichts entspricht. Sie umfaßt eine DVA mit speziellen Ein- und Ausgabeeinheiten für die Adressaten, ein Betriebssystem (BS) als Steuerprogramm (STP) zur Organisation (Org) des Ablaufes und eine →Lehrprogrammsprache (= *course-writer),* was eine problemorientierte Programmiersprache (PSpr) zum Schreiben von Lehrprogrammen bedeutet. (→programmierte Unterweisung) *(IBM)*

Call-Anweisungen, →Makroanweisungen zum Aufrufen von →Programmphasen bei →ASSEMBLER (Ass) und →COBOL und von →Prozeduren bei →PL/1.

card controller, sehr schnelle, elektronische Mehrzweckmaschine, kein eigentlicher Computer (Comp), sondern eine Lochkartenmaschine (LKM) mit zwei Zufuhrbahnen mit je 6000 Lochkarten (LK) und sieben Ablagefächern, die Daten (D) aus 80- oder 90stelligen LK liest und sie in den →Maschinencode (MC) übersetzt. Der →Magnetkernspeicher (KSp) hat eine Kapazität von 256 alphanumerischen Stellen (Ste).

CATCH = *character allocated transfer channel,* Datenkanal für den Anschluß langsamer peripherer Geräte und zeichenweiser →Übertragung (Multiplexkanal). *(Philips Elektrologica)*

CBI = *computer based instruction,* in den USA das maschinelle Lehren, die →programmierte Unterweisung (pU).

C-bit = *control bit,* das 9. →bit (b) im →Byte (B), das magnetisiert wird, wenn die Summe der im B magnetisierten b eine gerade Zahl ergibt. Die Quersumme im B muß einschl. des C-bit immer eine ungerade Zahl ergeben.

CC = *computing center* = →Rechenzentrum.

CCIT = *Comité Consultatif International Télégraphique et Téléphonique* = Internationaler beratender Ausschuß für den Fernsprech- und Telegraphendienst, von ihm wurde der Beschluß über das internationale Fernschreibalphabet gefaßt. Die Postverwaltungen verwenden dabei für sämtliche →Übertragungen (Ü) den Fünf-Schritt-Code, der mit zwei Vorlochungen: „Buchstabe" und „Ziffer" arbeitet.

CCSL = *compatible current sinking logic* = verträgliche, stromziehende Logik, →Bauelemente der DTL- und TTL-Technik mit positiver →NAND-Funktion.

CDM = *control data mathematical programming,* lineares Programmiersystem (PS) für die Serie *CD* 3000. *(CDC)*

character, numerisches oder alphanumerisches →Zeichen (Z), das mit anderen Zeichen kombiniert ein →Wort

(W) bildet. Es ist das werthöchste Z, das als erstes (links stehendes) Z in einer →Zahl oder einem Wort steht.

Charactron, →Braunsche Röhre mit geformtem Elektronenstrahl, bei der im Strahlengang unmittelbar vor dem →Bildschirm eine Metallschablone angebracht ist, in der in bestimmter Reihenfolge 64 →Zeichen (Z) eingestanzt sind. Sie kann um ± 90 ° verstellt werden, um Formulare horizontal oder vertikal zu stellen.

Charakteristik, bei Gleitkomma-Darstellung einer →Zahl die Summe des (meist höchstens dezimal zweistelligen) →Exponenten (Ex) und einer vorgegebenen Zahl, im Dezimalfall meist + 50, bei Binärmaschinen + 64. Man verwendet die Charakteristik statt des Ex, um den Speicherplatz für die Vorzeichenstelle des Ex einzusparen.

check-bit →Prüfbit.

Checkpoint-Technik verlangt bei der Stapelverarbeitung *(→batch-processing)* die Fixierung von *→restarts* zum Wiederaufsetzen des Programms. (→Stützpunkt)

CHIEF = *controlled handling of internal executive functions,* Summe von Unterprogrammen, die untereinander in wechselseitiger Beziehung stehen und das zeitlich parallele Arbeiten zwischen Zentraleinheit und peripheren Einheiten gestatten. *(Univac)*

CII = *Compagnie Internationale pour l'Informatique,* die für die Aufgaben des *Plan Calcul* 1966 gegründete französische Computer-Industrie.

CLASS = *capacity loading and scheduling system,* →Modularprogramm für Terminierungszwecke mit folgenden Programmteilen: Maschinengruppenverwaltung, Auftragsverwaltung, Reorganisation, Durchlauf und Kapazitätsterminierung.

closed loop, der in der →Automation geschlossene Wirkungskreis, bei dem der Automat, z. B. der →Elektronenrechner (ER), im *on-line*-Betrieb unter Ausschaltung des Betriebspersonals arbeitet.

closed-shop-organization, Trennung von →Programmierung (Pr) und *→operating (o)* eines Computers (Comp), z. B. bei einem Rechenzentrum (RZ). Der Programmierer liefert eindeutige Fest- bzw. Programmunterlagen und der Operator bedient danach den →Rechner (Re) („Neues Programm an die Maschine"). Gegensatz: *→open-shop-organization.*

CLT = *communications-line-terminals,* einzelne →Schrittfolgeregister, die den eigentlichen Übertragungsverkehr ermöglichen.

CMC-7-Schrift = *coded magnetic characters,* für die →Datenerfassung (DE) vorteilhafte →Magnetschrift aus 26 Buchstaben, 10 Ziffern und 5 →Sonderzeichen, die in sieben Vertikalbalken und sechs Abständen 15 Darstellungsmöglichkeiten besitzt. Sie ist visuell und maschinell sehr gut lesbar, gilt als sicher und steht durchweg in einer Zeile am unteren Belegrand. Seit 1959 wurde sie von der *Compagnie des Machines Bull,* Paris, weiterentwickelt. (→Magnetschriftleser)

COBOL = *common business oriented language,* höhere, maschinen- oder systemunabhängige Standardprogrammiersprache, die für kommerzielle und betriebswirtschaftliche Aufgaben besonders geeignet ist. Sie wird durch einen →Compiler (Com) in →Maschinensprache (MSpr) übersetzt. 1959 in den USA entwickelt, 1961 genormt und 1965 zuletzt erweitert.

COBOL besteht aus über 200 leicht verständlichen, einprägsamen englischen Wörtern, die mit Zeitwörtern Grundfunktionen, mit Sätzen Programmfolgen und mit Bindewörtern Verzweigungen beschreiben. Die Sprache baut sich in folgender Rangordnung auf: Zeichen (Z), Wort (W), Befehl (Bef), Satz (S), Paragraph, Kapitel, Teil. Die Worte werden aus den Zeichen A—Z, 0—9 und dem Bindestrich (-) gebildet. Sie können bis 30 Stellen lang sein und gruppieren sich nach reservierten (für die Maschinenanweisungen) und nach frei wählbaren (für die Zeichen verarbeitenden) Daten.

COBOL ist die ideale Sprache (Spr) für Leute ohne Programmiererfahrung; denn man kann seine Kenntnisse stufenweise erweitern. Vom Programmierer werden wenig spezielle Maschinenkenntnisse verlangt. COBOL ist zwar speicheraufwendig (20 bis 30 % mehr Hauptspeicherplatz als ein in →Assembler geschriebenes Programm) aber zeitsparend und besonders positiv, wo große →Dateien mit einer tiefen →Struktur auftreten. I. a. wird sie ab 32 K eingesetzt, bei *Honeywell* schon ab 12 K. Die Umprogrammierungskosten bei Umstellungen auf ein anderes System sind minimal, da für notwendige Änderungen nur wenige Stunden erforderlich sind.

COBOL-Programme, vier Hauptteile, die Divisionen *(divisions)*:

1. *Identification Division* = Erkennungsteil, der Programme (P) und einleitende Informationen (Info) enthält;
2. *Environment Division* = Maschinenteil, der die DVA beschreibt, auf der das →Ursprungsprogramm umgewandelt, und die Anlage, auf der das →Maschinenprogramm verarbeitet werden soll (maschinenabhängig);
3. *Data Division* = Datenteil, der die →Datenfolgen kennzeichnet, die vom Maschinenprogramm verarbeitet werden sollen, sowie Speicherplatz- und Konstanten-Definitionen (maschinenunabhängig);
4. *Procedure Division* = Programmteil, der die einzelnen Verarbeitungsschritte des Programms beschreibt (maschinenabhängig).

COBOL-Sprache →COBOL.

Code (C), Zeichenverschlüsselung, „eine Vorschrift für die eindeutige Zuordnung (= Codierung) der Zeichen eines Zeichenvorrats zu denjenigen eines andern Zeichenvorrats (= Bildmenge)" (DIN 44 300). Er ist die Darstellung eines Z durch eine bit-Kombination und eines Systems von →Symbolen für die Übermittlung von →Nachrichten. Eine Symbolstelle eines Codewortes (CW) wird als Code-Element bezeichnet. Die Anzahl der C-Elemente je CW richtet sich nach der Anzahl der zu codierenden Z. Wenn die CW länger als notwendig gebildet werden, erhält der C →Redundanz. Dadurch können ungültige CW erkannt und u. U. korrigiert werden. Maschinenintern wird ein →Binärcode verwendet, der nur die zwei Symbole 0 und 1 kennt. Als Regel gilt, daß die Bestandteile eines C sich mindestens so zahlreich untereinander kombinieren lassen können bzw. müssen, wie zu verschlüsselnde Begriffe maximal vorkommen können. Jede EDVA besitzt ihren eigenen →Maschinencode (MC), dessen Konvention für sämtliche zu erteilende →Befehle (Bef) gilt. (→Schlüssel, →Verschlüsselung)

Beispiel einer Codetabelle:

Dezimal-code	Dual-code	Stibitz-code
0	0000	0011
1	0001	0100
2	0010	0101
3	0011	0110
4	0100	0111
5	0101	1000
6	0110	1001
7	0111	1010
8	1000	1011
9	1001	1100

Code-Prüfung, die Maschine prüft im Kernspeicher ständig die Anzahl der →Magnetpunkte für jedes gerade oder ungerade →Zeichen.

Code-Rad, kleine →Magnettrommel (MT) auf der Achse des Typenzylinders zur Feststellung, welche Typenreihe sich gerade vor den Anschlaghämmern befindet.

Code-Umsetzer, Geräte zur →Umwandlung einer Information (Info) in einen bestimmten →Code (C) oder eines C in einen andern C.

Codewort (CW), Symbolfolge definierter Länge.

Codieren. I. Das Verschlüsseln von →Informationen (Info) mittels eines →Codes, und zwar →numerisch oder →alphanumerisch, um (1) Info zu klassifizieren, (2) ein Maximum an Info auf ein Minimum an Speicherbelegung zu bringen. — II. Das Auflösen der einzelnen Schritte eines →Programmablaufplanes in die ausgewählte →Programmiersprache (PSpr).

Codierer, Fachmann für die →Verschlüsselung oder Codierung (→Codieren) der →Befehle. Für ihn steht das Programm (P) in erster Linie, die Aufgabe nimmt für ihn erst die zweite Stelle ein. Als Hilfsprogrammierer schreibt er anhand des detaillierten →Flußdiagramms (FD) das P für die Maschine aus. Mit der Entwicklung höherer →Programmiersprachen (PSpr) schwindet der Aufgabenbereich des Codierers.

Codierung →Codieren.

COE = *Computers Operations Europe,* multinationale Organisation für Herstellung, Vertrieb und Service aller *Honeywell*-Computerprodukte. *(Honeywell)*

Collectdata, Datenübermittlungssystem für automatische Datenerfassung im Produktionsbereich und Übertragung mit 30 Zeichen/s in DVS. *(Friden)*

Communicator, Gerät zum schnellen Datentransfer von einem Gerät zum anderen. *(Honeywell)*

compact-computer neue Bezeichnung für Elektronenrechner im Baukastensystem. (→Prozeßrechner).

COMPASS, symbolische Assembler-Programmiersprache der Serie 3000. *(CDC)*

Compiler (Com), Programmumwandler, der ein in einer problemorientierten, maschinenunabhängigen →Symbolsprache (SSpr) geschriebenes →Ursprungsprogramm auf maschinellem Wege in ein →Maschinenprogramm umwandelt. Aufgrund *eines* symbolischen Befehls kann er *viele* Befehle und ganze Befehlsketten (Routinen) 1 : x in das Maschinenprogramm mit →Makrobefehlen einfügen. Der Übersetzungsvorgang ist bei ihm wesentlich komplexer als beim →Assembler (Ass), da er vornehmlich aus einer höheren →Programmiersprache (PSpr) übersetzt. Er ist wirkungsstärker als der Ass, gewissermaßen seine Erhöhung, verlangt größeren Zeitaufwand durch seine stärker problemorientierte Befehlssprache. In der Funktion wird er i. a. vom →Generator übertroffen. Gute Com mit den entsprechenden Einrichtungen sind heute Bestandteil jeder guten Rechenanlage (RA), weil damit der Programmieraufwand leicht um 30 bis 50 % vermindert werden kann. Das übersetzte Programm ist um den Faktor 1,1 bis 1,8 länger bzw. langsamer als ein in Ass-Sprache geschriebenes Programm. Die Compiler-Leistungsfähigkeit wird gemessen an:

1. der Geschwindigkeit der →Umwandlung,
2. dem Optimalisierungseffekt,
3. dem Erkennungsgrad von Formatfehlern,
4. der dokumentarischen Auswertung,
5. der Testerleichterung und Unterstützung.

Compilerprotokoll, Druckstreifen für das Ausdrucken solcher Informationen (Info), mit denen der Stand der Übersetzung verfolgt werden kann.

Compilersprache, gehobene Umsetzungssprache für das problemorientierte Programm.

Composer, halbautomatische Schreibkopfmaschine für die Satzherstellung im graphischen Gewerbe mit neuen Schriften im sog. 9-Einheiten-System. *(IBM)*

COMPUTAX-System, von →*software*-Firmen entwickeltes Programm (P), das Lohn- und Gehaltsempfängern die Steuererklärungen ausfüllt. (USA)

Computer (Comp) *(lat. computare = rechnen),* auch Rechner, Rechenmaschine, -gerät, -anlage (neuerdings auch Horter oder Datomat), volkstümlich Elektronengehirn. Mit ihm wird aber nicht nur gerechnet, sondern es werden weiterführende Operationen und →logische Funktionen durchgeführt, wobei das Schwergewicht auf dem internen Speicher in seiner Form als Magnetkernspeicher (MKSp), →Dünnschicht-Filmspeicher (DFSp) oder →Magnetdrahtspeicher (MDSp) liegt. Der Comp ist ein äußerst komplizierter, hochtechnisierter, elektronischer Automat, der zu etwa 20 % aus Schaltelementen und Stromkreisen besteht, die der eigentlichen Verarbeitung dienen, während die restlichen 80 % der →*hardware (hw)* zur Überprüfung der Ergebnisse herangezogen werden. Dazu gehören →Steuerwerk (STW), →Rechenwerk (RW) (= arithmetische Logik) und →Speicherwerk (SpW). Drei Haupteigenschaften muß er in sich vereinigen: (1) →elektronisches Rechnen, d. h. selbständiges Durchführen von Rechenoperationen (RO), (2) →Speichern von Programmen (P) und Daten (D) und (3) →logische Entscheidungen. Die Potenz eines Comp („rechnende Intelligenz“ nach *K. Steinbuch*) ist fast so universal wie die eines Menschen und kann beliebig ausgedehnt werden.

Computer-Dienstleistungsfirmen besorgen auf erwerbswirtschaftlicher Grundlage die Erstellung und den Verkauf von →*software* aller Art. (USA)

Computereinsatz.

1. *Qualitativ:* Für die Verarbeitung von Informationen zur Erreichung vielseitiger Zwecke im administrativen und technisch-wissenschaftlichen Bereich; zur Lösung globaler Aufgaben zur Integration und für die Steuerung von Fertigungsprozessen. Der Einsatz erfolgt in Großanlagen als Betriebs- und als Dispositionsrechner.
2. *Quantitativ:* Es gibt heute etwas mehr als 60 000 installierte EDVA in der Welt. Davon entfallen etwa 75 % auf die USA und fast 15 % auf Westeuropa (8 % auf die BRD), der Rest auf die übrige Welt. Man schätzt, daß der Einsatz von kommerziellen EDVA schon in Kürze auf 90 000 steigen wird.
3. *Anwendungsbereiche* in der BRD: Eisen- und Metallerzeugung und -verarbeitung (etwa 25 %), sonstige verarbeitende Industrie (etwa 20 %), Handel (etwa 11 %), Banken (etwa 10 %), Verkehrsbetriebe und Verwaltung (etwa 9 %), Versicherungen (etwa 8 %), wissenschaftliche Aufgaben (etwa 8 %).

Computerforschung erfordert zunehmend progressive Investitionen. Sie liegen in den USA bei 90 Mrd. DM, in Westeuropa bei 70 Mrd. DM (BRD 5 Mrd. DM).

Computerindustrie, neuer Industriezweig, der pro Jahr um 20 bis 30 % wächst; am stärksten entwickelt in den USA, es folgen Japan, Frankreich, Großbritannien und Bundesrepublik Deutschland.

Computerkosten setzen sich zusammen aus:

1. *Einrichtungs- oder Einmalkosten:*
   a) Kosten für den Umbau und die Einrichtung der Räume einschl. Klimaanlage, doppeltem Boden usw.
   b) Installationskosten, die i. a. 1 bis 2 Maschinen-Monatsmieten ausmachen.
   c) Ausbildungskosten für das erforderliche Personal.
   d) Organisationskosten durch die Organisations- und Systemberater und die Vorbereitung des Programms, was den Umfang einer Maschinen-Jahresmiete ausmachen kann.
   e) Umstellungkosten.
2. *Betriebs- oder laufende Kosten:*
   a) Mietkosten bzw. Abschreibungen, Kapital und Wartungskosten bei Kauf.
   b) Energie- und Materialkosten.
   c) Kosten für Maschinen, Lager- und Büroräume.
   d) Personal- einschl. Folgekosten.

Computerleistung, die man in den USA für einen Dollar erhält, ist seit 1950 jährlich um etwa 80 % gestiegen, was bedeutet, daß man heute 20 000 mal soviel Rechenleistung erhält wie 1950.

computer-packs, Zusammenfassung kompletter *hardware-software*-Systeme (USA).

Computer-Problemstellung, im Prinzip eine Detailbeschreibung der Abläufe im →Detailprojekt, die den Computer (Comp) betreffen. Die Ausarbeitung der Detailbeschreibungen der Comp-Passagen stellt die eigentliche Aufgabe für den Programmierer dar.

Computerprotokoll, die ausgedruckten Informationen, mit denen der Stand der Übersetzung verfolgt werden kann.

control, je nach Anwendungsfall →Regelung oder →Steuerung.

Conversion, das Umsetzen von →Informationen (Info) bzw. →Informationseinheiten (IE), die von einem DV- oder Übertragungsgerät ausgegeben werden, in eine Form, wie sie zur Eingabe (E) in ein anderes Gerät benötigt wird.

Converter (Con) oder Umsetzer (elektrischer). I. Ein Aggregat innerhalb der Maschine, das die analogen Werte in digitale umformt und umkehrt. — II. Eine Einrichtung zur direkten → Übertragung (Ü) von Informationen (Info) auf Magnetband (MB). — III. Ein spezielles Gerät zur Umsetzung von speziellen Hersteller-Codes und →Dateien in andere →Codes (C).

CORAL, spezielle Programmiersprache für das Eurocontrol-Luftverkehrsregelungssystem. *(ICL)*

COS = *compatibility operating system,* Betriebssystem der IBM, das es ermöglicht, mit echten IBM 1400er-Maschinenprogrammen auf IBM/360er-Systeme zu arbeiten. *Hardware*-Zusatzeinrichtung, 1400er Verträglichkeit ist Voraussetzung. *(IBM)*

COSY, Programm, das Quellenprogramme (QuP) in komprimiertem Format erstellt und einen Änderungsdienst ermöglicht. *(CDC)*

COURSEWRITERS, spezielle →Programmiersprachen (PSpr) für Lehr- und Übungsprogramme, mit deren Hilfe Lehrer und Ausbilder auch ohne Programmierkenntnisse für eine spezielle Rechenanlage (RA) Lehrprogramme in einfacher Form schreiben und austesten können.

CPM = *critical path method,* Methode zur Ermittlung des „kritischen Weges" (= der Weg, dessen Verwirklichung am meisten Zeit beansprucht), der also alle Teile des Netzes bezeichnet, bei denen sich Verzögerungen auf das Gesamtprojekt auswirken müssen. Es ist eine Planungsart, um mit Hilfe der Netzplantechnik Vorgänge zu erfassen, die sich aus einer größeren Anzahl von Teilvorgängen zusammensetzen, und hierbei den „kritischen Weg" zu besseren, wirtschaftlicheren, d. h. zeitoptimalen, Projektabwicklungen zu ermitteln, z. B. Termin- und Ablaufplanung für größere Vorhaben und Objekte, vor allem bei der organisatorischen Planung im industriellen und militärischen Bereich. CPM ist Vorläufer aller Netzplanverfahren.

CPS = *critical path scheduling,* Verfahren der →Netzplantechnik, eine Kombination von →*hardware (hw)* und →*software (sw).*

cps = *cycles per second* = Schwingungen pro Sekunde, Einheit der → Frequenzen.

CPU = *central processing unit,* Abkürzung für die →Zentraleinheit (ZE) als Zusammenfassung von Steuerwerk, Arithmetik und Logik.

CRAM = *card random access memory,* schnell auswechselbarer →Magnetkartenspeicher (MKSp) mit direktem, beliebigem Zugriff zu einer Mrd. →Zeichen (Z) bei acht Magnetkarten-Einheiten. Eine CRAM-Einheit wird mit einem auswechselbaren Magazin mit 384 Magnetkarten (MK) geladen und speichert 145 Mio. alphanumerische Zeichen. → Übertragungsgeschwindigkeit 83 125 Bytes/s, →Zugriffszeit 125 ms. *(NCR)*

CRAMEX = *cram executive program,* Betriebssystem (BS) zur Steuerung (ST) aller ständig wiederkehrenden Abläufe bei der Arbeit mit CRAM-Randomspeicher. *(NCR)*

CRBE = *conversational remote batch entry* →Dialog-Job(fern)verarbeitung.

CSL = *control and simulation language,* auch ECSL, Programmiersprache für spezielle Simulationsprobleme. (Großbritannien)

CSMP = *continuous system moduling program,* in →FORTRAN geschriebenes, auf →Magnetplatte (MP) katalogisiertes, blockorientiertes Program (P). *(IBM)*

CTMC = *communications terminal module controller,* eine →Steuerung (ST) für 16 →*terminals,* von denen jedes wiederum für eine unterschiedliche Anzahl von Übertragungsleitungen die ST übernimmt. *(Univac)*

cycle stealing, Verfahren, das die laufende Übertragung von Daten (D) in oder aus →Speichern (Sp) über eine Vielzahl von Einzelstationen ermöglicht, ohne daß das →Steuerwerk (STW) und das →Rechenwerk (RW) benutzt werden. Sperrungen und Verlust an Rechenzeit werden vermieden.

CZ-13-Schrift, stilisierte →Klarschrift, →digital aufgebaut, lichtelektrisch lesbar, die mit ihren Strichelementen als in ein Gitter hineinkonstruiert vorgestellt werden kann. *(SEL)*

D

DAM = *direct access method,* gestreute Speicherung, Adressierbarkeit der →Datensätze (DS) bei →Randomspeichern (RSp) in der Form

(1) der →direkten Adressierung: Der Ordnungsbegriff gibt eindeutig die Adresse (Adr) an und umgekehrt,

(2) der →indirekten Adressierung: Der Ordnungsbegriff muß nach einem Verfahren umgerechnet werden, das möglichst wenig gleiche Adressen (Doppelbelegungen) ergibt.

DAMPS = *data acquisition multiprogramming system,* Programmiersystem (PS) für die Erfassung und Verarbeitung von Prozeßdaten mit Zuordnung von Echtzeitprogrammen *(real-time-processing)* zu den Unterbrechungsebenen der →Vorrangsteuerung. *(IBM)*

DAPS = *Direct Access Programming System,* →*operating system (os)* der Serie 400. *(BGE)*

Darstellung. I. Vorgang oder Methode der Wiedergabe von Tatbeständen oder Größen durch ein System von →Symbolen (Sy), →Zeichen (Z) oder →Zahlen. — II. System von Symbolen oder Kurzzeichen, um technische Tatbestände oder Größen auszudrücken.

DAS = Direkt-Abfrage-Sprache, sie wird bei Datenbanken eingesetzt, arbeitet mit Indextafeln und wertet mit Hilfe einer Indextafelarithmetik die logischen Bedingungen einer Anfrage aus. *(IBM)*

DATA-Division →COBOL-Programme.

data link, *hardware*-Einrichtung für die →Übertragung (Ü) von Informationen (Info) nach vorgegebener Spezifikation und der Verbindungsweg zwischen →Ein- und →Ausgabegeräten und dem Übertragungskreis.

DATANET, Tastatur-Bildschirmgerät mit verdrahtetem Programm (P) zur Verbindung von acht →Datenendeinrichtungen (DEE) für →Übertragungen (Ü). Auf dem Bildschirm können max. 1196 →Zeichen (Z) erscheinen. Zusätzlich läßt sich ein Kleindrucker anschließen. *(BGE)*

data processing →Datenverarbeitung.

data recorder →MDS.

data-set, gespeicherter →Datenbestand im Computer.

DATA-VERTER, System, bei dem Daten (D) unmittelbar an ihrem Ursprungsort über die DATA-VERTER-Addier- oder -Schreibmaschine eingegeben, in einer →Magnetbandkassette gespeichert und im weiteren Verlauf der Bearbeitung über öffentliche Telephonleitungen zum →Rechenzentrum (RZ) übermittelt werden. *(Philips Electrologica)*

Datei, *file,* Sammlung sachlich zusammengehöriger Daten, z. B. Leser-, Drucker-, Stanzer-, Magnetbanddatei, ein →Datenbestand (DB), der auf Speichermedien aufgezeichnet ist. Die Daten werden über eine bestimmte →periphere Einheit (PE) in einen →Rechner (Re) eingegeben bzw. aus ihm ausgegeben.

Dateibeschreibung, beinhaltet die Zuordnung der Daten (D) zu →peripheren Einheiten (PE); sie ist jedem Programm (P) vorangestellt.

Dateikennsatz →Kennsatz.

Datel = *data telecommunication*, internationales Kunstwort für telegraphische Fernübertragungen und die Standardbezeichnung der Deutschen Bundespost für Datenfernverarbeitungsdienste. Man unterscheidet: Öffentliche Wählnetze (TELEX, DATEX, Fernsprechnetz) und festgeschaltete Leitungen (Telegraphie-, Fernsprech-, Breitbandleitungen).

Daten (D), *data*, das Gegebene, kleinste direkt erfaßbare Informationen (Info) in Form von →Ziffern und →Buchstaben, für die maschinell-interne Verarbeitung aufgeschlüsselt in Binärstellen. Sie sind „durch Zeichen oder kontinuierliche Funktionen auf Grund bekannter oder unterstellter Abmachungen zum Zweck der Verarbeitung dargestellte Informationen" (DIN 44 300). Sie sind von unterschiedlicher Struktur und verschiedenem Volumen, bestehen sowohl aus einzelnen →Zahlen und aus Textfeldern als auch aus dem Inhalt ganzer →Dateien und können als →Zeichen (Z), →Worte (W), →Sätze (S) und →Blöcke gespeichert werden. In COBOL werden die D in einer genauen hierarchischen Ordnung beschrieben. Man gruppiert:

1. Eingabedaten
2. Ausgabedaten

oder

1. variable D: z. B. der Beleginhalt, wie Datum, Auftragsnummer, Bestellung usw.,
2. feste D: z. B. die Konstanten, wie Kundennummer, Artikelnummer, Versandadresse usw.

oder

1. langfristige oder Stammdaten, mit einem Änderungsgrad von etwa 1 %—5 % je Monat, immer nach einem Ordnungsbegriff sortiert, z. B. Stammkartei, Bestandskartei, Anlagekonten usw.
2. kurzfristige oder Bewegungsdaten, immer ungeordnet als Bestellungen, Abrechnungen usw., wobei das Anzahlverhältnis bei 1. zu 2. wie 2 : 1 ist.

Datenaufbau-Anweisungen, Definitionsbefehle für →Datenformate.

Datenaufbereitung, zusätzliche Phase zwischen Datenerfassung und Datenverarbeitung, wenn die Datenträger manuell erstellt werden müssen.

Datenausgabegeräte →Ausgabegeräte.

Datenaustausch-Einheiten führen die Informationsübertragung zwischen den Kernspeichern (KSp) zweier oder mehrerer →Zentraleinheiten (ZE) durch.

Datenbänder enthalten die Informationen, die →Daten, die verarbeitet werden sollen.

Datenbank, *data busing*, Zusammenstellung bzw. Zusammenfassung von zweckorientierten →Dateien, zu deren gespeicherten →Datenelementen ohne systembedingte Behinderung jederzeit direkt zugegriffen werden kann und über Hauptordnungskriterien hinweg unterschiedliche Daten (D) kombiniert werden können. In der Datenbank werden alle wichtigen D eines großen Werkverbandes oder eines Filialsystems im →Rechner (Re) der Zentrale festgehalten und können mühelos von einer Stelle zur anderen übermittelt werden. Besondere Bedeutung hat die Datenbank für die →Datenfernverarbeitung (DFV). Sie bezeichnet auch das organisatorische System, das die Grundlage für das neue Berichts- und Informationswesen zu bilden hat, und bildet so das Zentrum des →Informationssystems (→*system overhead*). Bei der formatierten Datenbank verfügen die Datenelemente über einen festen Aufbau, über ein vorgegebenes →Format. Bei der unformatierten Datenbank sind die Felder nach den Regeln einer Umgangssprache zu Sätzen gruppiert. (→Informationsbank)

Datenbeschreibung, *data description,* Informationen über die →Struktur von Dateneinheiten und über den (hierarchischen) Aufbau von größeren Datenblöcken.

Datenbestand (DB), Gesamtheit aller sachlich zusammengehörigen Daten, z. B. Artikel-, Kunden-, Vertretersatz usw., die in maschinell verarbeitbarer Form vorliegen.

Datenblock, Summe von zusammengehörigen →Datensätzen (DS), die als →Informationseinheit (IE) verarbeitet werden können. Die Anzahl der DS wird durch den Blockungsfaktor ausgedrückt. (→Datei)

Datendirektübertragung, Möglichkeit der Übertragung von Daten ohne Zwischenträger, z. B. dezentrale Aufnahme über Telephonleitungen in eine Zentraleinheit.

Dateneingabe, Vorgang der Übernahme der Belegangaben in die Datenverarbeitungsanlage, und zwar in nicht verschlüsselter (Schreibmaschine, Belegleser), in verschlüsselter, bedingt lesbarer (Lochkarte, Magnetkontenkarte) und in verschlüsselter, nicht lesbarer (Lochstreifen und alle magnetischen Datenträger) Form.

Dateneingabeplätze →Eingabegeräte.

Dateneinheit →Daten.

Datenelemente, die kleinsten, einzeln zu verarbeitenden Datenstücke.

Datenendeinrichtungen (DEE), *data processing terminals,* auch Datenendstationen, „Geräte für Sendung oder Empfang von Daten bei der Datenfernübertragung, die Informationen in elektrische Impulse bzw. elektrische Impulse in verständliche Informationen umsetzen, wozu alle benötigten Datenübertragungserfordernisse an der Sende- und/oder Empfangsstation gegeben sind" (DIN 44 302). DEE können Anschlüsse der öffentlichen Fernmeldewählnetze oder überlassene Telegraphenleitungen sein. *(→terminals)*

Datenendstellen →Datenendeinrichtungen.

Datenerfassung (DE), *data collection,* die zentrale oder dezentrale →Umwandlung der Belege in maschinenlesbare Daten (D), die direkte oder indirekte →Übertragung (Ü) der Informationsdaten auf →Datenträger, und zwar auf bzw. von:

1. Lochkarten (LK), Lochstreifen (LS),
2. Klarschriftbelege,
3. Markierungsbelege,
4. Originalbelege.

Die DE ist Hauptvoraussetzung einer wirkungsvollen DV und stellt innerhalb des Gesamtverfahrens einen Zeit- und Kostenfaktor (Geld und Personal), fallweise von 30 % bis 70 %, dar. Sie ist zwangsläufig arbeitsintensiv, zwingt daher in weit stärkerem Maße als die DV zur Rationalisierung, was dadurch erreicht wird, daß alle das Betriebsgeschehen auslösenden Daten nur ein einziges Mal, und zwar beim ersten Anfallen, durch die richtigen Aggregate zu erfassen sind. (→Beleglesen, →optischer Belegleser)

Datenerfassungsgeräte, Schreibmaschinen, Additionsmaschinen und Registrierkassen; →Lochkarten-, →Lochstreifen- und →Belegleser; →Magnetbandgeräte usw. Der Bedarf steigt ständig; ihre Weiterentwicklung ist eine vorrangige Aufgabe für die Büromaschinenindustrie. Dabei sind u. a. folgende Forderungen zu stellen: einfache, sichere und schnelle Bedienung, automatische Tabulation, Erstellung preisgünstiger, unempfindlicher, maschineller →Datenträger, leichte Versandmöglichkeit, unbegrenzte →Kapazität (Kap).

Datenerfassungsprotokoll, zeitgleiche Niederschrift zur Datenerfassung mit Magnetband für die sofortige und nachträgliche Kontrolle der Eingabe.

Datenfelder (DF), Bereich im →Arbeitsspeicher (ASp) zur Aufnahme von zusammenhängenden Daten (D); kleinste adressierbare Dateneinheit, die nur noch in →Ziffern und →Buchstaben zerlegt werden kann. Datenfelder fester Länge werden durch Wortmarken begrenzt, Datenfelder variabler Länge können bei jeder beliebigen Adresse (Adr) beginnen.

Datenfernübertragung (DFÜ), Teil des Fernmeldewesens, meist eine *off-line*-Übertragung von Daten zu einer anderen Stelle über Fernschreib- und Fernsprechleitungen bzw. Richtfunk. Direkt an die DVA angeschlossene Fernschreib- oder Telephonleitungen (DATEX- oder DATO-Dienst) oder indirekt über →Lochstreifen (LS) verbundene Geräte erlauben Übertragungsgeschwindigkeiten von etwa 10 Zeichen/s. Über Fernsprechleitungen ergibt sich z. B. beim 5-Kanal-Code eine Geschwindigkeit von 150 bis 800 Z/s (1000 →Baud, max. 5400 Baud). Die Betriebsart im 5-, 6-, 7-, 8-Kanal-Code kann →simplex, →halbduplex, →vollduplex; →synchron oder blockweise sein. Der Trend zur DFÜ ist unaufhaltsam. Innerhalb der nächsten zehn Jahre werden 90 % aller Anwender von EDVA die DFÜ in die DV einbeziehen.

Datenfernverarbeitung (DFV), *teleprocessing,* die direkte Eingabe (E) bzw. Ausgabe (A) der Daten (D) von/zu einer außenstehenden Stelle, die Mittel der →Datenübertragung (DÜ) und die Verarbeitung in einer zentral aufzustellenden EDVA. Sie dient seit 1964 dem Informationsaustausch über große Entfernungen, insbesondere dem Filialsystem, wobei die derzeitige Maximalleistung rd. 1000 →*terminals* sind. Der Transport der D erfolgt von der E über den →Modulator zum →Demodulator und zum →Computer (Comp). In der Betriebsweise wird unterschieden: Stapelverarbeitung (→*batch-processing*), →Dialogbetrieb (*conversational processing*), Realzeitbetrieb (→*real-time-processing*), →Teilnehmerbetrieb (→*remote computing* und →*time-sharing*) und Teilhaberbetrieb. In der →Geschwindigkeit ist die DFV begrenzt durch die Möglichkeiten der →Datenfernübertragung (DFÜ).

Datenfluß, *data flow,* die „zeitlichen Beziehungen im Ablauf einer Menge zusammengehöriger Vorgänge von Daten und Datenträgern" (DIN 44 300), symbolisiert durch Pfeile im Blockschaltbild des →Rechenwerkes (RW). Er wird von der →Operationssteuerung (OST) beeinflußt. Zeit- und kostenmäßig umfaßt er etwa 50 % der gesamten DV.

Datenflußdiagramm →Datenflußplan.

Datenflußplan, *data flow chart,* schematische und logische Darstellung eines Organisationsablaufes für ein Arbeitsgebiet, wobei in Sinnbildern mit zugehörigem Text und orientierenden Verbindungslinien gezeigt wird, *welche* Arbeit getan werden muß. Er muß von oben nach unten und von links nach rechts gelesen werden können.

Datenfolge, die Gesamtheit zusammengehöriger, aufeinanderfolgender →Datenblöcke.

Datenformat, *data representation,* Form und Umfang der Teile einer Dateneinheit bei Ein- (E) und Ausgabe (A) unter Bestimmung von numerischen Begriffen, von →Konstanten und festen und variablen Wort- oder Feldlängen, in gepackter und ungepackter Darstellung. Die Formatbestimmung ist ein wichtiger Teil jeder Programmierarbeit, sie kann von einer Stelle bis zur maximalen Anzahl der Kernspeicherstellen (KSpSte) gehen.

datengesteuerte Produktionsanlagen →numerische Steuerung.

Datengruppen, Zusammensetzung von →Datenelementen nach gemeinsamen, gleichen Ordnungsbegriffen. Mehrere Datengruppen bilden einen →Datensatz.

Datenkanäle →Kanal.

Datenkarten, einzulesende →Lochkarten (LK) für Dateneingabe. Gegenteil: →Programmkarten (PK).

Datenkettung, *data chaining,* die automatische Verbindung mehrerer zum gleichen →Ordnungsbegriff gehörender bzw. logisch zusammenhängender →Datensätze (DS) durch Angabe der →Speicheradresse (SpAdr) der weiteren DS (Plattenspeicher-Organisation). Neben dieser *software*-bezogenen Datenverkettung haben wir auch eine *hardware*-bezogene, die über ein →Kanalprogramm abgewickelt wird. *(IBM)*

Datenkreislauf →Ausführungsphase.

Datenleitungen liegen neben den Signalleitungen in den Kabeln einer DVA und sind der Datenübertragung (DÜ) vorbehalten.

Datenmanagement, *data management,* ein Funktionsbereich des →*operating system (os),* der Umgang mit →Dateien, was Datenmanagement - Kenntnisse (Speicherungsformen, Verarbeitungsmethoden) voraussetzt. Es steuert auch den Datenfluß zwischen Hauptspeicher und EA-Einheiten in der Datenfernverarbeitung der *terminals* mit einer eigenen Zugriffsmethode (→BTAM). *(IBM)*

Datenorganisation, die zum Systemaufbau und zur Problembearbeitung korrespondierende Aufteilung der Daten (D) in →Konstanten (langfristig), →Stamm- und →Bewegungsdaten (kurzfristig).

Datenprofil, nach Quantität, Qualität und Zeit erarbeitete Summe der in der DV zu verarbeitenden Daten (D): wann, wo, wie, wozu usw. Hierin liegt ein wichtiger Punkt zur Auswahl der Größe eines →Computers (Comp).

Datensatz (DS), *data record,* mehrere logisch zusammengehörige, aufeinanderfolgende Daten (D). Er setzt sich i. a. aus mehreren →Feldern zusammen, die aus einer Reihe von Zeichen (Z) bestehen und steht gewissermaßen als betriebsorganisatorische im Gegensatz zum →Block als technische, maschinenorientierte Einheit. Zu ihm gehören Bezeichnungen (Kundennamen), →Konstante (Datum), →Variable (Preis) und →Steueranweisungen (Kartenart). Datensätze einer organisatorischen Einheit bilden einen →Datenbestand (DB) oder eine →Datei.

Datensicherung erfolgt (1) durch →Redundanz bei der →Datenübertragung (DÜ), (2) durch die →Paritätsbits bei der DV und (3) durch spezielle →Codes (C) (= Ziffernsicherungs-C).

Die Datensicherung erfolgt auch durch das Führen von Mehrfach-Dateien bzw. die speziell entwickelten Organisationsformen der →Archivierung von →Stamm- und →Bewegungsdaten zur ständig möglichen Rekonstruktion von →Dateien. Bei →externen Speichern muß dafür gesorgt werden, daß alle Daten (D) einmal gespeichert werden, damit sie im Falle der Zerstörung nicht unwiederbringlich verloren sind.

Datensichtstation, Name für →*terminals. (Siemens)*

Datensignal, Signal, das nur dazu dient, auf elektrischem Wege Daten (D) darzustellen bzw. wiederzugeben.

Datensortierung →Sortieren.

Datenspeicher (DSp) nimmt vor der Maschinenarbeit alle bei der Problemlösung zu verarbeitenden Daten auf. Er besteht aus einer großen Anzahl von →Speicherstellen (SpSte), die sinnreich und einfach geordnet sein müssen. Von ihm wird gefordert: hohe Eingabe-/Ausgabe-Geschwindigkeit, große →Kapazität (Kap) und →direkter Zugriff.

Datenspeicherung →Speicher.

Datenstationen (DST) →*terminals.*

Datenstruktur, nach den Maschinen unterschiedlich: → Stellenmaschinen (StM) haben in einer Stelle (Ste) *ein* Alpha- oder *ein* numerisches Zeichen, →Wortmaschinen (WM) in einem →Wort (W) je nach Anlage *mehrere* Alpha- und/oder *mehrere* numerische Zeichen, →Bytemaschinen (BM) in einem →Byte (B) *ein* Alpha- oder *zwei* numerische Zeichen.

Datentechnik, engere Fassung des Begriffs Informationstechnik. (→Information)

Datenträger (DT), *unit records* oder *input/output medien,* „alle Medien, auf denen Daten zum Zwecke der Verarbeitung in einer durch maschinelle Hilfsmittel lesbaren und ausdeutbaren Form niedergelegt werden können" (DIN 44 300). Zu ihnen gehören nur solche Speichermedien, die der unmittelbaren Eingabe (E) in die Eingabegeräte dienen, und zwar als sortierfähige DT: Lochkarten (LK), Magnetschrift- sowie Klarschriftbelege, Magnetkontenkarten (MKK), und als nicht sortierfähige DT: Lochstreifen (LS), Magnetbänder (MB), Magnetplatten (MP).

Datentypistin →Locherin, →Prüferin.

Datenübermittlungsgeräte, Steuerungseinheiten (STE) für die →Datenfernübertragung (DFÜ).

Datenübertragung (DÜ). I. Ein Zweig des Fernmeldewesens. Über öffentliche Fernsprech- oder Fernschreibleitungen werden zwischen einem →Rechenzentrum (RZ) und einem Kunden Informationen übertragen, die durch Maschinen verarbeitet worden sind bzw. werden sollen, und zwar 1000 bis 4800 bit/s, was z. B. bei einem 7-bit-Übertragungscode 170 Zeichen/s bedeutet (→Datenfernübertragung). — II. Vom Steuerwerk (STW) veranlaßter Datentransport zwischen Arbeitsspeicher (ASp), Ein-/Ausgabemedien und externen Speichern. Alle Übertragungen gehen über die Zentraleinheit (ZE).

Für die DÜ wird auch infrarotes Licht benutzt, das sog. *data-link*-System der *GE.* Die DÜ ist vor allem anwendbar innerhalb eines Unternehmens für DVA und für dezentrale Datenanfallstellen bzw. Datenempfangsplätze. (→ *remote computing,* →*real-time-processing)*

Datenübertragungsblock, „eine begrenzte Menge Daten, die zum Zweck einer gesicherten Datenübertragung als eine Einheit behandelt wird" (DIN 44 302).

Datenübertragungsgeräte →*terminals.*

Datenübertragungszeit, Teil der →Zugriffszeit (Zug), abhängig von der → Zykluszeit (Zyk) beim →Arbeitsspeicher (ASp) für interne Übertragungen (Ü) bzw. um die Lese- und Schreibgeschwindigkeit von externen →Datenspeichern (DSp) ergänzt.

Datenverarbeitung (DV), *data processing,* „eine Sonderform der Nachrichtenverarbeitung, bei der von eindeutig beschriebenen Daten ausgegangen wird und bei welcher die Anzahl der logischen Verknüpfungen relativ klein gegenüber der Menge der aufgenommenen Daten ist" *(K. Steinbuch).* Sie bedeutet die Durchführung einer

Reihe von planmäßig aufeinanderfolgenden →Operationen (O) mit den im Betrieb anfallenden Informationen (Info), meist in Zahlen dargestellt, die zu einem konkreten Ergebnis führen, wie Erfassen, Speichern, Ordnen, Berechnen und Ausgeben. Die kommerzielle DV, als Teilgebiet der →Kybernetik, betrachtet das Unternehmen als ein Gebilde, das in seinen Funktionen durch Regelkreise (→Rückkopplung) gesteuert und im Gleichgewicht gehalten wird. DV ist auch der Einsatz und die Auswertung aller betrieblichen und verwaltungsmäßigen Vorgänge mit konventionellen oder elektronischen Rechenanlagen (RA). Ihre Grundfunktionen sind hauptsächlich Gruppierungs- und Rechenvorgänge. Für die automatische Erledigung aller Aufgaben, die nur 1/10 der gesamten Maschinenzeit beansprucht, werden →Programme (P) entworfen.

Datenverarbeitung außer Haus, nach AWV alle Formen, bei denen die DV dritten Stellen übertragen wird. Man unterscheidet:

1. herstellergebundene oder herstellerunabhängige →Servicebüros (SB),
2. kooperativ genützte →Gemeinschaftsanlagen (GA),
3. →Anlagenmitbenutzung,
4. →Verbundanlagen (VA),
5. →do-it-yourself-Methoden

(→Rechenzentrum)

Datenverarbeitungsanlagen (DVA), moderne, nach unterschiedlichen Zwecken zusammengestellte, elektromechanische oder elektronische Maschinenaggregate zur Durchführung wissenschaftlicher, technischer und ökonomischer Aufgaben; es gibt rd. 100 verschiedene elektronische →Modelle. Sie bestehen i. a. aus vier bzw. fünf Hauptteilen: →Zentraleinheit (ZE) mit →Steuerwerk (STW), →Rechenwerk (RW) und innerem →Speicherwerk (SpW), äußere →Speicher (Sp) und →Eingabe (E) und →Ausgabe (A). Sie entwickeln sich zweidimensional: *vertikal* als „Systemfamilien" mit wachsender interner Betriebsgeschwindigkeit und steigender Kapazität (Kap), *horizontal* durch zusätzliche →periphere Einheiten (PE) bei zunehmendem Leistungsbedarf.

Man unterscheidet

1. manuelle,
2. mechanische,
3. maschinelle (= elektromechanische und elektronische)

Datenverarbeitungsanlagen, die sich wie folgt gruppieren:

a) kleine Büroelektronik (→Abrechnungsmaschinen),
b) mittlere Datentechnik (→Magnetkontencomputer),
c) Standardcomputer (→Lochkartenverfahren und →EDVA),
d) Supercomputer.

Datenverarbeitungsfachleute, *system men,* in der DV Beschäftigte, die in verschiedenen Funktionen benötigt werden, insbesondere als →Organisatoren, →Systemberater, →Programmierer, →Operatoren, →Locherinnen, →Prüferinnen.

Datenverarbeitungsformen, Einzelverarbeitung und Parallelverarbeitung in Form von →*multiprogramming (mp)* und →*multiprocessing (mpc).*

Datenverarbeitungsmaschinen, →Digitalrechner (DR), →Analogrechner (AR) und →Hybridrechner (HR) gliedern sich in Einzweck-, Mehrzweck- und Allzweckmaschinen. Extern gesteuert sind sie →Lochkartenanlagen (LKA), Halbautomaten wie →Abrechnungsmaschinen (AM) und →Magnetkontencomputer (MKC). Speicherprogrammierte EDVA sind Lochkarten-, Magnetband- und *random-access*-Anlagen.

Datenverarbeitungssystem (DVS), *data processing system,* „eine Funktionseinheit zur Verarbeitung von Daten" *(K. Steinbuch).* Die Anlage umschließt den Verlauf von der Datenerfassung (DE) bis zur Ergebnisbildung und besteht aus drei Gliedern: Verarbeitungssystem, Verarbeitungsprogramm und Verarbeitungskontrolle. Man unterscheidet manuelle, mechanische, elektromechanische und elektronische DVS. Die letzten beiden haben als „maschinelle" DVS zu gelten. Für die Zukunft zeichnen sich zwei Arten ab: (1) die kleine, dezentrale EDVA mit MP-, MB- und MT-Anlagen und (2) die zentrale, gepuffert arbeitende Großrechenanlage (GRA).

Datenverdichtung, *data reduction,* maschinelles Zusammenfassen von Einzelinformationen mit gleichem Inhalt zu einer Sammelinformation durch Anwendung zweckmäßiger mathematisch-logischer Verfahren, wie z. B. einfache Vergleichsoperationen. Beispiel: Einzelumsätze der gleichen Artikelnummer je Tag und Kunde werden zu einer Monatssumme gruppenmäßig zusammengefaßt.

Datenzwischenträger, Datenträger (DT), die das Bindeglied zwischen zwei Einrichtungen zur DV herstellen, z. B. →Lochstreifen (LS) für Datenübertragung vom →Magnetkontencomputer (MKC) zur EDVA.

DATEX, Fernschaltgerät der Bundespost für →Datenübertragung mit 200 →Baud, →Frequenz 200 bit/s (seit 1967). Einrichtungsgebühr 140 DM, Monatsmiete 60 DM; Gebühren 0,50 DM/min für Nahverkehr, 0,80 DM/min für Weitverkehr. Es können beliebige Telegraphen- und Datengeräte zu entsprechenden Gebühren angeschlossen werden. Jedermann kann Teilnehmer am Datexdienst werden. Die Leistung liegt bei 25 Z/s in einem Fünfercode, das Vierfache von TELEX. Datexanschlüsse ermöglichen Duplexbetrieb (→duplex).

Dauerspeicher →externe Speicher.

DAVID, Dialogsystem für das Abfragen von Dateien im Datenfernverkehr. *(Siemens)*

DCS-1, DCS-4 und DCS-16, Datenfernübertragungs-Einrichtungen mit einem Steuerteil und den dazugehörigen Leitungsanschlußschaltungen (jeweils 2 bis 16) für die Datenein- und -ausgabe. *(Univac)*

DCT 2000, Datenfernverarbeitungsstation (→*terminals)* für Eingabe (E) und Ausgabe (A), die neben der →Tastatur mit einem →Drucker (Dr) und einem →Lochkartenleser (LKL) ausgestattet ist. *(Univac)*

DDC = *direct digital control,* direkte digitale Steuerung, ein aus Prozeßgrößen durch einen Prozeßrechner ermitteltes digitales Steuersignal wird der Stelleneinrichtung direkt zugeführt.

DDP = *digital data processor,* (Anlagenserie), digitaler Vielzweckrechner in integrierter Bauweise der 3. →Generation als →Prozeßrechner mit 250 im Einsatz erprobten Programmen, besonders geeignet für Aufgaben der industriellen →Steuerung. *(Honeywell)*

DDS = Daten-Dialog-System, ein → *time-sharing-system (tss),* vor allem für die →Textverarbeitung. (→dialogfähig)

DDV = direkte Datenverarbeitung, alles, was die Rechenanlage (RA) selbst bearbeiten kann. Mit der →Datenerfassung (DE) wird bereits ein erster Verarbeitungsvorgang unmittelbar verknüpft, z. B. →Rechenoperationen (RO), auch Kontrollen auf Verfügbarkeit u. ä., so daß das Datenmaterial unmittelbar nach seiner Erfassung bereits einen höheren Informationswert enthält. Im selben Arbeitsgang wird auch automatisch ein →Datenträger (DT) erstellt.

Decoder-Schaltungen haben die Aufgabe, anliegende →Codewörter (CW) zu interpretieren und entsprechende Steuersignale abzugeben, insbesondere für →Befehle (Bef), und damit die auszuführenden →Operationen (O) und die →Speicherplätze der →Operanden (Op) festzulegen.

Decodierung, Rückverwandlung des Maschinencodes in eine lesbare Form.

DECONTIC = *decentral control automatic,* dezentrales Steuerungssystem für Folgesteuerungen und Verknüpfungslogiken oder Schrittschaltwerke zur →Automatisierung einer Anlage. *(BBC)*

Definition, im Sinne der Vereinbarung für →Compiler (Com) die begriffseindeutige Festlegung und Kennzeichnung von →Bereichen (Arbeitsbereiche, Eingabe-/Ausgabebereiche, Rechenbereiche, Zwischenbereiche) für das →Programm (P). Nach Bestimmung von „Namen" und Größe organisiert der Compiler die Bereichszuordnung automatisch.

DELTA, technisches Gerät für schnelle Datenerfassung in technischen und wissenschaftlichen Labors. *(IBM)*

Demodulation, Umsetzungsvorgang durch Division von elektrischen Schwingungen miteinander, um bei Datenübertragungen das geeignete Signal zu bekommen bzw. eine mehrfache Ausnutzung der Übertragungsleitungen zu erreichen.

Demodulator, technisches Gerät zur Rückverwandlung modulierter Schwingungen in die ursprüngliche Form, zur Weitergabe in Ein- oder Ausgabegeräte. (→Modem, →Modulator)

Denkkomma →Komma.

DERA = Darmstädter elektronische Rechenanlage (seit 1948).

design automation, automatische Entwurfserarbeitung speziell beim Computerbau. Durch eine streng hierarchische Aufteilung bringt sie eine wesentliche Verkürzung der Entwicklungszeit und erlaubt eine schnelle Erstellung und Änderung von Fertigungsunterlagen durch optimale Programme.

Deskriptoren, systematisch ausgearbeitete, Zielinformationen dienende Anfragekarteien, die → Kennwörter (= Schlüsselwörter) enthalten, durch die der Inhalt einer Information (Info) charakterisiert wird. Sie dienen der Beschreibung und Lokalisierung von → Daten (D) und →Programmbereichen im →Speicher (Sp). Die Gesamtheit der in einem →Informationssystem (IS) verwendeten Deskriptoren wird als →Thesaurus bezeichnet.

Detailprojekt, verfeinerte Ausarbeitung des im Konzept grundsätzlich denkbar erkannten Lösungsweges.

determiniert = vorausbestimmt, Maschinen oder Verfahren laufen nach Plan oder Programm. Gegenteil: →stochastisch.

dezimal *(lat. decem = zehn),* Charakteristik oder Eigenschaft, die eine Auswahl zwischen zehn Möglichkeiten, vorwiegend →Ziffern, umfaßt, Basiszahl der Wertigkeit ist 10.

Dezimalcode stellt die →Zahlen des →Dezimalsystems durch Aneinanderreihen von →Ziffern entsprechend ihrer Wertigkeit zur →Basis 10 dar.

dezimal-dual →BCD.

dezimale Darstellung wird bei allen kommerziell genutzten Anlagen überwiegend für die Eingabe (E) und Ausgabe (A) verwendet.

Dezimalklassifikation (DK), auf den Grundlagen des dezimalen Zahlensystems aufgebaute Ordnungsmethode, die heute als Verteilungskriterium maßgeblich ist.

Dezimalmaschinen, Stellenmaschinen (SteM) und Wortmaschinen (WM), bei denen die →Stellen (Ste) bzw. die Stelle eines →Wortes (W) jeweils für die eingebaute Dezimallogik in feste Bit-Gruppen eingeteilt sind. Innerhalb dieser Bit-Gruppen werden die Ziffern (0 bis 9) →codiert. Das Rechenwerk (RW) arbeitet dezimal. Man unterscheidet: →BCD und →EBCD.

Dezimalstellen betreffen die Wertigkeit einer →Ziffer innerhalb einer →Zahl im →Dezimalsystem, z. B. Einer, Zehner, Hunderter.

Dezimalsystem, zehnwertiges Stellensystem, d. h. jedes Ziffernsymbol (0 bis 9) erhält seinen Wert durch die →Stelle (Ste), auf der es steht. Es steigt von rechts nach links immer mit dem Faktor 10 und beruht auf fallenden Potenzen mit der →Basis 10.

Dezimalzahlen haben ihren Stellenwert in ihren Ziffern 0 bis 9 durch eine positive oder negative Potenz der Zahl 10. Die Dezimalzahl 437,9 ist die Abkürzung für $4 \times 10^3 + 3 \times 10^2 + 7 \times 10^0 + 9 \times 10^{-1}$.

Dezimalzähler, →Zähler, der im →Dezimalsystem zählt.

Dezimalziffern, die Ziffern 0 bis 9. Eine Dezimalziffer kann sowohl als numerisches Zeichen (Z) als auch als alphanumerisches Z gespeichert werden. →Rechenoperationen (RO) erfolgen nur in numerischer (gepackter) Darstellung.

DGK = Deutsche Gesellschaft für Kybernetik, sie umfaßt u. a. folgende Trägerorganisationen: Gesellschaft für Programmierte Instruktion, Deutsche Gesellschaft für Biophysik, Gesellschaft für Angewandte Mathematik und Mechanik, Nachrichtentechnische Gesellschaft im VDE, VDI.

Diagnoseprogramme, *diagnostic programs,* auch Testprogramme. I. Bestandteile der →Compiler (Com) zur Fehlerermittlung und Fehlerumgehung. — II. Spezielle Technikerprogramme zur Erkennung technischer Mängel.

Diagnostik, Fehlerausdruck, die Tätigkeit der modernen →Rechner (Re), wichtige Zustandsänderungen eines →Programms (P) automatisch anzuzeigen und sich dann nach festgelegten Regeln zu verhalten.

Diagramme oder Aufrißpläne, sinnfällige graphische Aufzeichnungen von Werten in der Physik, der Meßtechnik, der Mathematik und der Statistik. In der DV zeigen sie den logischen Arbeitsablauf und die symbolische Programmierung (Pr), wobei sich nach der Detaillierung chronologisch folgender Aufbau ergibt:

1. Das →Blockdiagramm (BD) dient der großen Übersicht und ist graphisch detailliert ein bestimmter Arbeitsablauf mit Hilfe von standardisierten →Symbolen (Sy).
2. Das →Flußdiagramm (FD) oder →Ablaufdiagramm (AD) versinnbildlicht den logischen Arbeitsablauf, die symbolische Darstellung der analytischen Reihenfolge und enthält die Anweisungen an den Programmierer, wobei für die benutzte Symbolik bisher noch keine verbindlichen Normen festgelegt sind.
3. Die Speicherorganisation erbringt Klarheit über den Arbeits- und Maschineneinsatz und legt die zeitliche und räumliche Einteilung fest.
4. Die Codierung übernimmt das Auflösen und Übertragen der einzelnen Schritte des Flußdiagramms in →Maschinenbefehle und das Aufschreiben des →Programmablaufes in der →maschinenorientierten Programmiersprache.

In vielen Fällen werden nur die Speicherübersicht und das Blockdiagramm festgelegt, und zwar ohne Codierung.

DIALOG-BASIC, Programmiersprache zur einfachsten Lösung wissenschaftlich-technischer Probleme. *(Siemens)*

Dialogbetrieb, *inquiry-response* oder *conversational processing,* „Betrieb eines Rechensystems, bei dem zur Abwicklung einer Aufgabe Wechsel zwischen dem Stellen von Teilaufgaben und den Antworten darauf stattfinden können" (DIN 44 300).

dialogfähig (df) ist ein →Datenverarbeitungssystem (DVS), wenn es Benutzern in direktem Zugang über Endgeräte, wie Fernschreiber oder Sichtgeräte, Dialoge mit ihm ermöglicht. Sie bestehen aus Fragen und Antworten über Programme (P) oder Daten (D) und verlaufen ähnlich Gesprächen unter Menschen, wenngleich sie an eine strengere Sprache gebunden sind. Alle modernen →*time-sharing-systems (tss)* sind dialogfähig.

Dialogfähigkeit begründet ein neues Verhältnis des einzelnen Benutzers zum DVS. Sie paßt das DVS dem menschlichen Arbeitsrhythmus an und erleichtert das Testen von Programmen in einem Maße, wie es z. B. bei Stapelverarbeitung *(→batch-processing)* allein nicht möglich wäre.

Dialog-Job(fern)verarbeitung, *conversational job(remote) batch entry,* eine Anwendungsart der Datenfernverarbeitung in Form eines →dialogfähigen →Teilnehmerbetriebes, wobei die Benutzung einer zentralen Datenverarbeitungsanlage von einer oder mehreren unabhängigen, über Datenübertragungseinrichtungen angeschlossenen, bedienerorientierten Datenstation mit einer Tastatur als Eingabeelement erfolgt.

Dialogstationen →*terminals.*

DIB = Deutsches Institut für Betriebswirtschaft in Berlin, Frankfurt, München.

dielektrisch = nicht leitend, eine Materialeigenschaft, vorzugsweise bei Nichtleitern, die gekennzeichnet wird durch die sog. Dielektrizitätskonstante. Diese Materialeigenschaft ist von Bedeutung für die räumliche Verteilung elektrischer Felder, z. B. Trennung leitender Schichten.

Dienstleistungsprogramme oder Dienstprogramme (DP), *utilities programs,* Arbeitsprogramme (AP) zur Durchführung einfacher, oft wiederkehrender, anwendungsneutraler Grundaufgaben, wie z. B. Transport großer Datenmengen zwischen den verschiedenen Anlageteilen: Lochkarte (LK) auf Magnetband (MB) usw. Sie sind als →Systemprogramme Bestandteil des →Betriebssystems (BS) und werden mit wenigen →Steuerkarten (STK) aktiviert. Sie behandeln auch als Hilfsprogramme (HiP) nachgeordnete Aufgaben, wie Speicher löschen, Speicher ausdrucken, Speicher stanzen, Sortieren, Mischen, Dateipflege. Zu den DP gehören z. B. →Compiler (Com) und →Generatoren, →Konvertierungsprogramme und →Testprogramme, →Standardprogramme.

Dienstprogramme →Dienstleistungsprogramme.

DIGIGRAPHIC, spezielles Verfahren, das mit →Bildschirm und zugehörigem →Lichtstift zeichnerische Arbeit und EDV ermöglicht. *(CDC)*

DIGINET, akustischer Koppler zwischen einem transportablen Fernschreiber und einem Computer, der 230 000 bit/s überträgt. *(BGE)*

DIGISET = digitale Setzmaschinen für die rationelle Satzherstellung, wobei an die Stelle der sonst bei Photosatz üblichen Diapositiv-Magazine die elektronische Speicherung der →Zeichen (Z) in einem Kernspeicher (KSp) tritt. Die Arbeitszuständigkeit ist der Zusammenarbeit mit →Rechnern (Re) angepaßt; sie beträgt im Durchschnitt 1,5 Mio. Z/h, was bedeutet, daß eine Zeitungsseite in zwei Minuten gesetzt werden kann.

digital *(lat. digitus = der Finger).* Die digitale („ziffernmäßige") Darstellung von Daten (D) und Informationen (Info), i. w. in Form von →Binärziffern.

Digital-Analog-Umwandler (DAU), auch Digitalumsetzer, ein nachgeschaltetes Gerät der DVA für die →Umwandlung oder Umsetzung von digitalen Rechenergebnissen in kontinuierliche Meßwerte, wobei das Rechenergebnis wieder in Stellgrößen umgewandelt wird, vor allem bei Prozeßregelungsanlagen, Werkzeugmaschinensteuerungen usw.

digitale Daten, „auf Grund bekannter oder unterstellter Abmachungen zum Zwecke der Verarbeitung codiert dargestellte Informationen" (DIN 44 300).

digitale Logikbausteine, auch *flat*-PACs, *hardware*-Elemente, die als monolithische integrierte Schaltkreise in gewisser Anzahl auf Leiterplatten gedruckt werden. (→PAC) *(Honeywell)*

digitale Steuerung →numerische Steuerung.

Digitalrechner (DR), Stellen- oder Ziffernrechner, seit über 20 Jahren Rechenvielzweckgeräte für die DV. Sie arbeiten mit →Binärziffern, und zwar schrittweise oder zählend, genauer und schneller als →Analogrechner (AR), bringen das auszuführende Programm (P) im eigenen Speicher (Sp) unter (→speicherprogrammiert), was beim AR entfällt. So lange die Aufgabe eindeutig formulierbar und die Daten (D) eindeutig quantifizierbar sind, können mit dem DR praktisch alle Informationsprozesse automatisiert werden.

Digitaluhr, in die →Zentraleinheit (ZE) eingebaute Uhr, die der DVA gewissermaßen ein Zeitbewußtsein verleiht, zudem sie die Ortszeit in Stunden, Minuten und Sekunden angibt. Bei Anschluß dieser Uhr nimmt das Überwachungsprogramm die Ortszeit an geeigneten Stellen mit in das auf der Schreibmaschine ausgegebene Funktionsprotokoll auf. Die Digitaluhr kann auch von den →Arbeitsprogrammen (AP) angesprochen werden und arbeitet in Verbindung mit dem Zeitmesser bzw. →Zeitgeber.

Digitalumsetzer →Digital-Analog-Umwandler.

Digitalwerte, Informationen (Info), die durch einen →Code (C) dargestellt werden, der aus einer Folge diskreter Elemente besteht.

DIFAD = Deutsches Institut für angewandte Datenverarbeitung, gegr. 1967 durch die →ADL.

Dioden (Dio) oder Richtleiter, elektrische Ventile, zweipolige elektronische Schaltelemente, die den Strom nur in einer Richtung (von der Anode zur Kathode) durchlassen. Die moderne Realisierung als →Halbleiter geschieht mit Germanium- oder Siliziumkristallen. Dio werden in der sog. Dioden-Logik zur Entwicklung von Konjunktionen (→UND-Funktion) und Disjunktionen (→ODER-Funktion) verwendet, aber nicht für Negationen (→NICHT-Funktion).

Diodenmatrix, Zusammenschaltung von →Gattern zu einem →Netzwerk (NW) für →Entschlüsselung und →Verschlüsselung von Dualzahlen.

direkte Adressierung, geht vom numerischen Ordnungsbegriff aus. Bei lückenloser Folge der Kennbegriffe wird der Adressenplatz im Kernspeicher direkt gefunden und verarbeitet, und zwar wahlweise oder fortlaufend. Es ist die schnellste Verarbeitungsart.

direkte Berechnung, Verfahren, um durch →logische Verknüpfungen der zwei Eingangsgrößen bei jeder Berechnung das Ergebnis neu zu erzeugen.

direkte Datenerfassung erfolgt im Gegensatz zur indirekten (Belegablochung) nur als *on-line*-Übertragung durch anzuschließende →Tastaturen, Bildschirmeingabe, Belegerfassungsgeräte usw. und bei →*multiprocessing (mpc)*, →Datenfernübertragung (DFÜ) bzw. bei →Prozeßrechnern (PR) durch automatische Abfrage von Meßdaten.

direkte Datenverarbeitung →DDV.

direkter Zugriff, *random access,* auch *direct access method,* geht zu einem →Datenbestand (DB) einer →Speichereinheit (SpE), wobei die →Adressen (Adr), die durch die →Informationen (Info) aufgerufen werden, vollkommen beliebig aufeinanderfolgen können. Durch Angabe ihres Standortes, des Platzes der Adr, können die Info unmittelbar abgerufen werden. Der schnelle Speicher (Sp) mit Direktzugriff besteht i. a. aus einer dreidimensionalen →Matrix von einigen Tausenden bis zu einer Million winziger →Magnetkerne (Ke), von denen jeder ein →bit (b) speichern kann. Die Vorteile bei diesem Verfahren liegen in der einfachen Umstellung einer Betriebsorganisation auf die Computertechnik, in sofortiger Verarbeitung neu anfallender Daten (D), in gleichzeitiger Bearbeitung mehrerer Datenbestände ohne vorherige Sortierverfahren und in direkter Ausgabe (A) von D von jeder beliebigen Stelle des DB, wobei genügend Speicherplätze zur Verfügung stehen müssen. Bei Speichermedien ohne direkten Zugriff, z. B. beim →Magnetband (MB), müssen die Standorte (Plätze, Adr) von vorn bis hinten daraufhin geprüft werden, ob sie die benötigte Info enthalten. (→Zugriff, →wahlfreier Zugriff)

Direktübertragungsmodus, Art des Lochkartenlesens, bei der nicht jede Kartenspalte als alphanumerisches →Zeichen (Z) decodiert wird, sondern bei der ohne Umcodierung die $80 \times 12 = 960$ →bit (b) der →Lochkarte (LK) in den →Speicher (Sp) übernommen werden.

Disjunktion, ODER-Verknüpfung → ODER-Funktion.

DISK, Magnetplatte (MP), Magnetplattenspeicher (MPSp).

diskret, abzählbar, bezieht sich auf eine Folge von Ereignissen und Symbolen (Sy), ist ein in einzelnen Teilschritten (punktweise) ablaufender Vorgang mit quantisierten Daten (D) und kennzeichnet ein elektrisches →Signal, das zu einer gegebenen Zeit einen beliebigen Wert annehmen kann. Gegensatz: stetig.

Displacement →Distanzadresse.

display →Bildschirm.

Dispositionsrechner →Betriebsrechner.

Distanzadresse, bei manchen DVA bildet sie zusammen mit der →Basisadresse die →Operandenadresse.

Distributor →Multiplexer.

Division (Div), im →Digitalrechner (DR) eine fortgesetzte Subtraktion, wobei der Divisor vom Dividenden mit →Stellenversetzen abgezogen wird. Die erforderlichen Vorgänge werden i. a. durch ein besonderes Divisionsprogramm nachgebildet.

Divisionen, *divisions,* →COBOL-Programme.

DL/1 = *data language one,* Datenbanksprache, gehobenes EA-Steuerungssystem gegenüber IOCS für die Behandlung großer, hierarchisch aufgebauter Datenbestände und zur Verarbeitung mehrerer Dateien in einem Programm, wobei der Benutzer die nur wirklich benötigten Teile der Dateien anfordern kann. Die höheren Programmiersprachen werden dabei nicht tangiert.*(IBM)*

DLT = *data line terminal,* besondere Fernübertragungseinrichtung mit leichter, flexibler Programmierung (Pr). Die gleichzeitige Durchführung von Übertragung (Ü), Verarbeitung und Ein-/Ausgabe (E/A) gestattet volle Programmausnutzung und Beschleunigung des Gesamtablaufes. *(Univac)*

DNA = Deutscher Normenausschuß, Berlin.

DNJEPR, vielseitig verwendbarer, digitaler Prozeßrechner. (USSR)

DOFIC = *domain originated functional integrated circuit,* Kurzform für →Großschaltkreise, bei denen Hunderte oder Tausende von →Transistoren (Tr) als aufgedampfte Leitungen auf einer pfenniggroßen Siliziumscheibe untergebracht sind.

do-it-yourself-Methode, moderne Form der Benutzung eines externen Rechenzentrums (RZ), wobei Programmerstellung und Maschinenbedienung (für kürzeste Zeiten bei niedrigster Berechnung) durch den Benutzer erfolgt. (→Datenverarbeitung außer Haus)

DOKAUS, Organisationskonzept für Dokumentations- und Auskunftssysteme mit EDVA. *(IBM)*

Dokumentation (Dok), lückenlose schriftliche Fixierung eines zu übernehmenden Arbeitsgebietes von der Aufgabenstellung bis zum codierten Programm (P). Daneben ist es aber auch die geordnete Sammlung von Informationen (Info) aller Art.

Dokumentenleser, Gerät, das mit hoher Geschwindigkeit, etwa 20 Dokumente/s, die Klarschrift-Eintragungen in genormten Feldern auf Schriftstücken, z. B. Bankschecks, liest. Die gelesenen →Zeichen (Z) werden in elektrische →Signale umgesetzt und dem →Rechner (Re) zur Verarbeitung zugeführt.

Doppelbelegungen im →Speicher (Sp) werden durch Auslagern der entsprechenden →Datensätze (DS) auf freie →Speicherplätze umgangen. Die →Adresse (Adr) des Auslagerungsbereiches wird im errechneten →Bereich festgehalten. (→DAM)

Doppeln, *reproduce,* maschinelles Erstellen von Lochkarten-„Kopien", wobei aus dem Original zeilenweise ein Duplikat gestanzt wird.

Doppel-Plattenspeicher, Form des Magnetplattenspeichers (MPSp) im Random-Verfahren (→wahlfreier Zugriff) mit 4→Steuereinheiten (STE) zu je 2 Magazinen mit je 2 Platten mit 1,6 bzw. 3,2 Mio. Zeichen. *(ICL)*

doppelte Genauigkeit wird bei Rechenanlagen (RA) mit fester →Wortlänge dadurch erreicht, daß die im Programm (P) zu verarbeitenden Zahlenwerte in jeweils zwei Wörtern (W) gespeichert und verarbeitet werden, wodurch sie bis zu doppelt soviel →Stellen (Ste) haben können wie normal.

doppelter Formularvorschub ermöglicht den →Druckern (Dr), zwei Formulare unterschiedlichen Aufbaus, aus evtl. völlig verschiedenen Arbeitsgebieten, gleichzeitig zu schreiben, was bei vielen Arbeiten einen außerordentlichen Vorteil bedeutet.

Doppelwort, acht aufeinander folgende →Bytes (B); seine →Adresse (Adr) muß ein Vielfaches von acht sein.

Doppler (Do) →Kartendoppler.

DOS = *Disc Operating System.* Für mittlere Anlagen entwickeltes Magnetplatten-Betriebssystem mit →Assembler (Ass), →RPG, →FORTRAN, →COBOL und →PL/1 der Systemfamilie IBM/360 ab Modell 30 von 16 K bis 1024 K. *(IBM)*

DPS = *Disc Programming System,* plattenorientiertes *operating system,* GE-400. *(BGE)*

Drei-Adreß-Maschinen arbeiten mit drei Adressen (Adr) und einem →Operationsteil je Befehl (Bef), verursachen erheblichen Mehraufwand im →Speicher (Sp) gegenüber →Ein-Adreß-Maschinen, was durch Programmverkürzung nicht aufgehoben werden kann. Dieses System, wie auch das der Vier-Adreß-Maschinen, ist heute selten.

dreidimensionale Informationssysteme ermöglichen gleichzeitig drei Verarbeitungsformen: Sammelverarbeitung an Ort und Stelle *(local batch processing),* Sammelverarbeitung nach Fernübertragung *(remote batch processing), on-line-*Verarbeitung mit anteiligen Rechenzeiten *(time-sharing),* Mehrfachprogrammierung *(multiprogramming)* mit gemeinsamer Datenbank und 192 *terminals. (BGE)*

Drei-Excess-Code *(lat. excessus = Übermaß)* oder Stibitz-Code, ein vom dualcodierten Dezimalsystem abgeleiteter →Schlüssel, der mit vier Binärstellen, sog. →Tetraden, arbeitet und bei dem zu jeder Dezimalstelle eine binäre 3 addiert wird. (→Code)

drei für zwei kennzeichnet die Verwendung von sechs bit (b), um alphanumerische Zeichen (Z) darzustellen, und von nur vier b für die Darstellung rein numerischer Informationen (Info).

DRP = *Diebold-Research-Program,* 1963 in den USA als Forschungsprogramm aufgestellt, um Herstellern und Benutzern von EDVA bei der Planung und Entwicklung von Techniken und Verfahren behilflich zu sein.

Druckaufbereitung, *edit,* Gruppierung und Aufteilung der →Daten (D) innerhalb eines →Rechners (Re) für die →Ausgabe (A).

Druckbild, Entwurfsblatt, →Formular für die zu bedruckenden Positionen.

Druckeinrichtungen: Druckstäbe, Druckwalzen, Druckketten, Typenräder.

Drucken, die →Ausgabe (A) der →Daten (D) in →Klarschrift.

Drucker (Dr), *printer,* dienen dazu, →Daten (D) aus dem →Speicher (Sp) durch Schreibausgabe lesbar zu machen, wobei entweder vorgedruckte Formulare verwendet oder die Formulareinteilung und die Überschriften gleichzeitig mit dem Beschriften von Endlosformularen gedruckt werden, was durch eine besondere Typengliedertechnik erreicht wird. Die Palette der Dr reicht von seriell arbeitenden Schreibmaschinen mit 100 bis 500 Zeilen/h über →Zeilendrucker (ZlDr) mit 12 000 bis 66 000 Zl/h bei 120 bis 144 Schreibstellen bis zu elektrostatischen →Schnelldruckern (SchDr) (Walzen, Stab, Ketten und Typenglieder) mit Leistungen bis zu 120 000 Zl/h alphanumerisch bzw. 180 000 Zl/h numerisch bei 160 Schreibstellen. In diesen Geschwindigkeiten sind Vorschubzeiten nicht enthalten. Auf magnetischer Basis arbeitende Dr werden über eine Mio. Zl/h leisten.

Druckerkette, beim Banddrucker die Typenkette, die an dem →Geber in kontinuierlicher Reihenfolge vorbeigeführt wird. Sie rotiert vor dem →Formular.

Druckerkontrolle, Prüfung auf die richtige Ausführung des Druckvorganges, beim →Schnelldrucker (SchDr) durch automatischen Vergleich zwischen angeschlagenem Drucksymbol und Druckbereichsinhalt des →Arbeitsspeichers.

Druckliste, auszugebende Informationen (Info) in →Klartext: Lohntüten, Rechnungen, Statistiken usw.

Druckstab trägt die →Zeichen für → Buchstaben, →Ziffern, →Magnetschrift.

Druckstange →Typenstange.

Druckstellen, jede einzelne Stelle für ein →Zeichen (Z) innerhalb der →Druckzeile. (→Schreibstellen)

Druckstreifen (DrS), filmartige Rollen, die mit hoher →Geschwindigkeit zeilenweise und innerhalb der Zeilen (Zl) zeichenweise gelesen werden. Sie können bis zu 100 mm breit sein, was einem Maximum von 40 →Ziffern je Zl entspricht.

Druckstreifenleser (DrSL), auch Additionsstreifenleser, Direkt-Datenerfassungsgeräte für das →Einlesen von beschrifteten Papierstreifen. Sie erreichen Leistungen von max. 100 000 Zeilen/h bei rund 25 Zeichen je Zeile.

Drucktypen werden auf Typenstangen, Typenketten, Typenrädern oder Typenwalzen graviert. Die Anzahl der Drucktypen bzw. der möglichen →Symbole (Sy) ist codeunabhängig.

Druckwalze →Typenräder.

Druckzeile, Druckbreite als Addition der einzelnen →Druckstellen: 32, 64, 132, 144.

DSA-Technik, *direct storages access,* Arbeitstechnik bei als Prozeßrechner (PR) arbeitenden DVA, bei denen von externen (Meß-)Geräten Informationen (Info) ohne Benutzung des Rechenwerkes (RW) (und damit ohne Unterbrechung des Programmes) in den Hauptspeicher übertragen werden.

DTL = Dioden-Transistor-Logik, die in monolithischer Form ausgeführten konventionellen Schaltungen, verhältnismäßig billig, aber nicht besonders schnell.

duale Darstellung, Angabe eines Zahlenwertes im →Dualsystem, wobei ungefähr 3,3 →bit (b) je →Dezimalstelle benötigt werden; die max. Rechengeschwindigkeit beträgt über 100 Mio. Add/s. Die duale Darstellung ist hauptsächlich für komplizierte und zeitaufwendige (z. B. technisch-wissenschaftliche →Rechenoperationen (RO) lohnend.

dual-job-stream, Programmiersystem (PS), bei dem zwei Programmkreise unabhängig voneinander arbeiten, so daß in dem einen Programmkreis wechselseitig →Eingabe-/Ausgabe-Operationen durchgeführt werden können, während in dem jeweils anderen Programmkreis der Kernspeicher (KSp) für interne Arbeiten benutzt wird. *(Honeywell)*

Dualsystem oder Zweiersystem, von *Gottfried Wilhelm Frh. von Leibniz* (1646—1716) aus der physikalischen Bipolarität entwickelt, ist für die EDV besonders geeignet, da schnell und leistungsfähig. Das Dualsystem beruht auf fallenden Potenzen mit der Basis 2, d. h. die einzelnen Zahlen sind Potenzen der Zahl 2, also 0, 1, 2, 4, 8, 16 usw. Als Ziffern gibt es nur 0 und 1.

Das System läßt sich wie folgt veranschaulichen:

				Dual		Dezimal
				0	=	0
				1	=	1
			1	0	=	2
			1	1	=	3
		1	0	0	=	4
		1	0	1	=	5
		1	1	0	=	6
		1	1	1	=	7
	1	0	0	0	=	8
	1	0	0	1	=	9
	1	0	1	0	=	10
	1	0	1	1	=	11
	1	1	0	0	=	12
	1	1	0	1	=	13
	1	1	1	0	=	14
	1	1	1	1	=	15
1	0	0	0	0	=	16 usw.
↓	↓	↓	↓	↓		
2^4	2^3	2^2	2^1	2^0	=	Potenzen von 2
16	8	4	2	1	=	Wertigkeit

Bei Dual-Darstellung ist höherer Speicherbedarf erforderlich, da jede Dualziffer eine →Speicherzelle (SpZ) belegt. Dagegen ist die Rechengeschwindigkeit größer. (→Binärsystem)

Dünnschicht-Filmspeicher (DFSp), *thinfilm storages,* bei denen z. B. 20 000 einzelne →Speicherstellen (SpSte) die Fläche einer Briefmarke einnehmen oder neuerdings auf einem qcm 1,55 Mio. →bit (b) gespeichert werden können, bestehen aus winzigen Flächen ferromagnetischen Materials, die auf hauchdünne (0,001 bis 0,0005 mm) Glas- oder Metall-(Silber- oder Aluminium-)Plättchen im Vakuum aufgedampft oder durch Kathodenzerstäubung oder durch elektrolytische Abscheidung aufgebracht werden. Das Ablesen der Information (Info) erfolgt mit polarisiertem Licht durch ein Mikroskop mit 500-facher Vergrößerung. Diese DFSp mit einer Kapazität (Kap) bis zu 240 000 Ziffern bieten eine unvorstellbare →Zugriffszeit (Zug) von rund 200 bis 10 →Nanosekunden (ns), arbeiten äußerst zuverlässig und wirtschaftlich bei 1,5 Mio. Z/s. Während das Ummagnetisieren eines →Magnetkerns günstigenfalls eine knappe →Mikrosekunde (μs) dauert, läßt sich bei den DFSp ein fast tausendmal kleinerer Wert erreichen. Auf diesem Gebiet, insbesondere mit Glasplättchen als Träger, ist die *Remington Rand* historisch führend.

Dünnschicht - Kurzstabspeicher, die Speicherelemente werden aus haarfeinen Drähten mit einem Durchmesser von etwa ²/₁₀₀ mm gebildet, die auf eine Länge von 0,4 cm zugeschnitten sind, was jeweils einem →bit (b) entspricht. Er kommt mit wesentlich geringerem Energieaufwand bei gleicher Kapazität (Kap) und Funktionsgeschwindigkeit als der Kernspeicher (KSp) aus. Er ist besonders als Pufferund als Steuerspeicher geeignet. *(NCR)*

Dünnschichtspeicher →Dünnschicht-Filmspeicher.

Dünnschicht-Technik, Baugruppen aus passiven →Bauelementen, die durch Aufdampfen oder Aufstäuben auf isolierende Unterlagen hergestellt werden.

duplex (dx), die Verwendung eines →Übertragungskanals, bei der die Informationsübertragung in beiden Richtungen über ein und denselben →Kanal erfolgt bzw. über zwei gekoppelte DVA (Duplexbetrieb), die im Informationsaustausch stehen. Bei diesem System können bis zu 64 →Außenstationen angeschlossen werden.

Duplizieren (Dup), *gang punch,* das Erstellen von Speicherinhalten durch Übertragen in Duplikate in gleiche oder andere Speichermedien. Dabei wird Stelle für Stelle übertragen, z. B. →Lochkarte (LK) auf LK, →Magnetband (MB) auf MB, →Magnetplatte (MP) auf MP bzw. MP auf MB, MB auf LK usw.

Durchlauf, *throughput* oder *cycle stealing,* die Menge der verfügbaren →Speicherzyklen entsprechend den Anforderungen der technischen Einrichtungen eines Computers (Comp) nach festgelegten →Prioritäten; die Summe der erforderlichen Zeiteinheiten für die Durchführung bestimmter Aufgabengebiete stellt den DV-Ausstoß dar. Diese Zeit der Datenaufbereitung und -auswertung kann Stunden, aber auch viele Tage betragen.

Durchsatz oder Durchsatzrate, die maximal mögliche →Geschwindigkeit der →Datenübertragung (DÜ) in und aus dem →Arbeitsspeicher (ASp).

Durchsatzrate →Durchsatz.

Durchschnittsgeschwindigkeit gibt die Anzahl der arithmetischen Operationen (O) je Sekunde an. In Verbindung mit anderen technischen Daten (Speicherkapazität, Pufferung usw.) läßt sich dadurch die Leistungsfähigkeit der Rechenanlage (RA) ermitteln.

DVA →Datenverarbeitungsanlage.

DVS →Datenverarbeitungssystem.

dynamische Adressierung speichert im →Adreßteil der maschineninternen Darstellung eines →Befehls (Bef) nicht die →Adresse (Adr) des Speicheroperanden, sondern das Kennzeichen eines →Modifikators und eine →Konstante, mit denen vor Ausführung des Bef die Adr berechnet wird. (→indirekte Adressierung)

Dypol = *dynamic programming of liquidity,* ein →Modularprogramm für die ständige →Analyse der Zahlungsbereitschaft durch Gegenüberstellung von Plan- und Fixkosten und geplanten Erlösen. *(IBM)*

E

EASYCODER, ein je nach Kernspeicher gestaffelter, leicht erlernbarer und leicht anzuwendender Assembler für alle Anlagenkonfigurationen der Serie 200. *(Honeywell)*

EASYTRAN, direkte Übersetzung aus der Symbolsprache (SSpr) bestimmter *IBM*-DV-Systeme in die SSpr der Serie 200. *(Honeywell)*

EA-Gerät, Peripheriegerät zur Eingabe oder Ausgabe oder beidem.

EBCD = *extended binary coded decimals,* erweiterter →BCD auf der Grundlage des Byte (B), so daß sich 256 unterschiedliche Codewörter (CW) bilden lassen.

EBCDIC = *extended binary coded decimal interchange code,* Code auf der Grundlage des Byte (B) in gepackter Speicherungsform mit 256 möglichen Codewörtern (CW).

ECAP = *electronic circuit analysis program,* Anwendungsprogramm zur → Simulation elektronischer Schaltungen mit einem übergeordneten Sprachteil und drei Analyseteilen: für Gleichstrom, Wechselstrom und Schalten. *(IBM)*

echte Adresse →absolute Adresse.

echte Programme, über Compiler (Com) von selbst in →Maschinenprogramme umgewandelte symbolische Programme (→Quellenmodul) für die Ausführung.

Echtzeit, das Verhältnis 1 : 1 Zeit (Grenzfall von Zeitdehnung : Zeitraffung), während unter Realzeit *(real-time)* auch Gleichzeitigkeit i. S. von schritthaltend verstanden wird.

Echtzeituhr, Uhr im Computer (Comp), die den wirklichen Zeitablauf im Gegensatz zu der davon unabhängigen Zeit des Programmablaufes festhält.

Echtzeitverarbeitung, auch schritthaltende Verarbeitung genannt, die Verarbeitung der Daten (D) in ständiger Verbindung mit dem Rechner (RE) erfolgt „zeitbezogen", das Ergebnis ist also zeitig genug verfügbar, um einen Verarbeitungsprozeß noch zu beeinflussen. *(→real-time-processing)*

ECL = *Emitter-Coupled-Logic,* vollintegrierte →Schaltkreistechnik auf der Basis mehrschichtiger Schaltungen, wodurch sich Verarbeitungsgeschwindigkeiten von 1 000 000 Befehlen/s ergeben. *(ICL)*

ECMA = *European Computer Manufactures Association* = Europäische Vereinigung der Computer-Hersteller in Genf.

ECMA-B-Schrift = stilisierte, optisch lesbare Schrift. *(BGE)*

ECSL = *extended control and simulation language,* Programmiersprache zur wirklichkeitsgetreuen Simulation einer Geschäftssituation mit Auswirkungen von Management-Entscheidungen an Hand eines mathematischen Modells, einsetzbar ab 16 K. *(Honeywell)*

EDOS = *Extended Disc Operating System,* plattenorientiertes *operating system,* GE-120, GE-130, bei einem RPG-Compiler ab 12 K/Bytes, wobei das RPG-Ursprungsprogramm so organisiert ist, daß es mit fünf Befehlsarten auskommt, die in fünf spezielle Formulare eingetragen werden. *(BGE)*

EDP = *electronic data processing,* am. Bezeichnung für EDV.

EDPM = *electronic data processing machine,* am. Bezeichnung für EDVA.

E-13-B-Schrift, Magnetschrift, vor allem in den USA und England, die einen Zeichensatz mit genau fixierter unterschiedlicher Schriftdicke aus den zehn leicht stilisierten arabischen Ziffern und vier sog. ABA-Symbolen hat und mit einer Dichte von acht Zeichen/Zoll gedruckt wird.

EDV = Elektronische Datenverarbeitung, Zweig der Automatischen Datenverarbeitung (ADV), bezieht sich auf den Ablauf langer Verarbeitungsketten ohne menschlichen Eingriff. An eine →Zentraleinheit (ZE), die sowohl die gesamte innere DV als auch die Programmspeicherung übernimmt, sind die →peripheren Einheiten (PE) elektronisch durch Kabelverbindungen angeschlossen.

Der Ablauf der EDV umfaßt folgende logischen, schriftlich festzulegenden Gliederungspunkte:

a) Ausgabedaten,
b) Ausgabemengen,
c) logische und arithmetische Operationen,
d) Eingabedaten,
e) Eingabemengen,
f) Maschineneinsatz,
g) Arbeitsorganisation,
h) Programmanweisungen.

EDVA = Elektronische Datenverarbeitungs-Anlagen werden durch technologische (→Schalter und →Speicher) Steuerungsmerkmale (bedingte Befehle, höhere Rechenarten durch Operationsgeschwindigkeiten) und Systemmerkmale (Vereinigung von →Rechen-, →Steuer- und →Speicherwerk, verschiedene Arten von Speichern, Geschwindigkeitsabstimmung von →Zentraleinheit und →peripheren Einheiten) charakterisiert. Sie weisen einen Mindestgrundaufbau auf, der sie befähigt, schnell, sicher und differenziert umfangreichste, schwierigste und komplexe Aufgaben in Wissenschaft, Technik und Verwaltung zu lösen. Daten (D) und Programme (P) werden in Form maschinenlesbarer Belege in die EDVA eingegeben. Kartenorientiert von 2—16 K liegen sie bei einer Monatsmiete von etwa 3000 DM bis rund 10 000 DM, extern speicherorientiert ab 12 K, z. B. 2—4 Bandeinheiten, bei etwa 15 000 DM bis mehrere 100 000 DM, wozu noch die Einmalkosten kommen.

Die Auswahl der EDVA wird i. w. bestimmt durch

1. das Gleichartigkeitsprinzip und den Mengencharakter der Daten (D),
2. die Wirtschaftlichkeit und das Qualitätsoptimum,
3. das Datenprofil der zu verarbeitenden, zu speichernden und zu verknüpfenden Daten,
4. den Zeitbedarf für die gesetzten Termine der zu verarbeitenden Daten in gewünschter Darstellung (→Echtzeitverarbeitung),
5. den benötigten Grad der Auskunftsbereitschaft, evtl. durch direkten Zugriff,
6. die verschiedenen Anwendungen unter Berücksichtigung der Abrechnungsprobleme hinsichtlich ihres Schwierigkeitsgrades.

Aus diesen Kriterien lassen sich ermitteln:

a) die erforderlichen Kapazitäten (Kap) des Kernspeichers (KSp),
b) die notwendigen Formen und Kap der →externen Speicher,
c) die gewünschten Geschwindigkeiten und Formen der Ein-/Ausgabe (E/A) und

d) die Entscheidungen über die *software*-Voraussetzungen.

Die Kombination aus a) bis d) ergibt das Idealsystem, das unter dem Gesichtspunkt der Wirtschaftlichkeit überprüft werden muß.

Der Einsatz von EDVA in Wissenschaft und Wirtschaft erfordert i. a. etwa ein bis zwei Jahre Planung und Vorbereitung, erspart aber dann bei gleichmäßiger Beschäftigung einen Betrag von 20 % bis 40 % der Gesamtkosten.

EDVAC = *electronic discrete variable automatic computer*, Nachfolgekonstruktion des →ENIAC, aber mit Verwendung des →Binärsystems.

EDV-Fachleute →Datenverarbeitungsfachleute.

EDV-Organisatoren →Organisatoren.

EFDA = *European Federation of Data Processing Associations*, die der →ADL übergeordnete Institution, die vier Arbeitsgebiete umfaßt: Dokumentation (Dok) und Öffentlichkeitsarbeit, DV-Technik, DV-Organisation, Ausbildung und Fortbildung.

effektive Maschinenzeit, die Zeit, während der die →Zentraleinheit beschäftigt ist.

EIA = *Electronic Industries Association*, Dachorganisation der amerikanischen Elektronikindustrie.

Eigensteuerung →Regelung.

Ein-Adreß-Befehle →Befehlsaufbau.

Ein-Adreß-Maschinen, Sammelbegriff zur Kennzeichnung von Maschinen, deren Befehlsstruktur so festgelegt ist, daß je Befehl (Bef) nur die Adresse (Adr) eines →Operanden (Op) frei gewählt werden kann. Der zweite Op und das Ergebnis stehen meistens in einem speziellen →Register (Reg), z. B. →Akkumulator (Akk). Die Ein-Adreß-Maschinen haben dadurch etwa 1/3 mehr Befehlsaufwand als →Mehr-Adreß-Maschinen. Bei Rechenoperationen (RO) wie Addition (Add) und Subtraktion (Sub) sind z. B. stets drei Bef notwendig: (1) die →Übertragung (Ü) eines Op von dem →Arbeitsspeicher (ASp) in den Akk, (2) die RO und (3) die Ü des Ergebnisses aus dem Akk in eine bestimmte →Speicherzelle (SpZ) im ASp oder in einen Ergebnisspeicher. Bei Multiplikationen (Mlt) und Division (Div) kommen meist noch →Verschiebebefehle hinzu, aber ggf. nur bei →Festkomma (FK). Die meisten Computer (Comp) sind Ein-Adreß-Maschinen.

Eingabe, (E), *input*, umfaßt die maschinengerechte Aufnahme von Daten (D), sowie eines Programms (P) in eine Rechenanlage (RA), und zwar über →Lochkarte (LK), →Lochstreifen (LS), →Magnetband (MB) usw., wobei einige Maschinen auf ganz bestimmte Eingabemöglichkeiten begrenzt sind. Die E ist also das „Einlesen“ von Informationen (Info) in die RA. Dieser Vorgang verlangt Umformung, Umschlüsselung der in die verschiedenen Datenträger (DT) in verschiedener Form eingespeicherten Info zur Verarbeitung für die RA. Außerdem werden die eingelesenen Daten Gültigkeitsprüfungen unterworfen. Ein weiteres Problem liegt in der Angleichung der unterschiedlichen Geschwindigkeiten bei RA und Eingabegeräten, was aber mit →Puffern und durch →Überlappung (ÜL) erreicht werden kann.

Eingabe-/Ausgabe-Operationen (EAO) bestehen i. a. aus mehreren Kanal-Operationen und bewirken entweder das →Einlesen von Daten (D) oder Instruktionen (Instr) von einer angeschlossenen Einheit oder veranlassen die Zentraleinheit (ZE) ein Ergebnis, z. B. auf einem →Drucker (Dr), auszuschreiben. Sie betreffen also den Verkehr der ZE mit der „Außenwelt“.

Eingabe-Ausgabe-Steuerung (EAST) koordiniert als Teil des Steuerwerks (STW) den →Datenfluß während der Ein-/Ausgabe-Operationen, und zwar dadurch, daß die →Speicherzyklen durch entsprechende Anschlüsse und Kanäle abwechselnd der Zentraleinheit (ZE) und zwei E-/A-Einheiten zugeteilt werden, wodurch es beispielsweise möglich wird, parallel zu einer Rechenoperation (RO) gleichzeitig Karten zu lesen und ein Magnetband (MB) zu beschreiben.

Eingabe-Ausgabe-Systeme (EAS) liegen i. a. in zwei Stufen vor: physikalisch (→Ablaufteil) und logisch durch die Zuhilfenahme der →*software (sw)*. Das System besteht aus zahlreichen →Makrobefehlen.

Eingabe-Ausgabe-Werk (EAW), Funktionseinheit eines digitalen Rechensystems, welche die Funktionen von Eingabe (E) und Ausgabe (A) in sich vereinigt.

Eingabebefehle steuern die Eingabegeräte, veranlassen den Datentransport von/zu externen Datenträgern über Eingabegeräte in/aus dem Arbeitsspeicher bzw. Pufferspeicher mit unterschiedlichen Informationsmengen.

Eingabebereiche, in den →Arbeitsspeichern festgelegte →Bereiche (fest, variabel, gestreut) für Daten aus den Eingabemedien.

Eingabeeinheiten →Eingabegeräte.

Eingabeeinrichtungen, Stecktafeln mit Schaltschnüren, Diodenstecker, Potentiometer mit Skaleneinteilungen (linear und nichtlinear), Spannungsteiler, Ein- und Ausschalter usw.

Eingabegeräte, *input devices,* auch Eingabeeinheiten genannt, sind Geräte, die imstande sind, Informationen (Info) in den Rechner (Re) einzugeben, z. B. →Lochkartenleser (LKL), →Lochstreifenleser (LSL), →Klarschriftleser, auch Registrierkassen, Adressier- und Schreibmaschinen u. ä.

Typische Funktionsgeschwindigkeiten sind:

1. *langsame Geräte:*
   Fernschreibmaschine 3 bis 10 Z/s
   Tastatur (bedienerunabhängig) 3 bis 22 Z/s
   Lochkartenleser 150 bis 1600 Z/s
   Lochstreifenleser (mechanisch) 7 bis 100 Z/s
   Lochstreifenleser (photoelektrisch) 500 bis 2000 Z/s
   automatische Lesegeräte 100 bis 500 Z/s
2. *schnelle Geräte:*
   Magnetband (7 Spuren) 9000 bis 120 000 Z/s
   Magnetband (9 Spuren) 15 000 bis 340 000 Z/s
   Magnetplatte 156 000 bis 312 000 Z/s

Eingabemagazin, Kartenzuführmagazin in einem →Lochkartenleser (LKL) oder Lesestanzer (→Lese-/Stanzeinheit).

Eingabemedien → Eingabegeräte.

Eingabepuffer, Zwischenspeicher (ZwSp) zur Aufnahme von Eingabedaten, die eine →Überlappung (ÜL) in Verarbeitung und Eingabe (E) bewirken.

Eingabespeicher →Eingabepuffer, →Eingabebereiche.

Eingangssignal, Signal, das in eine elektrische Schaltung eingegeben wird.

Eingriff, Signal von den äußeren Ein- und Ausgabemedien zur Unterbrechung des Programmablaufes.

Einlesebefehle können je nach Art und Anzahl der →Eingabegeräte und →Datenträger sehr vielseitig sein.

Einlesen, *read in,* Eingabe (E) von bereitgestellten Daten (D) durch →Lochkarten (LK), →Lochstreifen (LS), →Magnetband (MB) usw. in die DVA.

Einmalkosten →Nebenkosten, →Computerkosten.

Einrichtungskosten →Nebenkosten.

Einsatzplanung, wichtigstes Erfordernis für eine DVA, weil der Computer (Comp) zur gesamtwirtschaftlichen Organisationsüberprüfung drängt.

Einsatzpunkt, jeder Zeitpunkt innerhalb eines Programmablaufes, zu dem eine Änderung eines Zustandes ausgelöst wird.

eins für eins, die Verwendung von sechs →bit (b), um alphanumerische Zeichen (Z) gleich wie numerische Z darzustellen, bei denen 4 b erforderlich sind. (→Programmiersprachen)

Einzeladressierung, Adressierungsmöglichkeit jeder einzelnen Speicherstelle (SpSte). Gegenteil: →Wortadressierung.

Einzelgang, *single cycle,* bei der Tabelliermaschine je Lochkarte (LK) eine Druckzeile.

Einzelplatzmaschinen, elektronische Abrechnungsmaschinen (AM) zur Rationalisierung spezieller Arbeiten im Büro ohne besonderen sachlichen und personellen Aufwand.

Einzelsteuerung, Programmsteuerung ohne Abstimmung auf andere Steuerungsvorgänge.

Einzelverarbeitung, abgeschlossene Verarbeitung jedes einzelnen Programms (P) bzw. jedes einzelnen Falles (→*job*) ohne Überlagerung oder →Überlappung (ÜL).

Einziehkarte →*bootstrap*-Karte.

ELAN = *Electrologica language,* einfach anzuwendende, maschinenorientierte Assemblersprache, bei der die Art der Befehlsausführung durch Funktionszeichen, Funktionsnamen oder Funktionsanweisungen angedeutet wird. Sie ist in ihrem Aufbau weitgehend den Maschinenbefehlen angepaßt und nutzt deren Leistungsfähigkeit aus. Die Programme sind leicht lesbar und übersichtlich. *(Philips Electrologica)*

elektrischer Umsetzer →Converter.

elektromagnetisch, wechselnde elektrische und magnetische Zustände, z. B. Licht- und Radiowellen.

elektromagnetische Bauelemente, →Relais (Rel), →Spulen, Ringkerne (→Magnetkerne), bei denen das Übertragungsmedium die elektromagnetische Welle selbst ist.

elektromechanisch, Kombination von mechanischen und elektrischen Bauelementen. Rechenmaschinen dieser Art gab es erstmals etwa 1820. Ihre Höchstleistung liegt bei 200 Additionen/min.

Elektronen, negativ geladene Elementarteilchen. Ihre Ladung ist das Elementarquantum der Elektrizität. Im Atomverband umkreisen sie den positiv geladenen Atomkern. Freie bzw. Leitungs-Elektronen bilden den elektrischen Strom vorzugsweise im Vakuum und in Festkörpern.

Elektronenrechner (ER), *computer,* informationsverarbeitende Maschinen mit elektronischen Schaltkreisen, die nach fest vorgegebenen Regeln bzw. Befehlen (Bef) selbständig mit →Symbolen (Sy) arbeiten. Sie sind in drei Gattungen vorhanden:

1. Analog- oder Stetigrechner für viele wissenschaftlich-technische Probleme durch Messung und Darstellung in kontinuierlich-veränderlichen, physikalischen Größen,

2. Digital- oder Schrittrechner für wissenschaftliche und kommerzielle Probleme durch Verarbeitung und Darstellung diskreter Werte bzw. Zustände, und zwar als Allzweck- oder Universalrechner und als Einzweck- oder Spezialrechner,
3. Hybrid- oder Zwitterrechner als gekoppeltes Verbindungssystem aus Analog- und Digitalrechner.

(→Computer)

Elektronenröhren (Er), gasdicht abgeschlossene Gefäße mit mindestens zwei Elektroden, in denen Stromleitung mit →Elektronen im Vakuum oder in Gasen stattfinden kann. In der Rechnertechnik sind sie die „klassischen" →Bauelemente der 1. Generation und dienen zum →Steuern und →Schalten. Sie werden meist in den beiden Grundzuständen betrieben; leitend und sperrend. In Rechnern (Re) werden sie wegen ihres Platz- und Energiebedarfes, ihrer Schaltzeiten und Lebensdauer kaum noch eingesetzt.

Elektronik, Teilgebiet der →Elektrotechnik, derjenige Zweig der Physik und Technik, der sich mit den Vorgängen der Elektrizitätsleitung im Vakuum, in Gasen und in →Halbleitern sowie deren Anwendung befaßt. Auch die Gebiete der Supraleitung, des →Ferromagnetismus und der →Laser werden heute mit zur Elektronik gerechnet. In der DV- und D-Übertragungstechnik spielt sie seit etwa 1946 eine zunehmend bevorzugte Rolle, dgl. in der Meß- und Regeltechnik. Wir unterscheiden industrielle und Unterhaltungselektronik.

Elektronikindustrie ist stark im Wachsen und z. B. in den USA während der letzten 25 Jahre vom 50. auf den 3. Platz — mit rund 30 Mrd. Dollar Produktionswert — in der Produktionsrangliste aufgestiegen. Ihre jährliche Zuwachsrate liegt bei etwa 12,5 %. Nach dem Produktionswert auf die Kopfzahl der jeweiligen Bevölkerung erhält man folgendes Bild: USA 96 %, Schweiz 41,2 %, Schweden 39,6 %, BRD 37,3 %, Italien 13,2 %.

elektronisch →Elektronen, →Elektronik.

elektronische Schalter, Schaltungen mit heute meist Halbleiter-Bauelementen, die entsprechend dem →Eingangssignal entweder im Durchlaßbereich oder im Sperrbereich betrieben werden.

elektronische Speicherelemente, →Elektronenröhren (Er), →Magnetkerne (Ke), →Magnettrommeln (MT), →Magnetbänder (MB), →Magnetplatten (MP).

elektronisches Rechnen, alle logischen →Schaltkreise des Rechners (Re) sind ausschließlich mit elektronischen Bauelementen realisiert.

elektronische Steuerelemente, →Elektronenröhren (Er), →Transistoren (Tr), →Magnetkerne (Ke).

elektrooptisch, die wechselseitige Beziehung zwischen optischen und elektrischen Größen, z. B. die Umwandlung von Lichtenergie in elektrische Energie.

elektrostatische Schnelldrucker, Schnelldrucker (SchDr) ohne →Typenträger. Ihre Druckelemente sind →Braunsche Röhren, eine Selentrommel und Druckpulver.

Elektrotechnik, die technische Verwendung elektrischer Energie, „alle Vorgänge, bei denen zur Erreichung irgendwelcher Ziele vorwiegend elektrische Erscheinungen benutzt werden, z. B. die Stromleitung in den verschiedenen Medien, die Zusammenhänge zwischen elektrischen Strömen und magnetischen Feldern, Induktionsvorgänge, Ausbreitung elektromagnetischer Schwingungen usw." *(K. Steinbuch).*

Elimination, schalt- bzw. programmtechnischer Vorgang in der DVA, der zur Aussonderung bestimmter Bedingungen zum Unterdrücken von Impulsen (Imp) benutzt wird.

EMA = *electronic mathematic automation*, ein →AUTOCODE für mathemathische und wissenschaftliche Probleme. Die Aufgaben lassen sich in Form von Anweisungen schreiben, die den üblichen mathematischen Ausdrücken ähneln. Er umfaßt eine Reihe einfacher Befehle (Bef) zur Berechnung trigonometrischer und logarithmischer Funktionen. *(ICL)*

EMAT 30, polnischer →Analogrechner (AR) für Forschungsaufgaben (Qualitätsanalyse, dynamische Prozesse, Differentialgleichungen u. ä.).

Emitter, Anschlußpol eines →Transistors.

Emulatoren, festverdrahtete Kombinationen aus technischen Zusatzeinrichtungen und einem ergänzenden Programm (P), also eine Mischung aus →*hardware (hw)* und →*software (sw)*. Emulatoren übernehmen die Funktion von →Simulatoren. Hinsichtlich Geschwindigkeit und Kernspeicherbedarf sind sie den Simulatoren überlegen und dienen der Problemübersetzung von einem System in ein anderes.

Endekarte →Neunerkarte.

Endesatz →Nachsatz.

Endgeräte →*terminals.*

Endlosstreifen, endlose Papierstreifen, max. 132 Schreibspalten breit, enthalten gedruckte Informationen, die durch einen elektrischen Lichtpunktabtaster für die Maschine in elektrische Signale übersetzt werden können. (→Leporello)

Energetik, zusammenfassende Bezeichnung für Elektronentechnik, Hydro- und Aerodynamik, Thermophysik und Kernphysik.

ENIAC = *electronic numerical integrator and computer,* 1946 der erste vollelektronische →Digitalrechner (DR) der Welt. Er besaß 18 000 Elektronenröhren (Er), weit über 500 000 Verbindungen, 200 kW und stand auf dezimaler Rechengrundlage. Seine geistigen Väter waren die Doktoren *J. P. Eckert* und *J. W. Mauchly,* University of Pennsylvania. Der Computer wurde bis 1955 betrieben, er steht heute im National-Museum in Washington.

Entblocken →Blocken und Entblocken.

Entladen, das Auslesen von Datenträgern aus den Aggregaten bzw. das Übernehmen von einem Speicher in einen anderen.

Entpacken, *unpack,* das Auseinanderziehen gepackter →Bytes (B), je B nur eine Dezimalziffer. Gegensatz: →Packen.

Entscheidungsbefehle →bedingte Befehle.

Entschlüsselung, die →Umwandlung verschlüsselter (codierter) Informationen in ihre ursprüngliche Darstellung.

Environment Division →COBOL-Programme.

EOQ = *economic order quantity,* ein Begriff aus →SICT, bestimmt die optimale Bestellmenge und das optimale Bestellintervall unter Berücksichtigung verschiedener →Parameter. (USA)

EPL = *european program library* = europäische Programmbibliothek in Paris; sie enthält als umfangreichste derartige Dokumentation sämtliche IBM-Programme und IBM-Kunden-Programme. *(IBM)*

ER = elektronischer Rechner für technische Zwecke. *(SEL)*

Ereignis, das Eintreten eines definierbaren Zustandes im Netzwerk bei Ablauf eines Projektes, Zeitpunkte, zu denen Tätigkeiten beginnen oder beendet werden.

Ergänzungsmaschinen oder Zusatzmaschinen, schaltungsgesteuerte Maschinen im Lochkartenverfahren (LKV): →Kartendoppler, →Kartenmischer, →Rechenstanzer (RSt), →Lochschriftübersetzer (LSÜ) u. ä.; in der EDV: →Lochkartenstanzer (LKSt), Karteiabfühler und →Drucker (Dr). Sie sind nicht unbedingt erforderlich; aber ihr Einsatz macht die Rechenanlage (RA) erst voll funktionsfähig.

Ergänzungsspeicher, jeder Teil des Zentralspeichers (ZSp), der nicht →Hauptspeicher (HSp) ist.

Ergebnisanzeiger, z. B. Zeigerinstrumente, Oszillographen, Kurvenschreiber, stellen beim Analogrechner quantitativ und im zeitlichen Verlauf das Ergebnis optisch heraus.

Ergonomie, die wissenschaftliche Unterdisziplin, die sich mit den Untersuchungen Mensch und Maschine befaßt, die den Nutzungsgrad der Maschine auf die Gegebenheiten des Bedienungspersonals abzustellen hat. Die Sinnesorgane, hierbei Analysatoren genannt, stecken das Feld der möglichen Einwirkungen ab.

Erkennungsphase →Interpretierphase.

erweiterter Befehlssatz, erweiterte *hardware* (Schaltungen für zusätzlichen Befehlsvorrat), die über die Standardeinrichtung einer EDVA hinausgeht. *(Honeywell)*

ESI = extern spezifierte Index-Adresse, erlaubt eine effektiv gleichzeitige Bedienung zahlreicher Übertragungssysteme (synchron und asynchron), die mit völlig verschiedenen Geschwindigkeiten arbeiten können, ohne das →Hauptsteuerprogramm (HSTP) bzw. das →Steuerwerk (STW) zu benutzen. *(Univac)*

ESP = *executive and scheduling program, operating system (os)* der B 8500 für die Zuteilung der →peripheren Einheiten (PE) und des Speicherraumes. →Arbeitsprogramme (AP) können während der Arbeit verschoben werden. *(Burroughs)*

Etiketten, Bezeichnung bestimmter Datenfelder (DF), Summenspeicher usw. zur Adressierung innerhalb eines mnemotechnischen Codes (C). Etiketten in der Assemblerprogrammierung entsprechen den →Paragraphen in der COBOL-Programmierung.

ETOS = *Extended Tape Operating System,* magnetbandorientiertes *operating system,* GE-120, GE-130, bei einem RPG-Compiler ab 12 K/Bytes, wobei das RPG-Ursprungsprogramm so organisiert ist, daß es mit fünf Befehlsworten auskommt, die in fünf spezielle Formulare eingetragen werden. *(BGE)*

EVIDENT = Einsatzvorbereitung und Installation von Datenverarbeitungsanlagen mit Hilfe der Ergebnisse einer standardisierten Netzplantechnik, ein spezielles wirksames Planungs-, Steuerungs- und Führungsinstrument auf der Grundlage der Netzplantechnik. Es ist bei Großprojekten, bei Umstellung einer Betriebsorganisation auf EDV, bei Spezialproblemen rationell (geringer Zeit- und Kostenaufwand) einsetzbar. *(Siemens)*

EXAPT, *extension of automatically programming tool.* Programmiersprache (Weiterentwicklung von →APT und →AUTOSPOT), mit der nicht nur die geometrischen, sondern auch alle technologischen Informationen (Info) über den Ablauf des Fertigungsprozesses ermittelt werden, mit 160 Vokabeln auf der Grundlage von FORTRAN IV.

Der Sprachtext EXAPT 1 ermöglicht die Programmierung (Pr) numerisch gesteuerter Werkzeugmaschinen mit →Punkt- und →Bahnsteuerung für Bohr- und einfache Fräsoperationen. EXAPT 2 ist der Sprachteil für Drehmaschinen.

EXAPT 3 wird für die Programmierung von Fräs- und Schneidemaschinen entwickelt.

EXEC, Steuerroutine für die zeitliche Rangordnung der an die Maschine herangetragenen Vorgänge. *(Univac)*

EXEC-16, *real-time*-Organisationsprogramm, steuert die Simultanverarbeitung mehrerer Programme, wobei alle externen Geräte im Interruptverfahren arbeiten und Anwenderprogramme dem *priority-interrupt* zugeordnet werden können. Anwendbar für die DDP 316 und DDP 516. *(Honeywell)*

EXECUTIVE, ein ständig in der Maschine gespeichertes Überwachungs- und Steuerprogramm des *ICL*-Systems 1900, das verdrahtete und programmierte Funktionen eng miteinander verknüpft.

Seine Hauptaufgaben sind:

1. Auslösung und Kontrolle der →peripheren Einheiten (PE),
2. Steuerung (ST) der Verarbeitung und des →*multiprogramming (mp)* bei größeren Anlagen (ab 1902 A),
3. Ausführung aller Extracode-Funktionen und
4. Kommunikation zwischen Bediener und Anlage über die →Konsolschreibmaschine.

(ICL)

Exekutive →Betriebssystem.

Exekutivroutinen, *control streams,* Kern des Betriebssystems (BS) bei *Univac*-Anlagen, wobei sämtliche Operationen (O) der *real-time*- und *batch*-Programme überwacht und die Kontrolle aller Ein-/Ausgabe-Vorgänge übernommen werden. Drei Ausbaustufen werden für Bandanlagen unterschieden: Bandsystem, bandorientiertes System (ab 16 K) und →Symbion-Technik (ab 32 K). *(Univac)*

Exekutivsystem →Monitorsystem.

EXPERT = *expended PERT,* Planungsmittel aus den USA in Form eines →Diagramms, das die Vorteile der klassischen GANTT-Karte (Einteilung in Planungsperioden) mit denen der →Netzplantechnik (NPT) verbindet. Die verschieden langen, stets waagerechten Balken für die einzelnen Vorgänge sind an einen zeitlichen Maßstab gebunden. EXPERT 1 läßt die Aufstellung eines zeitlichen Ablaufprogramms zu und ermöglicht eine Kostenanalyse.

Exponent (Ex), die Zahl, die angibt, wie viele Male die Basis als Faktor gesetzt werden soll, d. h. die erhöht geschriebene Zahl bei Potenzdarstellung einer Zahl, z. B. 5^3.

externer Datenverkehr verläuft vom oder zum Benutzer der Rechenanlage (RA) i. d. R. über den →Arbeitsspeicher (ASp) mit Hilfe der →peripheren Einheiten (PE).

externer Eingriff →externe Sortierung, →externe Unterbrechnung.

externe Sortierung erfolgt in serieller Arbeitsweise auf →Sortiermaschinen (SM) für →Lochkarten (LK), auf →Belegsortierern für maschinenlesbare Belege. (→interne Sortierung)

externe Speicher oder periphere Speicher, von der →Zentraleinheit (ZE) gesondert aufgestellte Sp, arbeiten zwischenzeitlich mit ihr, um die erforderlichen Daten (D) an die internen Speicher (→Arbeitsspeicher) abzugeben. Die Haupttypen sind: →Magnetband (MB), →Magnetkarte (MK), →Magnetplatte (MP), →Magnetstreifen (MS), →Magnettrommel (MT). Sie dienen alle als Erweiterung für die teuren Kernspeicher (→Magnetkernspeicher).

externe Speichermedien →Speicher.

externe Steuerung, Eingriffe der Maschinenbediener mit Hilfe von →Tastaturen und →Schaltern am →Bedienungspult (Bp).

externe Steuerwerkanschlüsse hängen von der Kapazität des zentralen Hauptspeichers ab, je nach Fabrikat unterschiedlich. An ein externes Steuerwerk für Magnetband oder Magnetplatte können 2, 4, 16 usw. MB- bzw. MP-Speicherwerke angeschlossen werden. Für alle anderen peripheren Einheiten, wie Stanzer, Leser, Drucker, ist jeweils ein eigenes Steuerwerk erforderlich.

externe Steuerwerke steuern alle externen Funktionen einer DVA. Sie sind durch elektrische Leitungen einerseits fest mit der Zentraleinheit und andererseits mit den peripheren Einheiten verbunden und in ihrer Anzahl von den vorhandenen Anschlüssen der Zentraleinheit abhängig.

externe Steuerwerkverbindungen brauchen für die Eingabe- und Ausgabefunktionen zwei, für periphere Einheiten ein Verbindungskabel.

externe Unterbrechung kann ein Anschlußgerät nach Aufgabenerstellung veranlassen, um einem neuen →Ablaufteil des →Organisationsprogramms Raum zu geben.

Extrahieren oder Herausziehen, *extract.* I. Das Kopieren der Informationen (Info) aus einer →Informationseinheit (IE), die mit vorbestimmten Kriterien übereinstimmen. — II. Das Entfernen von Werten, die in bestimmten festgelegten →Stellen (Ste) eines Computerwortes oder eines →Speicherbereiches enthalten sind. — III. Das Ableiten des Inhaltes eines neuen Computerwortes oder Speicherbereiches aus einem bereits vorhandenen, vielfach unter Verwendung einer →Maske.

F

FACT, automatisches Schaltungsprüfgerät, das innerhalb von 30 Minuten 40 000 Anschlußstellen in einem Schaltschrank überprüft. Für diese Arbeit von 1,6 Mio. Einzelprüfungen müßte ein Mensch 10 Jahre tätig sein.

FACTOR, voll integriertes Abrechnungs-, Kontroll- und Informationssystem als Modularprogramm zur weitgehenden Spezifizierung aller betriebsindividuellen Gegebenheiten, wobei alle Untersysteme die gleiche Datenbank benutzen. *(Honeywell)*

Fakturier-Computer, Kleincomputer (KlC) mit interner Programmierung (Pr), →Plattenspeicher für 1280 Worte (W), auf Lochkarten-, Lochstreifen- oder Lochstreifenkartengrundlage, der *off-line* und *on-line (→terminals)* eingesetzt werden kann. *(Burroughs)*

Falten, programmtechnisches Verfahren, um aus der →Basisadresse eine neue →Adresse zu finden.

FAME = *ferro acustic memory,* Speicherprinzip mit hundertfach höherer Informationsdichte als bisherige →Magnetkernspeicher (MKSp), etwa 3 Mrd. Bits (b) je ccm, so daß je gespeichertes b nur 1 Pfennig Kosten entstehen, 1 : 10 gegenüber MKSp. (USA)

FAMOUS = *file access maintenance output universal system,* Programmiersystem (PS) zur Erleichterung der Arbeit mit dem →Randomspeicher (RSp) →CRAM. *(NCR)*

FARGO, ein →LPG der 2. Generation. *(IBM)*

FAST = *flexible algebraic scientific translator,* mathematische Compiler-Sprache mit mnemotechnischen Operationsschlüsseln (→mnemonischer Code). *(NCR)*

fastband, Schnellzugriffsspur für das Aufsuchen von sequentiell gespeicherten Daten (D) ohne Adreßrechnung. Ein *fastband*-Index ermittelt automatisch aus dem eingelesenen →Ordnungsbegriff wie Konten oder Artikeln, immer die Spuradresse. *(Univac)*

FASTRAND I, II, III, Großraumspeicher für 50 bis 200 Mio. Zeichen (Z) mit max. 230 400 Z/s Übertragungsgeschwindigkeit. *(Univac)*

FASTRAND-Untersystem umfaßt 8 Einheiten mit 1 bis 1½ Mrd. Zeichen (Z) bzw. 18-bit-Wörter. *(Univac)*

feedback →Rückkopplung.

Fehler, *error* oder *fault,* physikalischer Zustand, der ein Gerät, einen Bauteil oder ein Element davon abhält, die vorgesehenen Funktionen auszuführen, etwa durch einen Kurzschluß, einen Wackelkontakt, einen gerissenen Draht o. ä.

Fehlerbereich, Spannweite zwischen niedrigsten und höchsten Fehlerwerten.

Fehlerquote, Summe der fehlerhaften Informationen im Verhältnis zur Summe der fehlerfreien und fehlerhaften Informationen.

Fehlersuche →Testen.

Fehlersuchprogramm →Diagnoseprogramm.

Feindiagramme →Flußdiagramme.

Feld, *array*, datentechnischer Begriff für die Zusammenfassung mehrerer →Zeichen (Z), →bit (b) oder →Bytes (B) zu einer logischen oder organisatorischen Einheit wie Zahl, Nummer,Text. Feld bezeichnet auch zusammengehörige → Spalten auf einer →Lochkarte (LK).

Feldauswahl, die Möglichkeit, bei wortadressierten Anlagen einzelne Wortteile eines →Speicherwortes ansprechen zu können.

Feldlänge gibt an, wieviel →bit (b) oder →Bytes (B) durch eine →Instruktion (Instr) verarbeitet werden.

Feldschlüssel, Symbole, die die auf einem Beleg in →Magnetschrift gedruckten Informationen (Info) hervorheben bzw. identifizieren.

Ferritkernspeicher →Magnetkernspeicher.

Ferritspeicher →Magnetkerne.

Ferromagnetismus, kennzeichnet Stoffe wie Eisen, Kobalt, Nickel, deren magnetische Eigenschaften — im Gegensatz zu Paramagnetismus und Diamagnetismus — besonders stark von äußeren magnetischen Feldern abhängen, außerdem von ihrer Vorbehandlung (→ Hysterese) und Temperatur. Bei der DV wird der Ferromagnetismus dazu benutzt, Daten (D) und Operationsbefehle in Gestalt von Magnetisierungssignalen auf eine Stahlwalze (→Magnettrommel), auf ein mit einer Eisenoxydschicht versehenes Kunststoffband (→Magnetband) oder zu Magnetpolen auf Eisenringen und Stäbchen (→Magnetkernspeicher und →Magnetdrahtspeicher) zu bringen.

Fertigungssteuerung, der organisatorische Teil der →Prozeßsteuerung, übernimmt den zwischen Vertrieb und Betrieb abgestimmten langfristigen Produktionsplan und stellt ihn laufend auf die kurzfristig eingehenden Kundenaufträge ab. Sie kann für Lieferbereitschaft, optimale Lagerhaltung, Maschinenplanung und termingemäße Bestellmenge sorgen und damit eine komplexe und komplizierte Anwendung der DV darstellen. Höhere Stufen sind nur im →*real-time-processing (rtp)* möglich.

feste Instruktionslänge, ein Maschinensystem, bei dem jede Instruktion (Instr) die gleiche Länge hat und die gleiche Stellenzahl im Speicher (Sp) belegt.

feste Wortlänge, die Zusammenfassung einer bestimmten Anzahl (z. B. 10 oder 12) Speicherstellen (SpSte) zu einer →Speicherzelle (SpZ), in die jeweils ein Wort (W) mit dieser Anzahl von Zeichen (Z) gespeichert wird. Diese gleiche und feste Länge eines Befehls (Bef) oder eines Datenwortes darf nicht verändert werden. Gegensatz: →variable Wortlänge.

Festkomma (FK) erscheint in dem Rechenverfahren, das dem manuellen Rechnen mit der stellengerechten Berücksichtigung des Kommas entspricht. (→Komma)

Festkörper-Schaltkreis-Technik →SLT.

Festplattenspeicher, Plattenstapel mit 4 bis 16 Magnetplatten (MP).

Festpunkt →Fixpunkt.

Festspeicher (FSp) oder Operationsspeicher, auch Konstantenspeicher, Totspeicher oder Nur-Lesespeicher genannt, synchron zum Dünnschicht-Filmspeicher (DFSp), sind Speicher (Sp), in die Informationen (Info) bei der Erstellung einmalig „eingeschrieben" werden oder in die durch Schaltung oder Verdrahtung (festverdrahtete Speicher) unveränderliche Info eingebaut worden sind, Programminstruktionen und alphanumerische →Konstanten in beliebiger Reihenfolge. FSp können →Mikroprogramme enthalten, die durch einen einzigen Programmbefehl abgerufen werden. Sie haben eine kurze →Zugriffszeit (Zug), etwa 150 Nanosekunden (ns).

festverdrahtete Speicher, vom Hersteller eingebaute Schalt- und Steuerungsverbindungen für häufig benötigte Daten, wie Konstanten, Unterprogramme, Mikroprogramme usw., aus denen nur gelesen werden kann.

Festwertregelung läßt die Soll-Werte jeweils für längere Zeitabschnitte gleich bleiben.

FIAT = *floating interpretive automatic translator,* Interpretierprogramm für mathematische und technische Aufgaben. *(Univac)*

FICO = *file under control system,* Dateikontrollsystem, bei dem die Vorteile des →Mikrofilms mit Hilfe der EDV über die →Lochkarte (LK) erreicht werden.

FICS = *forecasting for inventory control system,* Programm für monatliche Bestandsvorausplanung. *(Honeywell)*

FIFO = *first in — first out,* die Warteschlangendisziplin.

File, Folge von Datensätzen (im wesentlichen) gleichartiger Struktur (etwa im Sinne einer Kartei).

Filmausgabeeinheit, technisches Gerät für die Wiedergabe alphanumerischer und graphischer Daten auf Mikrofilm aus der Zentraleinheit ohne vorherige Übersetzung aus Lochkarten oder Lochstreifen.

Filmeingabe →Mikrofilm.

Filmeingabeeinheit tastet mit Vektoren beliebiger Länge fertig entwickelte, nicht perforierte 35-mm-Negativ-Filme durch den Strahl einer Kathodenstrahlröhre ab, wandelt sie in →Digitalwerte um und speichert gemäß der Lichtschwelle Bits, die von der Zentraleinheit analysiert und durch das Programm übertragen werden.

Filmspeicher →Dünnschicht-Filmspeicher.

FIND, Abfrageprogramm, ein *ICL*-1900-Standardprogramm in Magnetband- und Plattenversion für →Dokumentation. *(ICL)*

firmware *(fw) (franz. ferme = fest verschließen, weder entfernbar noch zerstörbar),* eine Variation der →*software (sw),* die auf mikro-*hardware*-Basis funktional durch spezifische Anpassung an die Kundenkonzeption und an die Anwendungserfordernisse den Computer (Comp) operationsfähig macht. (USA)

FIXODATA, ein Buchhaltungssystem außer Haus mit Trennung zwischen interner Datenerfassung (DE) und externer DV, wobei die im Betrieb vorkontierten Belege auf Erfassungsjournalen aufgelistet und automatisch in Lochstreifen (LS) übernommen werden, die außerbetrieblich ausgewertet werden. *(Taylorix)*

Fixpunkte, vorgesehene und gesetzte Wiederanlaufpunkte im Programm für evtl. eintretende, unvorhergesehene Unterbrechungen zur Sicherung des genauen Standes der DV, hauptsächlich bei serieller Arbeitsweise.

Flexibilität, in der DV der Umfang der Änderungsmöglichkeit des Programmablaufes innerhalb eines Rahmenprogramms bei der automatischen Steuerung (ST) und Regelung.

fliegender Druck, Sonderform des →Druckens, bei dem eine kontinuierlich umlaufende Typenwalze horizontal über die gesamte Schreibbreite tabuliert.

Fließband, die Höchststufe des mechanisierten Arbeitsablaufes.

flip-flop, Kippschaltung mit mindestens zwei miteinander gekoppelten →Elektronenröhren (Er) oder →Transistoren (Tr), die in Abhängigkeit von den → Eingangssignalen einen von zwei möglichen Zuständen einnimmt: binär 0 oder 1, eine der Grundlagen der Informationsspeicherung und Maschinensteuerung. Ein *flip-flop* besitzt ein (symmetrische Ansteuerung) oder zwei (unsymmetrische Ansteuerung) Eingänge und zwei korrespondierende Ausgänge. Als binäres →Speicherelement kann es ein →bit (b) speichern. Der Leistungsverbrauch ist bei Transistoren hundertmal geringer und die Lebensdauer und Zuverlässigkeit sind zehnmal größer als bei einer Elektronenröhre.

Flowers-Plan, nach dem engl. Prof. *Flowers* benannt, ein hierarchisch aufgebautes System von Computern (Comp) für Lehr- und Forschungszwecke mit drei regionalen Großrechenzentren in London, Manchester, Edinburgh.

Flußdiagramme (FD), *flow charts,* auch Feindiagramme genannt, entstehen aus den →Blockdiagrammen (BD) durch Verfeinerung und versinnbildlichen dynamisch den →Datenfluß bei der DV in graphischer Form durch besondere Symbole (Sy). Bei Planungsbeginn werden alle logisch notwendigen Operationen (O) in einer überschaubaren Schemazeichnung festgelegt, aus der die Arbeitsabläufe in ihrer zeitlichen Reihenfolge und der Arbeitsprozeß in allen seinen Verzweigungen (Vz), Wiederholungen und Weichenstellungen erkennbar sind. Die benutzten Sinnbilder und erklärenden Texte können durch Pfeile verbunden sein. FD stellen einen zeitlichen und befehlsmäßigen Übergang zwischen Aufgabenstellung und dem fertigen Programm (P) dar. Sie können mehrfach in Stufen detailliert und bei einem größeren Problem recht umfangreich werden. Ein fertiges FD muß in die Befehlssprache für die Maschine (→Maschinenprogramm) übersetzt werden (→Codieren) unter Berücksichtigung aller maschinentechnischen Eigenschaften. Mit Hilfe des FD kann der Programmierer vor der Codierung den gesamten Programmablauf bis zum letzten Einzelschritt festlegen. Er verringert dadurch die Gefahr logischer Irrtümer im Entwurf und Aufbau. Dazwischen sind alle von der Maschine auszuführenden Arbeitsvorgänge einschl. zu treffender Entscheidungen und sich daraus ergebender Konsequenzen aufgeführt. Das FD zeigt, wie die Arbeit getan werden soll.

FNI = Fachnormenausschuß Informationsverarbeitung im Deutschen Normenausschuß (DNA).

FOCAL, Dialogsprache. *(AEG-Telefunken)*

Folgeadresse steht am Ende eines fortlaufenden, gespeicherten →Satzes (S) und gibt den Platz des logisch (dem → Ordnungsbegriff nach) folgenden Satzes an. (→Zwei-Adreß-Maschinen)

Folgekarten, die hinter einer Hauptkarte (Stamm-, Mutter- und Matrixkarte) folgenden Tochterkarten mit dem gleichen →Ordnungsbegriff.

Folgekontrolle, *sequence control,* Überprüfungsvorgang für die richtige auf- oder absteigende Reihenfolge der eingelesenen Lochkarten (LK) oder sonstigen Belege in einem DVS.

Folgeprüfung, eine der organisierten Kontrollen gegenüber den eingebauten oder maschineninternen Prüfungen. Hierbei wird gewährleistet, daß ein sortierter →Datenbestand (DB) in der gewünschten Sortierfolge vorhanden ist, was bei seriellem Arbeiten bei der Eingabe (E) sehr wichtig ist. Diese Einrichtung interessiert insbesondere Revisoren und Statistiker.

Formalsprachen oder Formelsprachen, der übergeordnete, zusammenfassende Ausdruck für die höheren →Programmiersprachen (PSpr).

Format. I. Die Festlegung von Umfang und Anordnung der →Stellen (Ste) einer Dateneinheit, und zwar für die →Datenträger (DT) der Eingabe (E) wie auch für die der Ausgabe (A). — II. Die Anordnung von Zeichen, Feldern, Linien, Seitenzahlen und Trennzeichen in einem →Formular oder in einer →Datei.

Formatbefehle legen die Anordnung von Daten auf Datenträgern (DT) für die Eingabe (E) und/oder Ausgabe (A) fest.

formatierte Daten entnehmen ihre Bedeutung aus einer festen Stellenzuordnung.

Formelsprachen →Programmiersprachen, →Formalsprachen.

Formulardrucker, Datenerfassungsgerät zur Erstellung optisch lesbarer Belege, die als Endlos- oder Einzelformulare mehrspaltig beschriftet werden. *(Kienzle)*

Formulare, Ausgabemedien für Druckausgaben. Sie sind entweder drucktechnisch vorgeschaltet oder werden als sog. neutrale Formulare durch den →Drukker (Dr) über das Programm (P) eingeteilt und mit Überschriften bzw. Zeilentexten versehen. Durch rationelle Formulargestaltung können Zeitgewinn und Arbeitserleichterung erreicht, Vorschubzeiten vermieden und damit Druckgeschwindigkeit hochgehalten werden.

Formularsprachen, eine Gruppe von problemorientierten Programmiersprachen, die auf eine Anwendung oder einen Anwendungsbereich zugeschnitten sind, bei denen nur noch die →Parameter zu spezifizieren sind, um das Programm seiner individuellen Aufgabe anzupassen. Sie bilden den Übergang zu den Formalsprachen.

Formularvorschub, die Einrichtung in der DVA für (1) das automatische Vorrücken des eingespannten Papiers nach dem Drucken einer Zeile (Zl), (2) das programmgesteuerte Vorschieben eines Formulars auf festgelegte Zeilenpositionen. Teilweise erfolgt der Formularvorschub zeitlos, i. a. bis zu 3 Zl. Bei längeren Vorschubwegen von Formular zu Formular bzw. innerhalb eines Formulars verringert die Vorschubzeit die Druckgeschwindigkeit.

fortgeschrittene Mikrofestkörpertechnik →ASLT.

FORTRAN = *formula translator* = Formelübersetzer, die erste problemorientierte und rechnerferne →Programmiersprache (PSpr) für vorwiegend technische und mathematisch-wissenschaftliche Aufgaben; eine Entwicklung der *IBM.* Sie steht mit einem FORTRAN-Compiler auf derselben Höhe wie →ALGOL. Die Übersetzung (Ü) für die →Maschinenprogramme wird einfacher und die Programmierzeit kürzer. Die relativ wenigen, aber sehr schlagkräftigen Befehle (Bef) sind kurz und einfach, nur zehn Spezialzeichen, mit klarer Trennung zwischen den eigentlichen Eingabe-/Ausgabe-Befehlen, z. B. *read, write, print, punch.* Auszuführende Rechenoperationen (RO) werden beim Computer (Comp) von Anweisungen *(statements)* angezeigt, die unbegrenzte, komplexe Ausdrücke enthalten können, aber mit den vier Grundrechenarten arbeiten. Es gibt verschiedene Entwicklungsstufen, die durch römische Ziffern gekennzeichnet sind, z. B. FORTRAN IV. FORTRAN ist leicht zu erlernen und leicht anzuwenden. Nach kurzer Übung kann man ohne Nachschlagen im Handbuch arbeiten, da die FORTRAN-Elemente sich leicht merken lassen. FORTRAN-Compiler existieren für die meisten DVA. Die Wesensmerkmale der Programmierung (Pr) treten in dieser Sprache klar zutage und werden nicht durch irgendwelche Maschinenbesonderheiten verschleiert.

FOSDIC, *film optical sensing device for input to computers,* die optische Abtastung eines Filmabschnittes bei gleichzeitiger Eingabe dieser Werte in eine DVA, wobei 2 Mio. Z/min gelesen und gleichzeitig verarbeitet werden.

Foto-Digital-Speicher-System, neuartige Technik, die Informationen (Info) mit sehr hoher Dichte speichern kann. Die Daten (D) werden mit Hilfe einer Kathodenstrahlröhre auf Film-Chips (Größe 35 × 70 mm) mit rund 5 Mio. bit je Chip automatisch aufgezeichnet.

Fotolecteurverfahren →Photolecteurverfahren.

Fotozellen →Photozellen.

Fotozellenabtaster →Photozellenabtaster.

Frequenz, als Begriff der →Elektrotechnik das Maß für die Schwingungszahl einer Welle. Sie wird gemessen in Hertz (Hz). Dabei ist ein Hz = eine Schwingung/s, *cycle per second (cps).* Der Kehrwert der Frequenz ist die Periodendauer.

Frequenzmultiplexer dient zur gleichzeitigen Übertragung mehrerer Signale über einen Kanal auf verschiedenen Frequenzen durch ein Frequenzband im Kanal. Gegensatz: Zeitmultiplexer.

FSE = *forecast strategy evaluator,* Begriff aus →SICT, bestimmt die optimale Bestellstrategie unter Berücksichtigung spezifischer Bedingungen. (USA)

führende Nullen füllen die freien Stellen vor der ersten Ziffer einer Zahl aus. Aus Gründen einer einheitlichen Wortlänge werden sie in der DVA mitgespeichert und mitverarbeitet. Im Druckbild werden sie i. a. durch Druckaufbereitungsbefehle unterdrückt.

Führungsgröße, festgelegte unbeeinflußbare Größe (= Soll-Wert) in der Regelungs- und Steuerungstechnik.

Führungsloch, kleinste Lochung in jeder Lochreihe der Lochkarte oder des Lochstreifens.

Fünf-Schritt-Code, in der Fernschreibtechnik üblicher Code (C). Aus den fünf Schritten lassen sich $2^5 = 32$ Kombinationen bilden.

Fünf-Spur-Lochstreifen, 17,4 mm (2/3 Zoll) breit, 5 Signalspuren und 1 Transportspur.

Funktionsbits erzeugen oder unterdrücken bestimmte Befehlswirkungen innerhalb eines Befehls (Bef) in einem Mikroprogramm. *(Zuse)*

Funktionseinheit, *functional unit,* „ein funktionelles Gebilde, bestimmt durch die von ihm zu bewältigenden Aufgaben“ (DIN 44 300). In absteigender Rangfolge ergeben sich: System, Werk, Glied, Element. (→Bauelemente)

Funktionssteuerung, technische Ausrüstung zur sinnvollen Einbeziehung von peripheren Einheiten (PE) in die DV durch Befehle (Bef).

Funktionstafel, Bestandteil einer Schaltung, die alle Möglichkeiten für die Eingangs- und entsprechenden Ausgangszustände enthält.

G

GAMM-Formel, der errechnete mittlere Zeitbedarf für die Befehlsdurchführung (Operationszeit) eines Computers (Comp) unter bestimmten Anwendungsbedingungen für die Ermittlung der Vergleichswerte der einzelnen Systeme nach einer Empfehlung des Fachausschusses „Programmierung" der „Gesellschaft für angewandte Mathematik und Mechanik", basierend auf dem am. GAMM-MIX = →Index für →Standardprogramme (StP). Die →Rechenzeiten für die fünf Programme (P) bzw. Formeln zur Lösung technisch-wissenschaftlicher Aufgaben werden zur Bewertung der →Zentraleinheit (ZE) herangezogen. (→MIX)

GAMM-MIX →GAMM-Formel.

Gang →Zyklus.

gap →Blockzwischenraum.

Gaser, technisches Gerät, das die kurzwellige Gammastrahlung erzeugt, dabei funktional etwa dem →Laser entspricht.

GASP = *general activity simulation program,* mathematisches →Programmiersystem (PS) für Simulationszwecke, wobei die permanenten Elemente, z. B. Maschinen, unverändert und die temporären, z. B. Aufträge, durchlaufend sind. Der modular (→Modul) aufgebaute Compiler (Com) ist leicht zu erweitern und abzuändern.

Gatter, *gate circuits,* logische Schaltungen [Konjunktion (→UND-Funktion), Disjunktion (→ODER-Funktion)] zur Realisierung logischer Bedingungen, technische Grundeinheiten des →Rechenwerkes (RW) und des →Steuerwerks (STW), →Schaltkreise mit verschiedenen Eingängen und nur einem Ausgang. Man unterscheidet dabei: Misch- (auch ODER-), Koinzidenz- (auch UND-) und Sperr- (auch NICHT-) Gatter. Bei jedem Befehl (Bef) wird eine andere Gatterkombination geöffnet. (→Schalter)

Geagraph 2000, Rückzeichnung von Lochstreifen, wobei Maßstabsänderungen, Drehungen oder Spiegelungen berücksichtigt werden können. *(AEG-Telefunken)*

Geameter 2000, automatisches Abtasten von Zeichnungen beliebigen Schwierigkeitsgrades. Der Verlauf der Linien wird auf Lochstreifen ausgegeben und gleichzeitig über eine elektrische Schreibmaschine in →Klarschrift ausgedruckt. *(AEG-Telefunken)*

Geber, technisches Element, das den einzelnen umlaufenden Buchstaben auf der →Druckerkette zum →Drucken bringt.

GECOS = *General Comprehensive Operating System,* eine sehr umfangreiche →*software (sw)* mit →wahlfreiem Zugriff für ein auf →*time-sharing (ts)* ausgerichtetes →*operating system (os),* die mit rund 50 000 →Worten (W) recht groß ist. *(BGE)*

gedruckte Schaltungen, Schaltungen auf Kunststoffplatten, deren Verbindungen durch aufgedruckte Metallschichten auf den Kunststoffplatten hergestellt werden, auch Flachbaugruppen genannt.

Gemeinschaftsanlagen (GA), kooperativ genutzte Rechenanlagen (RA) zu gemeinsamen Kosten der Benutzer nach

Stundenzeit. Den gemeinsamen Benutzern werden Konzessionsbereitschaft, Mitarbeit und gerecht zu verplanende Zeitaufgliederung für alle Teilnehmer abverlangt. Die Kosten liegen i. a. 10 bis 15 % unter denen eines herstellerabhängigen wie herstellerunabhängigen →Servicebüros (SB). Häufig stehen die GA im Betrieb eines Hauptbenutzers.

gemischte Systeme, Kombinierung von DVS in *batch-processing*-Methode mit DVS auf *on-line*-Basis, wobei unter Zusatz von besonderer *hardware* die Vorteile beider Systeme genutzt werden können.

GEMULATOR, Übertragungssystem für Programme, die für andere Fabrikate geschrieben sind. *(Siemens)*

GENA = gepuffertes Nachrichtensystem, spezielles Makrobefehlssystem für die Steuerung der Eingabe und Ausgabe der verschiedenen Datenfernverarbeitungseinheiten, wobei die Programme in Assemblersprache geschrieben sind. *(IBM)*

Generation, das Unterscheidungsmerkmal für Zeitabschnitte in der DV, die sich durch vollkommen neue Konzeption in der Konstruktion einer DVA herausheben.

1. Generation (1946): Gespeicherte Programme; Bauelemente = Elektronenröhren; erste Kernspeicher; Puffer für E/A-Bereich.

2. Generation (1958): Festkörper-Technik; Satelliten-Rechner-Systeme; Echtzeitverarbeitung; große, schnelle Speicher mit direktem Sofortzugriff; Hochgeschwindigkeits-Bandeinheiten.

3. Generation (1964): Mikro-Festkörper-Technik (100 bit/cm²); Mehrlagenschaltungen; *multiprocessing, multiprogramming; on-line*-Kommunikations-Einheiten; sehr hohe Speicherkapazitäten.

Generationenprinzip, die Absicherung gegen den Verlust von Magnetbanddaten durch die Speicherung über zwei Perioden oder Generationen in den Magnetbändern (MB), alter und neuer, das sog. Generationssystem (Großvater — Vater — Sohn) für →Stamm- und →Bewegungsdaten: altes Bestandsband — neues Bestandsband — Ausgabeband (→Bandgeneration).

Generator, in der DV ein erzeugendes Programm (P), womit eine technische Verfahrensweise, eine Programmierhilfe, bezeichnet wird, die automatisch ein →Verarbeitungsprogramm (VP) oder Programmteile *(→jobs)* erzeugt, die zur Lösung einer durch vorzugebende →Parameter definierten speziellen Aufgabe geeignet ist und damit über den Compiler (Com) hinausgeht. Es gibt zwei Gruppen von Generatoren:

1. *zeichengesteuerte* Generatoren, die wie Compiler (Com) unter Verwendung von Programmteilen aus einer →Programmbibliothek (PB) arbeiten, aber im Gegensatz zu dem Com in der Lage sind, besondere Steuerkennzeichen zu erkennen und die Befehle (Bef) aus der PB entsprechend den Steuermerkmalen zu verändern, und
2. *reine* Generatoren, die Programme (P) sind, mit denen andere P erzeugt werden. In Verbindung mit einem →Assembler (Ass) ist der eine Generator gewöhnlich ein Programmteil, der aus der PB durch den Ass abgerufen wird und dann ein oder mehrere Programmteile in ein anderes P einfügt.

Die meisten Ass beinhalten zu einem gewissen Teil Compiler- und Generatorfunktionen. Gewöhnlich spricht man aber auch in diesem Fall von dem ganzen System als einem Ass-System. Wegen der vielseitigen Einsatzmöglichkeiten wird das Generatorprogramm in

Zukunft in zunehmendem Maße an Bedeutung gewinnen. Eine besondere Aufgabe haben die Generatoren für Sortier- und Mischprogramme (→Sortier-Misch-Generator). (→LPG, →RPG, →STAR)

Generieren →Generator.

GEORGE = *general organisation and environment,* komplexes →Betriebssystem (BS) für die automatische Verarbeitung einer oder mehrerer Aufgabenketten im System 1900 mit einem Teilnehmerbereich von 200 bis 300 angeschlossenen Stationen. GEORGE 1 = Kettung von →*jobs* und Gerätezuordnung, GEORGE 2 = Sekundärspeicher für Eingabe (E) oder Ausgabe (A), GEORGE 3 = optimale Programmausnutzung mit MOP, GEORGE 4 = Teilnehmer-Rechensysteme mit →*paging. (ICL)*

GEPEXS = *General Electric Parts Explosion System,* magnetplattenorientiertes Modular-Programmsystem für Stücklistenauflösung bei *GE*-400 und *GE*-600. *(BGE)*

GERTS = *General Electric Remote Terminal Supervisor,* Steuersystem für Satellitenrechner (in Verbindung mit *GE*-400 und *GE*-600). *(BGE)*

GESAL = *General Electric Symbolic Assembly Language,* →Programmiersprache (PSpr) für die Programmierung (Pr) der Serie 50 *(GE-53, GE-55, GE-58),* Erleichterung der Programmierung. *(BGE)*

Gesamtkosten eines EDVA-Einsatzes gliedern sich in: →*hardware* (20 %), →*software* (30 %), Hersteller (Markt) (10 %), Verarbeitungszeiten (20 %), Verarbeitungskosten (20 %).

Geschwindigkeiten (G), wesentliche Bestimmungsmerkmale einer EDVA, die von Eingabe, Ausgabe, Verarbeitung und →Zugriff zu den Daten und von dem Maß der Dezentralisierung aller Steuerfunktionen innerhalb eines DVS abhängig sind. Die internen Geschwindigkeiten rechnen nach →Millisekunden (1. Generation), →Mikrosekunden (2. Generation) und →Nanosekunden (3. Generation).

Geschwindigkeitsarten:

1. Schrittgeschwindigkeit (Einheit = 1 Baud/s),
2. Schrittübertragungsgeschwindigkeit (Produkt aus Schrittgeschwindigkeit und Anzahl der parallelen Kanäle und den →Binärzeichen, die je Schrittdauer übertragen werden [Einheit bit/s]),
3. Transfergeschwindigkeit (Anzahl von bit, Zeichen oder Datenübertragungsblöcken, die im Durchschnitt je s, min oder h zwischen den korrespondierenden Einrichtungen zweier Datenstationen übertragen werden).

Die Geschwindigkeit wird i. a. von der am stärksten beanspruchten Einheit einer Rechenanlage bestimmt und von der Art der Programmierung beeinflußt. Für alle Geräte besteht die Forderung, daß ihre Arbeitsgeschwindigkeiten möglichst weitgehend an die der angeschlossenen Einheiten angepaßt werden. Die gesamte Programmlaufzeit hat sich zunehmend verkürzt, z. B. von 1 Stunde (1950) auf 3 bis 4 Sekunden (1969). Die Maschinen weisen in den Grundfunktionen annähernd folgende Geschwindigkeitswerte auf:

Handschriftlesen	50 Z/min
Maschinenschriftlesen	40 bis 80 Z/min
Drucken	600 bis 1 500 Zl/min
Xeronic-Drucker (128 Z/Zl) bis	2 800 Zl/min
Lochkartenlesen	100 bis 1 500 Z/min
Lochkartenstanzen	110 bis 500 Z/min
Lochstreifenlesen mechanisch	50 bis 300 Z/s
photoelektrisch	500 bis 2 000 Z/s
Lochstreifenlesen	
mechanisch	50 bis 300 Z/s
photoelektrisch	500 bis 2 000 Z/s
Kernspeicher	2 000 bis 1 200 000 000 Z/s

Magnetband (Lesen u. Schreiben)	7 200 bis 340 000 Z/s
Magnetplatte (Lesen u. Schreiben)	160 000 bis 312 000 Z/s
Magnettrommel (Lesen u. Schreiben)	135 000 bis 2 700 000 Z/s
Magnetstreifen	50 000 bis 100 000 Z/s
Magnetkarte	40 000 bis 150 000 Z/s

gespeicherte Programme gestalten die Programmierung (Pr) und die Einsatzmöglichkeiten einer Rechenanlage (RA) flexibler, was naturgemäß einen erhöhten Aufwand und größere Sorgfalt in der Pr verlangt.

GH 201, Datenübertragungssystem aus einem Sende- und einem Empfangsgerät, die bei Bedarf durch Fernsprechleitung miteinander verbunden werden. *(SEL)*

GIBSON-MIX, Meßzahl für die Verarbeitungsgeschwindigkeit eines Computers (Comp) bei technisch-wissenschaftlichen Problemen, wobei sie die Rechenzeit für 100 repräsentativ gemischte Befehle (Bef) eines technisch-wissenschaftlichen Programms (P) in Nanosekunden (ns) angibt.

GIGO = *garbage in, garbage out* = „Kommt Mist rein, kommt Mist raus", Redewendung beim Fehlen von wesentlichen, aussagefähigen und verläßlichen Daten (D) bei der Erfassung der Ursprungsdaten.

GIS = *generalized information system,* ein vollständiges Exekutivsystem mit dem Charakter einer höheren →Programmiersprache (PSpr) zum Aufbau, zur Pflege und zum Betrieb von →Datenbänken bzw. →Informationssystemen. GIS besteht aus einem Sprachübersetzer *(language processor* = Compiler) und einem Datei*processor (file processor),* der die Daten der Datenbank für GIS-Programme verfügbar macht. Beide bilden zusammen ein Exekutivsystem, dessen Sprachsyntax die Formulierung aller im Zusammenhang mit einer Datenbank anfallenden Aufgaben gestattet. *(IBM)*

Gitter, Anschlußpol einer →Elektronenröhre (Er) oder eines elektronischen Bausteins, z. B. →Diode, auf den zur →Steuerung (ST) des Hauptstromkreises eine Steueranspannung gelegt wird.

Gleitkomma (GK), *floating point,* auch Gleitpunkt, eine halblogarithmische Zahlendarstellung, die bei gleichzeitigem Arbeiten mit sehr großen und sehr kleinen Zahlen bei begrenzter Registergröße eine wesentliche Rechenkapazitätsausweitung bringt. Die Zahlen werden in →Digitalrechnern (DR) in der Weise verschlüsselt, daß z. B. 78,37 als $0{,}7837 \times 10^2$ oder 0,004711 als $0{,}04711 \times 10^{-2}$ gespeichert werden. Nach Durchführung der Rechenoperationen (RO) gibt der DR bei seinen Ergebnissen die richtige Kommastelle wieder in Form eines →Exponenten (Ex) an. Die GK-Zahl wird dargestellt durch →Mantisse (Mant) — die Zahl selbst — und durch die →Charakteristik, eine zum Exponenten addierte Zahl. Der Aufwand an Schaltungen für das GK ist beträchtlich, so daß sich die Operationsgeschwindigkeit verringert. Die GK-Darstellung ist bei Rechnern (Re) für technisch-wissenschaftliche Zwecke erforderlich. (→Komma)

Gleitpunkt →Gleitkomma.

GOLEM = großspeicherorientierte, listenorganisierte Ermittlungsmethode zum Speichern und schnellem Wiederauffinden einer Vielzahl von Dokumenten (Dok) oder Informationen (Info) jeder Art unter Verwendung von EDVA, wobei ein Magnetschicht-Großspeicher mit wahlfreiem Zugriff als Datenbank eingesetzt wird, in der GOLEM-Terminologie als „Informationspool" bezeichnet. *(Siemens)*

GPSS = *general purpose system simulator,* Verfahren für die Analyse und den Entwurf von Systemen mit komplexen zeitlichen und von „Zufälligkeit“ bestimmten Programmabläufen. *(IBM)*

graphische Ein-/Ausgabe erfolgt mittels Elektronenstrahlröhre durch Zeichengeräte, die 300 bis 1000 Schritte/s bei einer Schrittlänge von 30 bis zu 100 mm/s ausführen.

Graphomat, raumsparender, lochkarten- oder lochstreifengesteuerter Zeichentisch für präzise Darstellungen universeller Untersuchungen. *(Zuse)*

Grobdiagramme →Blockdiagramme.

Großraumspeicher (GSp), *mass-memories, mass-storages,* vorwiegend →externe Speicher für Eingangs- und Ausgangsdaten bei Rechenvorgängen mit umfangreichem Datendurchsatz, z. B. →Magnetkarten-, →Magnetstreifen-, →Magnetplattenspeicher. Sie dienen als Zubringer- und als Hilfsspeicher zur Lösung von Massenspeicherung mit →direktem Zugriff auf 1 Mrd. Z, sind aber verhältnismäßig langsam, 200 bis 4 ms →Zugriffszeit (Zug) in →*batch-processing (bp)* und →*real-time-processing (rtp)*. Die Dateneinheit (DE) besteht aus fest bestimmten Speicherabschnitten (= Sektoren), die durch Adressen (Adr) eindeutig identifiziert werden können. Ihre Kapazitäten (Kap) liegen größenordnungsmäßig etwa zwischen 10 Mio. bis 1000 Mio. bit (b), max. 1 Bio. alphanumerische Stellen (Ste). Die GSp weisen folgende Zahlen auf:

	Kap. Mio. b	Zugriffszeit	Geschwindigkeit Z/s
MBSp	400	300— 10 s	7 200— 340 000
MPSp	1 500	500— 18 ms	160 000— 312 000
MTSp	200	100— 4 ms	135 000—2 700 000
MKSp	540	450—100 ms	40 000— 150 000
MSSp	570	500—100 ms	50 000— 100 000

An einen GSp können bis zu einer Entfernung von 600 Metern bis zu 120 Schreibmaschinen angeschlossen werden oder rund 6000 Fernschreiber.

Großrechenanlagen (GRA), auch Großrechner (GR), beginnen i. a. bei 128 K, einer →Zykluszeit (Zyk) von 2 Mikrosekunden und weniger im Kernspeicher (KSp) und bei Gleitkomma-Arithmetik sowie simultaner Verarbeitung von Daten über gepufferte Datenkanäle. Im Spitzenmodell führen sie etwa 12,5 Mio. Befehle/s aus, bei einer Zyk von 80—50 Nanosekunden (ns). Charakteristisch sind für sie: →Parallelverarbeitung, →Datenfernverarbeitung (DFV) und →*real-time-processing.* Sie arbeiten i. w. rechenintensiv, bis zu 4—5 Mio. Rechenoperationen/s im Schnitt, und sind für viele Problemlösungen unerläßlich. Technisch umfassen sie bis zu einer halben Mio. Transistoren (Tr), eine noch größere Zahl von Widerständen und anderen elektrischen und elektronischen →Bauelementen neben 10 Mio. Magnetkernen. Die Monatsmieten beginnen bei rund 80 000 DM und gehen im Schnitt bis rund 300 000 DM, bei →*time-sharing (ts)* und Duplexanlagen auch ein Vielfaches davon. Ihre Anzahl im Einsatz liegt bei etwa 10 % der Gesamtanlagen. Sie bilden das DV-Prinzip der Zukunft.

Großrechner (GR) →Großrechenanlagen.

Großschaltkreise, Zusammenfassung vieler Schaltungen mit gleichen oder verschiedenen Funktionen, wobei bis zu mehrere Tausend Transistor-Elemente in einem einzigen sog. Monolithen enthalten sind. Für diese Technik wurden drei Begriffe geprägt: →LSIT = *large scale integration technology,* →IIC = *integrated integrated circuit* und →DOFIC = *domain originated functional integrated circuit.*

Grundmaschinen, Locher (→Lochkartenlocher), Prüfer (→Prüflocher), →Sortier- und →Tabelliermaschine ermöglichen als wesentliche Teile des →Lochkartenverfahrens (LKV) erst die DV.

Grundoperationen in der Maschine: konjunktive, disjunktive Verknüpfungen und Negationen, mit Zahlen der arithmetischen Operationen.

Grundrechenarten, Addition (Add), Subtraktion (Sub), Multiplikation (Mlt) und Division (Div); sie sind im →Speicher (Sp) festverdrahtet.

Grundschaltungen, auch Grundverknüpfungen, die schaltungsmäßige Realisierung der →logischen Verknüpfungen oder Funktionen eines Rechners (Re) durch Transistoren (Tr), Dioden (Dio) usw., wobei ein einzelnes Siliziumplättchen von 1,8 mm Seitenlänge bereits 100-bits-Register aufweist. Hierher gehören: →*flip-flops*, UND-, ODER- und NICHT-Schaltungen, →Speicherelemente und Verstärker.

Grundstellung, die Maßnahmen vor Beginn der Maschinenarbeit, wodurch alle Aggregate auf den Ausgangspunkt einzustellen sind, d. h. die durch ein vorhergehendes Programm (P) gesetzten Anzeigevorrichtungen und Steuergrößen sind auf Null zu bringen.

Grundtakt →Takt.

Grundtätigkeiten: Lesen, Ordnen (Sortieren, Selektieren, Mischen usw.), Rechnen, Schreiben, die an alle drei Informationsarten gekoppelt sind.

Grundverknüpfungen →Grundschaltungen.

Grundzahl →Basis.

Grundzeit →Takt.

Gruppe, nach →Ordnungsbegriffen inhaltlich zusammengefaßte Arbeitsvorgänge bzw. Programmteile bzw. Daten gleichen Ordnungsmerkmals. Dabei sind zu unterscheiden: Unter-, Haupt- und Übergruppen.

Gruppenkontrolle, Ordnungsmerkmale der Gruppenbildung werden verglichen, z. B. im Lochkartenverfahren die maschinelle Feststellung des Durchlaufs aller zu einer Gruppe gehörigen Lochkarten.

Gruppenwechsel, der exakte Übergang bzw. die genaue Trennung verschiedener inhaltlich zusammengehöriger Arbeitsvorgänge während der Maschinenarbeit bzw. der durch Änderung des →Ordnungsbegriffes erfolgte Abschluß für das Sammeln, Berechnen und die Ein-/Ausgabe von Daten (D). Jedem Gruppenwechsel steht ein Vergleich mit dem Ergebnis „ungleich" voraus.

Gruppierungsfaktor →Blockierungsfaktor.

Gültigkeitsprüfung, automatische Kontrolle mit dem Zweck, Lese- oder Übertragungsfaktoren zu erkennen und evtl. zu korrigieren. Dabei muß die Summe der ersten Information (Info) in einer Spalte bzw. Zeile (Zl) gerade oder ungerade sein, was durch Hinzufügen eines →Prüfbits erreicht wird.

H

Halbbyte speichert verschlüsselt in dualer Darstellung die →Ziffern, so daß das ganze →Byte (B) zwei Ziffernwerte übernehmen kann. Diese Möglichkeit wird mit hexadezimal bezeichnet, wobei zu 0—9 noch A, B, C, D, E und F hinzutreten.

halbduplex (hx), Nachrichtenkanal für wechselseitige →Übertragung (Ü) in beiden Richtungen zu nacheinander folgenden Zeiten.

Halbleiter, *semiconductor,* seit 1874 Werkstoffe, deren elektrische Leitfähigkeit sich mit der Veränderung von Temperatur (ab —273° C), Belichtung oder Stromrichtung geringfügig verändern läßt, wodurch diese Stoffe „manipulierbar" sind. Sie bilden die wesentlichen Grundlagen für →Transistoren, →Dioden, →Thyristoren, →Widerstände u. ä. Durch die Halbleiter-Bauelemente wurde die Elektronik innerhalb weniger Jahre grundlegend verändert.

Halbwort, Hälfte eines →Speicherwortes, z. B. zwei →Bytes (B), seine →Adresse (Adr) muß ein Vielfaches von 2 sein.

handling, die manuelle Verrichtung des Operators, sie ist eine Arbeitsbedingung.

Handlocher, mechanisch-elektrische Geräte, die am Ursprungsort direkt zum Ablochen (→Stanzen) von →Lochkarten (LK) *(punch cards)* und →Lochstreifen (LS) *(paper tapes)* dienen. Besondere Arten sind *data recorder (Honeywell)* und →*information recorder (IBM).* Die Mietpreise liegen bei 140 DM je Monat.

Handlochkarte →Randlochkarte.

Handschriftleser erkennen handgedruckte Ziffern (0 bis 9) und Buchstaben (A bis Z) auf einer Vorlage (Beleg). Ein spezieller Handschriftleser, z. B. IBM 1287, tastet Ziffern und Schriftzeichen (C, S, T, X, Z) mit einem gebündelten Lichtstrahl (⌀ 0,02 mm) ab, verfolgt den Schriftzug durch eine spiralisch kreisende Bewegung, schmiegt sich also laufend den Kurvenzügen der Handschrift an. Der Schreiber darf weder Teile der Zeichen fortlassen noch innerhalb eines Schriftzuges absetzen. Was bisher in etwa einer Stunde in Lochkarten (LK) übertragen werden konnte, liest er in einer Minute vom Blatt. In 60 s können etwa 150 mehrzeilig beschriebene Schriftstücke, von denen jedes 30 bis 40 Ziffern in Handschrift enthält, direkt in den Computer (Comp) eingegeben werden. Auf 2200 Zeilen (Zl) Leseleistung in der Minute bringt er es, wenn man ihm mit zehnstelligen Zahlen bedruckte Streifen einer Registrierkasse zuführt (von Hand ausgeschriebene Kassenzettel 350 Stück je min). Der einzelne Beleg braucht nicht größer zu sein als etwa ein Zahlkartenabschnitt. *(IBM)*

hardware *(hw),* wörtlich „Eisenwaren", materieller Teil des Rechners (Re), Ausdruck für die in der Maschine verdrahteten Befehle (Bef), für eingebaute Schaltungen und andere technische Zusätze, also reine Maschinentechnik für die →Zentraleinheit (ZE) und die mechanisch oder elektrisch mit ihr verbundenen →peripheren Einheiten (PE). Sie steuert bestimmte, immer wiederkehrende technische Vorgänge optimal.

→Rechenwerk (RW), →Steuerwerk (STW), →Register (Reg), →Kanäle, → Masken, →Puffer, Speicherteile, Bedienungskomfort u. a. m. sind z. B. typische *hw*-Einrichtungen. Sie gleichen sich von Fabrikat zu Fabrikat fortlaufend immer mehr an. Das Verhältnis von *hw* zu →*software (sw)* liegt heute bei 40 % bis zu 60 %. Die *hw*-Herstellungskosten liegen bei 20 % der Gesamtkosten für den Einsatz einer EDVA.

Hauptindex, Index der höchsten Stufe, der angewendet wird, wenn Abfragen des Zylinderindexes bei Magnetplatten oder Magnettrommeln zu lange dauern würde.

Hauptprogramme (HP), in erster Linie alle gemäß ihrer Definition mit höchster Priorität versehenen →Anwendungsprogramme (AP), die durch →Betriebssysteme (BS) vorrangig bearbeitet werden. Der →Arbeitsspeicher (ASp) wird bei ihnen voll rechenmäßig am stärksten in Anspruch genommen.

Hauptsätze (HS), *masters,* Band- und Plattensätze, zu denen ein oder mehrere →Beisätze gehören.

Hauptspeicher (HSp), *main storages,* wesentliche Teile der Zentraleinheit (ZE), setzen sich i. a. aus dem festen Bereich für die notwendigen Routinen der →Steuerprogramme (STP), auch →*nucleus* genannt, und aus den dynamischen Bereichen für das Arbeitsprogramm, dem Datenspeicher, zusammen. (→Arbeitsspeicher)

Hauptspeicherbereiche, *partions,* fest definierte Speicherbereiche für ein Programm, die zu einem bestimmten Zeitpunkt eine auszuführende →*task* aufnehmen. (→Arbeitsspeicher)

Hauptsteuerprogramme (HSTP), Steuerungen (ST) der Ein- (E) und Ausgabe (A) aller →peripheren Einheiten (PE) und die Datenende- und Verzweigungsbedingungen für die →Unterprogramme (UP). In der Hauptsache stellen sie das Gerippe der gesamten →Flußdiagramme (FD) dar und geben die Programmsteuerung (PST) fallweise an UP ab, die die Verarbeitung vornehmen. Nach deren Durchlauf wird in den meisten Fällen wieder zum HSTP zurückgesprungen.

header →Kennsatz.

Herauslesen, das Lesen einer Information aus einem Speicher.

Hertz (Hz), nach *Heinrich Hertz* (1857 bis 1894), Maßeinheit der elektrischen Frequenz, seit 1886—1889 die elektromagnetischen Schwingungszahlen je Sekunde.

Herausziehen →extrahieren.

Heuristik, Lehre von den nichtmathematischen Grundsätzen oder Methoden zur Auffindung neuer Erkenntnisse.

heuristisch, Methode zur Lösung eines Problems, bei der der Lösungsweg durch ständige Gegenüberstellung mit dem gewünschten Ergebnis bzw. mit den bisher erzielten Ergebnissen gefunden wird. Gegensatz: rein mathematische (Optimierungs-)Methode.

heuristische Programmierung zerlegt ein komplexes Entscheidungsproblem durch schrittweises Vorgehen solange in fortgesetzte Teilprobleme, bis sich durch bestimmte Simulationstechniken eine befriedigende Lösung ergibt.

Hexade, Kombination von sechs →bit ($2^6 = 64$), kann also 64 verschiedene Zeichen enthalten (Dualzeichen).

Hexadezimalzahlen basieren auf der Zahl 16: die zehn Ziffern 0 bis 9 und die Buchstaben A bis F. Sie haben das 8-bit-Zeichen (→Byte), wodurch jedem Byte (B) zwei Hexadezimalzahlen zuzuordnen sind. Der Umgang mit diesem Zahlensystem ist für die Programmierung unbedingt erforderlich.

hexal, die Darstellung einer Zahl in einem Zahlensystem zur Basis 16.

Hierarchie, eine vorbestimmte Ordnung von Einheiten nach ihren Merkmalen.

Hilfsprogramme (HiP), Teil der *software,* der sich aus Dienstprogrammen, Unterprogrammen, Makroprogrammen usw. zusammensetzt, um dem Programmierer eine Arbeitserleichterung für Teilgebiete und Routinearbeiten zu ermöglichen. HiP haben u. a. Bedeutung für die Aufbereitung von Dateien für Datenbanken.

Hilfsspeicher (HiSp), externer Speicher für Zusatzaufgaben besonderer Art und für Ausweichmöglichkeiten bei Kapazitätsüberschreitung des Hauptspeichers.

Hochleistungsdrucker →Schnelldrucker.

Hochleistungsrechner →Supercomputer.

Hologramm, Vielzahl von Mikrobildern, auf denen Gegenstände dreidimensional aufgezeichnet sind. In Form von Kristallen werden sie als Datenspeicher verwendet. Da die Kristalle sehr klein und unempfindlich sind, sind sie magnetomotorischen Speichern überlegen.

Holographie *(gr.),* Ganzaufzeichnung, bezeichnet seit 1948 die dreidimensionale Photographie mit Hilfe von Laserlicht (→Laser), wodurch wesentlich kompaktere Großraumspeicher entwickelt werden als bisher, und zwar mit einer Lesegeschwindigkeit von 16 Mio. Datenbits/s und einer Zugriffszeit von 8,5 bis 1,3 ms.

HOREST = handelsorientiertes Einkaufsdispositionssystem mit Trendberücksichtigung; flexibles, praxisnahes, modular aufgebautes Programmpaket, das eine leistungsfähige Umsatz- und Einkaufsplanung mit optimaler Lagerbevorratung ermöglicht. *(Siemens)*

horizontale Prüfung, bezeichnet als eine Stellenprüfung bei der Magnetbandlesung die Kontrolle der Datenspeicherung durch additive Erfassung der Magnetisierungspunkte längs des Bandes (→Prüfbits).

hybride Rechnersysteme (HRS), aus →Digitalrechnern (DR) und →Analogrechnern (AR) kombinierte Rechnersysteme, die über elektronische Koppelwerke Rechendaten und Steuerinformationen austauschen. Die Rechendaten müssen vor der Übergabe jeweils durch Umsetzer digital/analog bzw. analog/digital gewandelt werden. Die Programmierung (Pr) der HRS erfolgt über Erweiterungen der bei Hybridrechnern üblichen →Assembler bzw. →Compiler (Com), abgesehen von der weiterhin erforderlichen speziellen Pr der AR. Die Einsatzgebiete von HRS erstrecken sich auf Echtzeit-Simulationen komplexer technischer Vorgänge in Luftfahrtindustrie, Chemie und Regelungstechnik sowie auf rein wissenschaftliche Anwendungen. HRS dienen zur wirtschaftlichen Bewältigung von Echtzeit-Aufgaben, für die DR nicht oder nur mit hohem Aufwand geeignet sind.

Hybridrechner (HR) oder Zwitterrechner, seit etwa 1958 ein gekoppeltes, analog-digitales Verbindungssystem, und zwar entweder eine Kombination von einem →Analogrechner (AR) und einem →Digitalrechner (DR), die mehr oder weniger eng miteinander verbunden sind, oder ein integrierter Analog-Digital-Rechner, der mit echten, hybriden (= einander ausschließenden) Rechenelementen arbeitet. Seine Durchläufe betragen 1000 Operationen/s. Durch drei programmierbare Digitalelemente (UND-Glieder, ODER-Glieder, *flipflops*) wird der HR in seinen Steuereigenschaften verbessert. Die Anwendungen erweitern sich dadurch gegenüber dem AR auf automatische Optimierungen, statistische Analysen, Lösung partieller Differentialgleichungen usw.

Hydra-Point-System, die pneumatisch-hydraulische →Punktsteuerung von Werkzeugmaschinen, wobei automatisch Lochstreifen (LS) zur Weiterverarbeitung und Kontrolle anfallen.

HYDRA-System, Vielfach-Zugriffssystem, ein Mehrfach-Konsol-System, bei dem die gleichzeitige Benutzung der →Rechenanlage (RA) von 12 Stellen aus möglich ist. *(Philips Electrologica)*

hydraulische Bauelemente übernehmen die Funktion eines Relais, sind mit Flachkolben ausgestattet, die eine Höhe von 1/8 Zoll haben und deren Hub ebenfalls nur 1/8 Zoll beträgt.

Hysterese, bei ferromagnetischen Stoffen die Erscheinung, daß die magnetische Flußdichte bei wachsender magnetischer Feldstärke kleiner ist als im gleichen Feld bei abnehmender Feldstärke.

Hystereseschleife, die graphische Darstellung der Hysterese bei aufeinanderfolgender Zu- und Abnahme der magnetischen Feldstärke. Für die Speicherung von Binärzeichen ist eine möglichst rechteckige Hystereseschleife günstig.

I

ICL = *International Computers Limited,* Zusammenschluß der führenden englischen Computerhersteller und damit die größte europäische Herstellerfirma.

ICM-40, ICM-42, ICM-47, ICM-160, *Integrated Circuit Memory,* Magnetkernspeicher der „μ-STORE"-Serie, mit diskreten Bausteinen und integrierten Schaltungen zusammengesetzte Kernspeichersysteme, die in einer Gesamtzykluszeit von 1,5 μs bis 500 ns arbeiten und als zuverlässige, schnelle und adressenunabhängige Kernspeichereinheiten eingesetzt werden. *(Honeywell)*

ICSL = *International Computing Services Ltd.,* Rechenzentrumsorganisation der *ICL.*

Identification Division →COBOL-Programme.

IDP = *integrated data processing* = integrierte Datenverarbeitung.

IDS = Integrierte Datenspeicherung, *Integrated Data Storage,* seit 1963 ein als →*software (sw)* in COBOL-Sprache entwickeltes Organisations- und Programmiersystem zum Aufbau integrierter Informationssysteme (IS) unter Benutzung von Großraumspeichern (GSp) für beliebige Anwendungen mit mindestens 16 K. Jede Information (Info) wird nur einmal eingespeichert und steht danach in direktem Zugriff zur Verfügung. IDS setzt eine einzige, die gesamten Daten (D) eines Betriebes oder eines Systems umfassende →Datei an die Stellen der individuellen, konventionellen Dateien und übernimmt das Verknüpfen zusammengehöriger, entfernt gespeicherter Ketten, ihr Auf- und Abbauen. Durch IDS werden die Programmierkosten für ein integriertes DVS um 20 bis 30 % gesenkt, da nur fünf Befehle (Bef) erforderlich sind: Speichern, Wiederauffinden, Übertragen, Modifizieren, Löschen. Außerdem wird eine um 35 % bessere Speicherausnutzung erreicht. *(BGE)*

IDV = Integrierte Datenverarbeitung oder integrierte Informationssysteme, betriebsorganisatorische Begriffe, von der Anwendung bestimmter Organisationsformen und technischer Hilfsmittel abhängig. Die IDV bedeutet die zusammengefaßte, miteinander verknüpfte DV eines Unternehmens, wobei die Integration (Int) als Regelsystem aufgefaßt wird, dazu bestimmt, die Verarbeitung aller im Unternehmen anfallenden Daten (D) vorzunehmen, nicht nur im technischen Ablauf, sondern betriebswirtschaftlich. Dabei sind getrennte Arbeitsgebiete und -gänge (wieder) zusammenzuführen, zum geschlossenen Arbeitsprozeß zu komprimieren und die Totalverarbeitung zu erreichen, entsprechend den Zielen der Unternehmensführung. Für die IDV sind charakteristisch: großes internes und externes Speichervermögen und vielfältige Eingabemöglichkeiten bei verhältnismäßig geringer Schreibleistung. Für ein solches System sind i. a. Großraumspeicher (GSp) mit wahlfreiem Zugriff notwendig. (→Integrierung, →MIS, →Datenbank, →GIS, →IMS)

IFAC = *International Federation of Automatic Control,* New York.

IFIP = *International Federation Information Processing,* Amsterdam.

IFT = Institut für Textverarbeitung, Stuttgart - Sillenbach.

IIC = *integrated management information and control system,* das Mittel, der Führungsspitze wesentliche Nachrichten zu übermitteln und die Leitung umfassend zu informieren.

IMIS = *integrated management information system,* ineinandergeschaltetes Informationssystem, das dem Manager das organisatorische Konzept für die Unternehmung und die Lösung des Einsatzproblems der EDV verwirklichen hilft.

impact = *inventory management program and control techniques,* ein mathematisch-wissenschaftliches Modell zur automatisierten Bevorratung der Läger im Einzelhandel unter Berücksichtigung von saisonalen Schwankungen und zur Berechnung optimaler Frachtkosten. Zielsetzung: Minimierung der Lagerhaltungskosten bei gleichzeitiger Erhöhung der Lieferbereitschaft. *(IBM)*

Impuls (Imp), der einzelne, plötzliche, scharf abgegrenzte Sprung oder Stoß eines fließenden Stromes oder einer Spannung auf eine andere Stärke oder in eine andere Richtung. Informationstechnisch stellt der Imp ein „Signal" dar. Die schrittweise →Informationsverarbeitung (IV) im Elektronenrechner (ER) geschieht mittels Imp, wobei z. B. mit fünf Imp ein Buchstabe, mit 40 ein „Wort" (W) ausgedruckt werden kann.

Impulsfrequenz →Takt.

Impulsgeber →Taktgeber.

Impulsgenerator →Taktgeber.

Impulsperiode, Zeitspanne zwischen dem Anfang eines Impulses und dem Anfang des Folgeimpulses, je nach Maschine unterschiedlich.

Impulszug, die Anzahl aufeinanderfolgender Impulse.

IMRADS = *informations management retrieval and dissemination system,* ein spezielles, in →COBOL geschriebenes Programmierverfahren zur Auffindung, Verarbeitung und Verteilung von Informationen (Info). *(Univac)*

IMS = *information management system,* umfassendstes, ausgewogenstes Informationssystem für Datenbank und Datenkommunikation, wobei der Schwerpunkt auf der Verarbeitung großer Datenmengen liegt, bei der Minimalvoraussetzung von 128 K Bytes für *batch-processing* und 256 K Bytes für *multiprogramming* und *teleprocessing.* Das IMS bietet eine flexible und komplexe Datentechnik mit einfacher Handhabung. Bestandteile des IMS sind: Systemkontroll-, Datenbank-, Datenkommunikations-, Verwaltungs- und Hilfsprogramme. *(IBM)*

Index. I. Eine geordnete Liste von Bezugsschlüsseln oder anderen Hinweisen auf den Inhalt eines →Datenbestandes. — II. Ein →Symbol (Sy) oder eine →Zahl zur Bezeichnung einer bestimmten Größe in einem →Bereich ähnlicher Größen. — III. Eine Hochrechnungsfaktor, um einzelne Felder einer Tabelle anzusprechen.

Indexbefehle bedienen speziell das →Indexregister (IReg), und zwar i. d. R. nur mit einem Operationsteil.

Indexerstellung →Indexierung.

Indexieren oder Indizieren, der Vorgang der Ermittlung von Speicheradressen durch Hinzuzählen des Wertes im Adressfeld einer Instruktion (Instr) zum Inhalt eines →Indexregisters (IReg).

Indexierung oder Index-Erstellung umfaßt alles, was verwendet wird, um Begriffe anzuzeigen, auf sie hinzuweisen, zu ihnen zu führen, gewissermaßen eine Liste von Gegenständen oder Hinweisen.

indexing, das Erstellen eines Klassifikations- oder Suchbegriffes für jede einzuspeichernde Informationseinheit.

Indexliste, die im Arbeitsspeicher (ASp) enthaltene Tabelle zum Auffinden gespeicherter Daten (D) mit Hilfe von Leitbegriffen oder Speicheradressen (SpAdr).

Indexmethode, die logisch fortlaufende Speicherung als höhere Stufe der starr fortlaufenden Speicherung, wobei mit einem gespeicherten Adreßindex gearbeitet wird.

Indexrad oder Indexscheibe, eine Art innerer Uhr an den Lochkartenmaschinen (LKM), die sich während eines jeden Maschinenganges einmal um 360 Grad dreht.

Indexregister (IReg), Spezialspeicher, auch Hilfsspeicher (im Steuerwerk oder im Arbeitsspeicher), zur automatischen Adressen- oder Befehlsänderung (Adressenmodifikation, Befehlsmodifikation) oder Zählregister in Programmen (P) mit →Programmschleifen, die in größerer Anzahl, bis in die Hunderte, in einem Steuerwerk vorhanden sein können und wesentliche Vorteile der Variierung für die Programmierung (Pr) eines Problems bieten.

Indexscheibe →Indexrad.

Index-sequentielle-Methode, *indexed sequential access method,* spezielle Plattenspeicher-Organisation, bei der logisch fortlaufend gespeichert wird und →direkter Zugriff möglich ist. Merkmal: Keine Platzreservierung für zusätzliche Begriffe, die in der Folge zwischen die bereits gespeicherten eingefügt werden müssen.

Indexwort, Inhalt eines →Speicherbereiches oder eines →Registers (Reg) der verwendet wird, um automatisch die effektive Adresse (Adr) einer bestimmten Instruktion (Instr) zu verändern.

Indikator (Ind) oder Zähler, Anzeigeeinrichtung, die die Rechenoperationen registriert und die Ergebnisse eines Vergleiches für weitere Auswertungen festhält.

indirekte Adressierung oder Adresse von Adresse, gibt eine →Speicherzelle (SpZ) oder ein →Register (Reg) an, wo die Adresse zu finden ist. Von der Adresse kann man nicht auf den Ordnungsbegriff schließen. Diese Art der Adressierung wird bei umfangreichen, mit großen Lücken durchsetzten Nummernkreisen angewandt. Bei der Benutzung der Programmiersprachen (PSpr) wird die indirekte Adressierung automatisch verwendet.

Indizieren →Indexieren.

indizierte Adressen, Adressen (Adr), die durch ein →Indexregister (IReg) oder eine ähnliche Einrichtung zu verändern sind oder verändert wurden.

indizierte Befehle, gewöhnliche Befehle (Bef), die aber nicht mit der Adresse (Adr) ausgeführt werden sollen, die sie eigentlich haben, sondern mit einer durch den Inhalt des →Indexregisters (IReg) veränderten Adr. Dabei gibt es drei Arbeitsweisen: additiv, substituierend und iterierend.

Indizierung, programmtechnischer Vorgang, bei dem der Inhalt einer Adresse (Adr) mit Hilfe eines →Indexregisters (IReg) vor der Ausführung eines Befehls (Bef) zum →Adreßteil dieses Bef addiert wird, eine sog. →Adressenmodifikation, eine Möglichkeit, Adr umzuändern.

Induktionsstrom, der elektrische Strom, der in einem Leiter durch Veränderung eines Magnetfeldes in seiner Umgebung entsteht.

industrial-engineering, die aus den USA gekommene, erweiterte Form der Betriebswissenschaften, die alle Vorgänge unter dem Gesichtspunkt eines integrierten Systems von Mensch, Material und Maschine sieht und Arbeitsmethoden rationell plant (bei Computereinsatz automatisch); es ist die Optimierung organisatorischer und technischer Abläufe.

Informatik, zusammenfassender Begriff aller mathematischen und technischen Wissengebiete, die mit der Entwicklung und dem Einsatz von EDVA verbunden sind. Man unterscheidet Betriebsinformatik (interner Aufbau, Arbeitsweise und Gestaltung betriebsinterner Informationssysteme) und Wirtschaftsinformatik (betriebsexterne Informationssysteme). *(SEL)*

Information (Info), „das vielleicht menschlichste aller Probleme, an das die Naturwissenschaft bis jetzt herangegangen ist" *(K. Steinbuch);* kybernetischer Grundbegriff: Angabe, Mitteilung, Nachricht, Unterlage, die den Empfänger zur Auswahl und Entscheidung, zu einem bestimmten Verhalten, insbesondere Denkverhalten, veranlaßt. Jede Info ist an einen materiellen oder energetischen Träger gebunden und setzt sich als eine räumliche oder zeitliche Folge von endlich vielen physikalischen Signalen zusammen, die mit bestimmten Wahrscheinlichkeiten oder Häufigkeiten auftreten. Bemerkenswert ist, daß z. B. in der DV nur 20 % aller Info aus →Buchstaben bestehen, sonst aus →Zeichen oder →Ziffern. Diese symbolischen Info, die sich erst aus Daten (D) ergeben, sind vierfacher Art: →Definitionen, →Instruktionen (meist), →Steueranweisungen und →Klartext, die im Programmschema stets auf eine bestimmte Zeile (Zl) gehören.

information recorder, kompakt gebauter und tragbarer →Handlocher mit auswechselbaren Lochschablonen. Gelocht wird in vorperforierte Standardlochkarten. *(IBM)*

Informationsbank (IB), *informate storage and retrieval* = Speicherung und Wiederauffinden von Informationen, ein „Dokumentationssystem, bei dem die Aufbereitung der eingespeicherten Nachrichten ebenso wie ihre Abfrage hochgradig vervollkommnet ist. An die Informationsbank sollen ... von vielen nahen und fernen Quellen Informationen geliefert werden, damit sie an nahe und ferne Empfänger mit öffentlichem Zugriff möglichst jede beliebige Information liefern kann" *(K. Steinbuch).*

Informationseinheit (IE), logisch zusammengehörige Gruppe von Daten (D) (Zeichen, Wort, Doppelwort) mit demselben Ordnungsbegriff, die als eine Einheit behandelt werden, z. B. →Bestands- und →Bewegungsdaten bei der Lagerrechnung, Adreß- und Bestellkarten bei der Auftragsbearbeitung, Stamm- und Marksensing-Karten bei der Zählerablesung, Magnetband-Sätze.

Informationsfluß, Menge der je Zeiteinheit durch einen →Kanal übertragenen Informationen (Info). Für jeden Kanal gibt es einen maximalen Informationsfluß, die sog. Kanalkapazität.

Informationskapazität, bei Mensch und Maschine sehr unterschiedlich: beim Menschen rund 10 bis 16 bit/s, was etwa 5 →Ziffern, 3 →Buchstaben, 2 →Wörtern entspricht, bei der Maschine bis eine Mio. b/s.

Informationsmengen verdoppeln sich in der allgemeinen Fachliteratur alle 10 Jahre, für die chemische Fachliteratur alle 8 Jahre, für die Elektronik alle

5 Jahre, für die Weltraumforschung alle 3 Jahre. 1980 werden viermal soviel Informationen sein wie 1970.

informations retrieval, die Methoden und Arbeitsvorgänge für das möglichst schnelle und optimale Wiederauffinden von gespeicherten Informationen (Info). Bei der →Dokumentation (Dok) sind z. B. riesige Mengen merkmalbestimmter Info aufbewahrt. Aus der Gesamtzahl der Lochkarten (LK) sind schnell jene herauszufinden, die ein bestimmtes →Merkmal tragen. Das Verfahren mit →Randlochkarten ist problematisch und mit Magnetbandgeräten auch noch recht zeitaufwendig. Die modernere Möglichkeit ist der →Randomspeicher.

Informationsspeicher →Speicher.

Informationssystem (IS), System, das auf Abfrage aktuelle Informationen (Info) bereitstellt, das durch einlaufende Info die gespeicherten Info stets unmittelbar auf den neuesten Stand bringt, das über den generellen Stand aller Abteilungen und Aufträge stets Auskunft gibt. Es beschäftigt sich mit den Punkten: Datenorganisation, Speicherungsform, Dokumentation, Programmierart und -weise, Datenabruf u. ä. und bezieht sich immer auf eine abgeschlossene organisatorische Einheit, in deren Mittelpunkt in einer →Datenbank alle Daten (D) zusammengefaßt sind. Hierher gehören mit Direktzugriff das amerikanische Frühwarnsystem, die Platzreservierungssysteme von Fluggesellschaften, Informationssysteme für Banken, für Universitätsbüchereien u. ä. (→MIS)

Informationstheorie, mathematisch-physikalisch orientierte und formulierte Lehre über die mengenmäßige Bestimmung der Zusammenhänge bei der →Übertragung (Ü), →Speicherung und dem Empfangen von Informationen (Info), aber nicht ihrer Verarbeitung. Sie wurde 1948 von *C. E. Shannon* und *W. Waever* entwickelt als die Lehre von der meßbaren Nachricht (N) mit der Einheit der Informationsmenge, ein →bit (b).

Informationsträger (IT), physikalisches Medium, durch das die Informationen (Info) dargestellt werden, in der DV z. B.: →Lochkarte (LK), →Lochstreifen (LS), →Lochstreifenkarte (LSK), →Magnetband (MB), →Magnetplatte (MP). (→Datenträger)

informationsverarbeitende Maschinen, nach den Arbeits- und Kraftmaschinen seit 1946 logisch wie notwendig entwickelt, um den Problemen der modernen Kommunikation gerecht zu werden. Sie gliedern sich bei den →Digitalrechnern (DR) nach ihren Adreß-Befehlen in →Ein- und →Zwei-, seltener Drei- oder Vier-Adreß-Maschinen. Jeder Typ hat seine Vor- und Nachteile; Ein-Adreß-Maschinen werden bevorzugt. (→kybernetische Maschinen)

Informationsverarbeitende Systeme (IVS), die materielle oder energetische Anordnung, in der →Informationsträger auftreten. Sie werden mehr und mehr Kennzeichen der Kommunikation und DV.

Informationsverarbeitung (IV), der Oberbegriff für DV. Bedingt durch den Einsatz von Optimalisierungsmethoden können →Dateien von →Datenbänken durch den Einsatz von Speichern (Sp) mit →wahlfreiem Zugriff dem Management als Sofortinformation zur Verfügung gestellt werden. In der praktischen Form geschieht es durch das Rechnen mit Zahlen, Längen, Größen u. ä. (→Datenverarbeitung)

Informationswiedergewinnung →Thesaurus.

Inhalt, der in einem →Register (Reg) oder unter einer bestimmten →Adresse (Adr) gespeicherte Wert.

Inhaltsadressierung →Assoziativspeicher.

Initialisierung, das Eröffnen eines →Speichers (Sp), z. B. das Formatisieren einer →Magnetplatte (MP) auf eine bestimmte Arbeit.

input →Eingabe.

inquiry-processing, Abfrageverarbeitung.

Installierung, die Aufstellung einer →Rechenanlage (RA). Ihre Kosten sind abhängig von den Erfordernissen: speziell ausgerüstete Maschinenräume, Zwischendecken, Klimaanlage, Lüftungskanäle, Netzspannungsregler usw. (→Computer, →Datenverarbeitungsanlagen)

Instruktionen (Instr), Steuerbefehle an die Maschinen, sagen dem Computer (Comp), was er mit welchen Daten (D) tun soll. Sowohl schalttafelgesteuerte wie auch speicherprogrammierte Maschinen müssen so gesteuert werden, daß alle Funktionen in richtiger Reihenfolge zur richtigen Zeit mit den richtigen Daten (D) ablaufen, um eine bestimmte Aufgabe zu erfüllen. Jede Instr ist zweiteilig: (1) →Operationsteil und (2) →Adreßteil. (→Befehle, →Adreßmaschinen)

Instruktionsaufbau erfolgt nach den vier Fragen:

1. *Was* ist zu tun? (Operationsschlüssel, z. B. Übertragen);
2. *Wieviel* Bytes sind zu verarbeiten? (Datenfeldlänge);
3. *Wohin* sind die Daten zu übertragen? (Adresse des 1. Feldes);
4. *Woher* kommen die Daten? (Adresse des 2. Feldes).

(→Befehlseinteilung)

Instruktionsfeld enthält verschlüsselte Befehle (Bef) in der „echten" Maschinensprache (MSpr), welche die Verarbeitung der Daten (D) steuert. (→Befehlsregister)

Instruktionsformate geben für die Programmbefehle die formelle Zuordnung an.

Instruktionsphase (I-Phase), der Zeitabschnitt des Einlesens und Analysierens einer Instruktion (Instr) vom →Hauptspeicher (HSp) in das →Steuerwerk (STW).

Instruktionszähler →Befehlsregister.

Integration →Integrierung.

Integrationskette, Gruppe von Arbeiten, die aufeinander aufbauen.

Integrierte Datenspeicherung →IDS.

Integrierte Datenverarbeitung →IDV.

integrierte Großschaltungen →Großschaltkreise.

integrierte Schaltkreise, setzen sich zusammen aus →*flip-flops*, NAND-Gatter (→Verknüpfungsglieder), →Treiberleitungen und monostabile Multivibratoren. Ein integrierter Schaltkreis ersetzt 80 konventionelle Transistoren (Tr), zahlreiche Widerstände und Kondensatoren; 90 Lötstellen lassen sich auf dem Siliziumplättchen von 6,4 × 3,2 × 0,8 mm einsparen. 10 Druckplatten herkömmlicher Art werden ersetzt und die Herstellungskosten der integrierten Schaltkreise auf Bruchteile verringert. (→integrierte Schaltungen)

integrierte Schaltungen (iS), seit 1963 miniaturisierte Schaltungen auf der Basis der →Monolith-Technik bei reduzierten Schaltwegen, bei denen in einem kleinen Halbleiterkristall bis einige Zehn elektronischer Elemente (aktiv: →Transistoren, →Dioden; passiv: →Kondensatoren, →Widerstände) enthalten sind. Im Beschichtungs- und Ätzverfahren werden serienmäßig mit Hilfe von Schablonen bis 1000 Stück iS auf einer Silizium-Scheibe bzw. auf Silikon-Basis in der Größe eines Ein-D-

Mark-Stückes hergestellt. Die Verwendung von iS hat die Anzahl der Bauelemente um den Faktor 6 und die Anzahl der Zwischenverbindungen um den Faktor 11 gegenüber einem System mit diskreten Bausteinen verringert. (→ Schaltkreise)

Integrierung oder Integration (Int) *(lat. integer = „ganz" oder „zu einer Einheit verschmelzen")*, die zweckgerichtete Verbindung ausgewählter Elemente unter Berücksichtigung von Abhängigkeiten zur Bildung einer Einheit höherer Ordnung, die Ineinanderschaltung von Arbeit und Maschine, von Maschine zu Maschine und die Verwirklichung eines neuen Organisations- und Informationssystems mit Hilfe von Computern (Comp), d. h. auch die Totalbehandlung von Daten (D) vom Ursprung bis zum erfüllten optimalen Zweck, also eine von menschlicher Arbeit unabhängige Verarbeitung in der Weise, daß die D, einmal in einem bestimmten Arbeitsgerät erfaßt und eingegeben, für sämtliche anderen Arbeitsgeräte und Auswertungen zur richtigen Zeit und in der richtigen Aufbereitung (Sortierung) zur Verfügung stehen und die EDVA nicht verlassen. Das System wird den Betrieb und der Betrieb das System beeinflussen und steuern, wobei eine langfristige Planung und Vorbereitung, bis zu 5 Jahren, ein wesentliches Erfordernis darstellt, insbesondere für →MIS. Durch den Direktzugriff zum Datenbestand (DB) sind für die Integrierung →Magnetplatten (MP), →Magnetkarten (MK), →Magnettrommeln (MT) besonders geeignet; →Magnetbänder (MB) scheiden aus. Man unterscheidet:

a) *horizontale* Int, z. B. gleichzeitige Verarbeitung von Ausgangsfakturen und Lagerbestandsführung,
b) *vertikale* Int, z. B. Brutto- und Nettolohnrechnung in einem Arbeitsgang,
c) *interne* Int, d. h. innerhalb eines Unternehmens,
d) *externe* Int, z. B. Austausch von optisch lesbaren Belegen zwischen verschiedenen Banksystemen,
e) *direkte* Int, d. h. echte Verbindung mehrerer Arbeitsgänge in einem Ablauf, und
f) *indirekte* Int, z. B. getrennte Abläufe, aber Datenaufbereitung zur unveränderten Eingabe (E) bei einem andern Arbeitsablauf.

interface, Kopplungseinheit. (→Kanalanschlußtechnik, →Schnittstellen)

Interimsspeicher →Zwischenspeicher.

interner Code →Maschinencode.

interne Sortierung, Sortieren im Arbeitsspeicher. Gegenteil: →externe Sortierung.

interne Speicher nehmen zu verarbeitende und verarbeitete Daten (Ergebnisse und Zwischenergebnisse) wie auch Programme zur Abarbeitung auf. Es sind überwiegend Magnetkernspeicher, Magnetdrahtspeicher, Dünnfilmspeicher.

INTERP, mathematische Programmiersprache der *B* 8500. *(Burroughs)*

Interpolationsrechner (IR), auch Interpolator, Maschine zur Errechnung von Zwischenwerten, die laufend und in bestimmtem Rhythmus neue Positionen als Soll-Werte bei der →numerischen Steuerung angibt.

Interpolator →Interpolationsrechner.

Interpreterprogramme →Simulationsprogramme.

Interpreters, Programme, die von einer bestimmten Rechenanlage Programme oder Programmteile ausführen lassen können, die in der →Maschinensprache einer anderen Anlage vorliegen. (→ Simulationsprogramme, →Umwandlungsprogramme)

Interpretierphase oder Erkennungsphase, der Teil der Befehlsausführung, bei dem der Befehl (Bef) aus dem Speicher (Sp) in das →Befehlsregister (Bef-Reg) geholt, dort analysiert und erkannt wird.

Interruptprogramme unterbrechen bei den →Rechnern mit Hilfe der →Vorrangsteuerung das laufende Programm (P) und sind Bestandteil des Betriebssystems (BS).

Intervallzeitgeber, eine binäre Uhr, die in einem bestimmten Grundtakt, z. B. einer Millisekunde (ms), arbeitet. Ihre maximale Laufzeit ist vier Stunden. Sie teilt im →*time-sharing (ts)* den Benutzerprozessen die benötigte Zeit zu und überwacht die Verarbeitungszeit.

INTOP = *International Operations simulation,* ein →Unternehmensspiel über →Datenfernverarbeitung (DFV) mit dem Schwergewicht wirtschaftlicher Operationen (O) auf internationaler Ebene. *(Univac)*

Inversion →NICHT-Funktion.

Inverter, Negations- oder Umkehrstufe nach festgelegten Konventionen, ein binärer Schaltkreis, dessen Ausgangsgröße die invertierte Eingangsgröße ist, d. h. eine binäre „0" am Eingang ergibt eine 1 am Ausgang oder umgekehrt.

I/O = *input/output,* Abkürzung für Eingabe-/Ausgabe-Einheiten oder -Daten.

IOCS = *input-output-control-system,* als Eingabe-Ausgabe-Steuerungssystem eine Programmierhilfe, die den Aufwand bei der Datenein- und -ausgabe verringern hilft, wobei es alle erforderlichen Einzelinstruktionen direkt in →Maschinensprache (MSpr) bereitstellt. Es besteht aus einer Reihe von flexiblen → Bibliotheksprogrammen (BP), die durch →Makroanweisungen aufgerufen und in einer den IOCS-Steuerbefehlen genügenden Form in das symbolische Programm (→Quellenmodul) eingefügt werden. Das IOCS ist eine notwendige Ergänzung zur Programmierung (Pr) mit der BASIC-ASSEMBLER-Sprache, besonders bei Rechnern (Re), deren Peripherie durch Kanäle angeschlossen ist.

IPL = *initial program load,* die automatischen Ladebefehle für die folgenden Programmladekarten.

IRIA = *Institute de Recherche d'Informatique et d'Automatisme,* seit 1967 eine Einrichtung des *Plan Calcul* für die französische Grundlagenentwicklung für Rechenanlagen (RA), für *software (sw)* und für Ausbildung.

ISAM = *index sequential access method* →Index-sequentielle Methode.

ISFMS = *index sequential file management system* →Index-sequentielle Methode.

ISFMS-Speicherung, *index sequential file management system,* eine logisch fortlaufende Speicherungsform, bei der jeder →Datensatz (DS) über einen mehrstufigen →Index direkt adressierbar ist. Die ISFMS-Datei kann fortlaufend oder wahlweise verarbeitet werden. *(IBM)*

ISIM = *inventory simulation,* Überwachungsprogramm der Bestände mit den Methoden des Operations Research, d. h. mit Hilfe eines mathematischen Modells, um genau festzustellen, wieviel und wann bestellt werden muß. *(Honeywell)*

ISI-Modus, einem Einzelkanal im Speicher (Sp) ist ein einziger Puffer mit zugehörigem Pufferkontrollwert zugeordnet. *(Univac)*

ISO = *International Standards Organisation,* New York, Internationale Vereinigung aller Normenausschüsse.

ISO-B-Schrift →OCR-B-Schrift.

ISO-Code, der internationale 7-bit-Code der ISO (vom DNA als DIN 66 003 übernommen), der auf 8 bit (b) erweitert werden kann.

Iterationsverfahren *(lat. iter = Schritt),* die wiederholte Anwendung einer Rechenvorschrift zur Bestimmung der Näherungslösung einer mathematischen Aufgabe. Dabei bringt jeder Rechenschritt eine Verbesserung der Näherungslösung, wobei die Iteration durch eine →Programmschleife erreicht werden kann. Man bricht das Verfahren ab, wenn eine vorgegebene Genauigkeitsschwelle erreicht ist.

ITT-Datenservice, Frankfurt am Main, Organisation einer Reihe von Rechenzentren mit dem Schwergewicht auf der Entwicklung von Codierungs-Standards für →COBOL.

J

JEAN, Vorführprogramm bei der →Datenfernübertragung (DFÜ) zur Lösung numerischer Aufgaben, das den angeschlossenen Teilnehmern den Informationsaustausch mit dem Computer (Comp) und die Nutzung seiner Rechenkapazität ermöglicht. Programmiererfahrung entfällt, es werden nur kleinere Berechnungen durchgeführt. *(ICL)*

job, Verarbeitungseinheit, Programmkette, aus mehreren Programmen bestehende abgeschlossene Aufgabe für die programmtechnische Aufbereitung einer Organisationsaufgabe, z. B. Lohnabrechnung. Der *job* wird nach der Analyse für die Programmierung und Codierung in Form von →*steps* (= Teilaufgaben) verarbeitet. Das bedeutet: (1) Umwandlung, (2) *linkage-editor*-Lauf oder linker-Lauf und (3) Ausführungslauf auf dem Rechner (Re). Für (1) ist ein Compiler (Com), für (2) ein spezielles Verknüpfungsprogramm erforderlich. Wenn (3) im Rechner abläuft, wird aus dem *job* eine Arbeitsaufgabe (→*task)* des Rechners.

Beispiel: Lohnprogramm als job:

step 1 = Umwandlung durch Compiler, daraus echtes Programm,

step 2 = Verknüpfung Lohnprogramm mit Gesamtprogramm durch *linkage-editor*-Lauf oder linker-Lauf,

step 3 = echter Programmlauf.

Bei genügend großem Kernspeicher (KSp) können diese *steps* direkt nacheinander erfolgen. Für jeden *step* sind dann feste Hauptspeicherbereiche (= *partions)* vorhanden.

job control, Überwachung, Auswahl und Steuerung ganzer Programmketten *(job)* innerhalb des Betriebssystems. *(→job-management)*

job control language, Teil des Betriebssystems (BS) mit der Aufgabe, durch spezielle Befehle (Bef) dem Hauptspeicher (HSp) ein Teilverarbeitungsprogramm, den *job,* zur Verfügung zu stellen.

job-Fernverarbeitung, *remote job entry,* die geschlossene →Übertragung (Ü) von Datenstationen *(→terminals)* aus *job*-Kontrollinformationen mit den dazugehörigen Daten (D) zu einem zentralen DVS.

job-management, Funktionsbereich des →*operating systems (os),* der der Steuerung (ST), Kontrolle und Verwaltung eines kontinuierlichen Arbeitsflusses dient, also Handhabung und Reihenfolge der →*jobs.* In der →Datenfernverarbeitung (DFV) tritt es infolge des lange laufenden *jobs* selten in Tätigkeit.

job scheduler, Sammlung derjenigen Instruktionen (Instr), die wesentlich zu den Funktionen der Arbeitsplanung und Leitung eines internen Rechenzentrums gehören.

job-Steuerung, Zusammenfassung von Steueranweisungen für den automatischen Übergang von der Ausführung eines *jobs* zum nächsten.

JOVIAL, symbolisches Programmiersystem. *(BGE)*

K

K, als Maßeinheit in der EDV = 1024 Kernspeicherstellen, wobei aber noch offen ist, ob darunter →Stellen (Ste), →Wörter (W) oder →Bytes (B) verstanden werden sollen.

Kabel, *cable,* flexible, elektrische Leitungen mit einer Schutzumhüllung, die mit entsprechenden Steuereinrichtungen Signale, d. h. Daten (D), übertragen können. (→Kanal)

Kammzugriff →Zugriffskamm.

Kanal, *channel,* auch Übertragungs- oder Datenkanal, Übertragungsweg, der räumlich und zeitlich ununterbrochen Ausgangs- und Endpunkt miteinander verbindet. In der DV hat er dreifache Bedeutung:

1 Zusammenfassung vieler elektrischer Leitungen zur Herstellung der Verbindung räumlich getrennter Einheiten einer EDVA.

2. Datenweg zwischen der →Zentraleinheit (ZE) und den →peripheren Einheiten (PE) in der Form von → Selektor- und Multiplex-Kanälen, die in ihren Eigenschaften je nach Hersteller differieren können. Die →Übertragungsgeschwindigkeit kann je nach Kanal und Maschine zwischen 100 000 bis 30 Mio. Zeichen/s liegen. In ihrer Arbeitsweise sind sie besonders wichtig für die erweiterten Anwendungsmöglichkeiten der EDVA: →Simultanverarbeitung (SV), →*multiprogramming (mp)* und → *teleprocessing (tp);* in ihrer Funktion können sie kleinen Computern (Comp) entsprechen.

3. Informationsspur, die längs zum Lochstreifenrand verläuft.

Kanaladreßwort bestimmt die Adresse (Adr) des Kanalprogrammes und nennt die Speicherschreibsperren für die Durchführung der Ein-/Ausgabeoperationen (→*IOCS*).

Kanalanschlußtechnik, *interface,* bestimmt die Erweiterungsmöglichkeiten sowie die Austauschbarkeit und Art der anschließbaren Einheiten. (→Schnittstellen)

Kanalbefehle, →Lesen, →Schreiben, Lesen rückwärts, →Steuern mechanischer Funktionen der E/A-Einheiten, Abfragen (von Sonderbedingungen der E/A-Einheiten), Verzweigen im Kanalprogramm. Die Kanalbefehlswörter sind i. a. als fortlaufende Kette im Hauptspeicher (HSp) gespeichert.

Kanalprogramme sind normalen Programmen (P) ähnlich, legen für die Eingabe (E) und die Ausgabe (A) fest, welcher →Zugriff und welche →Speicherung (Sp) mit dem Rechner (Re) über die standardisierte →*software (sw)* zu erreichen ist.

Kanalsteuerungen überwachen die Zustände an den externen Einheiten, was i. w. durch Lochkarten (LK) erfolgt, die beschreibende Eintragungen aus → Makroanweisungen enthalten und dem Quellenprogramm (QuP) eingefügt werden.

Kapazität (Kap), Maß für die Menge an Informationen (Info), die ein →Register (Reg), ein →Rechenwerk (RW) oder → Speicher (Sp) aufnimmt und behandeln kann. Je nach Typ der Anlage umfaßt z. B. der →Arbeitsspeicher (ASp) Hunderte bis zu einigen Hunderttausend →

Speicherstellen (SpSte). Die Kap mißt sich fast immer in der Anzahl der Wörter (→Wortmaschine), der Stellen (→ Stellenmaschine) oder der Bytes (→ Bytemaschine), die der Speicher maximal aufnehmen kann. Wir unterscheiden dabei Grund- und Maximalausrüstung. (→Speicherkapazität)

Kapazitätsterminisierung, ein →Modularprogramm bzw. die ständige Kontrolle der Betriebskapazität im Vergleich zur Auftragskapazität, verbunden mit der Terminierung der einzelnen Aufträge.

Kapitel, *section,* die Zusammenfassung ein oder mehrerer →Paragraphen im COBOL-Programm; Kapitel ist hierbei gleichbedeutend dem →Programmsegment.

Karte →Lochkarte.

Kartei, der →Datenbestand in →Lochkarten. (→Datei)

Kartenabfühler →Lochkartenleser.

Kartenabfühl- und -stanzeinheit, Lochkartengerät, bei dem die Abfühl- und Stanzeinrichtung in einem Gehäuse untergebracht ist, wobei gemeinsame Ablagefächer bestehen.

Kartenanlage, Datenverarbeitungssystem, das keine →externen Speicher besitzt.

Kartenart, gekennzeichnet durch die Organisation (Org) der Lochkarte (LK), wofür i. a. die erste oder die zwei ersten Spalten benötigt werden.

Kartenaufbau →Kartenbild.

Kartenband, Magnetband, das eine Darstellung des Inhaltes von Lochkarten im Kartenbildformat enthält.

Kartenbild oder Kartenaufbau, die meist aufgedruckte Feldereinteilung der Lochkarten.

Kartenbruch, auch „Kartensalat", die Beschädigung oder Zerstörung einer Lochkarte (LK), das Auseinanderfallen eines LK-Paketes oder das Aufeinanderlaufen mehrerer LK in einer Maschine.

Kartendoppler, *reproducer,* technische Geräte zur automatischen Vervielfältigung gelochter Aufgaben zur Kopienanfertigung von konstanten Daten (D) auf Lochkarten (LK) bzw. zur Erstellung beliebig vieler Zweitkarten von einem Stammkartensatz. Sie haben zwei Kartenbahnen, von denen die eine als Abfühlbahn mit drei, die andere als Stanzbahn mit zwei 80stelligen →Abfühlbürsten dient, dazu ein Stanzblock mit 960 Stanzstempeln auf jeder Bahn, je nach Fabrikat. Im gleichen Arbeitsgang wird auch die Richtigkeit geprüft. Die Geräte werden meist mit einer → Schalttafel angesteuert und können auch Zeichen (Z) weglassen, zugeben, versetzen oder umcodieren. Es ist also ein vollständiges oder auch nur teilweises →Doppeln möglich, bei 6000 bis 9000 LK/h, je nach Fabrikat.

Kartengang, die Zeit des Kartentransportes beim →Lochkartenverfahren (LKV) im Gegensatz zum Programmgang.

Kartenleser (KL) →Lochkartenleser.

Kartenlocher (Kl) →Lochkartenlocher.

Kartenmaschinen, Kleinrechenanlagen (KRA), die mit Lochkarten (LK) arbeiten, sich aber auch zum Computer (Comp) höherer Ordnung aufrüsten lassen.

Kartenmischer, *collator,* vielfältige technische Geräte des →Lochkartenverfahrens (LKV), die gleichbedeutende Lochkarten (LK) aus zwei Kartenpaketen (Erst- und Zweitkarten) i. a. in aufsteigender Nummernfolge miteinander vereinigen, basierend auf einem Vergleich von Nummernschlüsseln (bis zu 78 000 LK/h). Sie haben zwei Zufuhrbahnen (Erstkartenbahn, Zweitkartenbahn) und in der Regel vier oder fünf Ablagefächer (2 Steuerfächer, 1 Mischerfach, 2 Normalablagen, je eins je Seite).

Kartenprüfer →Prüflocher.

Kartensalat →Kartenbruch.

Kartensätze bestehen aus Steuerkarten, Programmkarten, Testkarten und Verarbeitungskarten.

Kartenstanzeinheit →Kartenabfühl- und -stanzeinheit.

Kartenstanzer (KSt) →Lochkartenstanzer.

Kartenzuführung, automatische Einführung der Lochkarten (LK) in die →Abfühlstation bzw. Lochstation des →Lochkartenlochers (LKl), verbunden mit dem Nachzug einer weiteren LK aus dem Magazin.

Kartenzyklus, Verarbeitungszeit einer Lochkarte (LK) in einer →Lochkartenmaschine (LKM) von der Bearbeitungs- bis zur Wartestation.

Kassettenband, ein in Kassetten in Schleifen gespeichertes →Magnetband (MB). Die Kassette wird in das Gerät eingeschoben (ein Gerät arbeitet mit vier Kassetten), worauf es sofort betriebsbereit ist. Das MB bildet einen geschlossenen Ring und hat eine Gesamtlänge von 75 m. Arbeitsgeschwindigkeit 10 000 Zeichen/s, Bandgeschwindigkeit 3,8 m/s, serielle Arbeitsweise, Kapazität 1 530 000 6-bit-Zeichen.

Kassettenspeicher →Magnetband-Kassettenspeicher.

Kathode, negativer Pol eines elektrischen Elements, z. B. Batterie, Diode (Dio).

Kathodenstrahlröhre →Bildschirm, →UNISCOPE 300.

Kaufpreis, für eine EDVA errechnet er sich je nach Fabrikat aus 40 bis 60 Monatsmieten. 1/10 aller EDVA, namentlich Kleincomputer (KlC), werden käuflich erworben. Ein zusätzlicher →Wartungsvertrag ist mit abzuschließen.

Kennbegriffe, eindeutige Identifizierung eines Datensatzes. (→Ordnungsbegriffe)

Kenndaten →Konstanten.

Kennlochung bezeichnet meist als X-Lochung (→X-Loch) die →Steuerkarten.

Kennsatz oder Vorsatz, *header,* erster Teil einer Information (Info), der die kennzeichnenden Angaben vor oder nach einem →Datenbestand (DB) auf →Magnetplatten (MP) oder →Magnetband (MB) bringt, damit Verwechslungen ausgeschlossen sind. Er enthält Identifizierungsangaben und evtl. das →Kennwort, der Nachsatz enthält Kontrollsummen und evtl. das Kennwort.

Kennsatzprüfung, programmseitige Absicherung beim Ablauf des Programms (P) gegen falsche Platten- oder Magnetband-Bestände.

Kennwort, *password,* es gibt beim Magnetplatten- und Magnetbandsatz darüber Auskunft, wie der →Satz aufgebaut ist, woraus er besteht und schützt gegen unberechtigte Zugriffe.

Kennzeichen, ein →Symbol, mit dem eine Daten- oder Informationseinheit gekennzeichnet oder angezeigt wird.

Kerblochkarten →Randlochkarten.

Kern (Ke) →Magnetkerne.

Kernspeicher (KSp) →Magnetkernspeicher.

Kernspeicherblock →Magnetspeicherblock.

Kernspeicherstellen (KSpSte), Kreuzungspunkte der durch den Magnetkern gezogenen vier Drähte.

Kette, eine Reihe von →Symbolen (Sy) oder →Sätzen (S). Sie kann auftreten bei der →indirekten Adressierung: Die im Befehl (Bef) enthaltene Adresse (Adr) gibt einen →Speicherplatz an, in dem auch eine Adr steht. Wenn letztere wieder eine indirekte Adr ist, gibt sie wieder nicht den →Operanden (Op) an, sondern den Speicherplatz einer weiteren Adr. Diese Kette endet dort, wo die erste direkte Adresse steht.

Ketten, die Anwendung der →indirekten Adressierung, wodurch eine erleichterte Programmgestaltung über mehrere Stufen erreicht wird, um in der Abwicklung flexibler zu werden. Dabei unterscheiden wir eine Daten- und eine Befehlskettung.

Kettendrucker, Form des Schnelldruckers, der mit 24 Hammereinheiten für 96 Druckstellen (mit Parallelverschiebung der gesamten Druckschiene) vom Programm her den vertikalen Vorschub steuert.

KEYTAPE, Datenerfassungsgerät, mit dem Daten (D) ohne Umweg über → Lochkarten (LK) oder →Lochstreifen (LS) durch „Eintippen" direkt auf →Magnetband (MB) geschrieben werden können. Die Schreibdichte beträgt bei 7-Spur-Geräten 556 Zeichen/Zoll, bei 9-Spur-Geräten 800 Zeichen/Zoll. *(Honeywell)*

KIEW, Computerserie aus USSR.

Kilohertz (kHz), *kilocycles per second (kps),* Frequenzeinheit, 1000 Schwingungen/s, z. B. zur Angabe des Grundtaktes einer Rechenanlage.

Kimbal-Etiketten, Warenanhängeschilder, sie werden mit Stanzgeräten ein- oder auch mehrteilig gelocht und lassen sich vollmaschinell lesen und verarbeiten.

Kippen →Kippschaltung.

Kippschaltung, Schaltung für die Änderung des Magnetisierungszustandes, wobei das Ausgangssignal sich sprunghaft oder nach einer bestimmten Zeitfunktion zwischen den Werten von zwei Schwingungsweiten ändert, wodurch der jeweilige Zustand von Eigenschaften der Schaltung selbst oder von einem Steuersignal zu einem Eingang der Schaltung abhängig ist. Man unterscheidet zwischen →astabiler, →bistabiler, →monostabiler Kippschaltung.

Klarschrift, *plain writing,* bei der EDV als Schrift ein →Schlüssel oder ein → Code (C), der sich gewisser Zeichen (Z) bedient, z. B. Buchstaben. Klarschriftbelege fassen je Zeile (Zl) max. 80 Z. Der →Klarschriftleser erkennt die Zeichen, wenn ihm ihre Bedeutung klar ist, wenn die Teile des C detailliert zu Wörtern der gewöhnlichen Sprache des Empfängers geordnet zusammengefaßt werden, z. B. „PNR" für „Personal-Nummer".

Klarschriftbelege →Klarschrift.

Klarschriftleser, optische Lesegeräte, die unter Ausnutzung des Hell-Dunkel-Unterschiedes zwischen Papier und Druck konventionelle und stilisierte Schriften verarbeiten. In mehrjähriger Entwicklungsarbeit wurden sie für die →Datenerfassung (DE) der Urbelege gebaut. Sie lesen bis zu mehrere Tausend Zeichen/s und verarbeiten rund 400 bis max. 1600 Belege/min bei der größten zulässigen Dichte von 10 Z/Zoll (= ca. 2,5 cm), wobei sie noch nach beliebigen Gesichtspunkten sortiert werden können. Diese Leistung entspricht der Tagesleistung von rund 30 bis 50 → Locherinnen und →Prüferinnen. In Deutschland sind bekannt geworden: →OCR-A-Schrift der *ISO,* 1428-Schrift von *IBM,* →NOF-Schrift von *NCR* und CZ-13-Schrift von *SEL.* Klarschriftleser werden eingesetzt:

a) als →Eingabegeräte zum „Einlesen" im *on-line*-Betrieb,

b) zur →Datenübertragung (DÜ) aus → Belegen auf andere →Datenträger (DT) im *off-line*-Betrieb,

c) zur Belegsortierung nach einem bestimmten →Nummernschlüssel vor dem Einlesen.

(→Belegleser, →Schriftarten)

Klartext, nichtverschlüsselte, alphanumerische Information (Info), deren Ausgabe vor allem durch →Drucker (Dr) erfolgt, z. B. Rechnungen, Lohnscheine, zur Aufrechterhaltung des Betriebsablaufes (Betriebsaufträge) oder bei aktuellem Interesse (Management-Informationen).

Kleincomputer (KlC) →Kleinrechenanlagen.

Kleinlochkarten, 143,1 × 82,5 mm, 0,16 bis 0,17 mm stark, 40spaltig. Die kleinsten Lochkarten haben 21 →Spalten. *(ICL)*

Kleinrechenanlagen (KRA), auch Kleincomputer (KlC), haben ca. 1000 bis max. 8000 Kernspeicherstellen. Als max. Erstausstattung brauchen sie als →Lochkartenverfahren (LKV) je einen Locher, Prüfer, Sortierer, Doppler und eine Tabelliermaschine, oder sie sind sog. →Magnetkontencomputer (MKC). Ihr Verhältnis zu den →Großrechenanlagen (GRA) ist 3 : 1.

Kleinstcomputer. I. Abrechnungsmaschinen (AM), die mit elektronischen →Bauelementen und →Speichern (Sp) ausgerüstet sind. — II. DVS in Würfelgröße mit 10 cm Kastenlänge bei 4096 K mit →Worten (W) zu je 24 →bit (b), einem Gewicht von etwa 1,3 kg und 4 W Verbrauch. *(CDC)*

Klimatisierung, *air conditioning,* die allgemein erforderliche Temperaturregelung (Lufttemperatur 18°—23° C, Luftfeuchtigkeit 40 bis 60 %) für die Computer-Installation, die i. a. nur bei Bandanlagen (ab 8 →K) und bei Plattenanlagen (ab 12 K) erforderlich ist. Die Kosten schwanken je nach Ausstattung und Anlage zwischen 2000 und 60 000 DM. Ohne Klimatisierung würden nicht nur unzumutbare Temperaturen für das Bedienungspersonal entstehen, sondern meistens auch die Maximalwerte für die Maschinen überschritten werden. DIN 1946 schreibt vor, daß „eine Klimaanlage die Einrichtungen besitzen muß, welche die Luft kühlen, erwärmen, be- und entfeuchten und reinigen können".

Kluft, der meist unbeschriftete →Zwischenraum von 1—2 cm, der erforderlich ist, um bewegliche Speichermedien (MB, MP, MT) auf die notwendige Geschwindigkeit (Startweg bzw. Bremsweg) zu bringen. Je größer z. B. der →Bandsatz, desto weniger Klüfte, und durch die dabei erfolgte Blockung entstehen Einsparung und wesentliche Ausnutzung des MB, also Raum- und Zeitgewinn. Bei der Magnetplattenspeicherung ist sie die Trennstelle zwischen den MP-Sätzen.

Koaxial-Kabel, besonderes, neben- und ineinander liegendes, abgeschirmtes → Kabel, das besonders hohe Frequenzen zu übertragen hat.

Kode →Code.

Koinzidenz, zeitliches oder räumliches Zusammentreffen zweier oder mehrerer (binärer) →Signale, das Zusammenwirken zweier Bedingungen, um beispielsweise einen Steuervorgang auszulösen, beim →Gatter ein →Ausgangssignal bei gleichzeitigem Vorhandensein zweier →Eingangssignale.

Koinzidenzgatter →UND-Funktion.

Koinzidenzschaltung →UND-Funktion.

Koinzidenzspeicher →Magnetkernspeicher.

Kollektor, Anschlußpol eines Transistors (Tr), und zwar zum →Emitter und zur →Basis gegensinnig gepolt.

Kombinationsbuchsen, Mehrfachbuchsen mit Verteilerfunktion für jeweils Eingangs- bzw. Ausgangsbuchsen.

Kombinationsmaschinen, Rechen-, Buchungs- und Fakturiermaschinen mit angeschlossenem →Lochkartenstanzer (LKSt) oder →Lochstreifenstanzer (LSSt).

Kombinatoren, Schaltelement (SE), sog. Impulsumkehrer, die u. a. zur Feststellung von →Kennzeichen benutzt werden.

kombiniertes System, ein DVS, das mit uneinheitlichen externen Speichern ausgerüstet ist, und zwar seriellen Speichern und →Randomspeichern. Es kennzeichnet die Zusammenarbeit von →Magnetplatte (MP), →Magnetband (MB), →Lochstreifen (LS) u. ä.

Komma, Trennungszeichen zwischen Ganzen und Bruchteilen. Bei der Zahlendarstellung im Elektronenrechner (ER) unterscheidet man:

1. →Festkomma oder Maschinenkomma, das im ER für kaufmännische Aufgaben von vornherein konstruiert und programmäßig festgelegt wird, in Zahlen mit Beträgen kleiner als 1,0. Alle Aufgaben müssen dieser Kommastellung angepaßt werden.
2. Denkkomma oder Rechenkomma, wobei der Programmierer die Stellen (Ste) zu errechnen hat.
3. →Gleitkomma oder Gleitpunkt, das im ER mit technisch-wissenschaftlichen Aufgaben Bedeutung hat, wobei die Kommastellung durch eine zweistellige →Charakteristik ausgewiesen wird, die den Stellenwert angibt. Das Komma paßt sich während der Rechnung ständig an.

Kommandowerk →Steuerwerk.

Kommerzielle Datenverarbeitung, relativ einfache Operationen (O) bei sehr umfangreichen Datenmengen. Deshalb liegt hier der Engpaß bei der Leistungsfähigkeit der →Ein- und →Ausgabegeräte und in der Speicherfähigkeit der →Großraumspeicher (GSp).

Kommunikation, Zweig der →Kybernetik, Vorgang und Darstellung der Nachrichtenübertragung (NÜ) zwischen nachrichtenverarbeitenden Systemen (auch zwischen Menschen oder zwischen Mensch und Maschine). Bei der DV steht im Mittelpunkt der Computer (Comp), der von allen Stellen des Unternehmens Daten (D) und Informationen (Info) aufnimmt, sie bearbeitet und dem Empfänger die Ergebnisse des Verarbeitungsprozesses sofort und direkt zustellt.

Kommutatoren, rotierende →Abfühlbürsten zum Abfühlen von Lochkarten (LK) bei der Tabelliermaschine (Tab).

kompatibel, vertragbar, verträglich, Verträglichkeit verschiedener EDVA und die Austauschbarkeit der Modelle eines Systems wie auch der Datenträger (DT) und der Programme (P), insbesondere bei den neuen Rechnerfamilien (RF). Die Übertragbarkeit kann auf die →*hardware (hw)* (→Maschinensprache) oder auf die →*software (sw)* (→Programmiersprache) oder auf beides abgestellt sein. In den beiden letzten Fällen sind Programme und Daten für alle Modelle gleich. Ohne Umprogrammieren kann auf eine größere Anlage übergegangen werden, was man mit aufwärtskompatibel bezeichnet. Die Kompatibilität zwischen Anlagen verschiedener Hersteller wird mehr und mehr entscheidend.

Kompatibilität, die Austauschbarkeit von →Programmen (P) und →Datenträgern (DT) zwischen verschiedenen DVA eines bzw. verschiedener Hersteller. Der Grad der Kompatibilität eines Datenverarbeitungssystems wird durch die Struktur der *hardware*-Einrichtungen und der *software*-Eigenschaften bestimmt. Ausdruck der Kompatibilität sind: gleiche logische Internstruktur, Programm- und Datenübernahme ohne Umwandlung von dem kleinen auf das größere Modell der gleichen Serie und gleiche Peripherie für alle Modelle einer Serie.

Kompiler →Compiler.

Kompilieren oder Umwandeln, das Erstellen eines Programms (P) in der Maschinensprache (MSpr) aus einem in einer höheren Sprache geschriebenen Programms. Es bedeutet auch die Auswahl entsprechender →Unterprogramme (UP) oder →Befehle (Bef) aus einer → Programmbibliothek (PB). Dabei werden die Verbindungen zwischen den einzelnen UP zu einem verarbeitungsfähigen P automatisch durchgeführt. Das P kann gewöhnlich während des Umwandlungsvorganges noch nicht für die Verarbeitung verwendet werden. Die Umwandlung ist ein besonderer Lauf.

Komplement, diejenige Zahl, die eine gegebene Zahl zur maximalen Zahl definierter Länge ergänzt. 540 ist also das Komplement der Zahl 460, d. h. ergänzt diese zur Einheit 1000 im Zehnersystem.

Kondensatoren, als elektrische Schaltelemente (kurzfristige) Energiespeicher, die aus zwei durch ein Dielektrikum (Isolator) getrennten Leitern bestehen; ihre Kapazität (Kap), gemessen in Farad, hängt von deren Abmessungen und Materialkonstanten ab.

Konfiguration, Kombinationsmöglichkeiten in einem Computer (Comp), Zusammenstellung verschiedener Maschinenaggregate zu einer optimal leistungsfähigen Rechenanlage (RA), wobei → Kapazitäten, →Kanäle und →Geschwindigkeiten wichtige →Konstanten zur Beschreibung sind.

Konjunktion →UND-Funktion, → Schaltkreise.

Konnektoren, Verbindungsteile im → Blockdiagramm (BD), die die „Anschlüsse" zwischen den einzelnen Programmteilen vermitteln, die unübersichtliche Kreuzungen mehrerer Ablaufpfeile vermeiden; sie sollen Programmweichen sein, bezeichnen aber auch Stecker, Steckverbindungen, Steckvorrichtungen.

Konsol →Bedienungspult.

Konsolablauf, Programmablauf über das →Bedienungspult.

Konsolschreibmaschine, korrespondierende Schreibmaschine für den Rechner (Re) zum Zweck der Abänderung oder Ergänzung von →Programmschritten, →Datenfeldern (DF) und Speicherbeständen, wobei bei einer Druckleistung von etwa 15 Zeichen/s auf max. 130 Druckstellen Informationen (Info) ausgedruckt werden. Sie dient der Kommunikation zwischen Operator und dem Datenverarbeitungssystem.

Konstanten, auch Kenndaten, fester Datenbegriff, eine Zahl oder eine sonstige Kombination von Zeichen (Z), die während des ganzen Arbeitsablaufes immer gleichbleiben, unverändert im Kernspeicher (KSp) stehen und wiederholt im Programm (P) vorkommen, z. B. Kundenanschrift, Artikelnummer, Rabattsätze u. ä.

Konstantenbereich, Teil des Speichers (Sp), der die unveränderlichen Werte für die Verarbeitung aufnimmt.

Konstantenregister, Speicher (Sp), in denen besonders häufig gebrauchte Werte gespeichert werden.

Konstantenspeicher →Festspeicher.

Konstruktionslogik, Kernstück des ADE-Arbeitssystems, umfaßt die Summe aller elementaren Entscheidungs-, Auswahl- und Rechenschritte, die zur Auslegung eines Produktes oder einer Produktvariante gehören.

Kontaktalgebra, Anwendung der Booleschen Algebra auf Schaltwerke mit mechanischen Kontakten.

kontaktlose Systeme verwenden statt der mechanischen Schalter kontaktlose Schalter; Vakuumröhren, Magnetverstärker und vor allem →Halbleiter wie Dioden (Dio), Transistoren (Tr), Thyristoren.

Kontrollbit →Prüfbit, →Paritätsbit.

Kontrollgeräte werden in der Analogwerterfassung und Digitalwertumwandlung für Regelvorgänge bei *real-time-processing* benötigt.

Kontrollpunkt →Fixpunkt.

Kontrollsatz, er steht am Beginn jedes Datenbandes und gibt Namen und Organisationsform an.

Kontrollzahl, Anhängen einer oder mehrerer Ziffern an die Schlüsselnummer zur Absicherung.

Konventionelle Datenverarbeitung → Lochkartenmaschinen, →Lochkartenverfahren.

konventionelle Lochkartenmaschinen →Lochkartenmaschinen.

konventionelle Maschinen →Lochkartenmaschinen.

Konversionen, grundlegende Änderungen eines →Maschinenprogramms, der einmalige Übergang von einer DVA auf eine andere mit den dadurch bedingten Umsetzungsarbeiten, was von dem Grad der →Kompatibilität abhängig ist. (→ Conversion)

Konversionsprogramme, Umcodierungsarbeiten bzw. Neu-Assemblierung beim Übergang von einer DVA auf eine andere.

Konverter, Umwandlungsvorrichtung, die, abhängig von der Codekombination am Eingang, einen anderen Code am Ausgang liefert. (→Converter)

Konvertierungsprogramme übernehmen die Daten von einem Speicher auf einen anderen bzw. von →Code zu Code.

Konzentratoren, technische Einrichtungen, die den Datenverkehr einer größeren Anzahl von Datenstationen (→*terminals*) auf eine kleinere Anzahl von Übertragungswegen zusammenfassen und dadurch die Leitungskosten vermindern.

Kooperation, lose, aber zweckvolle Verbindung zur Rationalisierung von einigen oder vielen Unternehmungen zu leistungsfähigen Größen, aus Kosten- und Marktgründen, unter Wahrung der Individualität, Selbständigkeit und Vielfältigkeit unternehmerischen Handelns, wobei der Einsatz einer EDVA dieses Streben begünstigt und rentabel macht.

Koordinate, Zahlenwert zur Festlegung eines Punktes im Raum. Ein Punkt im n-dimensionalen Raum ist durch n-Koordinaten bestimmt. Normalerweise benutzt man kartesische Koordinaten, denen ein rechtwinkliges Achsensystem zugrunde liegt.

Koordinatenschreiber →Plotter.

Koordinationsschalter →Multiplexer.

koordinierte Programmsteuerung, gegenseitige Abstimmung des Programmablaufes bei mindestens zwei selbständigen Steueranlagen.

Koordinierung, das Ergreifen von Maßnahmen für das Zusammenwirken von Mensch, Maschine und Material, wodurch ein reibungsloser Ablauf der einzelnen, ineinander verschachtelten Programmteile bei der →Simultanverarbeitung (SV) mehrerer Programme erfolgt.

Koplan = Kopplungsplan, Integrierung (Int) der kleinen →Baugruppen gemäß Problemstellung.

KORAPLAN = koordinierte rationelle Systemplanung und Programmierung, eine Planungs- und Arbeitsmethode mit vorgeschriebenen Formularen, die dazu dienen, organisatorische Probleme für die EDV vorzubereiten, von der Projektierung bis zum Einsatz, wozu drei Lösungsstufen bestehen: (1) GDS = *General/Detail-Plan System* = Planungsphase, (2) EDS = *exakt definal system* = Organisationsphase, (3) PDS = *program document standards* = Programmier- und Dokumentationsphase. *(NCR)*

Kosten der DVA gliedern sich in Einrichtungs- oder Einmalkosten (Raum, Installation, Personal, Ausbildung, Organisation, Umstellung) und Betriebskosten (Miete, Energie, Material, Personal). Die monatlichen Gesamtkosten der DV durch Computer (Comp) können durch Multiplikation der Maschinenmiete mit dem Faktor 1,5 bis 3,5, je nach Anlage und Vertragsdauer, geschätzt werden. Bei den großen EDVA entfallen etwa 50 % der Kosten auf die Zentraleinheit, 20 % auf die Eingabe-/Ausgabegeräte, 18 % auf die Speicher und 12 % auf die Informationsübertragung. (→Computerkosten, →Mietkosten)

kritischer Weg →CPM.

Kryogenik, seit 1956 ein Gebiet der Technologie, bei dem die besonderen Eigenschaften von Metallen beim absoluten Nullpunkt ausgenutzt werden. Darunter können auch durch relativ geringe magnetische Felder starke Stromschwankungen erzeugt werden.

Kryotron *(gr. kryos = Kälte),* ein supraleitendes Schaltelement. Supraleitung bedeutet bei gewissen Stoffen das Verschwinden des elektrischen Widerstandes in der Nähe des absoluten Temperatur-Nullpunktes (—263° bis —273° C). Die Umschaltzeit beträgt etwa 10 Nanosekunden (ns).

Kurvenschreiber →Plotter.

KWIC-Index = *keyword-in-contact-indexing,* Verfahren zur maschinellen Dokumentation (Dok) mit Sachregister, Bibliographie und Autorenregister. *(IBM)*

Kybernetik, „die Theorie aller denkmöglichen informationsverarbeitenden Systeme, Ordnungen, Strukturen u. ä. unter Abstraktion von deren physikalischen, physiologischen oder psychologischen Besonderheiten, ferner die Konkretisierung dieser abstrakten Theorie auf vorgegebene, physikalisch, physiologisch oder psychologisch zu kennzeichnende Systeme und schließlich die planmäßige Verwirklichung solcher Systeme zur Erfüllung vorgegebener Zwecke" *(Helmar Frank).*

Historisch:

kybernetike *(gr.)*
= die Steuermannskunst (Plato, um 400 v. Chr.),

kybernetes *(gr.)*
= der Steuermann (Plutarch, um 100 n. Chr.),

kybernesis *(gr.)*
= Leitung des Kirchenamtes (Mittelalter),

cybernetique *(frz.)*
= Regierungskunst (nach *André Ampère,* um 1820).

Heute:

„Steuerungswissenschaft" *(K. Steinbuch).*

Die Kybernetik ist also die Lehre vom Zusammenwirken von Vorgängen, von Bewegungen in Gebilden, in denen viele

Vorgänge nebeneinander herlaufen, ineinandergreifen und sich gegenseitig beeinflussen, sie betrachtet i. b. die Planung, Steuerung und Regelung von Systemen oder Systemkomplexen aller organischen und mechanischen Vorgänge, sie ist die Wissenschaft von den allgemeinen Gesetzmäßigkeiten der Struktur der Steuersysteme und des Ablaufes der Steuerprozesse. Im Mittelpunkt steht die Theorie der Aufnahme, Verarbeitung und Übertragung von Informationen, wobei die Erkenntnisse der Regelungslehre, der Funktionstheorie, der Statistik und der Wahrscheinlichkeitsrechnung zusätzlich genutzt werden. Man gliedert sie in (1) theoretische oder abstrakte, (2) technische und (3) anwendungsmäßige Kybernetik. Die Kybernetik hat es vor allem mit drei Erscheinungsformen zu tun:

a) Verhaltens- und Wirkungszusammenhänge,
b) Sammlung von Denkmodellen und mathematischen Methoden und
c) Nutzung technischer Mittel, z. B. Automaten

Maschinen und Mechanismen gehören wesentlich zur Kybernetik; denn die Annäherung zwischen Maschinen und Lebewesen führte *Norbert Wiener* 1947 zu den ersten Gedanken über die Kybernetik.

Das kybernetische Denken verlangt die ständige Überwachung der Wirkung unserer Maßnahmen, die Rückkopplung des Vergleiches von IST und SOLL zur steuernden Stelle.

Mit folgendem Schema der kybernetischen Instanzen können wir die vier Typen menschlicher Aktivität veranschaulichen:

kybernetische Maschinen, „informationsverarbeitende Maschinen, die abgeschlossene Programme durcharbeiten und in kombinierender und lernender Weise neue und überraschende Ergebnisse selbständig hervorbringen" *(F. von Cube).*

kybernetische Pädagogik →programmierte Unterweisung.

kybernetisches Lernprinzip weist drei Formen auf: (1) die Speicherung der Information im Gedächtnis, (2) das Wahrscheinlichkeitslernen und (3) die Bildung größerer Informationseinheiten *(nach Frank).*

L

labels →Marken, →Kennsatz.

Ladekarten, Lochkarten, die ein →Ladeprogramm zur Eingabe (Einlesen) in den Hauptspeicher enthalten.

Lademodul, selbständiger Programmteil, der aus einem oder mehreren ladefähigen →Modulen besteht.

Laden, das Eingeben des Programms (P) in die Maschine durch →Programm- und/oder →Ladekarten, →Lochstreifen (LS), →Magnetbänder (MB) usw., wobei ein P aus 200 bis 300 Lochkarten (LK) in 10 bis 20 s geladen wird.

Ladeprogramme (LP) übernehmen selbsttätig die Programmeingabe in den Kernspeicher (KSp). Vor dem eigentlichen →Hauptprogramm (HP) werden sie auf →Lochkarten (LK) oder →Magnetbänder (MB) „eingelesen" und haben die Aufgabe, den Computer (Comp) mit dem HP zu laden und das geladene Programm (P) zu starten. Ein zu ladendes P besteht heute aus einer Reihe von →Unterprogrammen (UP), auch wenn jedes von ihnen bei seiner Erstellung als unabhängiges P betrachtet worden ist.

LAMBDA = *Language for Manufactory Business and Distribution Activities,* multivariables →Programmiersystem (PS) zur Lösung von Fertigungsplanungs-, Fertigungssteuerungs- und Vertriebsaufgaben. Es besteht aus drei Komponenten: den Systemdateien mit parametrischer Struktur, den Systemmodulen in Bibliotheksform von →Anwendungsprogrammen und der verknüpfenden, auf →COBOL aufbauenden Programmier-(= Lambda-)Sprache. *(BG E)*

LARC = *livermore automatic research calculator,* 1959 speziell für die Forschung entwickelte →Großrechenanlage (GRA) mit Magnettrommel (MT), die bereits Rechenoperationen in 500 Nanosekunden durchführte. *(Univac)*

Laser = *Light Amplification by Stimulated Emission of Radiation* = Lichtverstärkung durch stimulierte Strahlungsemission (1960), eine Quelle für kohärente Lichtwellen, deren aktives Material ein (Rubin-)Kristall, ein Gas oder ein →Halbleiter sein kann. Aufgrund ihrer großen Energiedichte (starke Bündelung) können Laserstrahlen z. B. zum Schneiden, Bohren und Schweißen ohne Werkstückberührung eingesetzt werden, insbesondere für kleine Abmessungen. Durch den Einsatz von Lasern bei optischen Speichern werden die →Zugriffszeiten (Zug) in EDVA noch um einige Größenordnungen verkleinert, und die →Packungsdichte steigt um das Tausendfache. Es werden unterschieden: Festkörperlaser und Gaslaser.

Laser-Holographie →Holographie.

Lauf, ein durchgeführter DV-Prozeß, die Programmabwicklung auf einem Computer.

laufendes Adreßregister, Register (Reg), dessen Inhalt nach der →Übertragung (Ü) eines Zeichens (Z) zwischen dem Kernspeicher (KSp) und einer →peripheren Einheit (PE) jeweils um ein Zeichen erhöht wird.

Laufzeit, Zeitraum, den ein elektrisches Signal benötigt, einen Übertragungsweg bzw. eine elektrische Schaltung zu durchlaufen.

Leasing *(von to lease = mieten, vermieten),* das industrielle Mietgeschäft, das sich auf das Mieten von Investitions- und langlebigen Gebrauchsgütern (z. B. Datenverarbeitungsanlagen) bezieht.

Lebendspeicher, Speicher (Sp), die alternativ sowohl zur Aufnahme des Verarbeitungsprogramms (VP) als auch der Verarbeitungsdaten benutzt werden können, z. B. in der Mittleren Datentechnik (MDT) die Kernspeicher für Lesen *und* Schreiben.

Leerbefehle, *non operations,* lösen keine Anlage-Funktionen aus, mit ihrer Hilfe können →Speicherzellen (SpZ) für Programmerweiterungen reserviert werden. (→Nulloperation)

Leerstelle oder Leerzeichen, *blank,* eine freie Stelle für einen Zwischenraum (ZwR) innerhalb der gespeicherten Daten (D). Der Schlüssel für diese Leerstelle ist je nach Maschinentyp mit einem bestimmten →Sonderzeichen angegeben.

Leerzeichen (LZ) →Leerstelle.

Lehrautomaten (LA) →Lehrmaschinen.

Lehrmaschinen, *teaching machines,* auch Lehrautomaten, der Unterrichtsstoff wird in programmierter Form in die Maschine eingegeben (→programmierte Unterweisung). Der Schüler bestimmt den Fortgang des Lernprozesses fall- und ergebnisweise durch manuelle Bedienung der Maschine. Die Maschine zeigt in einem *frame* Frage und Antwort. Die Lehrmaschinen ermöglichen die vollkommen individuelle Unterrichtung der Schüler und eine Einsparung von 20 bis 30 % der herkömmlichen Unterrichtszeit, wodurch eine erhebliche Verkürzung der Ausbildungszeit erreicht wird.

Die Entwicklung und der Einsatz von Lehrmaschinen wird in Osteuropa bereits staatlich gefördert.

Lehrprogramme und Übungsprogramme →programmierte Unterweisung.

Lehrprogrammsprachen, *coursewriters,* problemorientierte Programmiersprachen (PSpr) zum Schreiben von Lehrprogrammen für Lehrmaschinen.

Lehrsysteme, organische oder technisch-nachrichtenverarbeitende Systeme, die in einem andern solchen System Lernprozesse (Lernsysteme) bewirken. (→CAI)

Leisten, Zeilen oder eine Folge von Zeilen, die nach Kopf-, Fuß-, Gruppen- und Postenleisten unterschieden werden.

Leistung, ein Maß für die Möglichkeit oder Fähigkeit, Arbeit zu leisten oder Energie zu verbrauchen. Ein exakter, detaillierter Leistungsvergleich bei EDVA hat sehr viele Faktoren zu berücksichtigen.

Leitadressenregister enthält die Anfangsadresse des Leitblocks des gerade ablaufenden Prozesses. (*AEG-Telefunken)*

Leitkarten →Steuerkarten.

Leitprogramme, auch Superprogramme (SP), werden als koordinierende, sachbezogene Programme (P) zusätzlich zu den maschinenbezogenen, regelnden Programmen bei komplizierten Systemen der DV entworfen.

Leitweg zeigt den geforderten Übertragungsweg einer →Nachricht oder die zwischen Systemeinheiten aufzubauende Verbindung an.

Leitwerk →Steuerwerk.

LEM, Computer aus USSR.

Leporello, Endlospapier in Zickzackfaltung, häufig mit mehrfachen Durchschlägen, für die →Tabelliermaschine (Tab), den →Drucker (Dr) usw. Mit ihm lassen sich 35 % Arbeitsersparnis erreichen.

Lernmatrix, seit 1960 „ein lineares adaptives Klassifikationsnetzwerk, das aus vertikalen Spalten und horizontalen Zeilen aufgebaut ist. An den vertikalen Leitungen kommen die sog. Eigenschaften an und an den Zeilenausgängen wird die sog. Bedeutung angezeigt" *(K. Steinbuch).*

Lesegerät, zur elektrischen Abtastung von →Lochkarten (LK) und →Lochstreifen (LS) geeignete Einrichtung, die eine den Lochspuren entsprechende Anzahl von schaltbaren Abfühlelementen besitzt.

Lesegeschwindigkeit →Geschwindigkeiten.

Leseimpuls, Stromimpuls zum Abfragen einer in einem →Magnetkern (Ke) gespeicherten Information (Info). Er stellt den Magnetkern immer auf 0, so daß der →Speicher (Sp) seines vorhergehenden Zustandes verlustig geht.

Lesekopf, kleiner Elektromagnet zum →Lesen der eingespeicherten, polarisierten Stellen, mit denen Informationen (Info) auf →Magnetband (MB), →Magnetplatte (MP) und →Magnettrommel (MT) dargestellt werden. (→Schreibkopf, →Magnetkopf)

Lesen, die Übernahme gespeicherter Information (Info) von einem →Informationsträger (IT) in die →Zentraleinheit (ZE). Man unterscheidet:

a) Lesen von gelochten Info (Lochkarten oder Lochstreifen) durch elektromechanisches Abfühlen oder durch Ableuchten der Lochung mit einer Lichtquelle und →Photozellen,

b) Lesen von Klarschriftinfo durch → Klarschriftleser,

c) Lesen von magnetisch gespeicherten Info (Magnetband, Magnettrommel, Magnetkernspeicher) durch →Leseköpfe bzw. Abfrageimpulse.

Leser →Klarschriftleser.

Lese-/Stanzeinheit, auch Lesestation, ist eine Kombination für Ein- und Ausgabe, wobei etwa 400, →photoelektrisch 500 Lochkarten/min gelesen und 60 Lochspalten/min gestanzt werden.

Lesestation, der Ort im →Lochkartenleser (LKL), an dem Lochkarten (LK) abgefühlt werden. Sie besteht i. a. aus 12 Lichtquellen, die das →Zeichen (Z) beleuchten, und 12 →Photozellen, die das Bild entwerfen.

LESS = *least cost estimating and scheduling,* seit 1960 eine erweiterte optimierende →CPM, ein Verfahren zur Bestimmung der schnellsten und wirtschaftlichsten Weise für die Durchführung eines Projektes unter Benutzung von Pfeildiagrammen. *(IBM)*

Leuchtstift →Lichtstift.

LIBERATOR, Konzept zur Umsetzung von Programmen fremder Systeme auf Anlagen der Serie 200. Es umfaßt EASYTRAN, GAMMATRAN, RGP-TO-COBOL. *(Honeywell)*

library processor, Hilfsprogramm (HiP), das →Makroanweisungen erkennt, die entsprechenden →Makroroutinen vom →externen Speicher holt, spezialisiert und in das →System einfügt.

Lichtgriffel →Lichtstift.

Lichtstift, *light-pen,* auch Leuchtstift oder Lichtgriffel, elektronischer Zeichenstift für die Eingabe (E) von graphischen Daten (D), der eine eingebaute →Photozelle enthält. Die von der Photozelle abgegebenen →Signale werden zum Computer (Comp) weitergeleitet. Die Lichtimpulse kommen von dem das Bild auf dem Schirm erzeugenden Elektronenstrahl, der einen Punktraster schreibt. *(→Rand Tablet).*

LIFO = *last in — first out,* Aufhebung der Warteschlangendisziplin. (→FIFO)

linear ist ein System oder eine Anlage, wenn ihre Ausgangsgröße zu einer gegebenen Zeit ausgedrückt werden kann als die Summe der Eingangswerke zuzüglich einer vorangegangenen Zahl der →Konstanten.

lineare Planungsrechnung →lineare Programmierung.

lineare Programmierung, *linear programming (lp),* besser: lineare Planungsrechnung, seit 1947 als ein Teil des →Operations Research (OR) ein mathematisches Verfahren zur Lösung einer bestimmten Klasse von Zuordnungsproblemen, kann brauchbare Modelle zur Optimierung der verschiedenartigsten Situationen liefern, sobald es darum geht, eine optimale Entscheidung unter fixierten Randbedingungen zu finden, z. B. die kostengünstigste Verteilung einer Arbeit auf Maschinen mit verschiedenen Fertigungskosten und begrenzter Höchstkapazität.

line of balance, Programm (P) für die Produktionsplanung bei kleinen Maschinen. *(ICL)*

linkage oder Verbindung, Spezialprogramm innerhalb der →*software (sw)* zum Zusammenführen getrennter Programme (P) oder Programmteile zu einem Programm.

linkage editor *(le)* oder Verbindungsprogramm, auch Programmverknüpfer, Teil des →Betriebssystems (BS) mit der Aufgabe, Programme (P) oder Programmteile zu einem arbeitsfähigen Programm zusammenzufügen, wobei jedes P in unterschiedlicher →Programmiersprache (PSpr) geschrieben sein kann. *(IBM)*

linker, programmiertes Dienstprogramm (DP), das es ermöglicht, erstellte Programmelemente nach Belieben und selbstverständlich nach den jeweiligen Erfordernissen zu kompletten Praxisprogrammen interpretieren zu können. *(Univac) (→linkage editor)*

LINK/SCOPE besteht aus mehreren →Routinen, die die Möglichkeit der Kanalanschlußschaltungen durch simultane →Datenübertragung zwischen den →peripheren Einheiten nutzen. *(CDC)*

Liste, geordnete Menge von Dateneinheiten, Folge von →Leisten.

Listen, das Drucken von Listen verschiedener Art durch die →Tabelliermaschine oder den Schnelldrucker. Das Listen ist hinsichtlich Maschinen- und Programmierzeit immer eine große Belastung.

Listenbild, graphische Anordnung der gedruckten Daten auf einer Liste.

Listen-Programm-Generator →LPG, →RPG.

Listenzusatz, *list attachment,* Zusatzgerät, das auf einen dafür eingerichteten →Schnelldrucker (SchDr) gesetzt werden kann.

Literal, eine →Konstante, die in einer symbolischen Instruktion (Instr) bereits definiert ist. Wir unterscheiden numerische und alphanumerische Literals.

Lochband, (LB), *printer carriage tape,* ein besonderer Lochstreifen (LS) von 72 mm Breite, der Daten (D) von etwa 1200 80spaltigen LK zu je 11 Zeilen (9—0 und 11) aufnehmen kann zur Steuerung (ST) des →Formularvorschubs bei →Tabelliermaschinen (Tab) und →Druckern (Dr). Mit ihm kann der Formulartransport über größere →Zwischenräume (ZwR) erfolgen.

Lochbandvorschub ermöglicht die Steuerung (ST) des Zeilenvorschubs mancher Schnelldrucker (SchDr). Der individuell gelochte Streifen, das sog. Lochband (LB), ermöglicht leichte Ansteuerung von Formularanfang und -ende oder bestimmter Zeilen (Zl) eines Formulares oder Rechnungssummenzeilen.

Lochbereich, der Raum der Lochkarte zur Aufnahme numerischer und alphabetischer Lochungen.

Lochen, *punch,* das Ausstanzen von Lochungen zum Übertragen von Daten auf →Lochkarten oder →Lochstreifen mittels Lochkarten- bzw. Lochstreifenlocher. Bei der LK erfolgt es stellengerecht, d. h. im Sinne eines rechtwinkligen Koordinatensystems (Lochzeile = Abszisse, Lochspalte = Ordinate). Die →Lochstelle gibt den Wert der Lochung an. Das Lochen nimmt im LKV die meiste Zeit in Anspruch, etwa 7000 Zeichen/h.

Locher →Lochkartenlocher.

Locherin, auch Datentypistin, ein Anlernberuf in der DV. Eine Locherin leistet etwa 6000 bis 12 000 Anschläge je Stunde, was von der Lesbarkeit der Lochbelege stark abhängig ist. In 8 Stunden entspricht das bei 40 zu lochenden →Spalten etwa 1600 Lochkarten (LK). Die Arbeitsplatzkosten liegen zwischen 1200 bis 1500 DM je Monat.

Lochfeld, auch Schreibfeld, die Gesamtheit einer oder mehrerer →Lochspalten zur Aufnahme eines einzulochenden Begriffs, z. B. nach Hinweisdaten: Datum, Belegnummer, Rechnungsnummer usw., nach Gruppierungsdaten: Abteilungsnummer, Artikelnummer, Artikelbezeichnung, nach Rechnungsdaten: Mengen, Preise usw.

Lochkarten (LK), *punch cards,* durch *Hermann Hollerith* (1886) entwickelt (Vorläufer: *Jacquard,* 1804, und *Babbage,* 1839), maschinenorientierte →Datenträger (DT). Sie werden aus einem elektrisch nicht leitenden Spezialkarton im Format 187,3 x 82,5 mm und 0,16 bis 0,17 mm stark hergestellt und stehen neben Buch und Beleg, sind Belegschrift, dienen als Buchungsschablone, durch welche die in ihnen gespeicherten Angaben, sog. →Daten (D), und die →Befehle (Bef), sog. →Instruktionen (Instr), durch technische Mittel beliebig oft wiedergegeben bzw. ziemlich unbegrenzt ausgewertet werden können. Ihre Funktionen sind vielseitig: flexibles Organisationsmittel (kaufmännisch), Belegträger (als →Verbundkarte), Bindeglied und Steuerelement (technisch) für die Maschinen, Karteikarte (lochschriftübersetzt) und →Speicher (Sp), bei entsprechendem Aufdruck: Scheck, Kontoauszug, Stempel(Zeit)karte. Sie sind noch bis zu 80 % alleiniges Eingabemedium für Daten.

Einteilung und Aufdrucke sind betriebsindividuell, Einlesemöglichkeit etwa 7 bis 12 mal bei Lohn, 6 bis 10 mal bei Material, bis 50 mal bei Umsatz und bis 150 mal bei der Volkszählung.

Auf den LK werden folgende Merkmale unterschieden: a) Wert-, b) Ordnungs-, c) Steuerbegriffe.

Je mehr Ordnungsbegriffe die LK haben, um so aussagefähiger sind sie. Jeder zusammengehörige Datenbegriff erfordert i. a. eine gesonderte LK, auch wenn nicht alle 80 bzw. 78 Spalten der normalen LK benötigt werden.

Es gibt auch LK mit 21, 40 und 160 Spalten (*Hollerith*- und *Powers*-Karten) und mit 96 Spalten (*IBM*-Karten).

Nachteile: schwer, sperrig, platzbeanspruchend, relativ teuer, vor allem bei mehrfachen Kartensätzen, und in der Aufnahme begrenzt (nur bis 80 Zeichen).

Lochkartenabfühl- und -stanzeinheit →Abfühl- und Stanzeinheit.

Lochkartenanlagen (LKA), elektromechanisch oder elektronisch aufgebaute Geräte mit Lochkartenverarbeitung, keine sog. Abrechnungssysteme. In der Grundausstattung kosten sie rund 2500 bis 4600 DM Monatsmiete.

Lochkartendoppler →Kartendoppler.

Lochkartenleser (LKL), technische Geräte zum spalten- und zeilenweisen Einlesen von →Informationen (Info) aus Lochkarten (LK), und zwar elektromechanisch, photoelektrisch und elektronisch, wobei die abgefühlten LK in ein bis drei →Ablagefächer gesteuert werden. Der →Impuls (Imp) wird durch Abfühlbürsten oder Lichtstrahl oder elektrische Ladungen erzeugt. LKL sind wenig aufwendig und weisen Geschwindigkeiten zwischen 150 und max. 1600 LK/min auf, je nach Fabrikat und Type, Schnelleser max. 2000 LK/min.

Lochkartenlocher (LKl), *card* oder *key punch*, werden zum Lochen von Lochkarten (LK) als →Hand- oder →Motorlocher verwendet, auch als Addier-, Rechen-, Sicht-, Speicher- und Summenlocher. Sie haben eine schreibmaschinenähnliche Tastatur und lochen sowohl alphabetische als auch numerische Informationen (Info) in LK (7000 bis 24 000 LK/h, je nach Art). Entsprechend der Ausrüstung liegt der Kaufpreis zwischen 10 000 und 14 000 DM, was einer Monatsmiete von 200 bis 300 DM entspricht.

Lochkartenmaschinen (LKM), 1880 mit Zählwerken und Sortierkasten für statistische Zwecke von *Hermann Hollerith* konstruiert, 1890 als reine Zählmaschinen für die 11. amerikanische Volkszählung eingesetzt, sind in der Mehrzahl zwischen 1910 und 1930 entwickelt worden. Es sind schalttafelgesteuerte Maschinen, bei denen durch Schaltverbindungen auf einer →Schaltplatte die →Befehle (Bef) ausgeführt werden. Sie gliedern sich in Grundmaschinen: Locher, Prüfer, Sortierer, Tabellierer, und Ergänzungsmaschinen: Mischer, Doppler, Stanzer, Lochschriftübersetzer. Sie sind jede für sich getrennt benutzbar (*off-line*-Betrieb), zum manuellen Verarbeiten der Lochkarten (LK): Locher und Prüfer, zum automatischen Verarbeiten: Doppler, Lochschriftübersetzer, Mischer, Sorter, zum Auswerten: Tabelliermaschine.

Lochkartenmischer →Kartenmischer.

lochkartenorientiert, die Arbeitsbasis für die Maschine ist die →Lochkarte, was i. d.R. bei den kleinen →Modellen innerhalb einer →Systemfamilie der Fall ist.

Lochkartenprüfer entsprechen den →Lochkartenlesern (LKL), aber die →Stanzstation ist durch eine →Abfühlbürste ersetzt.

Lochkartenselektor, technisches Gerät mit 12stelliger →Tastatur zum Eintasten der Suchbegriffe mit einer Durchlaufgeschwindigkeit von rd. 500 LK/min.

Lochkartenstanzeinheit →Abfühl- und Stanzeinheit.

Lochkartenstanzer (LKSt), Ausgabegeräte, die durch 80 Stanzstempel mit elektromagnetischer Auslösung neue Lochkarten (LK) erstellen, spalten- oder zeilenweise, in 1 bis 3 Ablagefächer, und zwar 75 bis max. 500 LK/min., je nach Fabrikat und Anzahl der gestanzten →Stellen (Ste).

Lochkartenverarbeitung →Lochkartenverfahren.

Lochkartenverfahren (LKV), die Bearbeitung aller kommerziellen Aufgaben: Sortieren, Auszählen, Mischen, Zählen, Rechnen, Vergleichen, Schreiben, Lochen, Doppeln, Stanzen, Führen von Formularen in →Lochschrift mit Lochkarten (LK) und Lochkartenmaschinen (LKM). Seine Grenzen liegen in der Begrenzung der Menge der aufeinander folgenden Arbeitsgänge, im Speicherproblem und in der →Geschwindigkeit. Die Arbeitsstufen sind: →Lochen, →Prüfen, →Sortieren, →Tabellieren. Die Anlage erfordert etwa 20 bis 25 qm Maschinenraum, 10 bis 12 qm Locherraum, 10 bis 12 qm Tabellierraum.

Lochkombinationen, die als →Codewörter (CW) auf Lochkarten (LK) oder Lochstreifen (LS) gelochten (meist alphanumerischen) →Informationen (Info).

Lochprogramme umfassen die automatisch zu duplizierenden oder zu überspringenden, rechtsbündig zu verschiebenden, alphabetisch oder numerisch zu lochenden Felder auf der sog. → Programmkarte PK).

Lochsaal, Arbeitsraum der →Locherinnen und →Prüferinnen, wo die →Belege in →Lochkarten (LK) oder →Lochstreifen (LS) umgewandelt und auf richtige Ablochung geprüft werden.

Lochschrift, Darstellungsform der Daten (D) durch Hand- oder Maschinenlocher auf →Lochkarten (LK) oder → Lochstreifen (LS), mit der Blindenschrift vergleichbar. Historisch steht sie vor der →Magnetschrift. Ihr voraus gingen Keil-, Knoten-, Zeichen-(Hieroglyphen), Schreib- und Druckschrift.

Lochschriftübersetzer (LSÜ) oder Beschrifter, *interpreters*, Zusatzmaschinen für die automatische Übersetzung der →Lochschrift und Beschriftung von Lochkarten (LK) in →Klarschrift auf der Vorder- und Rückseite an beliebiger Stelle bis zu 25 Zeilen (Zl), um sie als Karteikarten verwenden zu können oder sie mit den Daten (D) zu versehen, die entweder in den LK gelocht oder in Vorlaufkarten gegeben sind. Die Schnelligkeit beträgt etwa 1000 bis 6000 LK/h. Bei der →Mehrfunktions-Karteneinheit (MFKE) können darüber hinaus zusätzliche Angaben aus dem Kernspeicher (→Magnetkernspeicher) auf die LK geschrieben werden, max. gleichzeitig 6 Zeilen zu je 64 Zeichen.

Lochspalte, der Raum für eine Reihe aller möglichen, in der Senkrechten liegenden →Lochstellen zur verschlüsselten Darstellung eines →Zeichens (Z) durch Lochungen, und zwar für 78 einzelne Zeichen.

Lochstelle, der Platz auf der →Lochkarte (LK), den ein einzelnes Loch einnehmen kann.

Lochstreifen (LS), *paper tapes,* dienen weitgehend dem gleichen Zweck wie →Lochkarten (LK), bestehen aus leicht pergamentiertem Papier oder aus Kunststoff und sind 0,075 bis 0,09 mm dick, 17,4, 22,2 oder 25,4 mm breit, je Kanalanzahl, und i. a. 310 bis 340 m lang, je nach Fabrikat. Die Angaben werden durch bestimmte Kombinationen der Informationslöcher von etwa 1,5 bis 1,8 mm Durchmesser in 5 (Fernschreibverkehr) und 6 bis 8 (vorwiegend in der EDV) nebeneinanderlaufenden →Kanälen oder →Spuren (Sr) in stetiger Folge codiert dargestellt. Die LS sind Ein- und Ausgabemedien sowie ein sequentielles Speicherelement (SpE), sie sind in ihrer Aufnahmemöglichkeit praktisch unbegrenzt und billiger und leichter zu transportieren als LK. Sie haben eine relativ langsame Eingabe (E) und können die in ihnen gespeicherten Daten (D) nicht sortieren. Für die zentrale →Datenerfassung (DE), →Datenübertragung (DÜ) und →Datenfernübertragung (DFÜ) sind Lochstreifen besonders gut geeignet und billig.

Lochstreifenkarten (LSK), Mittelding zwischen der Lochkarte und dem Lochstreifen. Bei ihnen werden Daten (D) in Form von Lochstreifen-Lochungen am Rand der Karten gespeichert. Die LSK werden zickzackweise zusammenhängend abgelegt (Leporelloverfahren). Da die Lochung der LSK nur einen schmalen Streifen beansprucht, ist diese Kartenform wesentlich kleiner, leichter, platzsparender und dadurch billiger als die normale Lochkarte.

Lochstreifenleser (LSL), technische Geräte, Daten (D), die sich auf etwa 300 bis 340 m langen →Lochstreifen (LS) befinden, werden mit seiner Hilfe im → Hauptspeicher (HSp) erfaßt. Sie arbeiten →elektromechanisch, →photoelektrisch oder →dielektrisch in 5, 6, 7 oder 8 Kanälen mit Geschwindigkeiten von 100 bis max. 2000 Zeichen/s, je nach Fabrikat. (→Lesen)

Lochstreifenlocher (LSl), Lochkartenlocher (LKL), die Lochstreifen (LS) → lesen und Lochkarten (LK) →lochen können. Sie sind tastatur- oder kartengesteuert und lochen bis zu 75 Zeichen/s, Schnellocher max. 150 Z/s, umschaltbar auf 5, 6, 7 oder 8 Kanäle.

Lochstreifenrolle, Zusammenfassung mehrerer Lochstreifen (LS) mit einer Kapazität (Kap) von rd. 125 000 →Zeichen (Z), was einem Fassungsvermögen von rd. 1500 bis 1600 voll ausgelochten Lochkarten (LK) entspricht.

Lochstreifenstanzer (LSSt), technische Geräte zur Ausgabe (A) von Daten (D) auf Lochstreifen (LS), die später wiederum zur Eingabe (E) in das System verwendet werden, mit einer Leistung von 160 bis 250 Zeichen/s, je nach Fabrikat. Das →Stanzen erfolgt durch Stempel mit elektromagnetischer Auslösung. LSSt als Kleingeräte können direkt an →Abrechnungsmaschinen (AM) angeschlossen sein (mechanisch nur 10—25 Z/s) und liefern als Nebenprodukt maschinell auswertbare Daten.

Lochstreifentechnik findet zunehmenden Einsatz bei Büromaschinen und DVA wie auch auf dem Gebiet der Werkzeugmaschinen und der →Prozeßsteuerung.

Lochungen, Ergebnisse des Lochens. Sie können ein- oder mehrstellig in einer →Lochspalte erfolgen, und zwar numerisch und alphanumerisch. Jeder Lochung je Spalte kommt ein Ziffernwert zu. Nach ihrer Stelle sprechen wir von Null-, Einer-, Neuner-Lochung usw. Oberhalb der Null-Lochung liegen die Zonenlochungen.

Lochverfahren gliedert sich in drei Stufen: (1) →Lochen und →Prüfen der Lochkarten, (2) →Sortieren der Lochkarten nach bestimmten Gesichtspunkten, (3) →Tabellieren.

Lochzeilen, waagerechte Zeilen der Lochkarte, die den Wert einer → Lochung bestimmen. Die Zeilen 9 bis 0 sind für direkte Lochungen, 11 und 12 für indirekte Lochungen vorgesehen.

Lochzone, Normalzone der Lochzeilen 9—0 für direkte →Lochungen und die →Überlochzone der Lochzeilen 11 und 12 für indirekte Lochungen.

LOG = Lager Optimal Gestaltet, Verfahren der automatischen Bedarfsprognose. *(BGE)*

Log, Anweisung an ein →Betriebssystem, die benutzten Steuerkarten als Tagebuch (→Logbuch) zu benutzen.

logarithmus dualis *(ld),* der Logarithmus zur Basis 2 *(Beispiel: ld* 32 = 5, denn $2^5 = 32$). In der DV bedeutet *ld* die Zahl der Ja-Nein-Entscheidungen, die in einer Information enthalten sind.

Logbuch, Tagebuch des Maschinenbedieners, das alle Einzelarbeiten und Vorkommnisse während des →Programmablaufes, wie Startzeit, Programmname, Datenträger, Ein- und Ausgabe usw., enthält.

logische Addition →ODER-Funktion

logische Befehle veranlassen Zahlenvergleiche zwischen zwei →Datenfeldern (DF), bewirken die Verknüpfung von →Schaltfunktionen, bestimmen absolute und bedingte Sprünge u. ä.

logische Entscheidung, *logical decision,* oder logische Funktion, auch Alternativentscheidung, wird durch spezielle Rechenwerke (RW) getroffen. Aufgrund eines Kriteriums wird entschieden, ob eine Rechenoperation (RO) an dieser Stelle abgebrochen oder in dieser oder jener Richtung fortgesetzt werden soll. Die →Schaltfunktion erfolgt extern durch Bedienen von Tasten und intern durch Verzweigen, Prüfen, Vergleichen, Verschieben u. dgl. und erlaubt die wiederholte Verwendung eines Programmteils. Vorangegangene Programmoperationen setzen elektronische Anzeiger, die mit Hilfe von Testinstruktionen abgefragt werden können. Je nachdem, welches Testergebnis im Einzelfall vorliegt, entscheidet sich die Maschine für einen von zwei möglichen Wegen.

logische Funktion →logische Entscheidung, →logische Verknüpfung.

logische Multiplikation →UND-Funktion.

logische Operation →Schaltfunktion, →Verzweigung.

logische Schaltung, *logical circuit,* →Schaltnetz.

logische Verknüpfung oder logische Funktion, sie wird durch die Stellung elektronischer →Schalter dargestellt, die durch Öffnen und Schließen bestimmter Stromkreise die Rechenoperationen steuern, und erfolgt i. w. durch die drei Grundschaltungen: UND-, ODER-, NICHT-Schaltung (letztere auch Umkehrschaltung oder Negation genannt). Mit Computer wird sie zehn Millionen mal schneller als ohne Computer durchgeführt. (→Schaltkreise)

Logistik, die mathematische oder symbolische Logik, die Wissenschaft von der Verwandlung eines logischen Vorganges in rechenbare Zahlenformeln.

LOGOFF, Zeitpunkt der Benutzerabschaltung im Dialogbetrieb bzw. Teilnehmerbetrieb.

LOGOL, deskriptive Programmiersprache zur Entwicklungsautomatisierung; sie ist teilweise →ALGOL ähnlich. *(AEG-Telefunken)*

LOGON, Zeitpunkt der Benutzeranschaltung im Dialogbetrieb bzw. Teilnehmerbetrieb.

Löschen, das Vernichten abgespeicherter →Informationen (Info), wobei der Inhalt einer →Speicherzelle (SpZ) oder mehrere aufeinander folgender SpZ durch →Nullen ersetzt wird.

Löschkopf, Magnetkopf, der die Löschung gespeicherter →Informationen auf Magnetbändern, Magnetplatten und Magnettrommeln herbeiführt.

LOT = *list on tape,* Ausgabemethode im DOS-Verfahren, um Listen auf Magnetband zu übernehmen und auszudrucken, parallel zu anderen Verarbeitungsprogrammen. *(IBM)*

LOTSE, der Entwicklungsautomatisierung dienendes Programmiersystem zur Entwicklung von Schaltwerken, das →LOGOL verwendet. *(AEG-Telefunken)*

low-cost-Anlagen, vorwiegend lochkartenorientierte EDVA (4—12 K, max. 16 K). (→Kleinrechenanlagen,→Magnetkontencomputer).

LPG = Listen-Programm-Generator, Standard-Programmiersystem, das aufgrund von Steuer- einschl. Summierungskarten ein →Verarbeitungsprogramm (VP) zusammenstellt. Die Listen werden über den →Drucker (Dr) gemäß Spezifikation automatisch erstellt, einschließl. des Stanzens von Steuerkarten, Parameterkarten, aufgrund weniger Steuerkarten. Besondere Programmierkenntnisse sind nicht erforderlich. Beim LPG wird eine Beschreibung des gewünschten Inhaltes und Formats der Ausgabe (A) benötigt, sowie im beschränkten Umfang einer Eingabe (E). (→RPG)

LPS = *linear programming system,* Systemprogramm, das den Einsatz und die Kombination verschiedener Komponenten, wie Kapital, Rohmaterial, Arbeitskapazität und Produktionsmittel, optimiert.

LSIT = *large scale integration technology* = integrierte Großschaltkreise, die weitere Komprimierung der → *hardware (hw)* in der 4. Generation, die erhöhte Speicherkapazität, Verarbeitungsgeschwindigkeit und Zuverlässigkeit bietet.

LTC = *line terminal control,* ein Schnittstellengerät bzw. eine *interface*-Kontrollstelle, die gewissermaßen ein übergeordnetes *software*-Element darstellt. *(ICL)*

LTU = *line termination unit,* Schnittstellengerät bzw. eine *interface*-Kontrollstelle, die den Datenübertragungsmodus der Anlage in den von der Postleitung geforderten übersetzt (meist Parallel/Serialwandler). *(ICL)*

M

MA = mathematisch-technischer Assistent, eine Berufsgruppe die im Zuge der Entwicklung und Anwendung der →Elektronenrechner entstanden ist und i. a. vier Semester mathematisches oder technisches Studium verlangt.

MAC. *I. multiple access computing.* Eine EDVA, die im *time-sharing-system arbeitet,* wobei rund 300 Benutzer gleichzeitig an einen zentralen Computer angeschlossen sind und rasch nacheinander abgefertigt werden. *(BGE)* — *II. Machine-aided-cognition* = Datenanerkennungsgerät. — III. Name einer amerikanischen Gesellschaft zur Durchführung der Grundlagenforschung.

Mach *(Ernst Mach,* 1838 — 1916), Meßzahl, bei 1 Mach wird die Schallmauer durchbrochen.

MACRO—8, Assemblersprache. *(CDC)*

Magazin →Ausgabemagazin, →Eingabemagazin.

Magnetband (MB), *magnetic tape,* ein externer →Großraum- und →Zwischenspeicher, linearer →Datenträger, vor allem für genaue und große →Datenbestände (Statistiken, Massendaten usw.), der die Informationen (Info) in Form magnetisierter Punkte in der Größe von 0,03 mm² in sequentieller Folge für etwa ½ bis ¾ Jahr speichern kann. Es besteht aus einer Basis von Zellulose-Acetat oder Polyester, Mylar genannt (Schutzmarke von Du Pont), seltener aus Metall. Eine Seite ist mit einer sehr dünnen Eisenoxydschicht überzogen, in der die →Daten festgehalten werden. Die →Übertragung der Daten zum und vom MB erfolgt mit Hilfe von Schreib- und Leseköpfen, die das MB berühren. Bei Neuaufnahme wird der alte Inhalt automatisch gelöscht, neben der hohen Eingabegeschwindigkeit ist das ein wesentlicher Vorteil. Nachteil: kein direkter Zugriff zu den Daten. Die Magnetbandlänge variiert zwischen 100 m bis max. 2000 m, meistens 732 m und 1100 m; Breite 12,7 mm und 25,4 mm. MB nehmen 80, 220, 320, 400, 640, 800 und 1600 Zeichen/cm (→Bitdichte) als 7-Spur- oder als 9-Spur-Bänder auf, nach Fabrikaten und Verfahren unterschiedlich. Die magnetische Aufzeichnung in Bewegungsrichtung wird durch 7 bzw. 9 Schreibmagnete des →Schreibkopfes, je nach Computertyp, in →Stellen zu 8, 22, 32, max. 60 bit/mm, →Bytes zu 7 bit oder →Wörtern zu einer Vielzahl von bits, z. B. 18, 30 oder 36, aufgedruckt. Durchschnittlich können z. B. auf einem MB so viele Informationen gespeichert werden wie 50 000 bis 200 000 voll ausgelochte 80stellige Lochkarten aufnehmen, etwa 5 bis 20 Mio. Zeichen, max. 160 Mio. Zeichen. Die Transportgeschwindigkeit des MB liegt bei etwa 2,50 m/s. Beim Umspulen ist sie wesentlich größer. Jeder Start und Stop erfordert jeweils 3 bis 20 Millisekunden (ms). Die →Übertragungsgeschwindigkeit liegt zwischen 7200 und 340 000 alphanumerischen Zeichen/s, was vom benötigten Platz der Information auf dem MB abhängig ist; praktisch ist sie fast unbegrenzt, da man die →Magnetbandrolle jederzeit auswechseln kann. Die →Zugriffszeiten reichen von Mikrosekunden bis mehreren Minuten (min). Durch geeignete Programmierung kann die Zeit reduziert werden.

Magnetband-Beschriftungseinheit, Datenerfassungs- und Datenprüfgerät, mit dem Informationen (Info) von →Urbelegen direkt auf →Magnetband (MB) übertragen, auf MB gespeicherte Daten (D) geprüft und zur sofortigen Eingabe (E) in das →System bereitgestellt werden. *(IBM)*

Magnetblock umfaßt einen oder mehrere Magnetbandsätze zu einem Block.

Magnetband-Datenerfassungs- und -prüfgerät →MDS.

Magnetbandeinheit →Bandeinheit.

Magnetbandgerät, *tape station,* mechanische und elektronische Funktionseinheit für die →Magnetbandspeicher zur exakten Ein-(E) und Ausgabe (A) sowie Speicherung von Informationen (Info) auf das Magnetband (MB) durch den →Magnetkopf.

Magnetbandkassette enthält die bebetriebsbereiten Magnetbänder (MB) von 30 m Länge zur automatischen Aufnahme der Daten (D) von →Urbelegen direkt auf MB, bis zu 23 000 →Zeichen (Z) im →EBCDIC mit einer →Zeichendichte von 20 Zeichen/Zoll, was 300 voll ausgelochten Lochkarten entspricht. Eine Kassette ist 11 × 11 × 2,54 cm groß. Sie hat eine sehr hohe Lebensdauer, ist handlich, auswechselbar und daher beliebig oft verwendbar. Einsetzen bzw. Herausnehmen der Kassette, manuelles Zuführen und Transport werden automatisch gesteuert.

Magnetband-Kassettenspeicher, Großraumspeicher (GSp), der den →direkten Zugriff ermöglicht. In einer auswechselbaren Kassette (Magazin) werden 16 Endlos-Magnetband-Schleifen = 256 →Spuren (Sr) = 7 168 000 →Zeichen (Z) zu je 6 →bit (b) zusammengefaßt. Zeilendichte 394 Z/cm, Gesamtkapazität eines Magazins 50,2 Mio. b, Geschwindigkeit 1524 cm/s bzw. bis 600 000 Z/s.

Magnetband-Leseeinheit mit eingebauter →Steuereinheit ermöglicht die direkte Eingabe von Daten über →Magnetbandkassetten in das →System. Das Einlesen erfolgt mit etwa 900 Zeichen/s. *(IBM)*

Magnetbandrolle, Kunststoff- oder Metallrolle mit aufgewickeltem Magnetband, 26 cm ⌀, 1 kg schwer.

Magnetbandsatz, kleinste logische Einheit auf dem Magnetband.

Magnetbandschleifen befinden sich in den beiden Vakuumspulen der Magnetbandeinheit, um das Magnetband (MB) bei dem ruckartigen Anfahren und späteren Abbremsen nicht zu zerstören.

Magnetbandsicherungssystem, vorsorgliches Schutzsystem, das verhindert, daß Daten überschrieben werden. (→Datensicherung)

Magnetbandsortierung, das Sortieren von Dateneinheiten unter Verwendung von Magnetbändern als Speichermedien. Beim üblichen Mischsortieren werden mindestens jeweils 2 Eingabe- und 2 Ausgabebänder benötigt (Zwei-Wege-Verfahren). Das Sortieren beansprucht 40 % der Gesamtmaschinenzeit.

Magnetbandspeicher (MBSp), *magnetic tape storage,* faßt mehrere Magnetbänder (MB) zu einer Einheit zusammen, so daß bei relativ geringen Kosten große Datenmengen gespeichert werden können. I. a. sind dabei zwei Funktionseinheiten zu unterscheiden: →Magnetbandgeräte, →Magnetbandbänder. (→Massenspeicher)

Magnetbandsteuerung (MBST), *magnetic tape controller,* Funktionseinheit im →Magnetbandspeicher (MBSp) zur Gesamtsteuerung und Kontrolle der Magnetbandgeräte mit der Zentraleinheit.

Magnetbandumwandler, Geräte für die Umwandlung: →Lochkarte (LK) — → Magnetband (MB), →Lochstreifen (LS) — MB, MB — LK und MB — Druckformular.

Magnetbandverwaltung, das Aufbewahren der Magnetbänder ist in staubfreien, klimatisierten Schränken unter genauer Archivierung erforderlich, da MB mechanisch und thermisch hochempfindlich sind. (→Bandarchiv)

Magnetblattspeicher, Großraumspeicher für über 25 Mio. Zeichen, anschließbar an einen Kleincomputer. *(Nixdorf)*

Magnetdrahtspeicher (MDSp), *plated wire memory,* konsequente Weiterentwicklung des Dünnnschichtspeichers (DSchSp), seit 1967 ein neuartiger → Arbeitsspeicher (ASp), dessen →Speicherelement durch einen außerordentlich dünnen Permalloy-Magnetfilm (81 % Nickel, 19 % Eisen) von 0,025 mm Stärke dargestellt wird, der auf einen haarfeinen Beryllium-Kupferdraht von 0,127 mm Durchmesser aufgedampft ist. Die im rechten Winkel kreuzenden Gruppen von Drähten, nämlich die Magnetdrähte und die Leseleitungen, erlauben ein nahezu vollautomatisches Fertigungsverfahren. Die Verwendung von Monolith-Schaltkreisen (→Monolith-Technik) vermindert die Zahl der Speicherelemente und Schaltströme, wodurch die Herstellung einfacher und kostengünstiger wird. Der MDSp arbeitet nach dem *„non-destructive-read-out-mode“*, d. h. die eingelesene Information (Info) bleibt im Speicher (Sp) automatisch erhalten und wird nicht beim Lesen zerstört, wie es normalerweise beim Kernspeicher (KSp) der Fall ist. Die →Zykluszeit (Zyk) beträgt 1200 bis 500 Nanosekunden (ns), die→Zugriffszeit nur 30 Mikrosekunden (μs), der Strombedarf beträgt mit 0,5 W nur 1/200 vom Magnetkernspeicher (KSp), die →Speicherkapazität 250 bit auf 50 cm Länge. *(Univac)* Die neueste Entwicklung kommt mit dem „gewobenen“ MDSp aus Japan, der noch kleiner, schneller und billiger werden wird. (→Magnetschichtspeicher)

Magnetdünnschicht-Filmspeicher (MDFSp)→Dünnschicht-Filmspeicher.

Magnetfilmeinheit →MFU.

Magnetfilmspeicher (MFSp) →Dünnschicht-Filmspeicher.

magnetische Bauelemente →Magnetkerne (Ke).

magnetische Schriften →Schriftenarten.

magnetisches Speicherwerk →Speicherwerk.

Magnetkarte (MK), *magnetic card,* sortierfähiger →Datenträger (DT), bei dem die →Zeichen (Z) wie beim Magnetband (MB) durch aufmagnetisierte Stellen dargestellt sind. Es gibt sie in den Formaten 8 × 35 cm und 12 × 48 cm, 0,1 bis 0,8 mm stark. Die MK kann 17 bis 64 →Spuren (Sr) mit je 1000 bis 3000 Zeichen aufnehmen, das entspricht einer Kapazität von 17 000 bis 20 000 Zeichen. An der oberen Schmalseite bzw. entlang beider Längsseiten befindet sich eine Nummerncodierung, die durch ausgestanzte Kerben dargestellt wird.

Magnetkartenspeicher (MKSp), im Prinzip →Magnettrommelspeicher (MTSp) mit großem Vorrat an auswechselbaren Trommelmänteln, den →Magnetkarten (MK), großer →Massenspeicher mit → wahlfreiem Zugriff auf die MK. Jeweils 128 bis 256 MK sind in einem der acht auswechselbaren Magazine untergebracht. Die Übertragungsgeschwindigkeit beträgt 40 000 bis 150 000 Zeichen/s. Auf die in 256 →Blöcken zu je 650 Z unterteilten MK können 166 400 alphanumerische Z gespeichert werden. Die Kapazität (Kap) eines Magazins reicht bis 42,6 Mio. Z, eine →Speichereinheit (SpE) kann zwischen 400 Mio. und 5 Mrd. Z umfassen, und zwar bei einer →Zugriffszeit (Zug) von 500 bis 200 Millisekunden (ms), je nach Fabrikat. In der Praxis werden MKSp wenig eingesetzt, da sie eine lange Zugriffszeit und einen aufwendigen Mechanismus haben.

Magnetkerne (Ke), ausgeführt als Ferritringkerne, magnetische Bauelemente aus gesintertem Magnesium-, Mangan- oder Kupfer-Mangan-Ferrit (ferromagnetischer, keramischer Stoff) von 0,5 mm bis 2,00 mm Außendurchmesser und einer Dicke von 0,25 mm. Die Ummagnetisierungszeit (→Schaltzeit), links- oder rechtsherum, beträgt ungefähr eine Mikrosekunde (μs) und darunter, die dazu aufzubringende Leistung liegt bei ungefähr 20—40 Milliwatt. Die Magnetisierung bleibt praktisch unbegrenzt erhalten. Jeder Ke kann ein →bit (b) speichern. Die Ke sind in Matrizenform (rund 1000 Ke je →Matrize) angeordnet, und die einzelnen Matrizen sind in mehreren Ebenen geschichtet (dreidimensional). Durch jeden Ke werden drei bzw. vier Drähte [Zeilendraht (waagerecht), Spaltendraht (senkrecht), Lese- und Schreibdraht] gezogen. Die Kernspeicherfertigung ist zwar heute fast ganz mechanisiert, entwickelt sich aber zum automatischen Verfahren. Die Ke waren in der Herstellung relativ teuer. Das Einfädeln eines einzigen Ringkerns in eine solche Matrix kostete etwa einen Dollar. Jetzt sind die Ke kleiner, die Zykluszeit ist kürzer, die Kapazität größer und die Herstellung billiger geworden.

Magnetkernebene →Matrizen.

Magnetkernspeicher (KSp) oder Ferritkernspeicher, Teil der →Zentraleinheit (ZE), der den →Haupt- oder →Arbeitsspeicher für die →Programm- und Datenspeicherung umfaßt. Er besteht aus einer Vielzahl von winzigen → Magnet- oder Ringkernen (0,5—2 mm Außendurchmesser), die in mehreren Ebenen, sog. →Matrizen, angeordnet sind. Die Anzahl der Ebenen in der senkrechten Achse ist davon abhängig, ob die Daten (D) auf den KSpstellen byte- oder wortweise adressiert werden. So hat ein stellenweise adressierter KSp sechs Ebenen. Jede Ebene stellt eine der sechs erforderlichen binären Positionen dar, die nötig sind, um eine der 63 computergebräuchlichen Schriftzeichen zu bilden. Je größer die Zahl der Ebenen, um so größer wird auch die Datenmenge, die in einem einzigen →Zugriff in den KSp gelegt oder ihm entnommen werden kann. Die Größe einer Ebene, die Zahl der Ebenen und die Anzahl der Blöcke bestimmen das Speichervolumen. Das →Lesen in den KSp wie das →Schreiben aus ihm erfolgen in zwei Phasen: Lösch- bzw. Lese- und Schreibphase. Im KSp stehen lediglich die aktuellen Programme (P) auf der sog. 1. Speicherebene. Der Platzanspruch des KSp ist gering; z. B. umfassen 16 000 Kerne (Ke) das Volumen einer Zigarrenkiste. Er arbeitet nahezu wartungsfrei und relativ temperaturunabhängig. Durch die Ausgestaltung der →*software* wächst der Bedarf an Magnetkernspeichervolumen. Der Trend geht dahin, die KSp billiger zu bauen und schneller arbeiten zu lassen; durch die Dünnschichtspeicher wird ein beträchtlicher Preisrückgang eintreten.

Magnetkernspeicherblock →Magnetspeicherblock.

Magnetkontencomputer (MKC) basieren auf der →Magnetkontenkarte (MKK), wobei selbsttätig auf dem magnetisierbaren Bereich der Kontokarte gespeichert und gelesen werden kann. Sie sind den Abrechnungsmaschinen (AM) entwachsen, i. w. für Mittelbetriebe rationell einsetzbar. Der Kaufpreis liegt bei 20 000 bis 200 000 DM, was einer Monatsmiete von etwa 400 bis 4000 DM entspricht. Den ersten MKC entwickelte die *NCR*. Für Betriebe mit hohem Anlagevermögen und geringen Bewegungen auf Personenkonten ist ein reines Magnetkontensystem ideal. Bei zu großer Anzahl von Bewegungen wird die Lochkarte bzw. der Lochstreifen als kurzfristiger Zwischenträger eingeschaltet.

Magnetkontenkarten (MKK), visuell und maschinell lesbare →Datenträger mit magnetisierbarem Teilbereich (Vorder- oder Rückseite, längs oder quer), (wesentliches Merkmal der →Mittleren Datentechnik), externe ideale Speicher (Sp) mit →wahlfreiem Zugriff bei Vereinigung von Stamm- und Bewegungsdaten, gewissermaßen *Konto*ersatz durch Speicherausdruck. Die MKK werden aus einem Magazin automatisch in die Lesestation eingezogen, durch einen →Magnetkopf abgetastet. Wahlweise beträgt die Kapazität einer MKK 52, 128, 210, 256, 400, 512 und auch mehr numerische oder alphanumerische Stellen mit fester oder beliebiger Wortlänge je Seite und je nach Fabrikat. Für die Programmierung kann bis auf 1024 Stellen je Kontoseite erweitert werden, mit beliebiger Anordnung für Daten und Programm. Die MKK können Befehle beinhalten, die das Programm modifizieren, um den Erfordernissen einer Buchung gerecht zu werden. Die MKK sind oft doppelseitig verwendbar und können bis 200 × 430 mm groß sein, je nach Wagenbreite. (→Kleinrechenanlagen)

Magnetkopf, *magnetic head,* eine → Spule mit speziellem Kern zum Schreiben, Lesen oder Löschen von Informationen (Info) auf →Magnetband (MB), →Magnetplatte (MP) und →Magnettrommel (MT). Die festen Magnetköpfe gelten für jeweils eine →Spur (Sr), während die beweglichen mehrere Sr ansprechen. (→Schreibkopf, →Lesekopf)

Magnetolecteurverfahren, Verfahren zum →Lesen von magnetischen Markierungen (Magnet-Tinte) auf Lochkarten (LK). Die Markierungen werden dabei anhand aufgebauter, kleiner Magnetfelder erkannt. *(BGE)* (Zeichenlochverfahren)

magnetomotorische Speicher kombinieren die magnetische Aufzeichnung von Daten (D) mit einer Bewegung des Datenträgers (DT), z. B. →Magnetband (MB), →Magnetplatte (MP), bei denen i. d. R. gelesen werden kann, ohne zu löschen. Sie sind dadurch gekennzeichnet, daß der →Zugriff nicht adressenunabhängig ist. →Lese- bzw. →Schreibkopf stehen mit einer Magnetschicht in Relativbewegung. Zu ihnen gehören vorwiegend →Großraumspeicher (GSp).

Magnetplatte (MP), ein externes Speichermedium, das aus einer kreisrunden Scheibe aus Aluminium besteht, die beidseitig mit einer Eisenoxydschicht bezogen ist, Plattenstärke 0,8 bis 2,5 mm, Durchmesser 30 cm bis 100 cm, je nach Fabrikat. Die einzelnen Platten in einem Plattenstapel (6—50 Platten) haben einen Abstand von rund einem cm. Jede Plattenseite ist in eine Vielzahl konzentrischer →Spuren (Sr) (100 bis 700 je nach Fabrikat) eingeteilt, in die Daten (D) mit einem →Magnetkopf eingeschrieben werden. Normalerweise hat jede Plattenseite ihren eigenen Schreib-/Lesekopf im Abstand von weniger als 0,1 mm von der Oberfläche, die mit 2,5 bis 5 m/s rotiert. Die Achse des Stapels dreht sich und bewegt die Platten mit einer Geschwindigkeit von 1800—2400 U/min. Mehrere →Zugriffsarme stehen je Plattenstapel bereit, eine der vielen Spuren (Plattenspur) der Plattenseiten anzusteuern, wobei — bis auf die oberste und unterste Plattenseite — gleichzeitig auf beiden Seiten einer MP gelesen oder geschrieben werden kann. Die durchschnittliche →Zugriffszeit (Zug) bewegt sich zwischen

600 und 8 Millisekunden (ms), je nach Fabrikat, die Lese/Schreibgeschwindigkeit umfaßt 60 000 bis 312 000 Z/s, je nach Fabrikat.

Zur →Adressierung ist die Oberfläche jeder MP in Spuren, Sektoren, Blöcke und Sätze eingeteilt. Auf einer einzelnen MP können etwa 500 000 bis 2 Mio., max. 8 Mio. Z gespeichert werden, was etwa 6000 voll ausgelochten 80stelligen Lochkarten (LK) entspricht. Die MP ist durchaus wirtschaftlich und praktisch fast unbegrenzt speicherfähig.

Magnetplattenspeicher (MPSp), ein →Großraumspeicher (GSp) in Form von Magnetplatten (MP), die auf einer Achse befestigt sind und mit hoher Geschwindigkeit rotieren. Die Kapazität (Kap) liegt zwischen 1 und 207 Mio. →Zeichen (Z) bei auswechselbaren und zwischen 10 und 250 Mio. Z bei feststehenden MP, relativ geringe →Zugriffszeit (ca. 70—500 ms). (→Magnetplatte)

Magnetplattenstapel →Plattenstapel.

Magnetpunkte, die gespeicherten Informationen (Info) auf den Magnetträgern, z. B. 9 Magnetpunkte nebeneinander auf dem →Magnetband (MB) = 1 Byte (B). Bei →Magnetplatten (MP) und →Magnetstreifen (MS) sind die Punkte in →Spuren (Sr) hintereinander angeordnet.

Magnetschalter, Schaltungsanordnung, die mittels Magneten auslösbar ist, dessen Wirkung durch Annäherung, Abschirmung oder durch magnetischen Kurzschluß bestimmt wird.

Magnetscheibenspeicher →Magnetplattenspeicher.

Magnetschicht, eine sehr dünne, auf einen Metall- oder Kunststoffträger aufgebrachte magnetisierbare Eisenoxyd-Kupfer-Manganschicht.

Magnetschichtspeicher (MSchSp) arbeiten nach dem Prinzip der bewegten Magnetschicht. Extrem dünne Schichten von Eisenoxydplättchen sind in Matrizenform aufgebaut, wodurch eine außerordentliche Verringerung des Speichervolumens und eine beschleunigte →Zugriffszeit (Zug) erreicht werden.

Magnetschrift, eine ideale Verbindung zwischen maschinell und visuell lesbarer Schrift, ein von der amerikanischen Bankenvereinigung (ABA) entwickelter Zeichenvorrat, der aus den leicht stilisierten arabischen zehn Ziffern und vier sog. (ABA-)Symbolen besteht und mit einer Dichte von acht →Zeichen (Z) je Zoll gedruckt werden kann. Sie ist eine Analogschrift, d. h. Erkennung und Zuordnung der einzelnen Zeichen erfolgen durch Korrelation der Abtastsignale mit Vergleichssignalen. Hierher gehören die E-13-B-Schrift, die CMC-7-Schrift und die Siemag-Schrift. Das Drucken der Magnetschrift ist recht aufwendig, was ihrer Verbreitung hinderlich ist.

Magnetschriftleser tasten →Belege mit Magnetschrift ab, sie verarbeiten etwa 900 bis 1600 Belege/min, wobei jeder Beleg auf einer Zeile (Zl), meist am unteren Belegrand, 50 bis 60 Zahlen und Zeichen (Z) enthalten kann. Mit der Ablesung können die Belege gleichzeitig nach beliebigen Gesichtspunkten sortiert werden.

Magnetspeicher, zusammenfassender Begriff für die verschiedenen magnetischen Speichermedien, z. B. Magnetband, Magnetplatte, Magnetkarte, Magnetstreifen.

Magnetspeicherblock, der →Block besteht i. a. aus 24 Ebenen oder Rahmen, von denen jeder etwa 4000 →Magnetkerne (Ke) zusammenfaßt.

Magnetstäbchenspeicher (MStSp) bestehen aus dünnen Speicherschichten, die in Spiralenform gewickelt sind und eine Länge von 15,2 cm und einen Durchmesser von 0,38 mm haben. Auf jedem Stäbchen können bis zu 40 →bit (b), d. h. über 6 alphanumerische Zeichen (Z), gespeichert werden. →Zugriffs- (Zug) und →Zykluszeit (Zyk) liegen im Nanosekundenbereich. (→Magnetschichtspeicher)

Magnetstreifen (MS), Datenträger (DT), dem →Lochstreifen (LS) ähnlich, 5,7 cm breit und 33 cm lang, die Ziffern und Buchstaben aufnehmen und 128, 256 oder 512 Stellen/cm, je nach Fabrikat, speichern. Jeder MS hat 100 →Spuren (Sr), jede Sr 2000 alphanumerische Zeichen.

Magnetstreifenspeicher (MSSp), Großraumspeicher (GSp) mit →wahlfreiem Zugriff, der aus einem zylinderförmigen Metallgebilde mit zehn auswechselbaren Zellen zu je 40 Mio. Zeichen (Z) und einem pneumatischen Streifentransport besteht. Seine Kapazität (Kap) liegt mit 512 Magnetstreifen (MS) bei über 150 Mio. Zeichen (Z) und reicht je Anzahl der Einheiten bis max. 5,70 Mrd. Zeichen. Jede Zelle enthält 200 Magnetstreifen, auf die direkt zugegriffen wird. Die →Zugriffszeit (Zug) liegt je nach Modell bei etwa 500 bis 100 Millisekunden (ms), die →Übertragungsgeschwindigkeit bei 50 000 bis 75 000 Z/s. Bei Anruf eines bestimmten →Datensatzes (DS) wird der entsprechende MS entnommen und auf einer rotierenden Trommel eingelesen bzw. beschrieben. Der Einsatz eines MSSp verlangt große Datenmengen mit geringen Bewegungshäufigkeiten. (→Magnetkartenspeicher)

Magnettrommel (MT), Großraumspeicher (GSp) mit direktem Zugriff, mittlerer →Zugriffszeit (Zug), bei verringerter Kapazität (Kap) als Magnetband (MB) und Magnetplatte (MP), in der Hauptsache für Programmspeicherung. Die Trommel besteht aus einem 10 bis 40 cm hohen und breiten, um seine meist vertikale Achse rotierenden Stahlzylinder mit Kupfermantel, auf dem eine Kobalt-Nickel-Legierung aufgetragen ist. Bei konstanter Geschwindigkeit werden die Informationen (Info) durch Magnetisieren von Zellen mit Hilfe feststehender Lese-/Schreibköpfe (ca. 80 bis 1000) geschrieben. Der Abstand Kopf-Trommeloberfläche beträgt weniger als $^1/_{10}$ mm. Die Trommeloberfläche ist eingeteilt in mehrere →Zonen, wobei jede Zone mehrere →Spuren (Sr) enthält, z. B. 64. Die MT rotiert mit einer Umdrehungsgeschwindigkeit von 1200 bis 3000 U/s, je nach Fabrikat. Die Kapazität (Kap) ergibt sich aus der Multiplikation (Mlt) der Zonen und Spuren und liegt zwischen 100 000 und 5 Mio. alphanumerischer Zeichen (Z), je nach Fabrikat. Allgemein sind Kap von 2 bis 5 Mio. Z gebräuchlich, max. 8 Mio Z. 5 Mio. Z entsprechen 62 500 voll ausgelochten 80stelligen Lochkarten (LK). Die Zugriffszeit (Zug) liegt je nach Einheit zwischen 92 und 4 Millisekunden (ms), je nach Fabrikat; mittlere Zugriffszeit ist stets die halbe MT-Umdrehung. Die Übertragungsgeschwindigkeit liegt bei 135 000 Z/s.

Magnettrommelspeicher (MTSp) *magnetic drum storages*, interne bzw. externe Speichermedien für große Datenmengen [je nach Ausführung: 10^5 bis $1.5.10^8$ bit bei relativ niedrigen Kosten (= Arbeitsspeicher selten, Zubringerspeicher meist)] und schnellem →wahlfreiem Zugriff (mit 2,5 ms bis 100 ms). (→Großraumspeicher)

mainprocessor, Hauptzentraleinheit eines *multiprocessing*-Betriebes. *multiprocessing (mpc)* beschäftigt sich ausschließlich mit der Verarbeitung, im Gegensatz zu den angeschlossenen →Satellitenrechnern, die in erster Linie die Eingabe-/Ausgabe-Steuerungen übernehmen.

Makroanweisungen rufen →Makroroutinen aus den →externen Speichern ab, heißen *open, get, put, wait, close* u. ä. und stehen im symbolischen Programmiersystem an der Stelle, an der die Routinen benötigt werden.

Makroautocode, Symbolsprache zur Einfügung kleiner Programmteile (= Routinen) für immer wieder vorkommende Probleme in ein Programm durch →Makrobefehle.

Makrobefehle, auch Pseudobefehle oder „Makros", →Unterprogramme (UP), für Programmvereinfachung geschaffene Instruktionen (Instr), die eine Folge von →Mikrobefehlen bei der Verarbeitung auslösen, eine Zusammenfassung von mehreren, ggf. vielen, typischen, wiederkehrenden Einzelinstruktionen zu einer symbolisch-sprachlichen und übersetzungstechnischen Einheit, eine rationale Erweiterung der Assembler- und Compilersprache. Typische Makrobefehle sind: *read, write, punch, print, go* usw., die eine Reihe von Operationen (O) auslösen, wie das Lesen eines Magnetbandes, Addieren, Multiplizieren, Ausdrucken u. ä. Jeder Makrobefehl wird vom Compiler durch eine vorherbestimmte Folge von →Maschinenbefehlen ersetzt, wodurch dem Programmierer viele Einzelheiten in der Programmierung (Pr) erspart werden. Das „Makro" wird in gleicher oder ähnlicher Weise wie ein gewöhnlicher →Befehl (Bef) geschrieben.

Makroinstruktionen →Makroanweisungen.

Makrooperationen →Makrobefehle.

Makroprogramme, auch Pseudoprogramme, werden im Gegensatz zu den in der Maschine verdrahteten →Mikroprogrammen von außen eingegeben, z. B. als ausgebautes →IOCS.

Makroroutinen werden auf Lochkarten (LK) oder Magnetband (MB) in der allgemeinen Makroroutine-Bibliothek gespeichert und bei Abruf als symbolische Routinen in das Programm (P) eingeführt.

Makros →Makrobefehle, →Unterprogramme.

Makrosprachen, erweiterte Symbolsprachen, bei denen ein genereller Befehl eine ganze Programmkette programmiert.

Mammutspeicher, *bulk memory,* das bisher größte computergesteuerte, speicherorientierte Informationssystem (IS) mit einer Kapazität (Kap) von einer Bio. →bit (b) durch das Photo-Digital-Speichersystem. Die Daten (D) werden mit einem Kathodenstrahl auf Filmchips als Kombination von dunklen und hellen Punkten (belichtet oder unbelichtet) aufgezeichnet. Auf einem Chip von der Größe 35 × 70 mm lassen sich rund 5 Bio. b unterbringen. Belichten und Entwickeln erfolgt automatisch. Die belichteten Chips werden in kleinen Plastikzellen aufbewahrt, wobei jede Zelle 32 Chips enthält. Der Transport zum →Speicherplatz oder zur Lese-/Schreibstation wird pneumatisch gesteuert. Diese Zeichenmenge kann einen normalen Menschen beinahe 200 Jahre lang ununterbrochen mit Lesestoff versorgen. *(IBM)* (→Großraumspeicher)

Management, systematisch geplante und koordinierte Unternehmensführung im Rahmen einer funktionell gegliederten, rationalen Organisation (Org).

management by delegation, eine Führungsmethode, die neben der weitergegebenen Verantwortung die dazugehörige Kompetenz verlangt.

management by exception, eine Unternehmensführung nach dem „Prinzip der Abweichungen", ein gut geplanter, automatisch geregelter Betriebsablauf, bei dem der Leitung nur die Sonderfälle zugeführt werden, so daß sie nur in Ausnahmefällen *(by exception)* in den Betriebsvorgang eingreift. Der normale und regelmäßige Verlauf erscheint überhaupt nicht auf den Ausgabemedien. Ein gut funktionierendes, geordnetes Informationswesen ist unabdingbare Voraussetzung. Vorbedingungen zur Entscheidung im *top-management* sind (1) klare Definitionen der übertragenen Aufgaben, (2) Aufstellung umfassender Richtlinien für die Entscheidung der einzelnen Stellen in der Hierarchie, (3) Überwachung der Beauftragten und (4) Übertragung von Vollmachten und Verantwortungen.

management by objectives, Vorgabe von klar definierten Zielen mit zu erwartendem Ergebnis durch die Unternehmensführung, gemeinsam mit den Mitarbeitern, was die Initiative aller Beteiligten stärkt und die Organisation transparent macht.

management by results, die ergebnisorientierte Unternehmensführung mit dem Ziel der möglichen Leistungsfähigkeit und Flexibilität.

management by system, ein Denkmodell für die Tätigkeit des Managers, wobei systematisch Verfahrensordnungen festgelegt werden, mit Ziel, Konzept und Plan für alle *inputs* (→Eingabe), die über den Computer die gewünschten *outputs* (→Ausgabe) erreichen. (→System)

management gap, die vorhandene, besorgniserregende „Lücke", die sich in technischer und kommerzieller Führung in unseren Unternehmungen zeigt, auch in der Relation zu den USA, zur USSR, zu Japan u. a.

management information system →MIS.

Mannjahre, Arbeitszeiteinheit (2 Mannjahre = 1 Mann für 2 Jahre), die aussagt, wieviele Jahre z. B. ein Programmierer zur Erledigung einer Aufgabe braucht. Die Tendenz geht zu Manntagen.

Mannstunden, Arbeitsstunden eines *teams,* umgerechnet auf einen Mann.

Mantisse (Man), die eigentliche Zahl mit ihren höchstwertigen →Ziffern, Anzahl je nach Anlage.

manuell, Eintasten der zu verarbeitenden Daten mit der Hand.

manuelle Ein- und Ausgabegeräte, elektrische Schreibmaschinen, →Tastaturen, →Schalter und andere Vorrichtungen für die Ein- und Ausgabe von Einzelinformationen zum Zeitpunkt der Verarbeitung.

Mark I →ASCC.

Marken, *labels,* auch Programmanschlußpunkte, dienen zur Kennzeichnung besonderer Stellen im Programm, die über →Sprungbefehle angegangen werden sollen.

Markierungen, die Stellen für die Aufnahme von Lochungen im Lochkartenverfahren und für die Magnetisierungen in der EDV. Sie werden benötigt für Aufgliederungszwecke, die nach sachlichen Gesichtspunkten erforderlich sind.

Markierungsbelege, besondere Form von Datenträgern, auf denen Informationen durch Striche ersichtlich gemacht werden. Sie finden z. B. Anwendung beim Ablesen der Verbrauchszähler für Strom, Gas, Wasser.

Markierungsleser (ML) lesen photoelektrisch durch Ausnutzen des Hell-Dunkel-Effektes 1200 bis 2000 Belege/h, je nachdem ob fortlaufende oder unterbrochene Zuführung. Die Belege sind einheitlich 215 mm breit und 280 mm hoch, werden in 1,8 s gelesen, sind beidseitig verwendbar und können Aufdrucke in sechs verschiedenen Farben haben. In max. 50 Zeilen sind max. 1000 Markierungsstellen vorhanden. Nicht einwandfrei erkannte Markierungen werden automatisch ausgesteuert. Das Markierungsverfahren eignet sich besonders für Arbeitsgebiete von geringerem Umfang, bei denen sich eine Umcodierung der Daten (D) in →Lochkarten (LK) oder →Lochstreifen (LS) nicht lohnt. Neben den Markierungslesern zur direkten Eingabe (E) unterscheiden wir noch solche für das Auswerten von Antwortbogen nach Programm (P) (max. 200 Belege/h) und solche zur automatischen Lochkarten-Gewinnung (800 LK/h). (→Lochkartenleser)

Marksensing-Verfahren, die manuelle Kennzeichnung von Daten auf Lochkarten mittels speziellem Graphitstift (= optischer Kontrast) anstelle der entsprechenden →Lochung. Die Übernahme der Markierungszeichen in Lochungen erfolgt vollautomatisch durch Kurzschluß kleiner Bürsten. (→Zeichenloch-, →Photolecteur- oder →Magnetolecteurverfahren)

Maschinen, man unterscheidet: Arbeits-, Kraft- und informationsverarbeitende Maschinen.

Maschinenabteilung besteht in der DV i. a. aus folgenden Gruppen: →Lochkartenlocher und →Prüflocher, Computerräume, →periphere Einheiten und →Archiv.

Maschinenadressen, „kennzeichnen die in der Maschinensprache definierten Adressen für eine Speicherzelle" (DIN 44 300).

Maschinenausrüstung, Gesamtheit der an einem →Rechner (Re) angeschlossenen Geräte und Aggregate; auch seine Ausstattung mit Spezialanweisungen. (→Konfiguration)

Maschinenbediener, das Personal, das die DVA betriebsbereit macht, sie überwacht und abschaltet, wofür der Bediener die Programme bereitzustellen und einzugeben, Fehler zu beobachten und zu beheben hat. Es gibt i. a. Systembediener (mit Zugriff zum System), Band- oder Plattebediener, Bediener für Spezialmaschinen.

Maschinenbefehle sind im Gegensatz zu Symbolbefehlen in Maschinensprache (MSpr) abgefaßt, sie setzen sich aus der Angabe einer Operation (O), der zugehörigen Adresse (Adr) sowie ggf. eines Indexregisters (IReg) zusammen. Sie adressieren und verarbeiten eine ganze Stelle bei →Stellenmaschinen, ein Wort bei →Wortmaschinen, ein Byte bei →Bytemaschinen.

Maschinenbestimmungskarte definiert bei →Standardprogrammen die →Konfiguration für die betreffende Standardroutine. *(IBM)*

Maschinencode (MC), *object code,* interner Code für die Verschlüsselung aller Instruktionen, wobei die Befehle ohne →Übersetzung von der Maschine ausgeführt werden. Der MC ist konstruktionsbedingt, bei jedem Maschinentyp anders, aber eine Vereinheitlichung wird angestrebt.

Maschinengang, der Arbeitsrhythmus der Maschine, die Zeit, die eine Umdrehung (U) der Antriebsachse bzw. eines für eine Maschinenfunktion maßgeblichen Maschinenelementes benötigt. Sein Pendant in der Computertechnik ist der →Zyklus oder →Takt. I. a. setzt er sich aus Instruktions- und Operationsgang zusammen. (→Kartenzyklus)

Maschineninstruktionen, Anweisungen, die eine bestimmte Maschine erkennen und ausführen kann. Sie bestehen gewöhnlich aus dem Operationsteil und zwei Operandenadressen: der Speicheradresse (SpAdr) für die Ergebnisspeicherung und der SpAdr der nächsten Instruktion (Instr).

maschineninterne Verarbeitung kann dreifach erfolgen: →sequentiell (Monitorbetrieb), verzahnt oder überlappt (→*time-sharing-system*) und parallel (→*multiprogramming* und →*multiprocessing*).

Maschinenkomma →Festkomma, →Komma.

Maschinenkybernetik, die Logik der →Steuerung (ST) und →Regelung (R) der Operationen (O).

Maschinenlocher →Lochkartenlocher, →Motorlocher.

Maschinenlogbuch →Logbuch.

Maschinenlogik, Beschreibung des logischen Ablaufes der Operationen, die von (den Organen) der Maschine ausgeführt werden.

Maschinenminuten, Zeitangabe der Minuten, in denen ein Programm (P) die Maschine belegt, was je nach der Größe der Rechenanlage (RA) etwa 2,50 bis 150,— DM und sogar mehr kosten kann. Je höher die Kosten, um so höhere Ausnutzung ist erforderlich.

maschinenorientierte Programmiersprache, ihr →Befehlscode steht im direkten Zusammenhang mit dem →Maschinencode (MC) einer EDVA, z. B. Assembler (Ass), AUTOCODER u. a.

Maschinenprogramme oder Objektprogramme, auch echte Programme, werden maschinell aus dem →Symbolprogramm mittels →Assembler (Ass) oder →Compiler (Com) erstellt, wobei gleichzeitig von der Maschine eine Umwandlungsliste gedruckt und →Programmkarten (PK) im Maschinencode (MC) gestanzt werden. Die Objektprogramme werden als verdichtetes Kartenpaket direkt von der Maschine aufgenommen, müssen nicht mehr übersetzt werden, sind immer auf ein bestimmtes Maschinensystem ausgerichtet, wobei die moderne →*hardware (hw)* ihre Realisierung sehr erleichtert. Bezüglich der Rechenzeit und des Speicherplatzbedarfes liegen sie günstiger als übersetzte Symbolprogramme.

Maschinenpunkt →Festkomma.

Maschinensprache (MSpr), *maschine language*, auch *basic code*, das Programm (P) in Adreßverschlüsselung, die einzige, für die Maschine verständliche Sprache (Spr) [kein →Assembler (Ass) oder →Compiler (Com) notwendig]. Die Gesamtmenge aller Maschinenbefehle, deren Darstellung von Maschine zu Maschine stark unterschiedlich sein kann, mit Ausnahme derjenigen Maschinen, die zur gleichen Rechnerfamilie (RF) gehören, *hardware*-kompatibel sind. Die „echte MSpr" kann sich aus dem erstellten symbolischen P selbst bilden. Die Befehle (Bef) einer MSpr sind in ihrem Aufbau weitgehend der Struktur des betreffenden Arbeitsspeichers (ASp) angepaßt. Eine Programmierung (Pr) direkt in MSpr ist äußerst aufwendig und wird i. a. nicht mehr verwendet, früher vorwiegend von technisch orientiertem Personal durchgeführt. Dafür benutzt man heute →Programmierhilfen (→*software*), →Programmiersprachen (PSpr).

Maschinentechnologie, Beschreibung der Maschinenkomponenten und ihrer Wechselwirkung mit anderen physikalischen Gebilden.

Maschinenwort (MW), Speicherzelleninhalt als Folge von Zeichen (Z), wobei hinsichtlich der Länge von konstanten (bestimmte Anzahl) und variablen (bewegliche Anzahl) Wörtern (W) zu sprechen ist. (→Wort, →Wortlänge)

Maschinenzeit, ein wichtiger Kostenfaktor, darum muß die bestehende Leerlaufzeit von rund 40 % reduziert werden, was durch →*time-sharing (ts)* und →*multiprogramming (mp)* erreicht werden kann. Die Maschinenzeitkosten verhalten sich zu den →Programmierkosten etwa wie 1 : 20.

Maser = *microwave amplification by stimulated emission of radiation,* Mikrowellenverstärkung durch indizierte Emission (= vorherbestimmte, festgelegte Ausgabe) von Strahlung. Ein Lichtwellenverstärkergerät mit Ammoniak-Mikrowellenbetrieb, um Atome und Moleküle zur →Speicherung und →Umwandlung von Strahlungsenergie heranzuziehen. (→Laser)

Maske, eine Bit- oder Zeichenfolge, die in der *hardware (hw)* festgelegt oder durch den Programmierer bestimmt ist. Im besonderen dient sie zur Abfrage zusammengefaßter, verschiedener Zustände und zur Beschreibung des →Druckbildes, das die vom Programm (P) ermittelten Wörter (W) in jeder gewünschten Form darstellt.

masking-Technik, mikroskopisches Verfahren mit Photo-Lithographie, um →Schaltkreise zu entwickeln, deren Transistoren (Tr) nur 1/3 der Dicke eines Menschenhaares haben.

Massenspeicher, *mass-memory,* Speichersystem, der als Zubringerspeicher im Gegensatz zum →Arbeitsspeicher (ASp) in die Mrd. →bit (b) reicht, z. B. Libra File 4800 mit max. 6,4 Mrd. →Zeichen (Z) und 10 Mio. b/s →Übertragungsgeschwindigkeit, und zwar als Magnetplattenspeicher (MPSp) mit 900 Umdrehungen/min. Hierher gehören: →Magnetbandspeicher (MBSp), →Magnetplattenspeicher (MPSp), →Magnettrommelspeicher (MTSp), →Magnetkartenspeicher (MKSp), →Magnetstreifenspeicher (MSSp). Sie haben eine längere →Zugriffszeit (Zug) als „Normalspeicher", dafür aber *random access.* (→Großraumspeicher)

MASTER = *multiple access share time executive routine,* massenspeicherorientiertes Betriebssystem (BS) für →*multiprogramming* der Serie *CD* 3000, insbesondere 3300 und 3500. *(CDC)*

Match-Code, Schlüssel, der mit Hilfe von Namens- und Adreßelementen selbständig die Bezugsnummer z. B. in einer Abonnenten-, Versicherungsnehmerkartei u. dgl. identifiziert. *(IBM)*

mathematische Optimierung, Teilgebiet von Operations Research zur Bestimmung des bestmöglichen Ergebnisses oder Ablaufes eines Prozesses.

mathematisches Modell, mathematische Darstellung zur →Simulation eines Vorganges, eines Gerätes oder eines Planes.

Matrix, ein System von Elementen, die in einem rechteckigen Schema von m-Zeilen und n-Spalten angeordnet sind, technisch eine zwei-, drei- oder n-dimensionale Anordnung und Verschaltung gleichartiger Bauelemente (Widerstände, Dioden, Magnetkerne). In einem Rahmen, der sog. →Matrize, wird eine Vielzahl Drähte zu einem Maschengitter verspannt. Die in den Kreuzungspunkten eingesetzten Bauelemente bewirken eine schaltungsmäßige Verkoppelung von Zeilen (Zl) und Spalten. Man unterscheidet Zeilen- und Spaltenmatrix. Die Verwendung erfolgt zweifach: als Ringkernmatrix zur Befehls- oder Datenspeicherung, als Widerstands- oder Diodenmatrix als Zuordner. Eine Matrix faßt mehrere →Magnetkernspeicher in einem Rechner (Re) zusammen, dient zur Ent- und Verschlüsselung von Dualzahlen und ist gewissermaßen das „Webmuster" des Kernspeichers.

Matrizen, Rahmen oder Ebenen für die Verbindung der speziellen Drähte (→Treiberleitungen) im Kernspeicher (→Magnetkernspeicher), Teil der →Matrix.

Matrizenkarten, auch →Stamm-, Leit- oder Mutterkarten, Lochkarten (LK), von denen feststehende Grundwerte, dauernde Informationen (Info), maschinell in andere LK übergehen. Sie sind gewöhnlich die erste Karte der zugehörigen Gruppe.

MCP = *master control programm,* umfassendes →*operating system (os)* für große Rechenanlagen (RA) mit mehrfacher Programmverarbeitung. *(Burroughs)*

MDS = *Mohawk Data Science,* Magnetband-Datenerfassungs- und -prüfgeräte der gleichnamigen amerikanischen Firma. Lochen (= MB beschriften) und Prüfen bilden eine Funktionseinheit, wodurch sich die Zeit der Datenerfassung (DE) um etwa 50 % verringert.

MDT →Mittlere Datentechnik.

mechanisch, die materiellen Einrichtungen und Bewegungen und die dadurch hervorgerufenen Kräfte, z. B. in Rechenmaschinen.

mechanische Rechenmaschinen →Rechenmaschinen.

Mechanisierung, Gestaltung und Einsatz von technischen Hilfsmitteln zur Entlastung der Menschen von Routinearbeiten. In der DV drückt sie sich in der Leistung aus: Kartenziehen = 500/h, →Lochen = 1000 Artikel/h, →Rechnen = 1500—12 000 Positionen/h, →Tabellieren = 350 Re mit 5 Positionen/h.

Megahertz (MHz), *megacycles per second (mps),* die Angabe der Anzahl Schwingungen oder →Takte je s in Mio.-Einheiten. (Der Impulsgeber kann z. B. eine Mio. Takte/s ausstoßen, was die Ausführung von etwa 300 000 einfachen Befehlen bedeutet.)

Mehr-Adreß-Befehle, Befehle mit mehreren Adreßteilen, wobei die Adressen mehrere Operationen und Ergebnisfelder oder zusätzlich den Speicherplatz des nächsten auszuführenden Befehls bezeichnen.

Mehr-Adreß-Maschinen, für jeden Befehl (Bef) mehrere (3 oder 4) Adressen (Adr). Sie arbeiten mit →Folge- und →Operandenadressen. Dieses System erhöht die Anzahl der Einzelanweisungen und verlangt einen größeren Aufwand an Speicherkapazität, da ein Mehr-Adreß-Befehl mehr bit (b) aufweist. (→Ein-, →Zwei-, →Drei-Adreß-Maschinen.)

Mehrbenutzersysteme, →Vielfachzugriff, →*time-sharing.*

Mehrfachkanäle →Multiplexkanäle.

Mehrfachlochung, *punching multiple,* Anbringen von zwei oder mehr Lochungen in einer Spalte, um Alpha- oder Sonderzeichen darzustellen.

Mehrfachprogrammierung →*multiprogramming.*

Mehrfachrechner →*multiprocessor.*

Mehrfachverarbeitung →*multiprocessing.*

Mehrfunktions-Belegleser, optische Lesemaschine, die die →Zeichen (Z) durch ein hochentwickeltes, flexibles, programmgesteuertes Lichtpunktabtastsystem erkennt und beim Lesen von Handschrift (Alphabetzeichen: C, N, S, X, T, Z), Druckschrift, Maschinenschrift, →Klarschrift und Markierungen unterschiedlich arbeiten kann. Die Daten (D) werden meistens bei Stillstand des Beleges oder des Lochstreifens (LS) innerhalb eines Lesefeldes von 6 × 4 Zoll gelesen. Die Ablage erfolgt über das Programm (P) in drei Fächern. Die Beleggrößen reichen von etwa DIN A 8 bis etwa DIN A 4, je nach Fabrikat, bei Streifenbelegen von etwa 33 mm bis 114 mm Streifenbreite, je nach Fabrikat. Die Lesegeschwindigkeit ist abhängig von der Beleggröße, der Anzahl der Datenfelder und Art und Anzahl der Zeichen. *(IBM)*

Mehrfunktions-Karteneinheit (MFKE) verwirklicht die Integrierung von verschiedenen Maschinenfunktionen: →Sortieren, →Mischen, →Doppeln, →Drucken, →Stanzen, Lochschriftübersetzen und Summenstanzen in einem Durchlauf. Sie hat dabei folgende Ausrüstung: (1) 2 Eingabe-Magazine oder Kartenzufuhren und 5 Ablagefächer, (2) 1 photoelektrische Lesestation für beide Lochkartenbahnen mit 30 000 LK/h, (3) 1 Stanzstation, seriell arbeitend, 160 Spalten/s, (4) 1 Beschriftungsstation (Zusatz), 140 Zeichen/s und Zeile. *(IBM)*

Mehrkanalsysteme, EDVA mit mehreren parallel zueinander laufenden Datenübertragungskanälen.

Mehrprogrammbetrieb →*multiprogramming.*

Mehrzweck-Karteneinheit, ein der →Mehrfunktions-Karteneinheit (MFKE) ähnliches Maschinenaggregat, das Speichern, Vergleichen und Entscheiden kann und das auf jeder der beiden Zufuhrbahnen je 60 000 bzw. 72 000 Lochkarten/h verarbeitet. (→*card controller) (Univac)*

Merkmal, *label,* als symbolischer Name ein Instruktionsname, eine Pseudospeicheradresse, als Element einer Symbolsprache (SSpr) eine beliebige Kombination von Zeichen (Z) zum Bestimmen oder Kennzeichnen von Dateneinheiten, die stellenmäßig auf max. sechs Buchstaben und Ziffern begrenzt ist und i. d. R. mit einem Buchstaben (A bis Z) beginnen muß.

Messen, die unerläßliche Voraussetzung für jede Regelung.

Metasprache, *meta language,* eine Sprache, mit der Sprachen definiert und beschrieben werden. Hierher gehört auch Backus-Notation, eine nach dem am. Mathematiker *Backus* benannte Metasprache zur Beschreibung von Programmiersprachen (PSpr), die mit wenigen Zeichen (Z) und Regeln auskommen und daher nicht besonders erlernt zu werden braucht. Eine genormte Form der Backus-Notation gibt es noch nicht.

metra-potential-method →mpm.

MFT-System = *multitasking with a fixed number of task,* ein →*multiprogramming (mp)* mit einer festen nach oben begrenzten Anzahl (52) von parallel ablaufenden →*tasks,* wobei der Hauptspeicher (HSp) maximal in vier geschlossene Programmbereiche, sog. *partions,* aufgeteilt ist. *(IBM)*

MFTU, *multiple function tape unit,* Magnetfilmeinheit, die 35 mm breite Magnetfilmbänder für Lesen und Schreiben von Informationen (Info) verwendet, alternativ zur LK-Ziehkartei einsetzbar. Das 140 m lange Band kann 27 000 Daten-Blöcke zu 48 Bytes (B) (= 27 000 Lochkarten) aufnehmen. Leistung: 1500 Blöcke/min. MFTU setzt 256 K/B voraus. *(BGE)*

MIACS = *Manufacturing Information And Contral System,* integriertes, plattenorientiertes Fertigungssteuerungssystem für GE-400 und GE-600. *(BGE)*

MICRO-16, 16-bit-Rechner für Meß- und Regelsysteme. *(DIGICO)*

MICS = *management information and control system,* erweitertes →MIS.

MIDAS = *management information dataflow system,* Planungsinstrument, neue Form der Entwicklung und Darstellung integrierter, computerorientierter MIS, das sich aus Diagramm, Datenbank und ergänzenden Planungsdokumenten zusammensetzt. *(Univac)*

Mietfaktor ergibt sich aus der Addition der Einrichtungkosten plus Betriebskosten je Monat abzüglich der monatlichen Mietkosten ins Verhältnis gesetzt zu den monatlichen Mietkosten, also

$$\frac{E_m + B_m - M_m}{M_m} = \text{Mietfaktor.}$$

Je größer die Anlage, desto kleiner der Mietfaktor und umgekehrt.

Mietkauf, die Mietform, bei der eine gemietete DVA innerhalb einer bestimmten Zeit unter Anrechnung eines Teiles der gezahlten Miete vom Benutzer gekauft werden kann.

Mietkosten, die Gesamtkosten errechnen sich aus den Mietkosten je Monat multipliziert mit dem Faktor 1,3 bis 2,00 (bei großen Rechenanlagen ab etwa 60 000 DM) bzw. mit dem Faktor 2,00 bis 2,8 (bei kleineren Rechenanlagen ab etwa 20 000 DM). Im Gegensatz zum Kauf ist bei der Miete die Wartung i. a. mit eingeschlossen. Bei einem Fünfjahresvertrag (= 60 Monate) betragen die Mietkosten i. a. $^1/_{40}$ bis $^1/_{50}$ des Kaufpreises, d. i. durchweg 10 % günstiger als bei einem Jahresvertrag. 85 % aller Rechenanlagen werden gemietet. I. a. soll die Miete 1 bis 2 % des Umsatzes nicht überschreiten. Unterhalb 100 Stunden Betriebszeit je Monat ist i. a. die Benutzung von Rechenzentren günstiger. (→Computerkosten)

MIFI, Computer aus USSR.

Mikrobaugruppen, Schaltungen, die eine logische Einheit bilden, sie sind mit extrem kleinen Abmessungen auf kleinen keramischen Plättchen aufgebaut.

Mikrobefehle, Einzelschritte innerhalb eines →Befehlszyklus, deren Folge vom Benutzer der Anlage nicht verändert werden kann; sie sind i. d. R. verdrahtet.

Mikrobild, eine lineare Verkleinerung im Maßstab 115 : 1 bis über 150 : 1. Auf einer Fläche von 9 × 15 cm können 3200 DIN A 4-Seiten untergebracht werden. *(NCR)*

Mikrofilm, ein wertvolles Mittel, um Informationen in geschriebener oder gedruckter Form oder als Bild zu speichern, rationeller und handlicher → Datenträger, mit dem man 90 % des Ablageraums sparen kann. Breite: 35 mm, 70 mm und 105 mm. Die Relation in der Fassungskraft zwischen →Lochkarte, →Magnetband und Mikrofilm ist etwa 1 : 100 : 20 000.

Mikrofilmkarte, eine Lochkarte mit einem Ausschnitt im Format 24 × 36 mm, in dem das Filmbild montiert ist, stellt einen →Datenspeicher von hoher Kapazität dar, z. B. 120 000 Zeichen bei etwa 12 cm² Fläche. Sie besitzt eine große Zeichendichte.

Mikrominiaturisierung, ein besonderes Merkmal der 3. Generation. Dieses Verfahren hat die Schaltwerke um 40 % kleiner und den Rechner (Re) schneller und zuverlässiger werden lassen. Durch besondere Beschichtungs- und Ätzverfahren können 1000 herkömmliche Schaltungen (→Grundschaltungen) auf einer sehr dünnen Siliziumscheibe von der Größe eines D-Mark-Stückes fabriziert werden.

Mikromodul, ein im Laufe der Entwicklung entstandenes →Modul kleinerer Abmessungen. Ermöglichte die Modulbauweise eine →Packungsdichte von drei Bauelementen/cm³, so gehen in der Mikromodultechnik 20 Bauelemente/cm³.

Mikron, der tausendste Teil eines Millimeters.

Mikroprogramme, in der Befehlssteuerung in Form von →Schaltwerken fest eingebaut bzw. fest verdrahtet, um →Makrobefehle in →Mikrobefehle automatisch umzuwandeln, und zwar durch „Zusammenführen" von Befehlen (Bef) und von Bef-Teilen, oder vom →Steuerwerk (STW) einem speziellen →Mikroprogrammspeicher entnommen, aus dem mit sehr kleinen →Zykluszeiten nur gelesen werden kann.

Mikroprogrammspeicher enthalten vorgegebene Mikroprogramme (Instruktionssätze), z. B. mittels →Lochkarten (LK), die mit 900 Nanosekunden (ns) Geschwindigkeit arbeiten und 165 000 →Bytes (B) umfassen. *(IBM)*

Mikroschalttechnik →Mikrominiaturisierung.

Mikroschaltungen →Mikrominiaturisierung.

Mikrosekunde (μs), Zeiteinheit. In der EDV ein Kennzeichen der 2. Generation: $^1/_{1\,000\,000}$ = 10^{-6} Sekunden, was beispielsweise 300 m auf dem →Magnetband entspricht. Die Mikrosekunde verhält sich zur Sekunde wie 1 Sekunde zu 11,6 Tagen.

Millisekunde (ms), Zeiteinheit. In der EDV ein Kennzeichen der 1. Generation: $^1/_{1000}$ = 10^{-3} Sekunden entspricht beispielsweise 300 km auf dem →Magnetband.

MILMAP = *Milwaukee-matic-machine-program,* ein Programmsystem für die numerische Steuerung von Werkzeugmaschinen. *(ICL)*

MIMS = *modular inventory management simulator,* ein →Simulator, der zur Lösung bestimmter Bestell- und Lagerprobleme entsprechende Unterprogramme (UP) vorsieht, die durch ein übergeordnetes Steuerprogramm (STP) im Sinne der Logik des simulierten Systems aufgerufen werden. *(IBM)*

MINCAL, ein frei programmierbarer digitaler Kleinrechner (KlR) für technische Steuer-, Meß- und Verarbeitungsaufgaben, mit integrierten Schaltkreisen (→TTL). *(Dietz)*

MINCOS = *modular inventory control systems,* ein →Modularprogramm, daß Lagerbestände laufend überwacht, sie nach vorgegebenen Sollwerten und Optimalitäts-Kriterien steuert und damit die Lieferbereitschaft verbessert. *(IBM)*

MINIAPT, Kombination von APT und EXAPT für die Programmierung einfacher Fertigungsaufgaben. Die Laufzeit eines MINIAPT-Teleprogramms ist etwa halb so lang wie ein entsprechender APT-Lauf. *(Univac)*

Miniaturisierung, Verkleinerung aller →Bauelemente auf mikroskopische Bereiche.

Miniatur-Transistoren haben die Größe eines Salzkornes, 0,1 mm^3 gegenüber früher 300 mm^3, sind vornehmlich Kennzeichen der 3. Generation in der EDVA.

MINI-MOP = *multiple on-line-programming,* kleines Teilnehmerrechensystem für das *ICL*-System 1900, das mehreren Benutzern den Informationsaustausch mit Zentraleinheiten des Systems 1900 (ab 16 K) über →Datenfernübertragung ermöglicht. *(ICL)*

MINSK 2, MINSK 22, MINSK 32, weit verbreitete Großrechenanlagen (GRA) in Osteuropa, →Zwei-Adreßmaschinen mit einer Wortlänge von 37 bit (b), 101 Instruktionen (Instr) und 24 μs Zugriffszeit (Zug), ohne →*software (sw).* (USSR)

MIR, Kleincomputer aus USSR.

MIRACODE = *mikrofilm-information-retrieval-access-code,* ein System, bei dem ein Schriftstück aus 900 000 verfilmten Unterlagen in weniger als 15 s zu finden ist.

MIS = *management information system,* ein hochkybernetisch komplexes Modell vieler untereinander abhängiger Regelkreise für das ganze Unternehmen. Zur Realisierung eines MIS sind mehrere (3 bis 5) Jahre Vorbereitung, Aufbau von Datenbänken (vorerst von etwa 40 Mio. Stellen), *real-time*-Studien, Verknüpfungen von →Dateien und →Installierung von geeigneten Abfragegeräten erforderlich. Um Aufgabe, Forderungen und Realisierungsmöglichkeiten klar zu erkennen und zu verläßlichen und optimalen Führungsunterlagen zu kommen, ist eine komplette Analyse der Unternehmenszusammenhänge Voraussetzung. Ein MIS kann nicht von einem Durchschnittsprogrammierer programmiert werden. (→Datenbank, →GIS, →IDV, →IMS, Informationssystem)

Mischen, das Zusammenführen von zwei oder mehr gleichartig geordneten Beständen von Daten (D) zu einem einzigen Kartendurchlauf in aufsteigender oder auch absteigender Folge in einer einzigen Reihe mit gleicher Ordnungsfolge, z. B. bis zu sieben vorsortierten Magnetbändern (MB) oder bis zu vier vorsortierten Magnetplatten (MP) zu einem MB oder einer MP.

Mischer (Mi) →Kartenmischer.

Mischprogramme, Dienstprogramme, die für das Mischen und Vergleichen zweier Lochkartenpakete aufgestellt werden, wobei eine Folgeprüfung der Karten und ein Auswählen nach Kennbegriffen erfolgt. In erweiterter Form →Sortier-Misch-Generator *(sort-merge-generator)* genannt.

MIT = *Massachusetts Institute of Technology* in Chicago, seit 30 Jahren die führende Stätte der Forschung, Lehre und Anwendung der Computertechnik.

Mittelrechner (MR), Computer in Kernspeichergröße von etwa 8 K bis 64 K, die von sämtlichen Herstellern der „oberen Elektronik" geliefert werden.

Mittlere Datentechnik (MDT), jede DV, die sich nicht der Realisierung der Optimalisierungsmethoden bedienen kann. Sie entwickelte sich aus dem unteren Bereich der Einzelbelegmaschinen (Addier-, Buchungs- und Fakturiermaschinen) und bezeichnet den Bereich der →Abrechnungsmaschinen (AM), der durch den Einsatz der Elektronik und der Magnetkontenkarten (MKK) die Apparate leistungsmäßig aufgewertet hat und zu einer unterstützenden und ergänzenden Funktion der oberen Datentechnik geworden ist.

MIX, der amerikanische Versuch eines objektiven Leistungsvergleichs der Maschinensysteme bzw. der Computer (Comp). Er beurteilt grundsätzlich nur die Leistungsfähigkeit der →Zentraleinheit (ZE), insbesondere die Verarbeitungszeiten für die einzelnen Befehlsgruppen. Die →peripheren Einheiten (PE) werden dabei nicht einbezogen. (→GAMM-Formel, →Gibson-MIX)

mnemonischer Code, eine leicht merkbare Befehlsdarstellung, bei der die Bezeichnungen der Instruktionen (Instr) so abgekürzt sind, daß das Erlernen und Behalten der Bedeutungen erleichtert wird. Ein im mnemonischen Code geschriebenes Programm (P) muß gewöhnlich vor dem eigentlichen Programmlauf mittels eines →Assemblers (Ass) in den →Maschinencode (MC) übersetzt werden. (→Pseudocode)

mnemotechnische Befehle →Pseudobefehle.

MOD, Betriebssystem für band- und plattenorientierte Anlagen mit direktem Zugriff, Mehrfachprogrammierung *(multiprogramming)* und Ein/Ausgabesteuerung für Datenfernverarbeitung. *(Honeywell)*

Modell, die „Abbildung, insbesondere von Forschungsgegenständen" *(H. Frank),* kennzeichnet ein künstliches Gebilde, ist ein dem Original analoges physikalisches oder abstraktes Organisationssystem, das möglichst viele Wesensmerkmale des Originals besitzt. Spezielle Modelle sind Lagerhaltungs-, Zuteilungs-, Wartezeit-, Ersatz- und Konkurrenzmodelle.

Modem, Signalumsetzer, Kurzbezeichnung von Modulations- und Demodulations-Einrichtungen der Deutschen Bundespost für die →Datenfernübertragung, setzen Ziffernkombinationen in Tonfrequenz-Signale um, sind gewissermaßen technische Weichen, die für die Anpassung der Impulsfrequenz der internen Systemlogik an das öffentliche Übertragungsnetz und umgekehrt sorgen. Dabei werden in den USA bereits Übertragungsgeschwindigkeiten von 400 Mio. bit/s im Millimeterband erreicht, und zwar mit einem Zwischenfrequenzverstärker.

Modifikation, die Veränderungen der Zahlen gegenüber dem vorhergehenden Durchlauf.

Modifikationsbefehle veranlassen Adressenänderung, Indexregisterbearbeitung u. ä.

Modifikationsgröße, ein abänderndes Rechenelement, insbesondere für Adressen im Programm.

Modifikator, Rechenelement, das eine Umänderung von Adressen während des Programmlaufes bewirkt.

MODOK = modulare Dokumentation, spezielles Programmiersystem aus mehreren Programmteilen für die verschiedensten Möglichkeiten verschlüsselter oder hierarchischer Dokumentationssysteme. *(Univac)*

Modul. I. Baustein, austauschbares Schaltkreiselement, eine auf kleine Keramikplättchen (etwa 7,6 mm × 7,9 mm × 0,25 mm) aufgebrachte →integrierte Schaltung (iS), bei der die passiven Bauelemente wie Widerstände aufgedruckt, die aktiven wie Transistoren (Tr) eingelötet werden. Der Transistor auf dem Modul hat kein Metallgehäuse und keine Anschlußdrähte mehr. Statt dessen schützt ein hauchdünner Glasfilter den Siliziumkörper des Tr, dessen Verbindung mit den Stromwegen von winzigen Kontaktelementen gebildet wird. Anstelle von bisher 15 SLT-Bauteilen in einem Modul werden jetzt vier untergebracht, wodurch sich die Verzögerungszeit von 5,5 auf 1,5 Nanosekunden (ns) verkürzt. Dabei werden Doppel- und Dreifach-Transistoren verwendet. Die Gesamtzahl der Module kann je nach der Größe des Computers (Comp) zwischen 500 und 70 000 liegen. — II. Bestandteil eines Modularsystems, Verarbeitungs-, Objekt- oder Quellenmodul, je nach Art des Programmes (P), Ergebnis einer Umwandlung, verschieblicher Programmabschnitt, Speicherblock u. ä. (→Unterprogramme) — III. Zusammenfassung von 25 Magnetplatten = etwa 100 bis 120 Mio. Bytes.

Modularkombination, die Eigenschaft verschiedene →Module miteinander zu verschalten. (→Baukastenprinzip)

Modularprogramme oder Modularsysteme führen von einem allgemeinen Modell auf ein individuelles Modell, aufgeteilt in mehrere kleine, leichter zu handhabende Teile (→Modul). Sie werden nicht in →Maschinensprache (MSpr), sondern in Assembler- oder besser noch in einer höheren Programmiersprache geschrieben. Sie sind wechselseitig entwickelte →Anwendungsprogramme, die jedoch betriebsindividuell angepaßt bzw. verändert, d. h. moduliert, werden müssen. Ein guter Programmierer kann sie ohne weiteres erweitern oder einschränken, die einzelnen Module selbst modifizieren und damit seinen individuellen Gegebenheiten anpassen. Das Ziel der Modularprogrammierung ist eine Erhöhung der Programmproduktivität, vom Programmentwurf über die Codierung bis zum Testen und zur Wartung eines Programmkomplexes. Modularsysteme nennt man auch →*packages.*

Modularsysteme →Modularprogramme.

Modulation, Umsetzungsvorgang durch Multiplikation (Mlt) von elektrischen Schwingungen miteinander, um bei Datenübertragungen (DÜ) das geeignete Signal zu haben bzw. eine mehrfache Ausnutzung der Leitungen zu erreichen.

Modulations- und Demodulations-Einrichtungen →Modem.

Modulator, Gerät zur Erzeugung modulierter Schwingungen, die in dem Frequenzbereich liegen, der vom Übertragungskanal zur Verfügung steht. (→Modem)

molekulare Bauweise, die Fortentwicklung der Mikromodultechnik mit der Anordnung mehrerer 100 Bauelemente/ cm^3. (→Mikromodul)

MONARCH, Betriebssystem (BS) unter →ALGOL und →FORTRAN mit zugefügten Metasymbolen. *(C.I.I.)*

Monatsmiete →Mietkosten.

Monitorsystem, Teil eines Organisationsprogramms zum Betriebssystem für Steuerung, Verbindung und Überwachung aller Arbeitsgänge von außen. Die nötigen Steuerinformationen für den Programmablauf werden ihm über das →Bedienungspult (Bp), eine →Konsolschreibmaschine oder auch durch Einlesen von Leitkarten (Parameterkarten) zur Verfügung gestellt. I. b. hat es folgende Aufgaben: Verkettung einer Folge von Abläufen, Erzeugung von Testdaten und Zwischenschaltungen von Testhilfen, z. B. Speicherausdruck. Die Bedienung der Maschine wird vereinfacht, Rüstzeiten werden verkürzt. Im Gegensatz zu →*multiprogramming (mp)* wird ein Programm (P) nach dem anderen (= sequentiell) verarbeitet.

monoflop, Kippschaltung mit nur einem stabilen Zustand, die durch ein äußeres Signal in einen quasistabilen Zustand gebracht werden kann und nach einer von Eigenschaften der Schaltung bestimmten Zeit wieder in den stabilen Zustand zurückkehrt.

Monolith, kleinste Baugruppe aus Halbleitern in der Mikroschalttechnik.

Monolith-Schaltkreis →Monolith-Technik.

Monolith-Technik, eine Spielart der Mikroschalttechnik, führt zur 4. →Generation. Bei dieser Bauart bestehen die einzelnen →Schaltkreise aus winzig kleinen Baugruppen auf einem Halbleiterkristall von 0,5 × 0,5 × 0,2 mm, beispielsweise 15 Silizium-Transistoren und 13 Widerstände mit den dazugehörigen Verbindungsleitungen. Durch den Monolithen erhöht sich die Arbeitsgeschwindigkeit und die Sicherheit des Rechners. Wir unterscheiden: DTL = *Diode-Transistor-Logic,* RTL = *Resistor-Transistor-Logic,* ECL = *Emitter-Coupled-Logic,* TTL = *Transistor-Transistor-Logic.*

monostabile Kippschaltung, Schaltung die nur eine stabile Stellung aufweist. *(→monoflop)*

Monte-Carlo-Technik, Rechenmethode statistischen Charakters, mit der eine wahrscheinlichkeitstheoretische Annäherung an die Lösung eines mathematischen oder physikalischen Problems erreicht werden soll. Dafür wird ein →Unterprogramm (UP) verwendet, das in dem Rechner (Re) auf Abruf Zufallszahlen erzeugt.

MOP = *multi access on-line-programming,* ein steuerndes *ICL*-1900-Betriebssystem für bis zu über 300 Außenstationen, die über Datenfernübertragungsleitungen an den Computer (Comp) angeschlossen sind. Es können gleichzeitig mehrere Programme (P) dezentral eingegeben, zentral bearbeitet und die Ergebnisse an die angeschlossenen Stationen zurückgegeben werden. *(ICL)*

MOPS = maschinenorientierte Programmiersprache für die Programmierung der Rechenanlage ROBOTRON 300. (DDR)

MOS = *metal oxide semiconductor,* Bauelemente der 4. Generation, die die Kosten je gespeichertes →bit (b) unter vier Pfennig drücken werden.

Mosaik-Druckprinzip oder Nadelstichprinzip ermöglicht den Druck von 90 Zeichen/s und auch mehr bei Magnetkontencomputern. *(Burroughs)*

MOSCOR, ein →Modularprogramm, das eine Kombination aus Stücklisten-Processor (BOMP) und →MINCOS darstellt und zur schnellen und exakten Netto-Bedarfsermittlung aufgrund von Produktionsplänen oder Kundenaufträgen bestimmt ist. *(IBM)*

MOST = *macro oriented system technique,* Programmiersprache (PSpr), die durch weitgehende Verwendung von →Makrobefehlen die Arbeit des Programmierers erleichtert. *(NCR)*

most = *metal oxide semiconductor transistors,* neues Herstellungsverfahren für Halbleiter, bei dem ein 1 mm^2 großes Plättchen 400 staubkörnchengleiche Bauteile liefert.

mos-Technik = *management operating system,* eine problemorientierte Anwendung für Fertigungssteuerung und Arbeitsorganisation, wobei lediglich Abweichungen vom Soll *(→management by exception)* als Information (Info) geliefert werden. Mit ihr sollen höchste Integrationsgrade ermöglicht werden.

Motorlocher oder Maschinenlocher bestehen aus einem Lochmechanismus, einer numerischen oder alphanumerischen Tastatur, einem Kartenmagazin für etwa 500 Lochkarten (LK) und besitzen evtl. zusätzliche Abfühlstationen und Schreibeinheiten. Sie sind die Weiterentwicklung der →Handlocher, arbeiten mit Block- und Spaltenstanzung und leisten 15 bis 20 Anschläge/s (bedienerabhängig). (→Lochkartenlocher)

mpl = *mnemonic programming language,* Programmumwandlungssystem.

mpm = *metra potential method,* eine französische Entwicklung des →PERT, etwas komplizierter als PERT und → CPM, da zusätzlich Anordnungsbezeichnungen mit positiven oder negativen Zeitwerten und Verschiebezeit berücksichtigt werden.

MPOS = *multiprogramming operating system,* das Betriebssystem der Serie 400. *(BGE)*

mps = *multiprogramming support,* Systemunterstützung bei *→multiprogramming (mp).*

MR 1, Programm (P) zur Regressionsanalyse, wobei durch ein mathematisches Modell der mathematische Zusammenhang zwischen den abhängigen und unabhängigen Variablen in dem Bereich der Wissenschaft und der Wirtschaft beschrieben wird. *(Univac)*

MSOS = *mass-storage-operating-system,* vorwiegend plattenorientiertes Betriebssystem (BS), das eine Reihe von standardmäßigen System- und Anwendungsprogrammen steuert. *(CDC)*

MSR = *mass storage resident,* das Betriebssystem für H 120, 125, 200 bei Speicherkapazitäten zwischen 12 K und 262 K Zeichen (Z). *(Honeywell)*

MST = *monolithic systems technology,* Halbleiter-Bauelemente (25 Transistoren und 40 Widerstände) in 1 Mikroschaltkreis auf einem 1 qmm großen Siliziumplättchen, wovon 5 auf einem Modul untergebracht sind. Hohe Zuverlässigkeit, geringer Raumbedarf, Schaltgeschwindigkeit von 8 bis 12 ns.

MTM = *method-time-measurement,* Kleinstzeitverfahren, seit 1948 eine Methode zur Ermittlung der Vorgabezeiten und zur Arbeitsbestgestaltung, die gestattet, auf synthetischem Wege Griffzeiten von 20 Elementarbewegungen der Arme und Hände, der Augen und des Körpers, der Beine und Füße, die aus Tabellen ersichtlich sind, zu Vorgabezeiten zusammenzusetzen.

MTOS = *metall-thick-oxide-silicon,* technisches Verfahren zur Herstellung von →Analog-Digital-Umwandlern mit LSIT-Schaltkreisen.

MTPS = *Magnetic Tape Programming System,* magnetbandorientiertes *operating system, GE*-400. *(BGE)*

MULTIAX, modernes, hochentwickeltes numerisches Steuersystem auf Magnetband (MB) für den Gebrauch an komplexen Werkzeugmaschinen mit sechsachsigen Bearbeitungsgängen. *(Ferranti)*

multicomputing (*mc*), die Verbindung mehrerer Computer (Comp) zu einer Aufgabe, wobei mindestens zwei unabhängige Zentraleinheiten (ZE) →direkten Zugriff zu →peripheren Einheiten (PE) haben.

MULTICS = *Multiple Information and Computing Service,* Betriebssystem (BS) für →*time-sharing (ts)* und →*real-time-programming (rtp)* im Steuerprogramm der Systemfamilie 600. *(BGE)*

multifont-Leser, optischer Belegleser, der verschiedene optisch lesbare Schriften (Normschrift A, *IBM*-1428-Schrift u. optische Schrift B) liest.

Multikonvertierung, Simultanverarbeitung, bei der i. w. neben einem →Hauptprogramm (HP) jeweils Ein- und Ausgabe-Übertragungen [Lochkarte (LK), →Magnetband (MB), →Magnetplatte (MP), →Drucker (Dr) u. ä.] gleichzeitig erfolgen.

multiple-on-line-programming, die gleichzeitige Verarbeitung von mehreren Programmen (P) mit gleichzeitiger Zurückgabe der Ergebnisse an die angeschlossenen Stationen. *(BGE)*

Multiplex, die Vielfachausnutzung eines →Kanals durch überlappte oder simultane Übertragung von zwei oder mehr Informationen (Info).

Multiplexer (MPX), auch Distributor, Verbindungsglied zwischen dem →Rechner (Re) und der Peripherie. Er ist ein in seiner wesentlichen Funktion durch eine entsprechende Logik gesteuerter, äußerst schneller elektronischer Verteiler- und Sammlerschalter, der den angeschlossenen Ein- oder Ausgabekanal des Re abwechselnd auf eine seiner max. 64 Positionen schaltet. Der MPX selbst kann noch vervielfacht werden, so daß ein Kanal max. 512 Anschlüsse aufnehmen kann. Die Operationen (O) eines MPX sind fest verdrahtet, ermöglichen die →Parallelverarbeitung und werden entsprechend ihrer Priorität abgefertigt. (→Multiplexkanäle)

Multiplexkanäle oder Mehrfachkanäle, Kanäle, die in ihrer Funktion mehreren Unterkanälen entsprechen, gleichzeitig mehrere Peripheriegeräte bedienen und mit max. 512 Eingabe- und Ausgabegeräten oder externen Speichern verbunden werden können, wobei sie deren Ein- und Ausgabe mit der Verarbeitung im →Arbeitsspeicher (ASp) überlappen. Bei normaler →Übertragung (Ü) Bedienung nur einer Einheit) haben sie eine Geschwindigkeit bis 200 000 Zeichen/s, bei Simultanübertragung (Aufteilung des Kanals in mehrere Unterkanäle) bis 31 200 Z/s je Kanal. (→Kanal, →Multiplexer)

Multiplikation (Mlt), im →Digitalrechner (DR) eine fortgesetzte Addition mit wesentlich stärkeren Veränderungen in Stellenzahl und Kommastellung der Rechenwerte durch verschiedene Schaltungselemente mit Hilfe spezieller Befehle (Bef), sehr häufig verdrahtet, wenn nicht programmiert.

multipoint, die Konzentrierung mehrerer (bis zu 15) →*terminals.*

multiprocessing *(mpc),* auch Mehrfachverarbeitung, die gemeinsame Benutzung eines Zentralspeichers (ZSp) oder Teile davon durch mindestens mehrere miteinander verbundene →Rechner (Re), i. a. *ein* Rechner mit →Steuerprogramm (STP) *(master),* ein *zweiter* ohne Steuerprogramm *(slave).* Dabei können zwei unabhängige →*processors* (p)

1. die gekoppelten Rechner aus Sicherheitsgründen das gleiche Programm (P) bearbeiten lassen,
2. unterschiedliche Programme mit Austausch von Programmteilen durchführen und
3. eine strikte Aufteilung zwischen Eingabe-/Ausgabeprogrammen (Warteschlangensteuerung) und Verarbeitungsprogrammen (VP) vornehmen lassen. Z. B. (1) *input* als Umwandlungs-Eingabe: Lochkarten (LK) auf Magnetband (MB) und (2) *output* als Umwandlungs-Ausgabe: MB auf Drucker (Dr) und (3) Sortiervorgang auf MB und (4) Rechenarbeit von MB über MB.

Die Verbindung der Re kann durch direkte →Kabel, aber auch in →Datenfernverarbeitung (DFV) erfolgen. (→*remote computing*)

multiprocessor oder Mehrfachrechner, vereinigt im Gegensatz zum *„uniprocessor"* Zentraleinheiten (ZE) parallel mit einem gemeinsamen Arbeitsspeicher (ASp) und gemeinsamen peripheren Einheiten (PE).

multiprogramming *(mp),* auch Mehrfachprogrammierung, die gleichzeitige oder ineinander verzahnte Verarbeitung mehrerer voneinander unabhängiger Programme (bis zu 14) einschl. der Programmteile *(→job)* mit nur einer Zentraleinheit, wobei der Ablauf nach einer vorher festgelegten Priorität erfolgt, z. B. Lohnabrechnung, Stücklisten, Materialverbrauch. Neben den gepufferten Ein- und Ausgabe-Programmen befinden sich mehrere Rechenprogramme im Kernspeicher (KSp), in dem das Rechenwerk (RW) nach bestimmten Regeln arbeitet. Simultanität ist eine generelle Voraussetzung. Die benötigten Einrichtungen zum *mp* liegen vorwiegend in der →*software (sw).* Dadurch können die Einheiten eines Systems optimal ausgelastet werden. Die Befehle (Bef) der einzelnen Programme werden jedoch nacheinander durchgeführt. Die Zeiteinsparung ist abzuwägen gegen den Zeitaufwand, der durch das Aufbewahren der Registerinhalte beim Wechsel von einem zum anderen Programm entsteht. Die Steuerung (ST) des *mp* erfolgt durch das →*operating system (os),* d. h. das Betriebssystem (BS), also die Steuerung und Überwachung aller Operationen (O) und ihrer Zusammenhänge, das gleichzeitig einen Eingriff in den geschützten Bereich des KSp anzeigt und den entsprechenden Befehl nicht ausführen läßt.

multitasking *(mt)*, im Sinne von →*multiprocessing (mpc)* die Zusammenfassung mehrerer →*tasks* und ihre parallele Verarbeitung, auch in Teilprogrammen.

Multivibrator, selbstschwingende (astabile) elektronische Schaltung zur Erzeugung von Kippschwingungen.

Mutationen, geringfügige Änderungen oder Korrekturen eines Maschinenprogrammes.

Mutterkarten, Lochkarten, von denen durch →Duplizieren Tochterkarten hergestellt werden. (→Matrizenkarten)

MVT-System = *multiprogramming (tasking) with a variable number of tasks,* als höchste Ausbaustufe des *operating system/360,* ein →*multiprogramming (mp)* mit einer variablen Anzahl von parallellaufenden →*tasks.* Wesentliche Forderungen sind: Programmsegmentierung, Unterbrechungssystem, dynamische Zuordnung der *hardware*-Reserven, Arbeitsfahrplan, Arbeitsprioritäten und Maschinenprotokoll. MVT setzt 256 K/Bytes voraus. *(IBM)*

N

Nachrichten (N), *messages,* endliche Anzahl von →Zeichen (Z), die den Inhalt einer →Datenübertragung (DÜ) bilden, jene →Informationen (Info), die in einem →Signal enthalten sind, das der Kommunikation dient.

Nachrichtenkanäle →Übertragungskanäle.

Nachrichtentechnik (NT), Gesamtheit der Nachrichtenübertragung (NÜ) wie der DV und der Steuerungs- und Regelungstechnik, wozu auch die gesamte Rundfunk-, Fernseh- und Fernsprechtechnik gehören.

Nachrichtenübertragung (NÜ) →Nachrichtentechnik (NT).

Nachrichtenverarbeitung (NV), „die planmäßige Veränderung von Nachrichten im Gegensatz zu ihrer konservierenden Beförderung. Sie umfaßt Erkenntnisse, Verfahren und Anordnungen, die der Verknüpfung von Nachrichten nach rationalen Gesetzen dient, und zwar mit Maschinen und in elektrischen, optischen und sonstigen Verfahrensweisen" *(K. Steinbuch).*

Nachsatz oder Endesatz, *trailer,* das Ende auf dem →Magnetband oder der →Magnetplatte.

Nachsatz-Kennwort identifiziert den →Nachsatz eines fortlaufend gespeicherten Datenbestandes.

NACT = *National's automatic control technique,* Betriebssystem (BS) zum →Testen der Objektprogramme (→Maschinenprogramme) ohne manuellen Eingriff während des Testlaufes (z. Z. nur für Magnetbänder). *(NCR)*

Nahtstellen → Schnittstellen.

NAIRI, volltransistorisierter Kleincomputer (KlC) mit automatischer Programmierung. (USSR)

NAND-Funktion, *not-and,* logische Verknüpfung von Eingangsvariablen zur Erzeugung der negierten Konjunktion, z. B. mit 4 Dioden [kleine Dreiecke] oder Widerständen [Zickzacklinien] in einem Transistor.

NAND-Gatter →Verknüpfungsglieder.

Nanosekunde (ns), 10^{-9} s = 0,000 000 001 s, entspricht dem Weg eines Lichtstrahles von 30 cm. Die Schaltzeiten in der Mikroschalttechnik liegen im Nanosekundenbereich, was in der Relation bedeutet: eine ns zu einer s gleich eine s zu 30 Jahren.

NC-Sprachen, Programmiersprachen für die Steuerung der Werkzeugmaschinen, z. B. →APT, →ADAPT, →EXAPT.

NEAT = *NCR's elektronic autocoding technique,* kommerzielle Compilersprache mit mnemotechnischen Operationsschlüsseln. *(NCR)*

NEAT/3, maschinenorientierte Programmiersprache (= Assemblersprache), im Grundrezept →COBOL ähnlich. *(NCR)*

Nebenkosten- oder Einmalkosten, auch Einrichtungskosten, entstehen i. a. bei der Erstinstallation einer DVA, sie sind der einmalige Aufwand für Installierung, für Transport, evtl. Klimatisierung, für Organisations- und Umstellungskosten, für Personalausbildung. (→Computerkosten)

Nebenzweig, der Programmzweig, der nur für Sonderfälle zur Anwendung kommt.

Negation →NICHT-Funktion.

Negationsstufe →Inverter.

NELIAC = *navy electronics laboratory international algol compiler,* allgemeine Programmiersprache (PSpr) als Sonderentwicklung von →ALGOL. Sie verwendet Wörter (W), Satz- und Rechenzeichen. *(Univac)*

Nervenzellen →Neuronen.

Netzplan (NP), ein graphisches, tabellarisches oder algebraisches Modell von terminlichen Ereignis- und Bedienungszusammenhängen (zum Beispiel →PERT, →CPM, →CPS, →RAMPS, →LESS).

Netzplantechnik (NPT), seit 1957/58 ein Verfahren zur Beschreibung, Planung, Steuerung und Kontrolle von Projektabläufen auf der Grundlage von Netzplanmodellen unterschiedlicher Herkunft, wobei Zeit, Kosten, Betriebsmittel und weitere Einflußgrößen berücksichtigt werden können. Zur Erreichung eines Zieles wird das Projekt zur Aufwandsermittlung in einzelne Tätigkeiten aufgeteilt, die in ihrem zeitlichen Eintreffen genau festgelegt und kontrolliert werden müssen, und zwar in einem →Netzplan.

Netzwerk (NW), *network,* auch Pfeildiagramm, graphische Darstellung der Projektplanung, die die logische Reihenfolge und die logischen Zusammenhänge aller Erzeugnisse (dargestellt durch Kreise oder Knoten) und aller Aktivitäten (dargestellt durch Pfeile), die zur Erreichung des Projektes notwendig sind, ersichtlich macht. Die Länge der Striche oder Pfeile ist unabhängig von der Dauer der Tätigkeiten. Das NW hat einen Start- und einen Zielpunkt(-knoten). NW werden hauptsächlich zur Darstellung der Methoden des „kritischen Weges" (→CPM) verwendet.

Neunerkarte oder Endekarte liegt am Ende eines Lochkartenstapels als Beendigungszeichen mit Neunen auf allen Stellen der Sachnummer.

Neuronen oder Nervenzellen (10 bis 14 Mrd.) sind das menschliche Schalt- und Speicherelement, mindestens 100 000 mal größer als die Anzahl der Speicherelemente in typischen Automaten. Zeitbedarf: Millisekunden (ms) bis Sekunden (s), Raumbedarf: 0,000 000 1 cm^3, Energiebedarf: 0,000 1 W, Ermüdung je nach Belastung s bis h.

NG-Computer, „Neue Generation" mit integrierten Schaltkreisen, Metalloxydsemileitern und mehreren Hundert Bauelementen je ccm. (→MOST)

NIC, *nineteen hundred indexing and cataloging,* ein Standardprogramm zur Katalogisierung für das *ICL*-System 1900. *(ICL)*

NICHT-Funktion, auch logische Verneinung oder Negation bzw. Inversion, „eine der drei wesentlichen Grundformen logischer Funktionen" (nach *Boole)* zur Negation einer logischen Größe, um den Nicht-Fluß einer Information (Info) darzustellen. Sie hat die Aufgabe der logischen Signalumkehr. Am Ausgang erscheint dann ein Impuls (Imp), wenn am Eingang kein Imp vorliegt und umgekehrt. (→Inverter)

NICHT-Schaltung →Gatter.

NICOL = *nineteen hundred commercial language,* kommerzielle Programmiersprache zur Vereinfachung der Programmierung. Sie wurde für die Umstellung und schnelle Übernahme von Arbeiten konventioneller Lochkartenmaschinen auf den *ICL*-1900-Computer entwickelt. In ihrer einfachsten

Form beruht sie auf einem →Zyklus, in dem ein Informationssatz gelesen, verarbeitet und ein oder mehrere Ausgabesätze erstellt werden. Der Aufbau dieser Sprache basiert auf dem Tabelliermaschinenprinzip, so daß für Arbeitsumstellungen keine besonderen Programmiererfahrungen erforderlich sind. *(ICL)*

NMG = *numerical master geometry,* universelles Programmiersystem für Konstruktion und Produktion der unterschiedlichsten Gegenstände (Flugzeuge bis kunstgewerbliche Artikel), vor allem für dreidimensionale, gekrümmte Flächen. Es wird in ASA-FORTRAN geschrieben. *(ICL-BAC)*

NOF-Schrift = *National optical font,* visuell wie maschinell lesbare optische Schrift, die zur Datenerfassung (DE) mit Registrierkassen, Buchungsautomaten und Additionsmaschinen verwendet wird. Sie besteht aus den Ziffern 0—9 und sechs Symbolen (Sy). Die in NOF gedruckten Journalstreifen können in Elektronenrechner (ER) eingelesen werden. *(NCR)*

NOP = *non operation* →Leerbefehle.

NOR-Funktion, *neither-nor,* ergibt sich aus einer Reihenschaltung einer → ODER- mit einer NICHT-Funktion (negiertes ODER).

Normalablagefach, Fach in der Maschine, in das ohne weitere Anweisungen Lochkarten oder Belege von der entsprechenden Einheit nach der Ein- oder Ausgabe abgelegt werden.

Normalfaktor, zwischen maschinenorientierten Programmiersprachen zu problemorientierten ist die Relation 1 : 1,7, da bei den letzteren mehr Zeit und mehr Speicherplatz benötigt werden.

Normalisieren. I. Bei der Programmierung von Gleitkomma-Operationen die Anpassung von →Exponent und →Mantisse an den für die Mantisse vorgeschriebenen Standardbereich. — II. Bei mathematischen Operationen die Reduzierung von →Symbolen und →Zahlen auf eine normale oder Standardform.

Normalkanäle →Selektorkanäle.

Normalkarte umfaßt die Daten eines Originalbeleges.

NPL = *new programming language,* Programmiersprache. (→PL/1)

NPT →Netzplantechnik.

NSS = *new system simulator,* eigengesteuerter Spezialsimulator, der spezielle Rechnerkonfigurationen auf die Auslastung ihrer Teile hin austestet. *(IBM)*

nucleus, auch *supervisor nucleus,* derjenige Teil des Betriebssystems (BS), der ständig im Kernspeicher (KSp) ruht; er hat elementarste Überwachungsfunktion (obligatorisch oder wahlweise).

Null, zur Unterscheidung von der Zahl 0 muß O als Buchstabe in den Programmen durchgestrichen sein (Ø).

Nullenunterdrückung, Schaltungsbefehl zur Unterdrückung von führenden (linksstehenden) Nullen beim Drucken.

Nullfehler-Programm, *zero defects program,* ein betriebliches Lenkungssystem, das neben sorgfältiger Planung die Mitarbeiter zur Gewissenhaftigkeit bringt, so daß jeden Tag im gesamten Betrieb ohne Fehler gearbeitet wird. (USA)

Nullkontrolle, Prüfung auf Vollzähligkeit und einwandfreie Verarbeitung zwischen Einzelposten und Summe durch gegeneinander Saldieren.

Nulloperation, gewöhnlicher Befehl (Bef), der ohne Wirkung für die Rechenanlage (RA) ist, da das Programm (P) sofort den nächsten Bef ausführt.

Nullrückstellung, bei elektrischen Zählgeräten verwendete mechanische oder elektrische Einrichtungen zur Rückstellung auf den Nullwert bzw. Ausgangswert.

numerical control *(nc)* →numerische Steuerung.

Numerikmaschinen, auch numerisch gesteuerte Werkzeugmaschinen, →numerische Steuerung.

numerisch →numerische Zeichen.

numerische Codierung, die Informationsverschlüsselung mit einem Ziffern-code.

numerische Literale bestehen aus den Ziffern (0—9), einem Vorzeichen (+ , —) und einem Doppelpunkt (:). Anstelle einer beliebigen variablen Größe sind sie als →Konstante in ein Programm (P) vorgegeben.

numerische Steuerung, *numerical control (nc),* auch datengesteuerte Produktionsanlagen, direkte Steuerung (ST) von Werkzeugmaschinen durch ein DVS, wobei die ST mit ihren Eigenschaften →*hardware (hw)* ist und die Anleitungen, Programmieranweisungen und Rechenprogramme →*software (sw)* sind. Alle Werkstückabmessungen werden durch Meßzahlen definiert, so daß die Maschine durch zusammengefaßte Zahlen, „Einheitsschritte", bewegt wird. Lochkarten, Lochstreifen oder ein Magnetband enthält alle Steuerdaten für Werkzeugeinstellung und Maschinenbewegungen. Die manuelle Erstellung eines entsprechenden Programmstreifens kann u. U. sehr zeitraubend, schwierig und sehr teuer sein. Mit einem Computer (Comp) mit entsprechender *sw* kann nach Eingabe (E) der notwendigen →Parameter das komplette Werkzeugmaschinenprogramm berechnet oder auf Lochstreifen (LS) oder auf Magnetband (MB) ausgegeben werden. Man unterscheidet →Punkt-, →Strecken- und →Bahnsteuerung, die alle drei auf der Verwendung eines rechtwinkligen Koordinatensystems beruhen, in dem das Werkstück als ruhender Körper beschrieben werden kann. Die Bewegung des Werkzeuges kann somit durch eine Folge von Punkten in diesem Koordinatensystem angegeben werden. Der Nutzungsgrad numerisch gesteuerter Maschinen liegt bei 70 % bis 90 % gegenüber 20 % bis 25 % bei konventionellen Maschinen. Dieses Verfahren besteht seit 1952 in den USA, 1953 in England, 1954 in der USSR, 1956 in der CSSR, 1957 bzw. 1962 in der BRD.

numerische Systeme trennen den Produktionsvorgang vom Rechenvorgang durch dazwischengeschaltete Datenträger.

numerische Zeichen, Darstellung der Daten durch Ziffern; 80 % aller Daten sind numerisch.

Nummernprüfung, zur Prüfung der → Zahl nach jeder →Datenübertragung (DÜ) wird eine der Zahl angehängte →Ziffer verwendet, die nach bestimmten Regeln aus den zu prüfenden Ziffern der Zahl abgeleitet worden ist.

Nummernschlüssel, Ordnungsmerkmal mit verschiedener, sortierender Aufgliederung für Gegenstände oder Daten, z. B. Kunden nach Warengruppen.

Nur-Lesespeicher →Festspeicher.

O

Objektcode →Maschinencode.

Objektmodul, auch Programmodul, ein durchführbares, bereits umgewandeltes Programm (P) bzw. Programmteil innerhalb des Betriebssystems (BS).

Objektprogramme (OP) →Maschinenprogramme.

Objektsprachen (OSpr) →Maschinensprachen.

OCR-A-Schrift = *optical character recognition, Typ A,* Zeichensätze 1—4, „vorwiegend eine optisch lesbare Schrift, ein stilisierter Zeichensatz aus Ziffern 0 bis 9 (= 10) und Sonderzeichen (= 11) mit Großbuchstabenerweiterung" (DIN 66 008, Blatt 1), die einen günstigen Kompromiß bezüglich der menschlichen und maschinellen Lesbarkeit darstellt, unter Verwendung lichtempfindlicher Bauelemente. Da sie von den meisten Druckgeräten gedruckt werden kann, wurde sie in der BRD Norm.

OCR-B-Schrift, eine in den USA entwickelte optisch lesbare, alphanumerische Schrift mit Schreibmaschinencharakter, die aber in bezug auf den technischen Aufwand zum Lesen nicht die Vorteile der Normschrift A bietet.

ODA = optischer Dokumentenadapter, Steuerungsgerät für Belege mit Normschrift A. *(SEL)*

ODER-Funktion oder Disjunktion, auch logische Addition, „eine der drei wesentlichen Grundformen logischer Schaltungen" (nach *Boole),* in der die Verknüpfung (ODER) realisiert ist durch zwei oder mehr Eingänge für den Strom und einen Ausgang, an dem bereits dann ein Impuls (Imp) erscheint, wenn wenigstens bei *einem* Eingang ein Imp vorliegt.

ODER-Schaltung →Gatter.

ODS 2, optischer Dokumentsortierer für die →OCR-A-Schrift, der unter bestimmten Mindestanforderungen max. 33 000 Belege/h verarbeiten kann. *(SEL)*

off-line = außer der Linie, die „unterbrochene Verbindung", bei der die von den einzelnen Stellen der betrieblichen oder administrativen Organisation übertragenen Werte *nicht unmittelbar und sofort* in eine →Zentraleinheit (ZE) ein- bzw. von ihr ausgegeben werden, sondern zunächst extern in →Lochkarten (LK), →Lochstreifen (LS), →Magnetband (MB), →Magnetplatte (MP) usw. gespeichert und erst zu einem späteren Zeitpunkt weiterverarbeitet werden. Es ist eine *maschinenunabhängige,* von der ZE gesonderte Verarbeitung, die deshalb i. a. bei großen Rechenanlagen (RA) angewendet wird, um die schnell arbeitende ZE nicht durch relativ langsam arbeitende →Eingabe- und Ausgabegeräte zu blockieren, sonst wird die RA zu teuer und ist zu aufwendig. Eine Kartei ist z. B. ein *off-line*-Speicher.

OKTADE, Gruppe von 8 Bits: 8 Datenbits oder 7 Datenbits und 1 Prüfbit.

Oktalsystem, Zahlensystem zur Basis 8 (nur die Ziffern 0—7 erlaubt). Die Stellenwertigkeit einer Zahl steigt von rechts nach links in Potenzen von 8. Die Ziffer 8 erscheint im Oktalcode als 10. Es verwendet 6-Bit-Zeichen oder 6-Bit-Bytes (→Hexaden) zur Darstellung einer Ziffer.

Beispiel:

Binär	000 101	010 001	110 010
Oktal	0 5	2 1	6 2
Zeichen	5	A	S

OKTET, Name für das aus acht →Datenbits und einem →Paritätsbit bestehende →Byte (B), das entweder ein alphanumerisches Zeichen, zwei →Dezimalziffern, einen aus einer →Dezimalstelle bestehenden arithmetischen Operanden (Op) oder einen Binär-Operanden aus acht b enthält. Die maximale Länge eines Op beträgt 16 →Stellen (Ste) in der ungepackten, 31 Stellen in der gepackten und 16 OKTETS in der binären Form. *(BGE)*

OLERT = *On-Line-Executive for Real Time, real-time*-Betriebssystem, ein spezielles *software-package,* das die Grundlage für *real-time-multiprogramming* auf dem Rechner DDP 516 bildet. *(Honeywell)*

Olivetti-Streifen, im Gegensatz zum Standard-Lochstreifen hat er 6 Spuren (Sr) und quadratische Lochungen. Er hat weder Prüfspur noch Transportperforation, wird durch Klemm- oder Vakuumrollen weitergeleitet. *(Olivetti)*

OMEGA, lochstreifen-programmgesteuerter Kleincomputer. *(Olympia)*

on-line = auf der Linie, die von den einzelnen Stellen eingegebenen und empfangenen Werte werden *direkt* in die →Zentraleinheit (ZE) zur Weiterverarbeitung und Steuerung (ST) geleitet. Das ist eine *maschinenabhängige,* der Zentraleinheit verbundene →Simultanverarbeitung (SV), die erhöhte Anforderungen an den Speicher (Sp) stellt. Die *on-line*-Eingabesätze sind Tastaturen, Anzeiger, Leser für weitere Datenträger (DT) u. ä. Die Steigerung dieses Systems liegt i. w. im *real-time-processing (rtp).* Es lassen sich folgende Verarbeitungsformen bei *on-line* unterscheiden: (1) *batch-processing* (Stapelverarbeitung), (2) *remote-batch-processing* (Datenfernverarbeitung), (3) *real-time-processing* (Echtzeitverarbeitung), (4) *inquiry-processing* (Abfrageverarbeitung) und (5) *reactiv-processing* (Wiederaufnahmeverarbeitung).

on-site-Geräte, Eingabe- oder Ausgabe-Geräte, die ohne Verwendung von Datenfernübertragung (DFÜ) mit einer EDVA verbunden sind.

open-ended, Ablauf oder System mit Erweiterungsmöglichkeiten.

open-loop, offener Kreis, der nur eingangsseitig mit dem Prozeß gekoppelte Rechner (Re), so daß die von ihm errechneten Ergebnisse vom Bedienungspersonal den Regel- und Steuergeräten zugeführt werden müssen.

open-shop-organization, die Programmierung und das *operating-system* eines Computers durch Personen, die nicht ausschließlich diese Arbeiten durchführen, z. B. der Programmierer. Gegenteil: →*closed-shop-organization.*

Operanden (Op), →Zahlen, →Daten oder →Informationen, die das Rechenwerk entgegennimmt, um sie zu einer bestimmten Operation zu verknüpfen oder zu verarbeiten. Op werden i. d. R. durch den →Adreßteil eines Befehls definiert und spezifiziert. Je größer die maximale Op-Länge gewählt werden kann, um so günstiger ist eine Anlage zu beurteilen, da sonst zum Erreichen desselben Ergebnisses mehrmals hintereinander dieselben Befehle verwendet werden müssen. Bei mehreren Op erfolgt die Trennung durch →Komma.

Operandenadresse, (OpAdr), Abrufung eines Operanden (Op) aus dem Speicher durch Befehl. (→Befehlsadresse)

Operandenregister →Rechenregister.

Operateur →Operator.

operating *(o),* Sammelbezeichnung für alle organisatorischen und funktionellen Vorgänge, die der Betrieb eines Computers erfordert.

operating system *(os),* auch Betriebssystem (BS), ein übergeordnetes, zentrales, planendes Steuer- und Überwachungsprogramm für das Zusammenspiel zwischen →*hardware (hw)* und →*software (sw),* die dem *os* untergeordnet sind. Es stellt Arbeitsroutinen zusammen, die nach Bedarf kombiniert werden können, ist bestimmt für den Parallelablauf mehrerer Programme (P) und für direkte Verarbeitung, also →*multiprogramming (mp)* und *real-time-processing (rtp).* Es macht den Programmierer von der *hw* unabhängig. Gleichzeitig werden Eingabe (E) und Ausgabe (A) in den Kanälen kontrolliert. Drei Funktionsbereiche lassen sich unterscheiden: →Daten-, →*job-* und →*task-management,* und drei Stufen gliedern: Basisversion *(= sequential scheduling system),* bedingtes *mp (= sequential partition system)* und volles *mp (= variable memory system).*

operational auditing, eine in den USA sehr verbreitete Richtung der internen Revision, die sich auf die Prüfung der Arbeitsabläufe und Methoden konzentriert, mit der Zielsetzung einer Verbesserung des betrieblichen Leistungsgrades und der innerbetrieblichen Kontrollfunktionen.

Operationen (O), *operations (o),* in der DV Arbeitsweise und Betrieb einer Maschine, auch Betätigung oder Bedienung. Die O werden durch →Befehle (Bef) des gespeicherten →Programms (P) ausgelöst und kontrolliert.

Man unterscheidet:

1. Eingabe-O: z. B. Einlesen einer Lochkarte (LK), eines Lochstreifens (LS), eines Bestandssatzes aus einem externen Speicher usw.;
2. Verarbeitungs-O: z. B. Rechenvorgänge innerhalb des internen Speichers, und als a) →arithmetische O (Grundrechenarten) und b) →logische Entscheidungen (Prüfen, Vergleichen, Verschieben, Verzweigen);
3. Ausgabe-O: z. B. →Stanzen einer Lochkarte, →Drucken einer Zeile, Zurückschreiben des neuen Bestandssatzes in einen externen Speicher.

Operationsarten: (1) Festkomma-Arithmetik mit Worten und Halbworten; (2) Gleitkomma-Arithmetik mit einfacher oder doppelter Genauigkeit; (3) Dezimal-Arithmetik in gepackter Form (16 Bytes = 31 Ziffern plus Vorzeichen je Operand) und (4) logische Operation mit Datenfeldern fester und variabler Länge zuzüglich Befehlen (z. B. Vergleichen, Umwandeln usw.).

Operationscode (OC) →Operationsschlüssel.

Operationsergänzung dient der Detaillierung des Operationsschlüssels.

Operationsphase oder Ausführungsphase (A-Phase), der Teil der Befehlsausführung, bei dem die in den→Adressen (Adr) bezeichneten Werte aus den →Speicherstellen (SpSte) verarbeitet und nach der Ausführung der Operation (O) als „Operationssignal" gesendet werden.

Operationsprogramme, *operational programs,* Programme (P), deren Aufgabe es ist, Anwendungsprobleme zu lösen. Gegenteil: →Systemprogramme.

Operationsregister (OReg) speichern den →Operationsteil, also den Teil eines Befehls (Bef), der angibt, *was* der →Rechner (Re) mit irgendwelchen Operanden (Op) tun soll bzw. die Befehlsworte dazu.

Operations Research (OR) oder Unternehmensforschung, seit 1942 als höchste Stufe des *scientific management* (wissenschaftliche Betriebsführung) die

Studie eines komplexen Systems von Personal, Maschinen, Geld und Material. Es ist die Gesamtheit der zur wissenschaftlichen Analyse von Organisationserscheinungen herangezogenen mathematisch-formalen Methoden zum Zwecke optimaler Planung und optimaler Programmierung (Pr), die Sammlung von verschiedenen Verfahrenstechniken, mit welchen Führungsprobleme optimal zu lösen sind. Dazu gehören die methodische Erforschung der Arbeitsabläufe und die wissenschaftliche Ermittlung von Ergebnissen, die im wirtschaftlichen und betrieblichen Prozeß optimale Gestaltungs- und Leistungsmöglichkeiten zulassen. Die Aufstellung solcher →Modelle ist sehr schwierig, da Tausende von →Variablen und →Konstanten berücksichtigt werden müssen.

Die Rechner (Re) ermöglichen die numerische Behandlung mathematischer Planungssysteme und die Eingliederung von Verfahren der Optimalplanung, wodurch die Geschäftsleitung von der Arbeit der Routineplanung befreit werden kann. Für den Erfolg sind drei Bedingungen Voraussetzung: (1) Das untersuchte Problem muß wichtige wirtschaftliche Bedeutung haben, d. h. es soll die Möglichkeit für echte Gewinnverbesserung bieten. (2) Es müssen genügend Daten greifbar sein, die das bisherige Verfahren, die Konsequenzen und den Freiheitsgrad neuer oder geänderter Verfahren festlegen. (3) Es müssen Verfahren bekannt sein, die aus Daten und Zielen das Ableiten verbesserter Handlungsweisen und Entscheidungen gestatten.

Die OR verläuft im allgemeinen in sechs Stufen: (1) Problemanalyse, (2) Modellentwicklung, (3) Ausarbeitung eines Algorithmus zur Gewinnung numerischer Ergebnisse, (4) Programmierung des Algorithmus für einen Computer, (5) Test des Modells unter Bedingungen der Praxis, (6) Einführung in die Praxis.

Operationsschlüssel, auch Befehlsschlüssel, ein →Zeichen (Z), das der Maschine sagt, *was* sie grundsätzlich tun soll, oder ein in mehrere Einzelteile untergliedertes Operationsschema, das sich aus dem eigentlichen Operationscode (dem Befehl an den Computer), dem Längenschlüssel und der Adressenangabe zusammensetzt, wobei angegeben wird, (1) welche →Operationen (O) ausgeführt werden müssen, (2) ob Daten (D) fester oder variabler →Wortlänge verarbeitet werden sollen, (3) ob die Daten in dezimaler oder binärer Form gegeben sind, (4) ob die Daten im →Register (Reg) oder im →Hauptspeicher (HSp) stehen und (5) wie lang die →Instruktion (Instr) ist. Beim Programmieren wird der „symbolische Operationsschlüssel" mit mnemonischem Code verwendet.

Operationsspeicher →Festspeicher.

Operationssteuerung (OST), gehört zum →Rechenwerk (RW), arbeitet eng mit dem →Steuerwerk (STW) zusammen, sorgt für das ordnungsgemäße Zusammenspiel der verschiedenen Teilschaltungen und lenkt und überwacht die Ausführung aller arithmetischen und logischen Operationen.

Operationsteil, *operations part,* i. a. der (erste) Teil des →Befehls (Bef) bzw. →Befehlswortes (BefW), der die Art der auszuführenden Operationen (O) kennzeichnet, der also sagt, *was* die Maschine tun soll.

Operationszähler →Befehlszähler.

Operator oder Operateur, Maschinenbediener, Maschinenspezialist für (1) das Lochkartenverfahren (LKV), wobei er an Hand exakter Arbeitsanweisungen sämtliche Maschinen zur Aufbereitung und Verarbeitung bedient, und (2) die

→EDV, wo er das vom Programmierer gefertigte Programm (P) über ein Eingabegerät in die Maschine lädt, die entsprechenden Datenträger (DT) eingibt, die Bedienungsknöpfe handhabt und Programmtests übernimmt.

Bei größeren Systemen unterscheidet man: Chefoperator, Systemoperator, Hilfsoperator.

Operator-Anweisungen, Unterlagen für die Maschinenbedienung bzw. Durchführung eines Programms (P). Sie geben z. B. an: Welche →Formulare sind zu wählen? Welche →Datenbestände (DB) sind zu verarbeiten? Welche →Umschalter sind zu bedienen? Welche →Speicherungen sind einzusetzen?

OPHELIE, lineares Programmiersystem (PS) der Serie CD 3000. *(CDC)*

OPREMA, optische Rechenmaschine aus Jena. (DDR)

optimal ist ein Arbeitsvorgang dann, wenn er in seiner Durchführung durch kein anderes Verfahren in seinem Ergebnis übertroffen werden kann, wobei die optimale Leistung stets unter wirtschaftlichen Gesichtspunkten zu sehen ist.

optimale Codierung, Nachrichten (N), die oft vorkommen, wird ein kurzes Codewort (CW) zugeordnet, denjenigen, die selten vorkommen, ein längeres CW.

optimale Programmierung, eine Organisationsform der Daten (D) und der Programmteile (→*jobs)* im →Arbeitsspeicher (ASp), durch welche die Summe der effektiven →Zugriffszeiten (Zug) auf ein Minimum gebracht wird.

Optimierung, eine hohe Automatisierungsstufe, bei der der Rechner (Re) aufgrund aller Eingaben Bestwerte herausarbeitet, was durch Herabsetzung der Leerzeiten der Maschinen, der Wartezeiten für die Aufträge, des Unterschreitens der Termine und der Rüstzeiten erreicht werden kann, d. h. beste Kapazitätsausnutzung, höchste Gewinne, minimierte Kosten.

Optimierungssysteme, ideale Führungsinstrumente für die betriebliche Praxis, die erst durch die modernen Computer (Comp) technisch ermöglicht werden. Sie machen die Wirkzusammenhänge von Produktion und Absatz nach Investitionen im Regelkreis (→Rückkopplung) erst transparent. (→Operations Research)

Optimierungstheorie beschäftigt sich mit der Frage, wie der Experimentator in möglichst kurzer Zeit den höchsten Punkt, also den optimalen Zustand des Systems, findet.

optische Anzeige, wirksames, kompaktes →Bildschirmgerät (30-cm-Röhre), das die lokale oder entfernte Darstellung von Informationen (Info) in graphischer oder alphanumerischer Form aus der →Zentraleinheit (ZE) ermöglicht, nachdem sie durch eine elektrische Schreibmaschine eingegeben worden sind. Mit einem →Lichtstift können Veränderungen vorgenommen werden.

optische Belegleser, die auch →sortieren können, werden durch ihre Entwicklung und in ihrer Funktion (etwa 30 000 bis 90 000 Belege/h, d. h. etwa 180 000 Zeichen/h) Lochkarten-, Lochstreifen- und Magnetschriftleser mehr und mehr ersetzen. Die optische Belegverarbeitung ist vor allem bei größerem Datenanfall zweckmäßig. Der neueste optische Belegleser liest bereits die handschriftlichen Zahlen 0 bis 9 und in Blockschrift die Buchstaben C, S, T, X und Z. Ein scharf gebündelter Lichtstrahl tastet die Zeichen ab, eine Logik-Einheit identifiziert die dabei entstehenden Informationen (Info) über die Konturen und gibt die entsprechende Erkennungsmeldung an die DVA. Die Zeitrelation zur Lochkartenübertragung beträgt etwa 60 : 1. (→Belegleser)

optische Schriften →Schriftarten.

optisches Lesen, *optical recognition,* umfaßt a) Journalstreifen-Lesen und b) Beleg-Lesen.

optische Speicher nehmen Informationen (Info) mittels eines durch einen Kristall gelenkten Laserstrahles (→ Laser) auf einem aus einer Mangan-Wismut-Legierung bestehenden Dünnschichtfilm punktförmig auf. Ihre Kapazität (Kap) beträgt etwa eine Mio. Bits (b) pro qcm.

optische Zeichenleser dienen insbesondere der numerischen Datenerfassung, wobei sie grundsätzlich aus einer Lichtquelle, Spiegeln und lichtempfindlichen Photozellen bestehen. Vordrucke, Fragebogen und Testblätter sind die typischen Eingabebelege für sie.

Optronik = optische Elektronik, Schaltungen, in denen Kopplungen dadurch entstehen, daß elektrisch erzeugte Licht- bzw. Infrarotstrahlung auf von dieser Strahlung beeinflußbare Fühler einwirkt.

Ordnungsbegriffe oder Kennbegriffe, Begriffe aus beliebigen →Zeichen (Z), die einen ganz bestimmten Datensatz (als Schlüssel vorangestellt) innerhalb eines Datenbestandes kennzeichnen, z. B. Arbeiter, Abteilung, Teilenummern, Personalnummern, Kontonummern. Durch Erweiterung ist die Bildung von Haupt- und Übergruppen möglich.

Organisation (Org), „der Rahmen des betrieblichen Geschehens, die methodische und planvolle Zuordnung von Menschen und Sachen, um den zielorientierten Handlungsvollzug und die optimale Leistung im Betrieb zu sichern" *(H. Blohm).* Unter Organisation wird sowohl eine Tätigkeit als auch das Ergebnis dieser Tätigkeit, die vollendete Zuordnung, verstanden. Sie kann als ein Informationsnetz aufgefaßt werden, das die Aufgabe hat, die Informationen (im Blick auf die Zielsetzungen) als Entscheidungsgrundlagen optimal auszuwerten.

Organisationsanalyse hält den Ist-Zustand des gesamten Arbeitsablaufes in seinem Normalablauf mit allen ermittelten Ausnahmeregelungen fest und arbeitet ihn in einen Soll-Vorschlag um.

Organisationsdiagramme, auch Schaubilder, zeigen in grober Übersicht den Organisationsablauf oder die Verarbeitungsstufen.

Organisationsmittel, primär das geschriebene Wort, in der EDV in abstrakter und konzentrierter Form: das Ablaufdiagramm (AD), die mathematische Formel, das Blockdiagramm (BD) und das eigentliche Programm (P).

Organisationsprogramme, auch *supervisors,* zur Steuerung (ST) simultan ablaufender Vorgänge und Programme (P), die eine Unterbrechungssteuerung besitzen. Sie bestehen aus Ablaufteil, Monitor und Eingabe/Ausgabe-System. Als Kern des Betriebssystems (BS) steuern sie den Ablauf aller anderen P (Benutzerprogramme und übrige Systemprogramme) und sind ständig in der Rechenanlage (RA) gespeichert.

Organisatoren, Fachleute, die Aufbau und Stellung des Betriebes untersuchen, sie gestalten nach soziologischen und psychologischen Perspektiven den potenten Betriebsablauf, entwerfen das betriebswirtschaftlich-organisatorische (Gesamt-) Konzept und sind dabei kreative Werkzeuge der DV.

Organisieren, das Festlegen von Handlungsgrundsätzen für die Zukunft, Regelungstechnik im sachlichen und menschlichen Bereich.

orthotronische Kontrolle, Prüfvorrichtung im Rechner (Re), die horizontal und vertikal die Feststellung der richtigen →Abläufe vornimmt.

Oszillograph, Schwingungsschreiber, ein Meßgerät für Spannungen, Leistungen und Störungen im Stromkreis, mit dem sehr schnell zeitlich veränderliche Spannungen und Ströme durch einen Elektronenstrahl auf einem Leuchtschirm sichtbar gemacht werden, besonders für die schnell repetierenden →Analogrechner (AR) geeignet.

output →Ausgabe.

OZL = optischer Zeilenleser *(SEL)*. (→ optische Zeichenleser.

P

PAC (μ-PAC, Mikrosekundenspeicher), Verstärker-Steckeinheiten, gedruckte Leiterplatten, auf denen jeweils eine gewisse Anzahl von verschiedenen Logikbausteinen (*flat*-PACs = integrierte Schaltkreise) montiert sind. Aus diesen Logikbausteinen werden vollständige Rechner aufgebaut, die die Leistungsfähigkeit und Zuverlässigkeit des Speichers verbessern und die Grundlage eines Vielzweckspeichersystems sind. μ-PAC findet bei DDP 316, DDP 416 und DDP 516 Verwendung. *(Honeywell)*

package, die „paketweise“ Vereinigung zusammengehöriger Gruppendaten über Lochkarten, Magnetplattenspeicher usw. innerhalb eines Programms, z. B. Lohn, Material u. ä., was die DV sehr vereinfacht.

Packen, *pack,* das Speichern von je zwei numerischen Zeichen in einer Speicherzelle (= →Byte), wodurch Magnetkernspeicherzellen gespart werden, und zwar max. 31 Ziffern und 1 Vorzeichen. Die Dezimal-Arithmetik verlangt die gepackte Darstellung dezimaler Zahlen. Das Packen und Entpacken besorgen zwei entsprechende Befehle. Beim Packen werden in der Einerstelle eines numerischen Feldes Ziffern und Zonenteil vertauscht. Gegensatz: →Entpacken.

Packungsdichte, „die Anzahl der Schaltelemente je cm³. Entwicklung: 1950 Röhrentechnik 0,01 bis 0,1 SE/cm³, 1960 Transistortechnik 0,1 bis 1 SE/cm³, 1970 (geschätzt) Miniatur(festkörper)-technik 10 bis mehrere 1000 SE/cm³“ *(K. Steinbuch).*

page, besondere Adressierungstechnik, wobei eine *page* 1024 Wörter umfaßt. Mit einem Befehl kann die gerade angeschaltete oder aber die *„base page“* angesprochen werden. Dadurch umfaßt der direkte Adressierbereich 2048 Wörter. (→Seite)

paging, Seitenadressierung.

paging-System oder „virtuelle Adressierung“, Organisationsmethode für die Informationsspeicherung, wobei die auf einem →externen Speicher befindlichen Programme (P) in Abschnitte gleicher Länge/Seiten von je 1024 Wörtern (W) aufgeteilt werden. Der zur Bearbeitung eines Problems notwendige Teil wird immer im Kernspeicher (KSp) aufbewahrt. Damit wird ein Mindestaufwand an kostspieligem Speicherraum erreicht.

PAL-Assembler, einfache Symbolsprache (SSpr), die durch den Assembler (Ass) in ein ladefertiges, absolutes →Maschinenprogramm übersetzt wird. *(Univac)*

Papiervorschub, technische Einrichtung, die das Weiterschieben um eine oder mehrere Schreibzeilen mit Start, Stop und Stabilisierung des Papiers in etwa 18—11 Millisekunden (ms) ermöglicht.

Paragraphen, *paragraphs,* Einheiten in einem →COBOL-Programm, die aus Programmsätzen erstellt werden. Mehrere Paragraphen bilden →Kapitel *(sections).*

parallel. I. Gleichlaufende Anordnung der Bits eines Zeichens. — II. Gleichzeitige Abwicklung einer Aufgabe in zwei oder mehreren Verfahren.

Paralleladdierer →Addierwerk.

Paralleldrucker, Drucker höherer Leistung und größerer Zeilenbreite. (→Zeilendrucker).

Parallelmaschinen →Parallelverarbeitung.

Parallelverarbeitung, Oberbegriff für die gleichzeitige (simultane) Durchführung mehrerer →Operationen (O), im großen wie im kleinen: (1) Ablauf von zwei oder mehreren Programmen (P) in einem →Durchlauf; (2) gleichzeitige →Übertragung (Ü) und Verarbeitung aller Bits (b) eines Wortes (W). Das Parallelsystem hat einen hohen Aufwand an Schaltmitteln, kann aber in einer einzigen →Schaltzeit ein ganzes Wort (W) übertragen, ist also sehr schnell. Die Parallelverarbeitung ist eine wesentliche Grundlage für eine wirtschaftliche Nutzung der Zentraleinheit (ZE) und der peripheren Einheiten (PE).

Parameter, Kennzahlen eines Systems, Eingabewerte, Ausgangsdaten, spezifische Bestimmungswerte, Platzhaltegrößen, die bestimmte Werte, Größen oder Rechenvorschriften in den Rechenablauf einbringen und in eine gewünschte Richtung lenken. Sie werden über das →Bedienungspult (Bp) oder über die →Konsolschreibmaschine direkt in den Kernspeicher (KSp) gegeben oder über Parameterkarten (→Steuerkarten) in das System eingelesen. Parameter sind z. B. der Ordnungsbegriff der zu sortierenden Daten (D), Sortierschlüssel, der ein begriffsneutrales Sortierprogramm einsatzbereit werden läßt.

Parameterkarten →Parameter, →Steuerkarten.

Parameter-Mechanismen, einwandfreie Behandlung der Eingänge (E) in die →Prozedur und der Ausgänge (A) aus den Prozeduren.

Parameter-Variationen, Veränderungen in der Problemstellung.

Parametron, seit 1952 ein schwingender →Schaltkreis, zu dessen Betrieb eine Schwingung größerer Frequenz (Pumpschwingung) benötigt wird.

Paritätsbit, auch Prüfbit, das die Anzahl der zur Darstellung eines Zeichens (Z) notwendigen Bits (b) entsprechend dem maschinellen Kontrollsystem zu einer geraden oder ungeraden Menge von b ergänzt. (→Paritätsprüfung)

Paritätsprüfung, *parity check,* Sicherungsverfahren zur Fehlererkennung und Fehlerkorrektur, wobei Kontrollbits und -zahlen je →Stelle (Ste), →Wort (W) und →Block auf gerade oder ungerade bit-Anzahl verglichen werden und festgestellt wird, ob die Rechenanlage (RA) einen Fehler gemacht hat.

partion →Hauptspeicherbereich, →MFT-Systeme, →Programmbereiche.

PASSAT = Programm zur automatischen Selektion von Stichworten aus Texten, maschinelles Auswahlverfahren zur Ermittlung von →Deskriptoren alphanumerisch aufgelisteter Zielinformationen aus einem Informationspool. (→Golem) *(Siemens)*

PATSY, Name eines automatischen Testprogramms. *(ICL)*

PCM = *puls code modulation,* die Darstellung der Abtastwerte eines zeitlich veränderlichen elektrischen Signals in einem Code (C) zur Multiplexübertragung (→Multiplex), und zwar als stetige und als periodische Funktion. PCM ist das Konzept zukünftiger Informationsübertragung.

PCMI = *photochromic micro image,* Informationsspeicherungs- und Zugriffssystem; durch die besondere photochromatische Mikrospeichertechnik können kostensparende Verkleinerungen bis zu 250 : 1 erreicht werden. Auf einem einzigen Transparent (105 × 148 mm) lassen sich bis zu 3200 Seiten DIN A 4 speichern, die durch besondere, leicht zu bedienende Lesegeräte (= Bildschirm) wiedergegeben werden können. *(NCR)*

PCP-System = *primary control program,* die Grundausbaustufe des *operating system*/360, abgestellt auf die → Einzelverarbeitung. *(IBM)*

PCS = *project control system,* eine Netzplantechnik für Planung und Überwachung von Bauprojekten mit Hilfe der Methode des „kritischen Weges". *(IBM)*

PDP = Programma Data Processor, Prozeßrechner der Digital Equipment Corp.

PDT = *peripheral data transfer,* peripherer Datentransport.

Pentade, Zusammenfassung von fünf binären Stellen zu einer Einheit.

PENTA 1, Programmiersystem zur Entwicklungsautomatisierung, auf ein spezielles Einbausystem mit Verbindungstechnik und Drahtwickelverfahren zugeschnitten. *(Siemens)*

periphere Einheiten (PE), auch Randeinheiten oder „die Peripherie" genannt, sämtliche Maschinen, die sich außerhalb der Zentraleinheit (ZE) befinden, aber i. a. mit ihr verbunden sind, wobei die schnellen PE, wie →Magnetband, →Magnetkarte, →Magnetplatte, die ZE stärker beanspruchen als die langsamen, wie →Drucker, Leser (→Klarschriftleser), Stanzer, (→Lochkartenstanzer). Nach der Aufgabenstellung ergibt sich folgende Einteilung: Eingabe- und Ausgabe-Geräte, externe Speicher, Datenfernübertragungsgeräte. Die vollständige Auslastung der PE beeinträchtigt fast immer die wirtschaftliche Nutzung der ZE. Die Kosten der PE belaufen sich auf ungefähr 70 % der Gesamtanlage, sie wachsen mit der Größe des DVS.

periphere Speicher, auch externe Speicher, Speicher, die nicht Zentral- oder innere Speicher sind.

Peripherie →periphere Einheiten.

PERM = programmgesteuerte elektronische Rechenmaschine der TH München (1956).

PERT = *program evaluation and review technique,* Verfahren zur Programmplanung, -berechnung und -überprüfung, ein →Netzplan für die Planentwicklung und -überwachung größerer Projekte, also eine Terminplanung. Die seit 1958 am häufigsten benutzte Methode des →Operations Research (OR), wodurch etwa 20 % an Zeit und Kosten erspart werden. PERT macht Planungen dynamisch, logisch und vollständig, läßt die Beziehungen und Zusammenhänge leicht erkennen und bringt eine klare Trennung der Verantwortung in den verschiedenen Verwaltungsebenen. PERT erfordert bei verschiedenen Aktivitäten oder bei Simulationen für Alternativentscheidungen und ihren Auswirkungen den Einsatz eines DVS.

PERT COST, Erweiterung des Zeit-PERT-Verfahrens für komplexe Forschungs- und Entwicklungsprogramme mit Analyse der Projektkosten. Dabei wird mit 4 Kostenkategorien gearbeitet: (1) Soll- oder Plan-, (2) Korrektur-, (3) Fest- und (4) Ist-Kosten.

PERT-TIME, Programmiersystem für Planungsaufgaben. *(CDC)*

PERT-TIME-C, Verfahren zur Bewertung und Überwachung von Programmen in der Serie 200. *(Honeywell)*

Pfeildiagramm →Netzwerk.

Pflegewartung, vorbeugende Wartung einer Rechenanlage (RA) zur Vermeidung von Störungen.

PGS = *Program Generator System,* Programmiersprache (PSpr), die leichtes und schnelles Programmieren erlaubt. Die Programmierzeit wird verkürzt. Ein *statement* (→Anweisungen) des PGS entspricht einer Vielzahl von Assembler-Instruktionen. Die Programme (P) sind in fünf Divisionen gegliedert: (1) General-, (2) Input-, (3) DATA-, (4) Procedure-, (5) Format-Division. *(BGE)*

photoelektrisch, ein Halbleiterwiderstand als Abfühlelement, wobei man von photoelektrischer Abfühlung spricht.

photoelektronisch, eine Photozelle als Abfühlelement, wobei man von photoelektronischer Abfühlung spricht.

Photolecteurverfahren, optisches Lesen von Strichmarkierungen von der Lochkarte (LK). Die Markierungen werden dabei am Hell-Dunkel-Kontrast an der LK erkannt. *(BGE)*

Photozellen, elektronische Bauelemente, die den äußeren lichtelektrischen Effekt zur Umwandlung von Lichtsignalen in elektrische Signale ausnutzen.

Photozellenabtaster, „elektrische Augen", die 400 bis 1000 Zeichen/s von Lochstreifen (LS), Lochkarten (LK), Belegen und Endlosstreifen ablesen und an den Rechner (RE) in Form von →Impulsen (Imp) weitergeben. (→Abfragestation)

Picosekunde (ps), der billionste Teil einer Sekunde (s), als 0,000 000 000 001 s $= 10^{-12}$ s.

PLAN, grundlegende, maschinenorientierte Programmiersprache für das *ICL*-System 1900, die von einem Übersetzer-(Assembler-)Programm in das →Maschinenprogramm umgesetzt wird. In PLAN geschriebene Programmsegmente lassen sich mit in anderen Sprachen geschriebenen →Segmenten kombinieren. Insbesondere wird PLAN zusammen mit →COBOL und →FORTRAN verwendet. *(ICL)*

Planspiele, seit 1956/57 →Modelle, als Nachbildungen der wirtschaftlichen Wirklichkeit, also vereinfachte und begrenzte Ausschnitte aus der Wirklichkeit, die durch den Vorgang des „Spielens" „dynamisiert", lebendig gemacht, und ihrer Kompliziertheit entkleidet werden. Sie dienen der Ausbildung und Weiterbildung der daran teilnehmenden „Spieler". Die aus den Situationen gefällten Entscheidungen wirken auf das Modell zurück und verändern es, wodurch das Modell einen neuen Zustand annimmt. Die Möglichkeiten sind hierbei nahezu unbegrenzt. Durch →„Störgrößen" gewinnt das Spiel an Praxisnähe und an Schwierigkeitsgrad. Je nach speziellen Zwecken gruppiert man in Bereichs- und in →Unternehmensspiele.

Planung, frühzeitige Überlegung dessen, was geschehen soll, wobei die sechs Fragen nach dem *Was, Warum, Wann, Wie, Wo* und *Wer* beantwortet werden müssen.

Planungslogik umfaßt alle Schritte, die bei Erstellung eines Arbeitsplanes vorkommen können. (→AMP)

Platte →Magnetplatte.

Plattenadresse, die Adresse des →Sektors, in dem sich der Plattensatz oder der erste Teil des Plattensatzes befindet.

Plattenadreßwort, i. a. ein zehnstelliges Feld unmittelbar vor einem Plattensatz oder auch einer Plattenspur, enthält die →Plattenadresse des Satzes und die Anzahl der Sektoren. Beim Suchen,

Lesen, Schreiben und Schreibprüfen wird das Adreßwort in seiner linken Stelle adressiert. *(IBM)*

Platteneinheit nimmt einen Plattenstapel (bis 50 Magnetplatten) als Speicher auf und steuert ihn.

Plattenorganisation, auch Speicherorganisation, die programmtechnische Verwaltung aller mit der Benutzung eines →Plattenspeichers zusammenhängenden Fragen: Adressierung, Platteneinteilung, Reservierung usw.

Plattenresident, das auf einer Magnetplatte gespeicherte Betriebssystem.

Plattenspeicher (PSp), *disc pack,* i. w. ein Großraumspeicher (GSp) in Form von Plattenstapeln (8 und mehr). Ein Zugriffsmechanismus, der sich auf jede Plattenspur einstellen kann, erlaubt →direkten Zugriff zu jedem gespeicherten Datensatz (DS). (→Magnetplattenspeicher)

Plattenspeicher-Programme, Dienstleistungsprogramme (DP) für die Organisation (Org) von Plattenspeichern (PSp).

Plattenspur →Spur.

Plattenstapel, die auf einer Achse befestigten Platten eines Plattenspeichers, z. B. 11 mit 18 Oberflächen für Datenspeicherung. Er kann fest mit der Platteneinheit verbunden sein oder vom Bediener ihr entommen und durch einen anderen Plattenstapel ersetzt werden.

Plattenturm, Zusammenfassung von mehreren →Plattenstapeln, was bis zu 200 Mio. Bytes ausmachen kann.

Plausibilität, programmseitige Vorkontrolle der Eingabedaten auf logische Richtigkeit und Verarbeitungsfähigkeit, wobei ggf. automatisch eine Fehlerliste ausgegeben wird.

PL/1, *programming language one,* anfänglich NPL, *new programming language,* eine weitgehend vereinfachte höhere Programmiersprache (PSpr), die in sich i. w. die Begriffe von →FORTRAN und →COBOL verbindet, gewissermaßen eine industrielle Standardsprache, wandlungsfähig, formgelockert, unterschiedlich einsetzbar, eine erweiternde Zusammenfassung von →ALGOL, COBOL und FORTRAN mit den Vorteilen eines echten Überbaues, z. Z. ist sie die umfassendste höhere PSpr, die aber aus Speichergründen bei kleinen Installationen noch nicht eingesetzt werden kann.

Plotter, Koordinatenschreiber oder X-Y-Zeichner, seit 1960 ein elektronisches Zeichengerät, Linien- und Kurvenzeichner bis zu 18 000 Digital-Schritten/min. Für dieses Gerät gibt es zwei unterschiedliche Ausführungsformen:

1. Das Zeichenpapier wird auf einen Tisch gespannt, über dem sich der Zeichenstift in beiden Dimensionen bewegen kann.
2. Das Zeichenpapier wird auf eine Walze gespannt, und der Zeichenstift bewegt sich parallel zu deren Achse. Die zweite Dimension wird durch Drehung der Walze erreicht.

Mit Hilfe einer Bildröhre werden gleichzeitig punktweise errechnete Linien sichtbar dargestellt.

PLUTO, System für Erstellung, Führung und zum Abruf von Plattenspeicher-Datenbeständen. *(Siemens)*

pneumatischer Magnetbandantrieb, ein Prinzip des Magnetband-Transportes. *(Honeywell)*

polling-Technik, das Verfahren, bei der Datenfernübertragung (DFÜ) nacheinander die Empfangsstellen aufrufen zu lassen, ob Bedarf für Übertragung besteht.

Polynomrechner, Rechner zur Auflösung binärer Gleichungssysteme.

Polyphase, Mittel zur Datensortierung mit mehrstufiger Verarbeitung bei der Bandtechnik.

Pooler, Gerät zum Zusammenfassen kurzer Datenbestände auf ein einziges Magnetband. *(Honeywell)*

Pools, Interessengemeinschaften, die ihre Programmierer für aufgestellte Elektronenrechner an Firmen ausleihen.

port-a-punch →Taschenlocher.

Positionierung, auf bestimmte Koordinatenpunkte bezogene Einstellvorgänge bei beweglichen Maschinenelementen.

Positionsschrift, Ausdruck für die verschiedenen Lochungen auf der Lochkarte und dem Lochstreifen. Das kleinste Loch wird als Transport-, Führungs- oder Positionsloch bezeichnet.

post-mortem-programs, Programme, die entweder automatisch oder nach Bedarf Register und Speicherinhalte in →Klarschrift ausgeben, wenn es zu einer unerwünschten oder unerwarteten Programmunterbrechnung kommt, wodurch die Fehlerursache aufgefunden werden kann.

post-processor *(pp),* Teil-Umwandlungsprogramm bei der numerischen Steuerung, das die Steuerdaten den Forderungen der speziellen Produktionsmaschine anpaßt, ist also das →Anwendungsprogramm, das die maschinenbezogenen Nachverarbeitungen ermöglicht.

Potentiometer, Bauelemente elektronischer Funktionsketten.

PPS-System, Projekt-, Planungs- und Steuer-System, eine Form der Netzplantechnik zur Darstellung der Zeit-, Kosten- und Kapazitätsplanung.

Preis-Leistungsverhältnis, wichtiges Merkmal für die Beurteilung eines Compilers, wobei auf eine konkrete Situation, die durch den Compiler erfaßt werden soll, abgestellt sein und die →Konfiguration der Rechenanlage (RA) beachtet werden muß. Es kann von Faktoren wie Begrenzung, Spezialisierung, räumlicher Trennung oder Zusammenschluß von Maschinen beeinflußt werden. Großrechenanlagen (GRA) bieten ein günstigeres Preis-Leistungsverhältnis als mittlere und kleine RA.

Primärdaten →Ursprungsdaten.

Primärinformationen geben vom Urbeleg her die Veranlassung zur weiteren Be- und Verarbeitung. Sie geben ggf. die Unterlagen für die Sekundärinformationen.

Primärsprachen →Symbolsprachen.

Priorität, Rangfolge der Programme (P), insbesondere bei →*multiprogramming (mp)* und →*multiprocessing (mpc).* Die höchste Priorität wird stets zuerst bearbeitet. Die Priorität ist nach dem Prinzip „first in — first out" bestimmt, wodurch Ein- und Ausgabeeinheiten optimal ausgelastet werden.

Problemdefinition, logische und methodische Beschreibung eines Problems in Form von allgemeinen Ablaufdiagrammen oder logischen Plänen mit allen Angaben, die für die weitere Lösung, z. B. Programmierung (Pr), erforderlich sind.

Problemnummer, i. a. ein mehrstelliger →Ordnungsbegriff, der alle Arbeitsgänge kennzeichnet. Die Nummer setzt sich aus dem Sachgebietsschlüssel und aus Stellen für die laufende Numerierung zusammen.

problemorientierte Programmiersprache (PPSpr), ihr →Befehlscode ermöglicht es, das zu lösende Problem zu programmieren, ohne den →Maschinencode

(MC) berücksichtigen zu müssen. Sie ist immer auf Anwendungsbereiche zugeschnitten, eine →Makrosprache oder höhere Programmiersprache, z. B. →ALGOL, →COBOL, FORTRAN u. ä. Das Lernen einer PPSpr setzt nur minimale technische Kenntnisse voraus. Sie kommt der sprachlichen Ausdrucksweise des Menschen nahe; das Programm ist in kurzer Zeit erstellt. Zu jeder PPSpr gehören Übersetzer: →Assembler, →Compiler, →Generatoren. Durch ihre vereinfachte Programmierung können ggf. Kosten eingespart werden, wodurch eine höhere Maschinenmiete tragbar wird. Ein Befehl einer PPSpr erzeugt i. a. eine Folge von internen Befehlen (1 : n Verhältnis). Der Sprachumfang einer PPSpr ist die Gesamtheit der Sprachelemente und der Verknüpfungsregeln. Eine Teilmenge dieser Gesamtheit heißt ein →*subset.*

Procedure-Division →COBOL-Programme.

processor *(p),* „Funktionseinheit innerhalb eines digitalen Rechensystems, die Rechenwerk (RW) und Steuerwerk (STW) umfaßt“ (DIN 44 300), die der Internsteuerung der Zentraleinheit (ZE) bzw. der Durchführung der arithmetischen und logischen Befehle (Bef) dient. Die Computerarbeiten: *assembly* (Umsetzen), *compiling* (Umrechnen) und *generation* (Erzeugung) werden zusammengefaßt. — Bei der →numerischen Steuerung ist der *processor* ein Teil-Umwandlungsprogramm, das mit den Codewörtern (CW) der von der Arbeitsvorbereitung verwendeten Programmiersprache (PSpr) arbeitet, Steuer(ungs)daten für eine idealisierte Einheits-Produktionsmaschine erstellt und alle Rechenoperationen (RO) übernimmt.

Produktionsplanung, (1) die eigentliche Planung der in Zukunft auszuführenden Arbeiten, (2) die Durchführung der geplanten Arbeiten sowie deren Kontrolle.

Produktograph, ein Erfassungsgerät für Produktions-Ist-Werte, das in Verbindung mit einem Computer Arbeits- und Abrechnungslisten ausdruckt. *(Siemens)*

Programm (P), ggf. auch Routinen oder Prozeduren, die für einen Arbeitsgang individuell, aber nach bestimmten Regeln und Formeln angeordnete Aufeinanderfolge aller Befehle (Bef) und auch die Gesamtheit aller schriftlichen Anweisungen, welche die Arbeit einer informationsverarbeitenden Maschine, einer DVA, bewirken. Die Erstellung eines P erfolgt vorwiegend intuitiv. Zur Lösung eines Problems stellt P sich in einem Plan exakter, genau detaillierter Verarbeitungsschritte, Verwaltungsvorschriften oder Operationen in der der DVA eigenen →Sprache, der sog. →Maschinensprache, dar, d. h. in einer in dem spezifischen DVA-System „maschinenorientierten“ Spr, was sich i. w. in langen Symbolkolonnen zeigt, für die ein bestimmter und verständlicher →Schlüssel (Code) vorgesehen sein muß. Die Wörter dieser Spr heißen (Maschinen-)Befehle oder Instruktionen (Instr). Jede DVA hat ihren fest umrissenen, beschränkten Befehlsvorrat, mit dem die zu lösenden Aufgaben formuliert werden müssen.

P bezeichnet aber auch eine Denkarbeit, die sich in einem bis ins Einzelne gehenden Plan über die sinnvolle und zielorientierte Lösung für eine Aufgabe der DV in einer DVA auswirkt, wobei alle →Varianten enthalten sein müssen, die bei irgendeinem Fall auftreten können. Der Maschinensprache tritt darin die Problemsprache oder auch Symbolsprache (SSpr) gegenüber, wobei die Operationen durch sinnvolle →Symbole oder durch die natürliche Sprache in festgelegten Abkürzungen oder in spezifischen Ausdrücken dargestellt werden kann. Das P kann aus Hunderten bis zu Tausenden Einzelbefehlen bestehen. Die Größe des P wird weitgehend durch die gewählte Programmiersprache bestimmt, wobei die Maschinenprogramme bei Anwendung einer höheren Programmiersprache — abhängig vom verwendeten Computer — meist umfangreicher sind. Das P wird i. a. in Vorlauf-, Haupt- und Schlußprogramm unterteilt oder, z. B. bei COBOL, in vier Divisionen (→COBOL-Programme). Wichtig ist die →Dokumentation (Dok) des P in eine eindeutige Programmbeschreibung und die Überprüfung der Richtigkeit durch →Testen. (→Programmierung)

Programmablauf, *run,* zeitliche Beziehung aller Operationen (O) bzw. der Programmteile zum gesamten Anwendungsprogramm, wobei sie während der Verarbeitung sequentiell vom Steuerwerk (STW) zur Ausführung abgeholt werden.

Programmablaufplan, das Schema, nach dem die →Befehlsfolge geschrieben wird. Die „Funktionsbeschreibung" oder „Aufgabenstellung" umfaßt: (1) Bezeichnung und Nummer des Programms (P), (2) verbale Aufgabenstellung mit Angabe aller bei der Istaufnahme festgelegten Arbeitsvorschriften, Formeln und Grenzwerte und (3) Angabe der zu benutzenden →Unterprogramme (UP). (→Flußdiagramm)

Programmablaufsteuerung kontrolliert in der Maschine den sequentiellen Ablauf der Programmbefehle durch einen Adressenzähler (→Befehlszähler).

Programmabschnitte, Teile von →Haupt- oder →Unterprogrammen, die in sich eine logische Einheit bilden und die Grundeinheit für den Programmaufbau abgeben.

Programmanschlußpunkte →Marken.

Programmaufbau umfaßt neben der →Programmstruktur i. w. das →Codieren und →Testen der Programme.

Programmband wird i. a. aus einem oder mehreren Lochkartensätzen oder Kartenbändern erstellt, enthält mehrere ladefähige Programme.

Programmbereiche, *partions,* die eindeutigen, selbständigen Teile des Arbeitsspeichers (ASp), bezeichnen aber auch die Systemprogrammierung, die Programmiersprachen (PSpr) und die Anwendungsprogrammierung. (→*multiprogramming,* →Speicherbereichsschutz)

Programmbeschreibung skizziert den Programmablauf, nennt die wesentlichen Regeln des Verfahrens, legt genau die Daten fest, die während des Programmablaufes benötigt werden, und enthält eine selbständige Dokumentation.

Programmbibliothek (PB), *program library.* I. Eine meist auf Magnetbändern oder Magnetplatten gespeicherte Folge ausgetesteter →Standardprogramme der Hersteller für oft wiederkehrende Aufgaben. — II. Eine Sammlung aller anwendungsbezogenen Kundenprogramme. (→Bibliotheksprogramme)

Programmeinheit besteht gewöhnlich aus einem →Hauptprogramm (HP) und beliebig vielen →Unterprogrammen (UP). Sie hat dann Bedeutung, wenn der „interne Speicher" (→Arbeitsspeicher) sequentiell überschritten wird bzw. bei →*multiprogramming (mp)* unter einem Betriebssystem (BS) arbeitet.

Programmfolge beginnt mit einer Begrenzung oder Schnittstelle und endet mit einem Anschlußpunkt. (→Programmablauf, →Programmstruktur)

Programmgeber, wichtigster Teil einer automatischen Steuer- und Regelanlage, die i. w. aus einem Programmspeicher nebst Fortschalteinrichtung und einer Abtastvorrichtung besteht.

Programmgenerator (PG), ein Dienstleistungsprogramm (DP), das aufgrund von Bestimmungen oder →Parametern ein Verarbeitungsprogramm (VP) erstellt. Die abgelochten Angaben werden durch den PG zu einem Programm (P) generiert. Die Erstellung eines →Blockdiagramms (BD) wird überflüssig. (→ BEST →RPG)

Programmieren, die Technik des Algorithmen-Schreibens. Das analytisch gelöste Problem wird maschinengerecht formuliert. Dazu gehören (1) die Auswahl der →Programmiersprache, (2) die Aufstellung der →Befehlsfolge, wobei Art und Reihenfolge der Ausführung und auch der zeitliche Ablauf im Sinne der gestellten Aufgabe festgelegt werden, (3) die Benutzung der →Programmbibliothek, (4) die Einteilung des Speicherraumes und (5) die Aufstellung und Auswertung der Testbeispiele.

Mit Programmieren bezeichnet man auch die Aufstellung des →Programms. Ein erheblicher Teil der Programmierarbeit ist rein mechanischer Art, so daß eine Trennung nach Programmierarbeit für übergeordnete Probleme und nach Routinearbeit für gängige, sich wiederholende Abläufe und Übertragungen auf ein Codierblatt berechtigt ist.

Programmierer, *programmer,* Fachmann der EDV, der das →Programm (P) erstellt, wobei er die Arbeit des →Codierens zu beherrschen und die Aufgabe aus ihrem systematischen Konzept heraus zu verstehen hat. Die zu lösende Aufgabe ist für ihn das Primäre. Sein Beruf erfordert neben gründlicher Systemkenntnis qualifizierte Geistesarbeit, höchste Konzentration und streng logisches Denken. Ausbildung oder Umschulung eines Programmierers ist teuer und zeitraubend, selbst wenn es sich um erfahrene Kräfte handelt. Bis zur befriedigenden Produktivität vergeht einige Zeit. Die Spannweite in diesem Beruf geht vom Programmierassistenten über den math.-techn. Assistenten bis zum Chefprogrammierer. Die Ausbildungskosten betragen etwa 3000 DM, bei Zugrundelegung einer theoretischen *und* praktischen Ausbildung 15 000 DM bis 30 000 DM. (→ Datenverarbeitungsfachleute)

Programmierhilfen, Teil der →*software (sw),* und zwar innerhalb der Betriebssysteme (BS) und der Standardprogramme (StP).

Programmierkosten hängen ab vom Ausbildungsstand der Programmierer, von der klaren Problemdefinition und von der Qualität der vom Hersteller zur Verfügung gestellten →Programmierhilfen. Durch sie gewinnt die →*software (sw)* entscheidende Bedeutung für die Wirtschaftlichkeit einer Rechenanlage (RA). Durch die Funktionssteigerung der →*hardware (hw)* werden die Programmierkosten aber zurückgehen. Durch die qualifizierteren Programmierungsaufgaben und gestiegenen Anwendungsgebiete ist der Anteil der Programmierkosten an den Gesamtkosten in dem letzten Jahrzehnt von 5—10 % auf 50 % gestiegen. Die Personalkosten in der Programmierung (Pr) belaufen sich erfahrungsgemäß auf 50 % bis zu 100 % der Monatsmiete (→ Mietkosten).

Programmiersprache (PSpr), *programming language,* Hilfsmittel zur Formulierung von →Programmen (P) in einer bequemen, verständlichen Form. Insbesondere enthält sie Wörter einer lebenden Sprache sowie symbolische Bestandteile und ist dadurch für den Menschen besser lesbar und verständlicher als die →Maschinensprache (MSpr), die als „interner Code“ nur aus Binärwerten besteht. Die PSpr ist das Mittel zur Kommunikation zwischen Mensch und Maschine, sie ist eine teils problem- bzw. verfahrensorientierte, teils symbolische oder teils maschinenabhängige, künstliche Sprache zur Erleichterung der →Programmierung (Pr). Mit ihrer Hilfe wird das mühselige Zerpflücken eines Rechenablaufes in primitive Einzelschritte und das →Codieren der Operationsbefehle in die MSpr überflüssig. Die Begriffe der PSpr sind begrenzt an Zahl, prägnant und eindeutig. Durch ihre Verwandtschaft mit denen einer natürlichen Sprache sind sie leicht zu erlernen. In der PSpr werden die zur Lösung eines P führenden Befehlsabläufe (Algorithmen) unmittelbar niedergeschrieben. Man nennt die problemorientierte PSpr daher auch algorithmische oder operative oder Formelsprache.

Beim problemorientierten Programmiersystem ergibt sich folgende Übersicht:

1. Systemorientierte PSpr: als *einfache,* bei der grundsätzlich jeder „symbolische" in einen „echten" Befehl umgewandelt wird, und zwar durch den →Assembler (Ass.) (sog. Eins-zu-Eins-Sprache), z. B. →AUTOCODER, →COMPASS, →PROSA, →EASYCODER, und als *erweiterte,* mit Hilfe von →Makrobefehlen, z. B. →IOCS, →EASYTRAN, →STAR.
2. Systemunabhängige PSpr: als sog. *höhere,* bei der ein „symbolischer" in mehrere „echte" Befehle aufgelöst wird, und zwar durch den →Compiler (Com) (sog. Ein-zu-Mehr-Sprachen). Hierher gehören →ALGOL, →COBOL, →FORTRAN, →PL/1.
3. Standardprogramme (StP): fertige, vom Hersteller gelieferte Programme für häufig wiederkehrende Arbeiten, die aufgegliedert sind. In Maschinensprache umgewandelt, können sie durch einfache Steuerkarten (STK) angepaßt werden. Sie sind kein übergeordnetes →System, sondern nur Teil, eingebaut in ein →Hauptprogramm (HP). Typische StP sind Übersetzungs- und Dienstprogramme für „höhere" PSpr, Sortier-Maschinenprogramme (systemorientiert), Lohnprogramme (problemorientiert) u. a. m.
4. Bibliotheksprogramme (BP): von den Herstellern auf Vorrat gehaltene bzw. von den Kunden zur Verfügung gestellte Anwendungs- oder Benutzerprogramme (eigener Entwicklung).

Die Programmiersprache hat folgende Zielsetzung: (1) Verständlichkeit, (2) Unabhängigkeit (von der MSpr der einzelnen EDVA), (3) Vereinfachung und (4) Wirtschaftlichkeit, wobei aber darauf zu verweisen ist, daß größere Speicherkapazitäten erforderlich sind, andererseits jedoch Programmierkosten erspart werden (Verlagerung der Kosten in die Bereiche der Sachkosten).

Man unterscheidet fünf wesentliche Entwicklungslinien: (1) Wissenschaftliche und technische Problemstellungen mit den vorläufigen Endstufen in den Sprachen ALGOL, FORTRAN, PL/1. (2) Kommerzielle Aufgabenstellungen in Form von PSpr mit den vorläufigen Endstufen COBOL, PL/1. (3) Wissenschaftliche und kaufmännische Probleme (gleichermaßen durch differenzierte Symbolik), z. B. PL/1. (4) Assembler-Verfahren mit Auflockerung der streng gebundenen Symbolik und freier Wahl von Wörtern (W) und Symbolen (Sy). (5) Programme mit Hilfe von individuell angepaßten, auf spezifische → *hardware (hw)* modifizierten →Programmgeneratoren (PG), z. B. →RPG, →LPG, →BEST und andere Umsetzerprogramme.

PSpr sind wie Programmierhilfen eingebaut und abgerundet durch die modernen (Bedienungs-)Betriebssysteme heute die unentbehrlichen Hilfsmittel bei der Formulierung von Problemen für ein →Datenverarbeitungssystem (DVS). Sie reduzieren den Programmieraufwand erheblich und gewährleisten erst dadurch den rationellen Einsatz einer DVA. Alle Hersteller von EDVA sind intensiv und umfassend um den weiteren Aufbau und Ausbau der →*software (sw)* zum Vorteil der Benutzer ihrer Anlagen bemüht. Die enge Verknüpfung zwischen *hw* und *sw* verschiebt den Schwerpunkt der Programmierung immer mehr von der Programmierungstechnik zur Problemanalyse.

Programmiersysteme (PS) umfassen Generatoren (Gen), Systemorganisation und Hilfsprogramme (HiP) und bilden mit den Programmiersprachen (PSpr) die modernen Betriebssysteme (BS) und sind damit ein Teil der →*software (sw).*

programmierte Instruktion →programmierte Unterweisung.

programmierte Unterweisung (pU), auch „kybernetische Pädagogik" *(H. Frank),* seit 1963 ein Lehr- und Lernverfahren, wobei nach satzlogischen und lernpsychologischen Gesichtspunkten geordnete Lehrstoffe in kleinen Lehrelementen, Lehrschritten, im Selbststudium erarbeitet werden, und zwar im Wechselspiel zwischen Frage und Antwort, d. h. zwischen Eingabe (E) und Ausgabe (A). Sie ist sinnvoll, wenn ein klar umrissenes Wissensgebiet, das sich längere Zeit nicht ändert, einer großen Empfängergruppe vermittelt werden soll. Die wissenschaftliche Grundlage liegt in der Anwendung der Erkenntnisse dreier moderner Wissenschaftszweige: (1) der Lernpsychologie, (2) der Verhaltensforschung und (3) der Kybernetik.

Die grundlegenden Merkmale sind:

1. Der Lernprozeß wird vom Lernenden selbst gesteuert, womit er praktisch allein die Verantwortung für seinen Fortschritt und die Festsetzung seines Lerntempos übernimmt.
2. Durch stetig neu erfolgende Informationen (Info) wird der Lernende zur Antwort aufgefordert und kann bei richtiger und exakter Beantwortung gleichzeitig seine Lernschritte kontrollieren.
3. Die Rückkopplung *(feedback),* ein in der Kybernetik bekanntes Prinzip, es findet durch sofortige Prüfung dauernd Anwendung, so daß weitere Lernschritte von der Richtigkeit der Antworten abhängen.

Eine Stunde pU braucht etwa 200 Stunden Vorbereitung. In den nächsten Jahren wird die pU ihren Schwerpunkt in den Bereich der Lehrautomaten (LA) legen. (→Lehrmaschinen)

Programmierung (Pr). Die Programmierung setzt sich aus zwei Vorgängen zusammen: (1) den organisatorischen Arbeitsablauf und (2) die Übernahme des Planes in das →Maschinenprogramm.

Die Pr ist die Umsetzung eines Arbeitsablaufes, der von einer vorgegebenen Ausgangsstellung zu einem gewünschten Ergebnis führen soll, bzw. die Festlegung einer bestimmten Folge tatsächlicher Arbeitsschritte für den logischen Ablauf der Maschinenarbeit. Diese Folge reeller Schritte wird zunächst in Form eines →Ablaufdiagramms (AD) symbolisch dargestellt. Die einzelnen Schritte werden in die betreffende → Programmiersprache (PSpr) übersetzt und schließlich i. a. nach einem maschinellen Umwandlungsvorgang als → Programm (P) in die Maschine eingegeben. Den Vorgang der →Übersetzung nennt man codieren. Die Pr besteht demnach in der Ausarbeitung und Ordnung von Prozessen sowie Abläufen, um zu genau formulierten und gewünschten Zielen zu gelangen. Durch die Pr kann man die halbe Maschinenkapazität sparen.

Die einfache Pr verlangt i. a. Mehrbedarf an Hauptspeicherplatz. Pr-Fehler werden zum großen Teil vom → Compiler (Com) entdeckt.

Die Pr läßt sich in mehrere Hauptgruppen gliedern, wobei der prozentuale Anteil verschiedener Tätigkeiten unabhängig von Maschinengröße und Art des Benutzers ist: Problemanalyse = 26 %, Block-/Fluß-Diagramme = 14 %, Codierung = 15 %, Testen = 16 %, Dokumentation = 9 %, Programmwartung = 10 %, Schulung und Training = 10 %.

Programmierungsstufen.

1. →Blockdiagramm: allgemein verbindlich, anschaulich, übersichtlich, unentbehrlich für Planung und Entwurf von →Abläufen; aber nicht unmittelbar in →Maschinenprogramme übersetzbar.
2. →Problemorientierte Programmiersprache: allgemein verbindlich, schwerer überschaubar und meist nur mit Kenntnis der verwendeten Sprache lesbar; aber übersetzbar durch →Compiler (Com) in Maschinenprogramme.
3. →Maschinenorientierte Programmiersprache: nur für spezielle Anlagentypen, übersichtlicher als Maschinenprogramme, nur dem speziell Geschulten zugänglich; aber optimal programmierbar, übersetzbar durch →Assembler (Ass) oder →Interpreters in Maschinenprogramme.
4. →Maschinensprache: nur für spezielle Anlagetypen, manuell fehleranfällig, nur dem Spezialisten zugänglich; aber unmittelbar zur →Steuerung mit optimaler Nutzung verwendbar.

Programminstruktion, Maschineninstruktion, Anweisung an die Maschine, einen bestimmten Programmschritt auszuführen.

Programmkarten (PK), Lochkarten (LK) auf der Trommel des Lochers oder Prüfers, in denen die wesentlichen Steuerfunktionen des Ablaufes festgelegt sind: →Sortieren, →Duplizieren, →Schreiben, Umschalten auf numerisches oder alphabetisches Lochen bzw. Prüfen. Durch einfaches Auswechseln der PK läßt sich die Maschine sehr schnell auf eine andere Arbeit umstellen.

In anderer Bedeutung stellen die Karten bei der Codierung in →Maschinensprache (MSpr) das endgültige →Programm (P) dar. Bei symbolischer Programmierung bilden die abgelochten LK nur eine Zwischenstufe. Mit Hilfe eines →Umwandlungsprogramms werden sie in den →Maschinencode (MC) verwandelt.

Programmodul →Objektmodul.

Programmothek →Programmbibliothek.

Programmpakete, *packages,* enthalten für viele Vorgänge meist mehrere verschiedene Leistungen, aus denen man sich die gewünschten aussucht und sie wie in einem Baukasten „modular", also aus Teilen, zu einem Gesamtsystem zusammensetzt. (→Modularprogramme)

Programmpflege, Anpassung bestehender Programme (P) an veränderte Problemstellung.

Programmphasen, Teile eines Programms (P), die zu verschiedenen Zeiten im Kernspeicher (KSp) stehen.

Programmprüfung, mathematisches oder logisches Kontrollverfahren, bei dem zur Überprüfung von Programmen (P) und Maschinenfunktionen ein ähnliches P mit bekannten Ergebnissen verwendet wird. (→Test)

Programmregelung, selbsttätiger Regelvorgang, bei dem der Soll-Wert der Regelgröße nach Programm (P) einstellbar bzw. veränderbar ist.

Programmsätze, *sentences,* bestehen aus mehreren →Anweisungen. Mehrere Programmsätze können zu →Paragraphen zusammengefaßt werden.

Programmschema, die Codierblätter für Programmiersprachen. Jede Zeile auf dem Programmschema ergibt eine Lochkarte (LK). (→Programmablauf)

Programmschleifen, *cycle loops* oder *iterations,* Teil eines Programms (P) in dem eine bestimmte →Befehlsfolge mehrfach durchlaufen wird, d. h. am Ende steht ein →Programmsprung zurück zum ersten Befehl (Bef) der Folge (Anfang). Die Schleife wird erst verlassen, wenn im Lauf der Verarbeitung eine in der Schleife abgefragte →Bedingung erfüllt wird. Eine Schleife kann in sich wieder kleinere Schleifen enthalten und dazu noch mindestens eine →Weiche.

Programmschritte, *steps,* die Abstände zwischen zwei Einsatzpunkten eines Programms (P), die nur einmal programmiert zu werden brauchen, wenn sie sich zwei- oder mehrmal in der gleichen Folge wiederholen.

Programmschutz →Speicherbereichsschutz.

Programmsegmente, die Teile der →Programmeinheit, die i. a. auf externen Speichern stehen. Sie können Abschnitte oder Sektionen (zusammengefaßte Abschnitte) des →Hauptprogramms (HP) sein, aber auch →Unterprogramme (UP). Sie sind gleichbedeutend den →Kapiteln in der COBOL-Programmierung.

Programmspeicher, Einrichtung zur Steuerung (ST) mehrerer Programmschritte für die Verarbeitungsprogramme (VP) in Maschinensprache (MSpr).

Formen der Programmspeicher sind:

1. Steuerschienen bei Buchungsmaschinen,
2. Schalttafeln im Lochkartenverfahren,
3. gelochte Datenträger (DT),
4. elektronisch gespeicherte Programme (P) im Arbeitsspeicher (ASp) wie im Festspeicher (FSp).

Programmspeicherung, eine *hardware*-Einrichtung, um mehrere Schritte eines Programms zu steuern oder Informationen für die Steuerung dieser Schritte aus dem Speicher zu entnehmen.

Programmsprung, Änderung der Instruktionsfolge und Verzweigung (Vz), meist in Abhängigkeit von einer bestimmten Bedingung in einem anderen Programmteil.

Programmstatuswort (PSW) faßt die Statusinformationen, wie Instruktionsadresse, Bedingungsschlüssel, Zeichencode usw., in einem Doppelwort zusammen, hält bei einer Programmunterbrechnung in einem speziellen Register im Rechner den Zustand vor der Unterbrechung fest, um beim Wiedereintreten des alten Zustandes die Ausgangsbedingungen verfügbar zu machen. *(IBM)*

Programmsteuerung (PST), automatische Ausführung aller Abläufe einer EDVA in der vorgesehenen Reihenfolge durch die im →Arbeitsspeicher (ASp) stehenden →Befehle (Bef). Sie benützt bestimmte Register (Reg) und Schnellspeicher zur Überwachung des Befehlsablaufes, für automatische Kontrollen sowie für die Zusammenarbeit mit den Kanälen.

Programmstruktur, Gliederung eines Programms (P) in Vorlaufzweig, Hauptroutine, Unterprogramme (UP) und Schlußzweig.

Programmtrommel, *program drum,* ein sich um die eigene Achse drehender Zylinder, auf dem eine Lochkarte zum Auslösen bestimmter Maschinenfunktionen aufgebracht ist, z. B. bei einem Loch-/Prüfgerät.

Programmumsetzer →Assembler, →Compiler, →Generator.

Programmunterbrechung (PU), *program interrupt*, rationeller Einsatz der Eingabe-/Ausgabe-Einheiten, der veranlaßt wird durch:

1. einen →Befehl (Bef) im Programm (P), bei dem das Rechenwerk (RW) stoppt, um nach außenhin eine Überprüfung des P und auch einen Eingriff in den →Programmablauf zu ermöglichen, z. B. Datenein- und -ausgabe;
2. einen externen Eingriff, z. B. →Datenfernübertragung (DFÜ), mit höherer →Priorität gegenüber dem laufenden Programm (automatische Unterbrechung) bzw. durch manuelle PU auf dem →Bedienungspult;
3. automatische Unterbrechung bei →*multiprogramming (mp)*, wenn das laufende P in den sog. Wartestatus gerät, i. a. dann, wenn die langsamen externen Einheiten noch nicht arbeitsbereit sind, wobei das P, durch das Betriebssystem (BS) gesteuert, mit der nächst niedrigeren Priorität aufsetzt;
4. Programmfehler infolge falscher →Adressen (Adr) oder unzulässiger Befehle;
5. Maschinenfehler, z. B. bei falscher Parität.

Programmunterlagen setzen sich zusammen aus:

1. der Analyse der zu programmierenden Aufgaben, i. a. →Blockdiagramm (BD) und →Flußdiagramm (FD),
2. dem Verzeichnis der →Instruktionen (Instr) der zu programmierenden Rechenanlage (RA),
3. den sog. Diagnostik-Listen bei der →Umwandlung des Programms (P),
4. dem in →Maschinensprache (MSpr) umgewandelten und vom →Drucker (Dr) dokumentierten „echten" Programmen bzw. den vom Stanzer ausgestanzten →Programmkarten (PK) und
5. den evtl. vom →Rechner (Re) selbst erstellten Blockdiagrammen.

Programmverknüpfer →*linkage editor.*

Programmverschlüsselung →Codieren.

Programmverzweigung →Verzweigung.

Programmwartung →Programmpflege.

Programmweiche →Weiche.

Programmzeitmesser, ein in die Zentraleinheit (ZE) eingebautes →Register (Reg), das bei Betrieb der Rechenanlage (RA) je Zeiteinheit um eine →Stelle (Ste) erhöht wird. Beim Einsprung in ein normales Programm (P) stellt das Überwachungsprogramm (→Betriebssystem) das Reg auf Null und akkumuliert bei Unterbrechung die gezählten Werte. Hat der Zeitmesser eine vorgegebene Zeit erreicht, bewirkt er eine automatische →Programmunterbrechung (PU). Am Ende eines P wird auf der Schreibmaschine der akkumulierte Wert ausgegeben.

Projekt, im Sinne der Netzplantechnik jedes in sich abgeschlossene Vorhaben, das einen definierten Ausgangspunkt sowie ein fest umrissenes Ziel aufweist und das sich in viele Teilarbeiten aufgliedern läßt, die nach- und nebeneinander zu erledigen sind. Die Struktur des Projektes läßt sich durch Ereignisse, Tätigkeiten und Scheintätigkeiten erfassen.

Projektleiter, die fachliche Führungskraft, die der Gesamtuntersuchung bis zur Entscheidung des Einsatzes einer EDVA sachlich und persönlich vorsteht.

Projektmanagement, eine besondere Informationsform als zeitlich begrenzte Führungshilfe, die dazu geeignet ist, wichtige, genau definierte, nicht routinemäßige, komplexe Aufgaben außerhalb der bestehenden betrieblichen Abteilungen zu erfassen und zu lösen, ohne jedoch auf deren Mitwirkung zu verzichten bzw. verzichten zu können.

Projektplanung →Netzplantechnik.

PROMIN, digitaler Kleincomputer (KlC) für technische Zwecke. (USSR)

PROMPT, *production reviewing organising and monitoring of performance technique,* ein für die Systemfamilie 1900 entwickeltes Programm (P) für die schrittweise Einführung einer umfassenden Produktionssteuerung durch den Computer (Comp), um die Lagerbestände zu verkleinern und die Finanzstruktur zu verbessern, mit vier separaten, koppelbaren Programmsätzen: *breakdown* (=Stücklistenauflösung), *stock control* (= Lagerkontrolle), *factory planning and control* (= Fertigungsplanung und -steuerung) und *purchase control* (=Einkauf). Der Benutzer kann jede Kombination dieser Programmteile entsprechend seiner Erfordernisse anwenden. *(ICL)*

PROP, Programm für die Investitionsplanung und Finanzierung. *(ICL)*

PROSA = Programmiersystem mit symbolischen Adressen, eine allgemeine Assembler-Sprache für wissenschaftliche, technische und kommerzielle Aufgaben bei den Digitalrechnern 2002 und 3003, die im Verhältnis 1 : 1 umwandelt. *(Siemens)*

PROSA 300, übersichtliche, leicht erlern- und lesbare maschinenorientierte Programmiersprache mit mnemonischen Abkürzungen bzw. symbolischen Adressen für die Prozeßrechnerfamilie 300. *(Siemens)*

Protokolle, Aufzeichnungsverfahren aus verarbeiteten Daten (D) durch →Drucker (Dr) oder im →externen Speicher für Nachweisungszwecke.

Prozeduren, *procedures,* „vereinbarte Regeln, nach denen ein Datenverkehr abläuft" (DIN 44 300); bei den höheren Programmiersprachen die Zusammenfassung mehrerer Befehle zu einem einheitlichen, selbständigen →Programm, sog. →Unterprogramm. Außerdem sind es Programme zur Behandlung der Blockung von Magnetbanddateien, zur Berechnung der Lohnsteuer u. ä.

Prozeß. I. Industrieller Prozeß: Gegenstand der Steuerung oder Regelung durch Prozeßrechner. — II. Datenverarbeitungsvorgang bestimmter Organisationsformen.

Prozeßleitsysteme, neues Anwendungsgebiet für →Digitalrechner (DR) für vollautomatische und wirtschaftlich optimale Betriebsführung von Fertigungsprozessen oder anderen schwierigen technologischen Vorgängen. In Verbindung mit Analog-Arbeiten, Steuer- und Regelsystemen entsteht ein hybrides Automatisierungssystem (→hybride Rechnersysteme).

Prozeßrechner (PR), auch *compact-computer,* eine seit 1959 aufgekommene neue Gattung Rechner (Re), meist binäre →Ein-Adreß-Maschinen zur direkten →Steuerung (ST) industrieller Prozesse (z. B. Herstellung von Treib-, Kunst- und chemischen Stoffen) oder →Abläufe (z. B. der Fertigungsstraßen). Sie bearbeiten die bei technischen, physikalischen und chemischen Prozessen anfallenden Daten (D) mit Hilfe der →Datenfernübertragung (DFÜ) schritthaltend, können also die beobachteten Prozesse →simultan korrigieren und ständig optimieren; sie erledigen reine Echtzeitaufgaben. Sie können mit Analogrechnern, Digitalrechnern und Hybridrechnern gekoppelt werden.

Prozeßsteuerung, *process control,* ein komplexes Gebilde, in dem sich Meß-, Regelungs- und Computer-Technik ergänzen. Es bedeutet die Durchlauf-Eingabe von Meßwerten produktionstechnischer Apparate in die DVA zur Errechnung der optimalen Arbeitsbedingungen und deren Ausgabe (A) an die zu steuernde Anlage zurück, z. B. automatische Werkanpassung an das maschinentechnische Optimum .Der technische Informationsfluß wird durch die →numerische Steuerung, der organisatorische Teil durch die →Fertigungssteuerung erfaßt.

Prüfbit oder Kontrollbit, auch Paritätsbit, wird jeweils einer geraden oder ungeraden Anzahl von Bits (b) je Wort (W) innerhalb des Codes (C) zur Ergänzung bzw. Kontrolle einer fehlerfreien Informationsspeicherung und -übertragung beigegeben. Es hat die Anzahl der Nullen oder Einsen — das ist je nach dem Hersteller verschieden geregelt — gerade oder ungerade zu machen. Auf diese Weise können Fehler automatisch erkannt werden.

Prüfen, ein dem Lochen analoger Vorgang, bei dem die zu prüfenden Daten (D) auf einem Lochkartenprüfer nochmals eingegeben und mit der Lochung verglichen werden. Die Prüfung kann durch eine entsprechende Kontrollorganisation auch ersetzt werden (Übersetzung = visuelle Prüfung).

Prüfer →Prüflocher.

Prüferin, Hilfskraft bei der Datenerfassung (DE), die durch analoge Eingabe (E) der gelochten Karten in einen Lochkartenprüfer die Richtigkeit der gelochten Daten (D) kontrolliert. Ihre Leistung liegt mit 30 Anschlägen/s höher als die der →Locherin.

Prüfkerbe, der Nachweis für die Richtigkeit der Lochung durch eine Kerbe am rechten Lochkartenrand: die LK hat den →Prüflocher passiert.

Prüflochen ein Lochungsverfahren mit erhöhter Sicherheit gegen Fehler, bei dem nacheinander zwei gleiche →Lochstreifen (LS) erstellt werden und bei Lochung des zweiten LS der zuerst hergestellte LS automatisch abgetastet und auf Übereinstimmung geprüft wird.

Prüflocher oder Prüfstanzer, technisches Gerät, das gestanzte Lochkarten (LK) auf richtiges →Stanzen überprüft bzw. nur abfühlt, ob sich an den betreffenden Stellen die gewünschten Lochungen befinden. Im Fehlerfalle wird die →Tastatur gesperrt und die fehlerhafte Stelle angezeigt. Die Geschwindigkeit liegt bei max. 2 Anschlägen/s (bedienerabhängig).

Prüfprogramme →Testprogramme.

Prüfstanzer →Prüflocher.

Prüfzahl, eine Zahl, die aus einer oder mehreren Ziffern besteht, zum Entdekken von Fehlern bei Geräten der Datenübertragungseinrichtungen.

Prüfziffern, aus dem →Ordnungsbegriff errechnete Kontrollzahlen, um die Richtigkeit der Lochungen des Ordnungsbegriffes festzustellen. Sie sichern zu übernehmende Zahlen, z. B. Kontonummern, gegen Übertragungsfehler durch ein- oder mehrstellige zusätzliche Zahlen (die Prüfziffern) ab. (→Paritätsbit)

Pseudoadressen, die zu verarbeitenden →Sätze (S) und →Felder im Kernspeicher (KSp).

Pseudobefehle oder mnemotechnische Befehle, symbolische Anweisungen an den Assembler, die bei der →Übersetzung keine Maschinenbefehle ergeben und durch die *software* interpretiert werden. (→Makrobefehle)

Pseudocode (PC) oder mnemonischer Code, ein vom Programmierer verwendeter →Schlüssel für die einzelnen Befehle (Bef) und Adressen (Adr). Der PC soll helfen, Fehler zu vermeiden und ein leichteres Programmieren ermöglichen. Ein im PC erstelltes Programm (P) muß vor dem eigentlichen →Programmablauf mit einem →Assembler (Ass) in den →Maschinencode (MC) übersetzt werden.

Pseudodezimale, „diejenigen Kombinationen von Binärziffern innerhalb des binär verschlüsselten Dezimalsystems, denen keine der Dezimalziffern **0** bis **9** zugeordnet sind" (DIN 44 300).

Pseudoprogramme (PP), auch unechte Programme, die unter einem →Pseudocode (PC) erstellten symbolischen Programme (P), die eine →Übersetzung durchführen (zumeist durch die Rechenanlage selbst) oder eine Interpretation der PP erfordern. (→Makroprogramme)

Pseudosatz, *dummy record,* der erste →Satz (S) im Datenbestand (DB), der keine Daten (D), sondern Angaben über den DB enthält. (→Kennsatz)

Puffer, *buffer,* selbständige, unabhängige →Zwischenspeicher (ZwSp), vor allem von →peripheren Einheiten (PE), die dazu dienen, durch vorübergehende Sammlung von Informationen (Info) die unterschiedlichen Operationsgeschwindigkeiten der Zentraleinheit (ZE) und der →peripheren Einheiten eines Systems auszugleichen und einen permanenten Datenfluß zu gewährleisten. Mit ihnen wird die Maximalleistung der PE erreicht. Ein Puffer für eine Lochkarten-Ein- oder -Ausgabe umfaßt z. B. 80 Stellen. Rechner (Re) und Ein- und Ausgabe-Einheiten können durch die Pufferung parallel arbeiten.

Pufferspeicher, *buffer storages,* gleichen in der Regel kleinen →Magnetkernspeichern (KSp), die sich in der →Zentraleinheit (ZE) oder in den →peripheren Einheiten (PE) befinden. Ihre Aufgabe ist es, die unterschiedlichen Geschwindigkeiten der schnellen ZE und der langsamen PE auszugleichen bzw. keine Blockierung entstehen zu lassen. Während der Eingabe sammeln sie die Bits (b) eines oder mehrerer Worte (W), die sie dann schnellstens an die Zentraleinheit weitergeben, um darauf von den peripheren Einheiten wieder langsam aufgefüllt zu werden. (→Zwischenspeicher)

Pufferung, in der EDVA eine notwendige und schnelle Methode der Kommunikation zwischen →Zentraleinheit (ZE) und →peripheren Einheiten (PE). Sie besteht im Sammeln von Daten (D) während einer längeren Zeit mit langsamer Geschwindigkeit, die dann in kürzerer Zeit mit höherer Geschwindigkeit übertragen werden. Dabei kann die Pufferung automatisch erfolgen, also ohne besondere Programmierung (Pr).

Puls, eine Folge von regelmäßig wiederkehrenden Impulsen.

Puls-Code-Modulation →PCM.

Pultschreibmaschine, als Zusatz zum →Bedienungspult (Bp) bietet sie die Möglichkeit des direkten Eingriffs in den Kernspeicher (KSp) bzw. auch zur Ausgabe (A).

Punkt →Komma.

Punktsteuerung, *point-to-point control,* auch Streckensteuerung, Ausdruck aus der Prozeßautomatisierung, eine Art der →numerischen Steuerung, wobei die Steuerung der differierenden Bewegungen von Werkzeugen und Werkstücken ohne Funktionszusammenhang zwischen den Achsen ist, also auf einzelne definierte Punkte ausgerichtet wird. Man nennt diesen Vorgang auch Positionieren. Die Punktsteuerung wird durch die →Bahnsteuerung abgelöst.

PUR = Programm-Umsetzer-Routine, leicht erlernbares *software*-System für die automatische Umwandlung von Familienmaschinen anderer Hersteller. *(Univac)*

Q

Quantelung, Aufteilung des Wertebereiches einer Variablen in eine endliche Anzahl von einander nicht überschneidenden Teilbereichen.

Quantisierung, Umwandlung analoger Meßwerte in zählbare Werte durch Zerlegung in gleich große Schritte durch einen Analog-Digital-Umwandler.

Quellenmodul, *source modul,* auch symbolisches Programm, ein in →Symbolsprache (SSpr) geschriebenes Programm, das noch nicht übersetzt zu sein braucht. Gegensatz: →Objektmodul.

Quellenprogramme (QuP), *source programs,* →Symbolprogramme.

Quellensprache →Symbolsprachen.

Quibinärcode, Binärcode für Dezimalziffern, wobei ein Eins-aus-Zwei-Code mit einem Eins-aus-Fünf-Code zu einem Zwei-aus-Sieben-Code kombiniert wird.

QUICKTRAN, eine FORTRAN-ähnliche, für technisch-wissenschaftliche Aufgaben geeignete symbolische Programmiersprache. *(IBM)*

R

RA ..., Analogrechner (z. B. RA 742, RA 770) der *AEG-Telefunken.*

Radar = *radio detecting and ranging,* Rückstrahltechnik, bei der man scharf gebündelte kurze Impulse (Imp) aussendet und die von einem weit entfernten Gegenstand reflektierten Wellen mißt.

Radio-Frequenzen, wirkungsvollstes, schnellstes und zugleich teuerstes Medium für die Datenübertragung, die z. B. im Fernsehbereich 3,3 Mio. Zeichen/s beträgt.

RAMAC, *random access memory accounter control (method of accounting and control),* als Simultan-Abrechnungsanlage das erste (1956) Magnetplattensystem mit 25 auf einen Schaft montierten und rotierenden Magnetplatten mit hoher →Speicherkapazität und direktem wahlfreien Zugriff zu beliebig gewünschten Daten (D). *(IBM)*

RAMPS, *resources allocation and multiprojekt scheduling,* automatisiertes Planungsverfahren zur Optimierung des Einsatzes von Arbeitskraft, Material und Geld, ein Programm (P) für die →Netzplantechnik (NPT).

Randeinheiten (RE) →periphere Einheiten.

Randlochkarten (RK), *edge notched cards,* auch Kerblochkarten, (noch nicht genormte) Lochkarten (LK), die an einem oder mehreren Kartenrändern eine Reihe von (vorgestanzten) Löchern enthalten, mit denen Daten (D) für einen einfachen mechanischen Suchvorgang →codiert werden können. Jedem Loch wird eine bestimmte Bedeutung zugeordnet. Für die in der Karte enthaltenen Begriffe werden die entsprechenden Lochungen durch Kerben des Kartenrandes mit einer Spezialzange zu Schlitzen erweitert. Karten, die eine bestimmte Angabe enthalten, können aus dem Stapel mechanisch aussortiert werden, indem man durch alle Karten an der entsprechenden Stelle eine lange Nadel oder Stange hindurchführt. Die Karten mit der gesuchten Information (Info) haben dort einen Schlitz. Sie fallen beim Hochheben des Stapels heraus. Die nicht betroffenen Karten werden mit den Löchern auf der Nadel festgehalten. Durch ein Auswahlgerät läßt sich eine Stundenleistung von ca. 20 000 LK erreichen. Sie finden sich in der Praxis auf den Gebieten der Arbeitsvorbereitung, Fertigungsplannug, Terminwartung u. ä.

random access →wahlfreier Zugriff.

Randomspeicher (RSp), *random access storage,* i. w. ein →Ferritkernspeicher mit direktem, sofortigem wahlfreien Zugriff, der von der →Adresse unabhängig ist, so daß die Daten in beliebiger Folge angesprochen und übertragen werden können. Jeder RSp muß standardisierte Kennsätze tragen. Aufgrund der relativ kurzen Zugriffszeit werden alle externen Speicher, außer den Magnetbandspeichern, zu den Randomspeichern gerechnet.

Rand Tablet, Name einer Schreibvorrichtung, die der Rechenanlage (RA) Position und Aufsetzdruck für eine graphische Darstellung meldet, insbesondere für Blockdiagramm-Zeichnungen. *(Univac)*

Rangfolge →Priorität.

RAPIDWRITE, eine erweiterte *ICL*-Symbolsprache auf COBOL-Grundlage. Sie verwendet jedoch spezielle, vorgedruckte Lochkarten (LK), mit denen der Programmierer sein Programm (P) nach dem Prinzip eines →Flußdiagramms (FD) mit austauschbaren → Blöcken aufbauen kann. Die Umwandlung in das Maschinenprogramm erfolgt durch ein Übersetzer(Compiler-)programm. *(ICL)*

Rationalisierung, die Gesamtheit aller Bestrebungen und Maßnahmen, das sinnvollste, zweckmäßigste und kostensparendste Verfahren in jeder Hinsicht und für jedes Ziel zu erreichen. Die harmonische und zweckvolle Arbeitsplatzgestaltung ist mit dem wirtschaftlichen Arbeitsablauf in Übereinstimmung zu bringen.

RAX = *remote-access-computing system,* ein selbständiges Programmiersystem für Datenfernverarbeitungs-Service im technisch-wissenschaftlichen Bereich mit kleineren Datenmengen. Im → *time-sharing-system (tss)* können bis zu 63 Benutzer unabhängig voneinander sofort und gleichzeitig über den zentralen Computer (Comp) verfügen, und zwar über öffentliche und private Telephonleitungen oder *terminals* oder Datenstationen mit Schreibtastaturen, Kleindrucker, Bildschirme usw. Das in FORTRAN- oder Assemblersprache geschriebene Programm (P) wird über die *terminals* eingegeben, wobei der Comp angewiesen wird, mit der Verarbeitung zu beginnen. Im Dialog können Programme gespeichert, verändert, abgerufen usw. werden. *(IBM)* (→*remote computing)*

real-time →Echtzeit.

real-time-operating →*real-time-processing.*

real-time-processing *(rtp)* oder *real-time-operating,* besonderes Kennzeichen der 3. →Generation; Ist-, Sofort-, Echtzeit-, schritthaltende oder Daten-Direkt-Verarbeitung, je nach Herstellerfirma. Die eingegebenen Daten (D) sind derart betriebsbereit, daß die Verarbeitungsergebnisse innerhalb einer vorgegebenen Zeit verfügbar sind, so daß das Ergebnis noch den externen Prozeß beeinflussen kann. Auftreten der Information (Info) und ihre Verarbeitung fallen mit sehr geringer Toleranz zeitlich fast zusammen. Anfrage und Antwort folgen praktisch direkt aufeinander. Korrekturen von Vorgängen, die die Nachricht (N) veranlaßt haben, werden noch möglich. Der *online*-Betrieb, die Koppelung mit →*time-sharing* und die Vorrangsteuerung setzen eine Hierarchie von schnellen externen Speichern voraus, die auf die hohe interne Verarbeitungsgeschwindigkeit des Computers (Comp) abgestimmt sind, und die den auftretenden unterschiedlichen Anforderungen durch →direkten Zugriff zu Programm (P) und Daten (D) gerecht werden. Dafür muß eine wirkungsvolle →*software (sw)* in vollem Umfang eingesetzt werden können, z. B. verfügbare Programme für die Interpretation der Eingabedaten, bereitstehende →Verarbeitungsprogramme (VP) und umfangreiche → Simultanspeicher (SSp). Die **Sofort**verarbeitung wird angewendet zur → Prozeßsteuerung und Werkstattfertigung, löst aber auch die Probleme der Produktions- und Umsatzplanung, der Finanz- und der Ergebnisplanung bis hin zur Soll-Bilanz und erleichtert die integrierte Datenverarbeitung (→IDV), die simultane Abrechnung und führt zum →Informationssystem (IS) bzw. MIS. Die Leistungsfähigkeit eines *rtp* wird bestimmt durch (1) Eingabe-/Ausgabe-Steuerung, (2) Interruptsystem, (3) Prioritätenbehandlung und (4) Zeitbewußtsein des Systems. — Für die →

Datenfernverarbeitung (DFV) sind bis zu 128 Leitungen möglich. (→*time-sharing)*

real-time-programming, die →*software* für das →*real-time-processing.*

Realzeitbetrieb →*real-time-processing.*

Rechenanlagen (RA), Computer, hochorganisierte DVA, die in erster Linie aus elektronischen (→Zentraleinheit) und elektromechanischen (→Peripherie) →Baugruppen bestehen, die Befehle (Bef) und Daten (D) aufnehmen, verarbeiten und abgeben können. In Zukunft dürften die Funktionen durch Lichtstrahlen (Photozellen), Flüssigkeiten und Gase bewirkt werden. Eine klare Abgrenzung zwischen kleinen, mittleren und großen RA ist nicht immer möglich. (→Datenverarbeitungsanlagen)

Rechenautomat →Computer.

Recheneinheiten verarbeiten Eingabedaten, wozu z. B. Addier-, Komplementier-, Vorzeichen-Vergleichseinheiten und Vergleichseinheiten für den Absolutbetrag zweier Zahlen u. ä. gehören.

Rechengeschwindigkeit →Geschwindigkeiten.

Rechenkomma →Komma.

Rechenlocher (Rl), die am weitesten entwickelte Maschine des →Lochkartenverfahrens (LKV) mit dem Übergang zur Elektronik. Er führt alle arithmetischen Operationen (bis zu 12 000 Lochkarten/h) bei gleichzeitiger Lochung des Ergebnisses durch. Für diese Arbeiten ist die →Tabelliermaschine (Tab) zu langsam und in ihren Möglichkeiten zu begrenzt.

Rechenmaschinen (RM), notwendige und unentbehrliche Hilfsmittel der Bürotechnik und des Rechnungswesens zur Rationalisierung der Arbeit. Ihre Entwicklung vollzog sich in drei Stufen: mechanische RM (1623), elektromechanische RM (1820), elektronische RM (1944). (→Rechenanlagen)

Rechenoperationen (RO) bestehen in der einfachen oder mehrfachen Durchführung von Grundrechenarten, z. B. Addition (Add), Subtraktion (Sub), Multiplikation (Mlt) und Division (Div), wofür der →Akkumulator (Akk) oder eine Ergebnistabelle im →Speicher (Sp) zuständig ist. In der DV werden RO auf ihre Grundfunktion „Addieren" zurückgeführt, womit alle vier Rechenarten ermöglicht werden. Für alle einfachen RO werden Rechenfelder in die dezimal-duale Darstellung „umgepackt". Im Unternehmen verteilen sich die RO etwa wie folgt: Add 46,0 %, Sub 2,5 %, Mlt 48,0 %, Div 3,5 %. Je RO in den vier Grundrechenarten liegen mittlerer Zeitbedarf und Kosten (einschl. Abschreibung) bei rund 300 Betriebsstunden im Monat für sechsstellige Zahlen wie folgt:

Mensch ohne technische Hilfsmittel	200 s	0,25 DM
Mensch mit Tischrechenmaschine	20 s	0,025 DM
mittelgroße Rechenanlage	0,0015 s	0,005 DM

(nach *K. Steinbuch).*

Rechenrahmen, mechanischer →Digitalrechner (DR) mit verschiebbaren Holzkugeln, wobei mit der Grundeinheit „Kugel" durch einfache Operationen (O) und vereinbarte Kombinationen zählbare Mengenwerte errechnet werden können.

Rechenregister (RReg), Spezialspeicher für die Aufnahme des zweiten →Operanden (Op) bei Rechen- und Vergleichsoperationen, was bei →Ein-Adreß-Maschinen erforderlich ist. Die RReg, vorwiegend in Halbleitertechnik, sind in Größe und Ausführung weitgehend vom technischen Aufbau der DVA abhängig.

Rechenschieber oder Rechenstab, das einfachste und zugleich älteste analog arbeitende Gerät mit logarithmischer Maßstabsteilung, besonders geeignet zum Multiplizieren und Dividieren von Zahlen.

Rechenstab →Rechenschieber.

Rechenstanzer (RSt), ein aus dem Rechenlocher (Rl) entwickelter →Lochkartenstanzer (LKSt), der noch zusätzlich einfache logische und arithmetische Operationen ausführen kann. Er hat die Aufgabe, die Daten (D) einer Lochkarte (LK) miteinander zu verknüpfen, zwischenzuspeichern und als Ergebnis in die gleiche Karte oder in eine andere Karte zu stanzen.

Rechenwerk (RW), *arithmetic unit,* eines der kleinsten, aber nach außen hin wirksamsten Teile der →Zentraleinheit (ZE) (arithmetisches „Gehirn" oder „Denkzentrale"), das i. a. aus → Addierwerk (AW), einigen →Registern (Reg) und der →Operationssteuerung (OST) besteht und alle arithmetischen und logischen Operationen durchführt: dezimal, dual, oktal oder hexadezimal. Neben dem →Arbeitsspeicher (ASp) hat es entscheidenden Einfluß auf die Rechengeschwindigkeit. Seine Auslegung bestimmt wesentlich die Wirtschaftlichkeit der Gesamtanlage. Seine drei Betriebsweisen sind: Serien-, Parallel- und Serien-Parallel-Betrieb, was eine unterschiedliche Organisation des RW verlangt.

Rechenwerksteuerung (RWST), eine Nebensteuerung, die Berechnungen gleichzeitig neben anderen internen DV-Aufgaben ermöglicht.

Rechenzeit, die zur Lösung einer Aufgabe effektiv benötigte Zeit zum Unterschied von der Eingabe-/Ausgabe-Zeit.

Rechenzentrum (RZ), *data processing center,* (1) die DVA im eigenen Unternehmen (intern), (2) die DVA in Dienstleistungsbetrieben (extern). Die externen DVA stehen allen Zweigen der Wissenschaft, Technik, Wirtschaft und Verwaltung für betriebs- und volkswirtschaftliche, statistische, technische und sonstige wissenschaftliche Berechnungen zur Verfügung und können tage- und stundenweise benutzt werden (→Datenverarbeitung außer Haus).

Rechnen, „Operation des menschlichen Geistes, mit der man am leichtesten den Syllogismus, d. h. die Technik, Schlüsse zu ziehen, erlernt" *(Couffignal).*

Rechner (Re), *calculation computer* oder *processor,* Zentraleinheit, im Unterschied zu peripheren Einheiten; Verarbeitungseinheit, die Programme ausführt, Rechnerkern, Hauptspeicher und EA-Werk umfassend. Der Rechner nimmt alphabetische oder numerische Informationen (Info) auf, führt programmgesteuert alle →Grundrechenarten und logischen Arbeitsgänge aus. Spezialmaschine für schwierige Rechenvorgänge auf elektromechanischer oder elektronischer Basis, mit →Register (Reg), die jeweils bestimmte Teile eines Programmbefehls aufnehmen. Die Stundenleistung hängt sowohl von der Grundmaschine oder vom Computer (Comp) als auch vom Rechenvorgang ab. (→Computer)

Rechnerfamilien (RF) →Systemfamilien.

Rechnerkern, Steuer- und Rechenwerk und evtl. Unterbrechungswerk, umfassender *processor* eines Rechners (im Unterschied etwa zu EA-*processors).* Großrechner können mehrere Rechnerkerne enthalten.

Rechnerkernkanal, Kanalwerk, das nicht zum EA-Werk, sondern zum Rechnerkern gehört und zur direkten Eingabe in den oder Ausgabe aus dem Rechnerkern dient.

Rechnersprache →Maschinensprache.

Rechnerwort →Maschinenwort.

Redundanz *(lat. redundans = im Überfluß vorhanden).* I. Die Informationsmenge, die über das notwendige Minimum hinausgehend übermittelt wird. (Für unsere Sprache beträgt die Redundanz bei der Buchstabenhäufigkeit etwa 16 %, bei den Wörtern 30 bis 40 %). Das heißt also Weitschweifigkeit, Wiederholung, Zeitvergeudung; außer der eigentlichen Nachricht (N) werden noch zusätzliche Informationen übermittelt, die der Erkennung oder Korrektur von Übertragungsfehlern dienen. Man kann in einem →Code (C) mehr →Zeichen (Z) bilden als tatsächlich ausgenutzt werden. Redundanz bezeichnet den Teil des Gesamt-Informationsgehaltes einer Nachricht, der ohne Verlust wesentlicher Informationen weggelassen werden kann. Der Wert ist gleich der Anzahl der „überflüssigen" →bit (b). — II. Im Gerätebau, der →*hardware (hw)*, das Verfahren, durch überschüssige Bauteile die Sicherheit zu erhöhen. (→Informationstheorie)

Reflektormarken, Magnetbandmarken auf der Rückseite des Magnetbandes zur Kennzeichnung eines Satz- oder Blockbeginns bzw. -endes. Sie bestehen aus einer Aluminiumfolie, die Anzeige erfolgt durch Reflektion eines Lichtstrahls.

Regelabweichung, die jeweilige Differenz vom Soll-Wert und Ist-Wert bei Regelvorgängen.

Regelgröße →Regelung.

Regelkreis →Rückkopplung.

Regeln, die fortlaufende Erfassung der zu regelnden Größe (Ist-Wert), der Vergleich dieser Größe mit einer anderen Größe (Soll-Wert) und die Korrektur ihres Wertes entsprechend der Abweichung des Ist-Wertes vom Soll-Wert.

Regelung (R) oder Eigensteuerung, sehr wichtiger Bestandteil der →Kybernetik; „ein Vorgang, bei dem eine physikalische Größe — die zu regelnde Größe (Regelgröße) bzw. der vorgegebene Wert einer Größe — fortlaufend durch Eingriff auf Grund von Messungen dieser Größe hergestellt und aufrechterhalten wird und durch Vergleich mit einer anderen Größe (Stellgröße) im Sinne einer Angleichung an diese beeinflußt wird. Der hierfür notwendige Wirkungsablauf vollzieht sich in einem geschlossenen Kreis, dem Regelkreis bzw. der Rückkopplung" (DIN 19226).

Regelungstechnik, Teilgebiet der Physik, befaßt sich mit der Problematik von Regelkreisen.

Regelvorgang →Regeln.

Regenerieren oder Zurückschreiben, die Wiederherstellung einer bestimmten Form des früheren Zustandes des ursprünglichen Informationsinhaltes.

REGENT, problemorientierte (kommerzielle) Symbolsprache (SSpr). *(Univac)*

REGINA, lineares Programmiersystem für die Serie *CD* 3000. *(CDC)*

Register (Reg), kleine, innere →Speichereinheiten (SpE), spezielle Zellen des Rechenwerkes (RW), meist zur Aufnahme eines einzigen →Wortes (W), einer →Zahl oder einer →Stelle (Ste), in einem 4-Byte-großen Kernspeicherfeld, vorgesehen. In ihnen sind kurzfristige Zwischenergebnisse oder auszuführende Befehle (Bef) abgelegt. Diese schnellen und teuren SpE der Zentraleinheit (ZE), die meist mit →*flipflops* arbeiten, nehmen i. a. eine eng begrenzte Anzahl von Zeichen (Z), etwa 50 →bit (b), für spezifische Zwecke auf, entsprechend der Länge eines oder zweier →Maschinenwörter (MW). Jedes Reg hat eine spezielle Aufgabe, die es aufgrund der festen Verdrahtung durchführen kann. Die Reg werden nach ihren Funktionen benannt, z. B. →Adreß-, →Befehls-, →Operations-, →Indexregister. Größere Reg helfen Verarbeitungszeit einsparen.

Registerbefehle (RegBef) dienen dazu, Daten (D) aus dem Speicher (Sp) in eines der Register (Reg) zu bringen und umgekehrt sowie binäre Rechenoperationen oder Vergleiche mit dem Inhalt eines Reg durchzuführen. Hierher gehören auch „bedingte" →Sprungbefehle. RegBef arbeiten stets mit festen Wortlängen und haben kurze Ausführungszeiten.

Registerlänge, die Anzahl der Stellen (Ste), Zeichen (Z) oder Bits (b), die ein Register (Reg) speichern kann.

Registerspeicher (RegSp), ein Magnetkernspeicher (MKSp), der aus einzeln ansprechbaren Kontrollregistern besteht, in denen während eines Programmlaufes die Kernspeicheradressen gespeichert werden, die für das Aufgreifen und Ausführen aller Befehle (Bef) notwendig sind.

Regler, *regulator* oder *controller,* Einrichtung, die an der Regelstrecke den Regelungsvorgang bewirkt.

Reihenfolgezugriff, *serial access,* die Zugriffsart bei einigen externen Speichern, bei denen die Maschine die Informationen (Info) nur in der Reihenfolge ihrer Speicherung ansprechen kann. Gegenteil: wahlfreier Zugriff.

Relais (Rel) *(frz.),* das seit 1890 bekannte binäre Schaltelement (SE). Es ist eine Schaltvorrichtung, die aus einem Weicheisenkern besteht, der von einem Spulenkörper mit einer oder mehreren Wicklungen aus isoliertem Draht umgeben ist. Das im Eisenkern durch die stromdurchflossenen, wirksamen Windungen erzeugte magnetische Feld zieht einen Anker an, der dadurch einen Kontaktsatz betätigt und damit einen oder mehrere andere Stromkreise steuert, z. B. ein- und ausschaltet. Schaltzeit: 1 bis 50 Millisekunden, Raumbedarf: 10 bis 100 cm^3, Energiebedarf: 1 bis 100 Milliwatt.

Relaisrechner, Rechenanlagen mit Relais als Schalt- und Speicherelemente, i. w. 1941—1944 entwickelt. 1947 wurden die Relaisrechner durch die Elektronenrechner abgelöst. *(Zuse* — USA)

relative Adressen →relative Adressierung.

relative Adressierung, auch relative Programmierung, automatische Abänderung der Kernspeicheradressen, die additive Beziehung der angegebenen Adressen (Operanden) auf eine einzige Bezugsadresse (→Basisadresse), um die Maschinenadresse zu erhalten, wobei ihre Änderung auch eine Veränderung der Programmspeicherung nach sich zieht. Ein einziger →Befehl (Bef) kann mehrere verschiedene →Speicherbereiche ansprechen. Wir unterscheiden zwei Arten: a) Operandenadresse plus Bezugsadresse, b) Distanzadresse plus Basisadresse. Die Summe ist jeweils die absolute Adresse.

relative Programmierung →relative Adressierung.

remote-access-computing system→RAX.

remote-batch-processing →Datenfernverarbeitung.

remote computing, Betriebsart eines zentralen Computers (Comp), an den mehrere Bedienungsgeräte an entfernten Stellen *(remote-access-system)* angeschlossen sind; moderne Bezeichnung der →Datenfernübertragung (DFÜ) bei größeren Entfernungen zwischen →Zentraleinheit (ZE) und →peripheren Einheiten (PE) bei einem Unternehmen mit Filialen oder bei mehreren Unternehmen auf gemeinschaftlicher Basis. (→Teilnehmerbetrieb)

Remote-Stationen, *remote = entfernt, entlegen,* Ein- und Ausgabestationen, die über Datenfernübertragungs-Einrichtungen direkte Eingabe (E) und Ausgabe (A) mit dem Computer (Comp) ermöglichen. (→Abfragestationen)

Repertoire, Menge aller zulässigen Codewörter eines →Codes.

Reprographie, Verfahren der lichttechnischen Wiedergabe und Vervielfältigung von Vorlagen aller Art.

response-time, Zeitintervall zwischen Frage-Eingabe und Antwort-Ausgabe beim →Dialogsystem, wobei die Länge der *response-time* von der Arbeitsgeschwindigkeit des →*processors (p)*, der Länge der →Warteschlangen und der Zahl der jeweils aktiven Benutzerprogramme abhängig ist.

restart, Wiederaufnahme bzw. Wiederanlauf eines unterbrochenen Programms, wozu bei großen Programmen →Stützpunkte für mögliche Ausfälle vorprogrammiert werden.

Restfach →Rückweisungsfach.

retail-impact →*impact.*

Retina-Belegleser, ein →*multifont*-Leser, der mit einem System arbeitet, das die Retina des Auges elektronisch nachahmt. Das System wird durch eine Zentraleinheit mit einem Kernspeicher mit einer Kapazität von 40 000 Zeichen (Z) gesteuert. 12 Sortierfächer.

Reziprozitätsgesetz: (Speicher-)Raum sparen bringt Zeitverlust (bei der Ausführung), (Ausführungs-)Zeit sparen bringt Raumverlust (im Speicher).

Richtleiter →Dioden.

Ringkerne →Magnetkerne.

Ringzähler, die elektronische Zählweise mit →*flip-flops,* die im Stromkreis hintereinander geschaltet und zu einem Ring verbunden sind.

RJE = *remote job entry,* Verfahren im →Dialogbetrieb, das es ermöglicht, über Datenstationen (→*terminals)* größere Datenmengen zu speichern und abzufragen. *(IBM)*

RKW = Rationalisierungskuratorium der Deutschen Wirtschaft, Frankfurt am Main.

RMC = *rod memory computer,* Dünnschicht(stäbchen)speicher (DStSp) im 315-System. *(NCR)*

ROBOTRON, kartenorientierte, programmgesteuerte EDVA mittlerer Größenordnung, voll transistorisiert, Ein-Adreß-System, variable Wortlänge und →seriell-parallele Arbeitsweise. Zykluszeit 10 μs, Festkomma und Gleitkomma, Vorrangsteuerung für gleichzeitige Verarbeitung von acht Programmen, Kernspeicher 40 000 Zeichen. (DDR)

Routinen, in sich abgeschlossene Programme, sowie einzelne, sich häufig wiederholende Programmabschnitte als Befehlsfolge. (→Programm)

RPG = *Report Program Generator,* auch Listen-Programm-Generator (→ LPG). I. Seit 1959/60 eine funktionell komplexe, leicht erlernbare und einfach zu handhabende Standard-Programmierhilfe der zweiten →Generation zur Lösung kaufmännischer Programmierprobleme von der einfachen Liste bis zum komplizierten Bericht, vor allem für kartenorientierte Anlagen. Es wird mit sog. Bestimmungsblättern (Formulare für Eingabe, Verarbeitung, Art und Form der Ausgabe) und mit einigen Steuerhinweisen gearbeitet, woraus ein →Verarbeitungsprogramm bzw. ein →Maschinenprogramm zusammengestellt wird, und zwar bei geringer → Speicherkapazität. 80 bis 90 % der unkomplizierten Programme (P) können mit RPG geschrieben werden. Ein → Blockdiagramm (BD) entfällt. Programmierkenntnisse sind kaum erforderlich. Die kleinste verarbeitbare Informationseinheit (IE) ist das →Zeichen (Z), und zwar numerisch und alphanumerisch. (→Programmgenerator) *(IBM)* — II. Generatorprogramm für die Konvertierung von Druckbändern (Magnetbänder-Drucker) für GE-400, Programmiersprache der Serie 100 (GE-120, GE-130). *(BGE)*

RTCC = *real time computer complex,* das *real-time*-Verfahren der Raumfahrt, bei dem zwischen Empfang und Übermittlung der Information (Info) keine Zeitdifferenz entsteht, was das bisher längste Rechenprogramm verlangt. *(IBM)*

RTEX = *Real Time Executive,* ein *real-time*-Organisationsprogramm mit minimalem Kernspeicherbedarf, koordiniert unter Anwendung einer vorzugebenden Prioritätstabelle die Programmausführung auf der DDP 316 und der DDP 516. *(Honeywell)*

RTL-Technik = *resistor-transistor-logic,* Schaltkreistechnik für verkürzte Umschaltungen.

RTS. I. = *reactive-terminal-service,* Spezialgerät für Schreiben und Ändern von Programmen (P) im →Teilnehmer-Rechensystem im Verbund mit der *IBM*/360 Serie. *(ITT)* — II. = *Remote Terminal Supervisor,* Steuermodul für Datenfernverarbeitung innerhalb der *operating systems* der GE-400. *(BGE)*

Rückkopplung, *feedback,* Rückwirkung bei einer Kette von Wirkungen zu irgendeiner Zeit, eine kreisgebundene Selbstkontrolle, auch Regelkreis oder Servomechanismus genannt. Die konstant zu haltende Ausgangsgröße (Regelgröße) eines Systems wird zur Regelung (R) der Eingangsgröße (einstellbare „Stellgröße" und bedingt schwankende „Störgröße") verwendet; ein Vorgang, der durch seine eigenen Ergebnisse gesteuert wird (z. B. das Kühlsystem im Kühlschrank durch die Temperatur, der Fliehkraftregler bei der Dampfmaschine durch die Dampfmenge).

Rücksetzen, Herstellen eines definierten Ausgangszustandes, z. B. Löschen des Register- oder Speicherinhaltes, Zurückspulen des Magnetbandes.

Rückweisungsfach, *reject pocket,* bei einigen belegverarbeitenden Maschinen das Ablagefach für nicht lesbare Belege.

RUG = *report and update program generator,* sehr einfache Programmiersprache (PSpr); durch Ausfüllen leicht verständlicher Programmformulare entsteht ein Quellenprogramm. *(Philips Electrologica)*

Rüstzeiten, *set-up-times, setting-times,* Vorarbeiten für einen speziellen Programmablauf, z. B. Einlegen oder Austauschen eines Magnetbandes (= rd. 2 Min), Vollpacken des Kartenmagazins (= 0,5 Min), Einrichten eines Druckers (= 2 Min), eines Magnetplattenstapels (= 1—2 Min), Auswechseln des Druckstabes (= rd. 1 Min) usw. Die Rüstzeiten sind i. a. relativ lang bei kurzen Arbeitsgängen. Bei Zusammenfassung von Programmen (P), möglichst mit Weiterverarbeitung von vorangegangenen Eingabedaten, verkürzt sich die Rüstzeit entsprechend.

S

sales forecast, Bedarfsvorhersagemodell, das sich aus dem konstanten Absatz, dem trendmäßigen Absatz und dem Jahreszeitfaktor zusammensetzt. *(RCA-Siemens)*

Sammelgang, Arbeitsweise einer →Tabelliermaschine (Tab), wobei durch Schaltung die einzelnen Kartenangaben bzw. -werte gespeichert und erst nach Bildung einer Summe mit einem aus Lochkarten (LK) stammenden Text zu einer Ausgabe (A) gedruckt werden. (→Einzelgang)

Sammlung, „eine Stelle im Programm, an der alle in den zusammenlaufenden Zweigen parallel ablaufenden Tätigkeiten zu Ende gebracht sein müssen, ehe der weiterführende Zweig verfolgt wird. Die Benennung wird bei der Beschreibung des Programmablaufes auch für den Vorgang des Sammelns benutzt. Gegensatz: Aufspaltung" (DIN 44 300).

SAP, Symbolsprache zum Programmieren des Kleincomputers *IBM* 1130. *(IBM)*

Satellitenrechner (SR), kleine Rechenanlage (RA), die für Großrechner (GR) einen Teil der Eingabe/Ausgabe-Verwaltung übernehmen, indem sie →Lochkarten (LK) verdichten, prüfen oder schon Zwischenrechnungen aufstellen, →Magnetbänder (MB) vorbereiten und mit fertigen MB z. B. den →Schnelldrucker (SchrD) arbeiten lassen. (→Remote-Stationen, →*terminals)*

Satellitensystem (SS), unabhängige Zusammenarbeit eines Großrechners (GR) und eines oder mehrerer Kleinrechner (KlR), sog. →Satellitenrechner (SR), mit denselben →peripheren Einheiten (PE) bei einem Austausch von Daten zwischen den Kernspeichern (KSp) über Datenkanäle und Kopplungseinheiten, wobei der GR die rechenintensiven Teile, der SR die Steuerung (ST) aller andern Arbeitsgänge mit den PE, z. B. →Lochkarte (LK), →Magnetband (MB), →Magnetplatte (MP), →Schnelldrucker (SchDr) usw., übernimmt.

Satz (S), *record,* logische Zusammenfassung sachlich zusammengehörender →Daten (D) als eine höhere →Informationseinheit (IE), die z. B. einen Ordnungsbegriff darstellt wie Artikelnummer, Kundenadresse u. ä. Im Gegensatz zum speichergebundenen physischen S steht der verarbeitungsorientierte logische S, bei dem die einzelnen Satztexte im logischen Zusammenhang stehen. Der S wird gebildet aus einem oder mehreren →Wörtern (W), die intern als Information (Info) auf dem Magnetband (MB), der Magnetplatte (MP) usw. gespeichert werden können, und ist eine in sich geschlossene Dateneinheit einer →Datengruppe, deren Aufnahme variabel ist. Bei der Lochkarte (LK) hat der Satz eine feste Einteilung in ein oder mehrere →Datenfelder (DF). Für die Verarbeitung im →Hauptspeicher (HSp) muß man genau wissen, in welchen →Speicherzellen (SpZ) sich die einzelnen Begriffe befinden. Ein sehr großer Satz oder die Zusammenlegung von mehreren Sätzen ergibt speichertechnisch einen →Block. Ein 80stelliger Satz (= Lochkarte) beansprucht auf dem MB 0,125 cm, was z. B. für ein MB von 732 m Länge 45 000 S (= 45 000 LK) = 3,6 Mio. Zeichen (Z) ergibt.

Satzblock →Block.

Satzendewort, letztes Wort eines Bandsatzes, das eine bestimmte, festgelegte Bitkombination enthält, die auch im internen Speicher zur Kennzeichnung des Satzendes verwendet werden kann.

Satzkette →Kette.

Satzlänge, Anzahl der →Zeichen, die zur Darstellung aller Informationen in einem →Satz notwendig sind, oder Anzahl der →Worte, die im →Speicher belegt werden. Die Satzlänge muß vor dem Schreiben des Satzes vom Programmierer in einem Register aufgebaut werden.

Satzlücke, Zwischenraum zwischen zwei Sätzen auf einem Magnetband oder einer Magnetplatte, der nicht mit Zeichen ausgefüllt ist.

Satzmarke, Kennzeichen für Satzanfang und -ende.

Satzzähler, Funktion des Blockzählers, aber für →Sätze (S).

Satzzwischenraum →Kluft.

SAVOY = Siemens-Absatzvorhersagesystem, baut auf einem Prognoseverfahren (nach *Winters*) auf, bedient sich eines gemischten Zeitreihenmodells und exponentiell geglätteter Mittelwerte und prognostiziert trendförmige und saisonale Bedarfsentwicklungen. Die vier Grundbausteine sind Anfangswert, Bestwert- und Simulationsroutine, Berechnung der aktuellen Mittelwerte für Grundwert und Steigung und Saisonwert mit Prognoseberechnung. *(Siemens)*

SCAN, *ICL*-Standardprogramm in drei Versionen für Lagerkontrolle und Lagerbestandsoptimierung, wobei schnell und richtig auf Veränderungen der Marktsituation reagiert werden kann. *(ICL)*

Scanner, kleiner, der Zentraleinheit (ZE) ähnlicher →Puffer zur Sammlung der auf den →Abfragestationen ankommenden Daten (D) unter Weiterleitung auf die Übertragungsleitung und zur ZE der EDVA.

SCEPTRON, ein sich selbst programmierendes Spezialgerät, das gesprochene Worte aufnimmt und in einen für Maschinen verständlichen Impulscode übersetzt. *(RR)*

SCERT, Simulationsprogramm als Entscheidungshilfe für die Beurteilung EDVA und ihrer Kapazitätsnutzung. Es erfordert eine Mindestkernspeicherausrüstung von 131 K/B. *(Honeywell)*

Schaltalgebra →Boolesche Algebra.

Schaltbild, Darstellungsart zur Veranschaulichung der Zusammenschaltung der Bauelemente einer Schaltung.

Schaltbretter, auswechselbare Buchsenfelder für die Rechenverbindungen in der →Tabelliermaschine (Tab), die i. a. aus 25 x 40 cm großen Kunststoffplatten mit 60 flachen Steckbuchsen bestehen, in die je eine →Schaltkarte gesteckt wird.

Schaltelemente (SE) →Bauelemente, →Gatter.

Schalten, *switch*, die manuellen Maßnahmen, eine DVA in oder außer Betrieb zu setzen.

Schalter. I. Mechanische →Bauelemente oder elektronische →Schaltkreise aus Dioden (Dio), Transistoren (Tr) usw. — II. Im Programmablauf durch Instruktionen (Instr) gesetzte Merkmale, die wiederum von Instr zu Verzweigungszwecken abgefragt werden können. Die Stellung des Schalters wird auf verschiedenen Wegen im Programm (P) definiert.

Schaltermaschinen, Ein-/Ausgabe-Geräte, die an eine *real-time*-Anlage angeschlossen sind und die für die Kundenbedienung aufzuwendende Zeit abkürzen.

Schaltfelder, die einzelnen →Bereiche auf der →Schaltplatte und der →Schalttafel.

Schaltfunktion oder logische Operation, Gang und Ergebnis der Computeroperationen, „bei denen jede Argument-Variable und der Funktionswert nur endlich viele Werte annehmen können" (DIN 44 300). Bei Darstellung der Schaltfunktionen durch einen Operator spricht man von Verknüpfungen *(logical operations)*. Man unterscheidet dabei:

1. →UND-Funktionen (zwei Glieder oder Bedingungen = Konjunktionen),
2. →ODER-Funktionen (eine Bedingung = Disjunktionen),
3. →NICHT-Funktionen (Umkehrung eines Impulses bzw. einer Aussage = Negationen) in zwei Reihenschaltformen: a) →NAND-Funktionen (negierte Konjunktionen) und b) →NOR-Funktionen (negierte Disjunktionen).

(→Gatter, →Grundschaltungen, →logische Verknüpfung, →logische Entscheidungen)

Schaltglieder, die binär arbeitenden Teile eines Schaltwerkes, z. B. →*flip-flops* in logischen Schaltungen, wobei Verknüpfungs- und Speicherglieder unterschieden werden. (Nach DIN 44 300.)

Schaltkarten, Platten aus isolierendem Werkstoff, die max. in zwei innerhalb der Platte liegenden Ebenen Leiterzüge zur Stromversorgung elektrischer Bauteile und auf beiden Außenflächen Leiterzüge für logische Schaltungen besitzen. Sie fassen die →Module zu je 6, 12 oder 24 Stück zusammen und bilden die dem Modul übergeordnete Schaltungsebene. Ihre Grundformen heißen *large boards* (330 x 220 mm) und *small cards* (150 x 100 mm). (→SMS-Karten)

Schaltkreise, logische Verknüpfungen elektronischer Bauelemente, die den elektrischen Strom verändern, ihn seine Richtung wechseln lassen, ihn steuern und alle Schaltfunktionen ausführen helfen.

Schaltkreistechnik, geschlossenes System aneinander angepaßter elektronischer Bauelemente.

Schaltnetz, „ein Schaltwerk, dessen Wert am Ausgang zu irgendeinem Zeitpunkt lediglich vom Wert am Eingang zu diesem Zeitpunkt abhängt" (DIN 44 300), so daß keine inneren Zustände unterschieden werden können. Es läßt sich aus logischen Verknüpfungsgliedern aufbauen, die in ihrem Verhalten durch die →Boolesche Algebra beschrieben werden. Ein Code-Zuordner ist beispielhaft für ein Schaltnetz.

Schaltplan →Schaltbild.

Schaltplatte, *plug-board,* auch Schalttafel oder Stecktafel, eine externe Verdrahtungsplatte für Programmschritte, die sich auswechselbar oder festmontiert an der Außenseite des DV-Aggregates befindet, wobei jede Maschine der konventionellen DV intern durch Schaltschnüre mit dieser Schaltplatte verbunden ist. So besitzen z. B. jede Abfühlbürste, jede Zählerstelle, jede Stanzstelle, jede Schreibstelle, alle Steueraggregate ihre Kontaktstelle auf der Schaltplatte.

Schaltschnüre, elektrische Leitungen mit je einem Stecker an jeder Seite, wie sie bei den Schalttafeln der Lochkartenmaschinen verwendet werden.

Schalttafel oder Stecktafel, zentrale Anweisungstafel für die konventionellen Maschinen, gewissermaßen die „Kommandobrücke des Lochkartenverfahrens" zur Programmspeicherung und zur Steuerung (ST) des Programmablaufes. Die isolierende Kunststoffplatte mit einer Vielzahl von →Buchsen (500 bis 5000, je nach Maschine) ist transportabel und auswechselbar. Die Buchsen werden entsprechend der gestellten Aufgabe durch Schaltschnüre, gewissermaßen die „Kommandos", miteinander verbunden, wobei jede Buchse einen besonderen Zweck hat, eine besondere Funktion auslöst und zu einer der Kontaktfedern der Schaltplatte gehört. Die in einer Schalttafel festgelegten Programme können jederzeit geändert werden.

Schalttafelsteuerung, zentrale Steuerung von außen, bei Lochkartenmaschinen durch reelle physikalische Steuerungsglieder wie →Schaltschnüre, →Schalttafeln usw.

Schaltungen →Grundschaltungen.

Schaltungsalgebra, Verfahren zur Bearbeitung von Aufgaben der digitalen Signalverarbeitung, entwickelt aus der →Booleschen Algebra von *C. E. Shannon* (1948).

Schaltungseinheiten →Modul.

Schaltungstechnik, Schaltungsaufbau, z. B. →integrierte Schaltkreise u. ä.

Schaltvariable, Variable, die nur endlich viele Werte annehmen kann, z. B. einen Zeichenvorrat, den binären Ein- und Ausgang der Verknüpfungsglieder.

Schaltvorlage, gedruckte Papiervorlage zum Aufzeichnen ausgetesteter Schaltungen für Schalttafeln.

Schaltwerke, „Gebilde zum Verarbeiten von Schaltvariablen, wobei der Wert am Ausgang zu einem bestimmten Zeitpunkt abhängt von den Werten am Eingang zu diesem und endlich vielen vorangegangenen Zeitpunkten" (DIN 44 300). Schaltwerke umfassen also solche Schaltungen (→Grundschaltungen), bei denen der Ausgang vom gegenwärtigen internen Zustand und vom Wert am Eingang beeinflußt wird, z. B. →Multiplikationen (Mlt), bei denen ein Schaltwerk zu wiederholten Malen eine Addierschaltung betätigt. Der Trend geht zu asynchronen Schaltwerken, die zwar aufwendiger, aber wesentlich schneller sind.

Schaltzeichen, Zeichen von Widerständen, Dioden und Transistoren, die →Bauelemente in den mit den →Schaltbildern veranschaulichten Schaltungen (→Grundschaltungen) darstellen.

Schaltzeit, Umkippzeit für ein Schaltelement oder einen Schaltkreis von einem Zustand in den andern, z. B. beim Ummagnetisieren eines Magnetkernes. Es gibt bereits Schaltkreise mit einer Schaltzeit von 500 Picosekunden (ps).

Schieben →Stellenversetzen.

Schieberegister (SchReg), *shift register,* „vielseitige elektronische Schaltungen, die die zeitlich nacheinander anfallenden bit in ein Nebeneinander umwandeln" *(K. Steinbuch).* Auf einen äußeren →Impuls hin werden sie nach links oder rechts geschoben (Stellenwert-Verschiebungen) und dienen zur Verzögerung oder →Pufferung von Impulsen. Sie müssen doppelt so viele →Speicherelemente (ein dynamisches und ein statisches) enthalten, wie Bits gespeichert werden sollen.

Schleifen →Programmschleifen.

Schlitzlochkarten, Weiterentwicklung der →Randlochkarten. Während bei ihnen Einkerbungen in den Rand vorgenommen werden, stanzt man bei den Schlitzlochkarten einen Schlitz innerhalb der Kartenfläche ein. Mit ihren Speicherungs- und Selektiermöglichkeiten kommen sie der Maschinenlochkarte am nächsten. Da sie sowohl für Klartexteintragungen (obere Kartenhälfte) Raum haben als auch beliebig viele übereinandergeordnete Lochreihen zur manuellen Auswahl vielschichtig kombinierter Daten (D) besitzen, weisen sie gegenüber den meisten Maschinenlochkarten den Vorteil auf, den gesuchten Inhalt (Text, Literaturdokumente, Patentschriften, Zeichnungen, Filme oder Mikrofilme) bei der Auswahl gleich zur Hand zu haben.

Schlupf, Pufferzeit zwischen dem Eintritt eines Ereignisses und dem Beginn der nachfolgenden Aktivität im Netzwerk. Er ist eine wichtige Angabe, die zur Herausfindung des „kritischen Weges" und zur Berechnung der Wahrscheinlichkeit einer termingerechten Fertigstellung benötigt wird.

Schlüssel, *key,* oder Code, jede Art von Schrift, die sich gewisser Zeichen mit mnemotechnischem Aufbau bedient, z. B. Buchstaben oder Nummern. Er ist eine vereinbarte Vorschrift zur Übertragung und Verarbeitung von Informationen, im speziellen Fall ein Ordnungssystem zur Einteilung und Sortierung, z. B. Dezimalklassifikation. Es bieten sich Teilarten von sprechenden (= klassifizierenden) und nichtsprechenden (= identifizierenden) Schlüsseln an. Durch die EDV ist das Schlüsselproblem deshalb vereinfacht, weil über gespeicherte Schlüsseltabellen auf Magnetplatte usw. mit mehreren externen Schlüsseln gearbeitet werden kann. Die EDVA ist also Übersetzer. (→Ordnungsbegriff, →Verschlüsselung)

Schnelldrucker (SchDr), *high-speed-printer,* auch Hochleistungsdrucker, → Ausgabegerät für →Klarschrift in höchster Geschwindigkeit. Im Gegensatz zum stellenweisen Schreiben der Schreibmaschine vollzieht sich das Drucken zeilenweise. Die mechanischen SchDr leisten max. etwa 1500 Zeilen/min, nur mit alphanumerischen Zeichen, die nichtmechanischen max. etwa 2000 Zeilen/min, je nach Anzahl der auszudruckenden Zeichen. Bei 180 Zeichen/Zeile bedeutet das mehr als zehn Mio. Zeichen/h in Ziffern und Buchstaben bzw. max. rund 7000 Schreibmaschinenseiten DIN A 4/h. Hierbei werden elektrostatische Druckverfahren angewandt.

Schnellspeicher oder Schnellzugriffsspeicher, eine Kombination aus Addierwerk und Register, reine Simultanspeicher, die als→Programm-,→Puffer- und konzentrierte →Arbeitsspeicher eingesetzt werden. Neben den allgemein üblichen Magnetkernspeichern sind auch Dünnschicht-Stäbchenspeicher und Magnetdrahtspeicher gebräuchlich. Die →Zugriffszeiten liegen zwischen 100 Nanosekunden und 10 Millisekunden. Der Speicherumfang bewegt sich zwischen 4000 und 64 000 →Wörtern oder zwischen 16 000 und 150 000 →Stellen. Die teuersten Schnellspeicher bestehen aus →*flip-flops,* von denen vier bis fünf zum Speichern einer einzigen Dezimalziffer notwendig sind.

Schnellzugriffsspeicher →Schnellspeicher.

Schnittstellen oder Nahtstellen *(interfaces),* Verbindungsstellen zwischen allen selbständigen Schaltwerken einer DVA. Sie werden definiert durch die physikalischen Eigenschaften der zu übernehmenden bzw. übergebenen Signale und deren Bedeutung und der asynchronen, der elektromechanischen und elektronischen Beschaffenheit der Schaltwerke. Sie sind also Grenze zwischen Datenend- und Datenübertragungseinrichtungen, als *hardware*-Element eine Standardverbindung zum Übertragen eines Standardsatzes von

Steuersignalen zur Steuerkommunikation zwischen →Kanal und →Eingabe-Ausgabe-Werk. Für die einzelnen Aggregate können max. 75 Nahtstellen innerhalb einer Systemfamilie vorhanden sein. (→Kanalanschlußtechnik)

Schreibautomat, technisches Gerät (automatisierte Kugelkopf-Schreibmaschine), das standardisierte Texte bzw. Textabschnitte voll maschinell ausgibt. Als Träger dieser Standardtexte dienen u. a. →Lochstreifen, →Magnetband. Das →Lesen geht relativ langsam vor sich, max. 16 Zeichen/s.

Schreibdichte →Speicherdichte.

Schreiben, Einspeichern neuer Informationen in adressierte →Speicherstellen, wobei die alten Informationen überschrieben werden. Im Lochkartenverfahren und bei der Datenausgabe bezeichnet es das Ausschreiben eingelesener oder errechneter Daten in bestimmter Anordnung (kolonnen- oder zeilenweise) in →Listen.

Schreibfeld →Lochfeld.

Schreibgeschwindigkeit →Geschwindigkeiten.

Schreibimpuls, Auslösesignal zum Einspeichern der Informationen. Er folgt i. a. dem →Leseimpuls unmittelbar, um den beim Lesen aufgehobenen Speicherzustand wieder herzustellen.

Schreibkopf, kleiner Elektromagnet zum Schreiben polarisierter Stellen, mit denen Informationen auf dem →Magnetband, der →Magnetplatte, der →Magnettrommel dargestellt werden. (→Magnetkopf, →Lesekopf)

Schreiblocher, Lochkartenlocher mit der Möglichkeit, gelochte Angaben gleichzeitig und spaltengleich am oberen Kartenrand in →Klarschrift niederzuschreiben.

Schreibprüfen, das Vergleichen der auf Magnetplatte, Magnetband usw. geschriebenen →Sätze mit den noch im Kernspeicher stehenden →Daten.

Schreibschutzring, *write enable ring,* dient als mechanische Sperre gegen das (unbeabsichtigte) Löschen oder Überschreiben eines Magnetbandes. Die Maschine beschriftet das Magnetband wenn der Schreibring einen kleinen Kontakt herunterdrückt.

Schreibstation, der Ort im Lochkartenstanzer, an dem die Lochungen abgefühlt werden.

Schreibstellen, auch Druckstellen, die einzelnen Zeichenpositionen innerhalb der Druckzeile bzw. Druckbreite der Schreib- bzw. Druckaggregate.

Schreibverfahren, Schriftanwendungen bei →Speicherung mit bewegter Magnetschicht: Impuls-, Richtungs-, Wechsel-, Zweifrequenzen- und Zweiphasenschrift.

Schriftarten. In der EDV unterteilt man in: (1) magnetisch lesbar, z. B. CMC-7-, E-13-B-, Siemag-Schrift; (2) optisch lesbar, z. B. CZ-13-, NOF-, Selfcheck-Schrift, OCR-A- und OCR-B-Schrift.

Vom Zeichenvorrat her unterscheidet man in: numerisch und alphanumerisch; von der Gestalt her in: stilisiert und konventionell (im Ausgehen).

Grundsätzlich sind heute alle Schriften maschinell lesbar, wobei allerdings bei Handschriften mit geringerer Stilisierung, größeren Toleranzen und stärkerer Individualisierung die Maschinenkosten stark progressiv steigen.

Schrittfolgeregister hält immer die →Adresse des nächsten zur Ausführung kommenden Befehls fest, also nicht den Befehl selbst, sondern nur seine Adresse.

Schrittgeschwindigkeit →Übertragungsgeschwindigkeit.

schritthaltende Verarbeitung, →*real-time-processing (rtp),* →Echtzeitverarbeitung.

Schrittschalter, mit seinen zehn Schaltstellungen gleicht er weitgehend einem mechanischen →Zählrad, mit dem Unterschied, daß er von einem elektrischen →Impuls (Imp) gesteuert wird und wieder einen elektrischen Imp abgeben kann.

Schrittzähler schalten automatisch entsprechend der erforderlichen Schrittfolge weiter, legen die Schrittfolge jeder →Operation fest und zeigen das Befehlsende an. (→Zähler)

Schubverarbeitung →*batch-processing.*

scientific subroutine package *(ssp),* Bezeichnung für eine bestimmte Sammlung von über 150 mathematischen → Routinen für →RAX *(remote-access-computing system). (IBM)*

SCOPE = *supervisor control of program execution,* Betriebssystem der Serie *CD* 3000, band- und plattenorientiert. *(CDC)*

scratch pad memory, am. Ausdruck für „Kritzelblock" oder Notizblock, ein kleiner, sehr schneller Hilfsspeicher zur Zwischenspeicherung von Registerinhalten, speziell bei →*multiprogramming (mp)* interessant. *(BGE)*

Scribona, magnetbandgesteuerter Automat mit einer Speicherkapazität von 125 000 Zeichen auf 50 Informationsspuren (etwa 50 DIN-A 4-Seiten) für programmgesteuerte Korrespondenz. *(Friden)*

sedezimales Zahlensystem, auch hexadezimal genannt, baut auf der Basis 16 auf, d. h. die ersten zehn Ziffern (0—9) werden durch die Dezimalziffern 0—9 und die Ziffern 10—15 durch die Buchstaben A—F verschlüsselt.

Segment. I. Ein geordneter →Satz von aufeinanderfolgenden Speicherplätzen, in dem jeder Platz durch eine eindeutige Nummer definiert ist, gewissermaßen Programmfelder. — II. Die kleinste, in einem externen Speicher adressierbare Einheit eines →Lademoduls, die zur Ausführung in den Hauptspeicher geladen wird.

Segmentierung, Zerlegung der Programme in handliche Teile, wodurch es möglich wird, den Speicher nach den jeweiligen Gegebenheiten auszunutzen.

Seite, *page,* als Untermenge von aufeinander folgenden Speicherplätzen, die gröbere Unterteilung eines →Segments. Im →*multiprogramming (mp)* wird der Kernspeicher (KSp) in Seiten aufgeteilt, d. h. in Blöcke konstanter Größen (etwa 4 Bytes, oder Abschnitte von je 2048 Wörtern zu je 25 bit) oder in Speicherabschnitte.

Seitendrucker, Thermodrucker EM-T, der im ASCII-Code mit einer 5 × 7 Punktmatrize alphanumerisch 300 Wörter/min oder 30 Zeichen/s druckt. *(NCR)*

Seitenleser, Gerät, das auf optischem Wege Buchstaben, Ziffern und Sonderzeichen der →OCR-A-Schrift liest. Durch Zusatz können handschriftliche Ziffern, vorgedruckte Ziffern und Markierungen gelesen werden. Das Lesen erfolgt entsprechend dem Belegaufbau nach zwei verschiedenen Prinzipien: (1) programmgesteuertes Lesen, bei dem Lage und Schriftart der Daten in den einzelnen Belegfeldern durch das Programm mitgeteilt werden; (2) selbstsuchendes Lesen, bei dem die Daten automatisch Zeile für Zeile gelesen werden, parallel zur Belegführungskante.

Seitenwechsel, Transfer von Seiten zwischen Hilfsspeicher (z. B. Magnettrommel) und Arbeitsspeicher.

Sektor, i. d. R. kleinster, direkt adressierbarer Speicherbereich auf Magnetplatten oder Magnettrommeln (1 Sektor = 270 Bytes, 10 Sektoren = 1 Spur), wodurch eine gewisse Arbeitsvereinfachung erreicht wird.

Sektoradresse, ein im Großraumspeicher fest bestimmter →Sektor innerhalb einer →Spur.

Sekundärspeicher →externe Speicher.

Selektieren, das Heraussuchen bestimmter Informationen unter bestimmten Voraussetzungen, z. B. alle Lochkarten einer Kartei mit Minussalden.

selektiv →Selektieren.

Selektoren oder Steuerungseinrichtungen besorgen das Aussortieren von Lochkarten oder von Eingabe-/Ausgabedaten nach bestimmten Begriffen oder Sachverhalten.

Selektorkanäle oder Normalkanäle, i. a. Hochleistungskanäle zur schnellen Datenübertragung (DÜ) zwischen *einer* → peripheren Einheit (PE) und der →Zentraleinheit (ZE) im Gegensatz zu →Multiplexkanälen, an die *mehrere*, langsamere PE angeschlossen sind. Die Übertragungskapazität liegt bei 40 000 bis 1,2 Mio. Zeichen/s, was etwa dem Text auf 200 bis 600 DIN A 4-Seiten entspricht.

SELEX-Anlage, ein für die DV vielfältig verwendbares Fernschreibsystem mit Erfassen, Übermitteln, Verarbeiten und Verteilen der von verschiedenen Seiten zufließenden Daten (D). Die Anlage besteht i. w. aus der Zentrale mit Eingabe-Blattschreiber, Programmleser, Zentraleinheit (ZE) und den angeschlossenen Ein- und Ausgabegeräten. *(Siemens)*

Selfcheck-Schrift, eine lichtelektrische →Klarschrift aus stark stilisierten → Ziffern, wobei jedes Zeichen aus 2 bis 9 vertikal und horizontal angeordneten Ziffern besteht. *(Farrington)*

Semantik *(gr.),* Wortbedeutungslehre, das Problem der Darstellung des inhaltlichen Teils einer formalisierten →Sprache in einer anderen Sprache, also der Beziehung zwischen den → Zeichen und ihrer objektiven Bedeutung.

semantisch *(gr. semantes = ein Zeichen geben),* eine Information, die durch Interpretation eines Ausdruckes in einer formalisierten Sprache ohne Berücksichtigung der →Syntax gewonnen werden kann. Informationsverarbeitende Maschinen arbeiten semantisch; sie sind dazu konstruiert, formal-intelligente → Operationen auszuführen (Rechenmaschinen, Übersetzungsmaschinen, Maschinen, die evtl. Widersprüche in einer Überlegung entdecken sollen). Die gewonnenen Resultate werden in einer dem Menschen unmittelbar zugänglichen Sprache dargeboten.

Sender →Signalumsetzer.

sequentiell = starr fortlaufend, kennzeichnet eine Art, wie Daten (D) abgespeichert und verarbeitet werden, d. h., daß die einzelnen Befehle nacheinander abgearbeitet werden; es ist i. b. ein Merkmal des →Lochkartenverfahrens (LKV) und stellt ein konsequentes Hintereinanderspeichern dar. Auch das Magnetband (MB) ist das typische Beispiel für sequentielle Speichertechnik.

sequentieller Zugriff →serieller Zugriff.

Sequenz, eine →Kette, eine →Befehlsfolge, ein →Programmierabschnitt. Jede Sequenz kann aus einer Vielzahl von →Befehlen bestehen.

Sequenzmaschinen →Sequenzspeicher.

Sequenzmethode, DV-Verfahren, bei dem alle Informationseinheiten (IE) für kurz- oder langfristige Daten (D) ausschließlich in Folge, d. h. ein Fall nach dem anderen, mechanisch der Anlage zugeführt und verarbeitet werden. (→ serielle Arbeitsweise)

Sequenzspeicher, gehören zur →Sequenzmethode, auch Serialverarbeitung genannt, umfassen i. w. Magnetspeicher (MSp) und sind gleichzeitig Eingabe- und Ausgabespeicher.

Serialdrucker, z. B. Blattschreiber, Fernschreiber, bringen →Zeichen für Zeichen hintereinander zu Papier. Gegenteil: →Paralleldrucker.

Serialverarbeitung →Sequenzmethode.

Serie, auch Systemfamilie, die Zusammenfassung von kompatiblen Rechnern, die nach dem →Baukastenprinzip ohne wesentlichen Umbau Verdoppelung, Verdrei- und Vervierfachung der → Kapazität zulassen.

seriell, zeitliches, logisches Nacheinander in der Übertragung oder in der Verarbeitung von Daten.

serielle Arbeitsweise, die zeitlich aufeinanderfolgende, zusammenhängende Übertragung (Ü) und Verarbeitung von Informationen (Info) und Programmen (P) in bestimmter, vorher festgelegter Reihenfolge, und zwar →Zeichen für Zeichen, →bit für bit. Hierbei steht dem geringen Aufwand im Rechner (Re) eine verhältnismäßig lange Rechenzeit gegenüber. Ein reines Seriensystem braucht zur Übertragung einer Nachricht (N) mit 40 bis 80 →Binärzeichen auch 40 bis 80 →Taktzeiten, z. B. Lochkarten (LK) und Magnetband (MB). Gegenteil: parallele Arbeitsweise.

serielle Informationsübertragung geschieht mit einem →Übertragungskanal, der die →Bits (b) eines →Zeichens (Z) nacheinander überträgt. Wir unterscheiden dabei Asynchronverfahren und Synchronverfahren.

serieller Zugriff, auch sequentieller Zugriff, *serial access,* die Art des →Lesens/ →Schreibens von Informationen (Info) von/in einen →Speicher, bei der beliebige Daten (D) nur eingelesen/gedruckt werden können, wenn alle davorliegenden Daten ebenfalls gelesen werden, z. B. beim →Magnetband. Gegenteil: →wahlfreier Zugriff.

seriell-parallele Arbeitsweise, „paralleles Arbeiten für die einzelnen Ziffern, aber in Serie nacheinander für eine mehrstellige Zahl" (DIN 44 300); sie ist ein Kompromiß zwischen den Nachteilen der parallelen Arbeitsweise (hoher Aufwand) und der seriellen Arbeitsweise (großer Zeitbedarf). Für jede Dezimalziffer werden mindestens vier Verbindungswege parallel verwendet, z. B. mit den vereinbarten Wertigkeiten 8, 4, 2, 1.

Seriendrucker →Zeichendrucker.

Serienmaschinen →serielle Arbeitsweise.

Serien-Parallel-Maschinen →seriell-parallele Arbeitsweise.

Servicebüro (SB), *data-center,* Dienstleistungsbetrieb für DV (herstellergebunden oder herstellerunabhängig). Für die →Datenverarbeitung außer Haus liegen i. w. sechs Gründe vor:

1. Der Preis für eine eigene Anlage ist zu hoch, da nur kleinere Arbeiten im kommerziellen Bereich gewünscht werden.
2. Die Kapazität (Kap) der eigenen Anlage ist qualitativ und quantitativ unzureichend.
3. Bei der eigenen Anlage liegen Arbeitsspitzen und Terminballungen vor.
4. Die SB-Kosten sind geringer als die Gesamtkosten für eine eigene Anlage.

5. Bei der Vorbereitung einer eigenen DV-Organisation ist die Vorhilfe und Vorarbeit eines SB zweckmäßig.
6. Das eigene Unternehmen verfügt über keine Datenverarbeitungsfachleute (Organisatoren und Programmierer).

(→Rechenzentrum)

Servomechanismus, ein mechanisches Regelsystem mit *feedback* (→Rückkopplung).

SESAM = symbolisches Eingabe-System für Anweisungen bei →*multiprogramming (mp),* Name für ein herstellereigenes Programmiersystem. *(Zuse)*

SGT = *Sort Generator on Tape,* Programmgenerator zur Generierung von Sortierprogrammen für Magnetbanddateien (Serie 100). *(BGE).*

SHARE = *society for help to avoid redundant efforts,* Vereinigung von *IBM*-Computer-Benutzern mit der *IBM* zum Austausch der auf dem technisch-wissenschaftlichen Bereich entwickelten Anwendungen zur Weiterentwicklung von Compiler-Anwendungen und Sprachen.

shift →Stellenversetzen.

Sichtgerät, mit →Bildschirm ausgestattetes Gerät zur Anzeige von Texten, Bildern oder beidem, die aus einem Rechner ausgegeben oder vom Benutzer eingegeben werden. Zur Eingabe dienen Tastatur, Rollkugel oder Lichtstift.

Sichtkontrolle, optische Überprüfung einer Sortierung oder des Lochens von Lochkarten (LK), wobei man sich bei LK davon überzeugt, ob alle LK in einer bestimmten Spalte die gleiche Lochung haben.

Sichtlocher, Kartenlocher, bei dem die Lochkarte fast vollständig zu sehen ist, was für die Verbund-Lochkarte wichtig ist.

SICOB = *Salon Internationale de l'Equipment de Bureau,* Paris.

SICT = *scientific inventory control technique,* ein Programmpaket für die Lösung von Problemen der Lagerwirtschaft anhand mathematischer Modelle. (USA)

Siemag-Schrift, dezimal, numerische →Magnetschrift, bei der die Ziffern durch einen Strichcode ober- und unterhalb ergänzt werden. *(Siemag)*

Signale, „physikalische Tatbestände von vereinbarten, allgemein verständlichen Zeichen für vorübergehende, befristete Informationen" *(K. Steinbuch).*

Signalleitungen, Spezialleitungen innerhalb eines Kabels für Daten und Steuersignale.

Signalumsetzer oder Sender, Gerät, das die Signale aus EDVA in die der Nachrichtenverbindung entsprechende Verwendungsform bringt.

Silbe →*slab.*

Silbenmaschinen, Variante der Wortmaschinen, Digitalrechner mit der Silbe (→*slab*) (= 12 bit) als kleinster adressierbarer Informationseinheit. *(NCR)*

SIMATIC, kontaktlose Bausteinsysteme vorgefertigter integrierter →Schaltkreise zum Aufbau von elektronischen →Steuerungen (ST) und für Anlagen der Meßwert- und Nachrichtenverarbeitung. *(Siemens)*

SIMBOL = *simulated Boolean oriented language,* spezielle Computersprache, um mehrere Datenebenen — von kompletten Netzen bis zur Konstruktion von Einzelelementen — auf dem Computer simulieren zu können. *(ICL)*

simplex (sx), eine Art der →Datenübertragung durch →Kanal in nur einer bestimmten Richtung (= Simplexbetrieb), wobei bis zu 128 Außenstationen betrieben werden können. Sender und Empfänger bleiben unabänderlich festgelegt. (→duplex, →halbduplex)

Simplexbetrieb →simplex.

SIMPS = simultane Produktionssteuerung, organisatorische Endstufe zur optimalen Information (Info) in den Bereichen Material- und Zeitwirtschaft; ein Echtzeitsystem *(real-time-processing)* für automatische Fertigungssteuerung. *(IBM)*

SIMSCRIPE, Simulationssprache für Operations-Research-Probleme. (USA)

SIMULA, problemorientierte Formelsprache, die in ihrem Compiler (Com) →ALGOL als Teilmenge enthält. Mit den in SIMULA gegebenen Mitteln ist es möglich, Struktur und Operationsregeln des zu untersuchenden →Systems in einem Symbolprogramm (→Quellenmodul) zu beschreiben, das dann vom SIMULA-Compiler in das Objektprogramm (→Maschinenprogramme) übersetzt wird. *(Univac)*

Simulation (Sim), eine Untersuchung im voraus mittels Berechnungen und → Analysen; die Nachahmung physikalischer, ökonomischer, sozialer u. a. Realprozesse bzw. Systeme, um durch ein programmiertes →Modell mit Hilfe eines Computers das System zu studieren oder um die Wiedergabe oder Abbildung von Systemen in ihrem dynamischen Ablauf durch ein Modell vorzunehmen. Durch systematisches Probieren wird ein möglichst optimales Verhalten bei Entscheidungen für das reale System gesucht (= heuristisches Verfahren). Sim dient der Prognose, d. h. der Lösung komplexer Operations-Research-Probleme, wenn eine analytische Lösung schwierig wird. Anwendungsbeispiele sind: Entwurf von Nachrichtennetzen, Planung von Fertigungsstraßen, Untersuchung des Straßenverkehrs, Gestaltung von *real-time*-Systemen. Man unterscheidet: determinierte und stochastische (→Monte-Carlo-Technik) Simulation.

Simulationsprogramme (SimP), auch Interpreterprogramme, dienen dem Zweck, mit einem echten →Maschinenprogramm die Funktionen einer fremden Maschine zu simulieren (= nachzubilden). (→Umwandlungsprogramme)

Simulationssprachen, Sondersprachen für die DVA zum „Durchspielen“ eines Problems, wobei man das Problem der Wirklichkeit entsprechend nachbilden kann.

Simulatoren (Sim), seit 1959, programmgrammgesteuerte Aufzeichnungsgeräte bzw. Schauzeichenfelder zur Überprüfung der Richtigkeit eines betriebsmäßigen Programmablaufes. Sie bezeichnen einen zweifachen Vorgang: (1) ein interpretierendes Programm, bei dem die zu interpretierenden Programme der →Maschinensprache einer anderen Rechenanlage abgefaßt sind, und (2) ein Programm, das reale Vorgänge auf Rechenanlagen modellhaft nachbildet, z. B. die Nachbildung eines Verkehrsnetzes zum Zweck der →Analyse. Simulatoren sind z. B. →LIBERATOR, → →MIMS, →GPSS. (→Emulatoren)

Simulierung, DV aufgrund eines mathematischen →Modells einer bestimmten physikalischen Gegebenheit. Der Rechenanlage (RA) wird dabei als Programm (P) eben jenes Modell eingegeben, z. B. das mathematisch abstrahierte Modell eines chemischen Prozesses. Die Eingabe-Informationen sind diejenigen Faktoren, die den tatsächlichen Prozeß bestimmen. Die RA berechnet aufgrund dieser Eingabe und des Modells diejenigen Ausgabe-Faktoren, die unter den gegebenen Voraussetzungen beim tatsächlichen Verlauf eintreten.

simultan oder zeitmultiplex, gleichzeitiger Ablauf mehrerer →Operationen im Rechner bzw. in der ganzen Rechenanlage, was eine weitgehende Dezentralisierung der Steuerfunktionen voraussetzt.

Simultanbetrieb →Parallelverarbeitung.

Simultanspeicher (SSp), auch Zeitmultiplexspeicher, übernehmen alle betrieblichen Vorfälle nach Anfall und ohne Vorsortierung.

Simultanverarbeitung (SV), der Ablauf mehrerer →Operationen (O) der → peripheren Einheiten (PE) nebeneinander und zusätzlich zur internen Verarbeitung, wie Ein-/Ausgabe (E/A) mit Rechenoperationen (RO). Z. B. wird gleichzeitig ein →Magnetband (MB) gelesen, ein zweites beschrieben und die Zentraleinheit (ZE) führt arithmetische oder logische Operationen durch. Die dafür notwendigen Vorkehrungen sind sowohl in der →*hardware (hw)* als auch vielfach zusätzlich in der →*software (sw)* enthalten. Diese Gleichzeitigkeit existiert in Wirklichkeit nicht. Die ZE arbeitet immer abschnittsweise nach bestimmten Vorschriften an einem Programm (P) und bedient reihum und nach und nach die übrigen P. *Echte* SV setzt das Vorhandensein mehrerer selbständiger Rechenwerke (RW) voraus und verlangt eine weitgehende Dezentralisierung der Steuerfunktionen, aber auch das Vorhandensein vieler Speicher (Sp) mit →direktem Zugriff, d. h. großer →Magnetkernspeicher (KSp).

Zur SV zählen →*multiprogramming (mp)* und →*multiprocessing (mpc)*. Bei der SV gibt es graduelle Unterschiede zwischen den einzelnen Anlagentypen. I. a. ist eine Anlage um so besser zu beurteilen, je höher der Grad der Simultanität ist. SV bringt i. a. eine Zeitverkürzung von 40 bis 70 % gegenüber der einfachen Programmverarbeitung.

SINETIK = *Siemens*-Netzplantechnik, ein *metra potential method*-Verfahren (→*mpm*) (bei Einsatz einer Rechenanlage von 65 K/B), bei dem der Aufwand 1 ‰ bis 1 % der Gesamtkosten eines Projektes beträgt. SINETIK enthält auf der Grundlage von CPM, PERT, *mpm* Programme für die Termin-, Kosten- und Betriebsmittelplanung und -optimierung. *(Siemens)*

Sinumerik, Steuersystem für analog/absolute numerische Punkt- und Streckensteuerung in fünf Achsen, die insbesondere für Bearbeitungszentren sowie für Bohr- und Fräsmaschinen vorgesehen ist. *(Siemens)*

SIR-System = selektiver-Informations-Ringtausch, Stichwortsynthese mit Hilfe von Lochkarten und maschineller Gewinnung von Sichtlochkarten durch EDVA. *(IBM)*

SITA = *Société Internationale de Télécommunications Aêronautiques,* ein seit 1949 bestehender Verband von über 100 Fluggesellschaften, der ein ausgedehntes Telegraphie- und Radiotelegraphie-Netz über die ganze Welt unterhält.

Skalare, Bemessungsgrößen, die vom arithmetischen, vom alphanumerischen oder vom Booleschen Typ sein können. Es handelt sich jeweils um Zahlen, Zeichen oder bit-Ketten.

slab, Abk. aus *syllable* = Silbe, die kleinste adressierbare Informationseinheit für 12 bit zur →Übertragung von zwei Alphazeichen oder drei numerischen Zeichen. *(NCR)*

SLD = *solid logic dense,* eine Schaltkreistechnik, die über →SLT hinausführt.

SLT = *solid logic technology* = Mikro-Festkörper-Schalttechnik, seit 1964, technisches Verfahren zur Realisierung von →Grundschaltungen, Kennzeichen der 3. Generation. Besondere Merkmale sind: kleinster Raumbedarf (auf einem cm^2 100 bit), relativ niedriger Preis, große Funktion, dargestellt in hoher Rechengeschwindigkeit.

SLT-Bauteile, Einzelelemente (Halbleiter) der Festkörperschalttechnik.

SMG →Sortier-Misch-Generator.

SMS = *standard modular system,* die →*hardware (hw)* der 2. Generation.

SMS-Karten, *small cards,* Schaltkarten in Postkartengröße, die mit einzelnen Bauelementen (gedruckte Schaltungen) bestückt sind, also komplette →Schaltkreise enthalten, leicht auswechselbar sind und nur geringen Wartungsaufwand brauchen. *(IBM)* (→Schaltkarten)

SNUG = *scientific NCR users group,* Name für den weltweiten Zusammenschluß von *NCR*-System-Benutzern zu technisch-wissenschaftlichen Arbeitsgemeinschaften. *(NCR)*

SOAP = *symbolic optimal assembler program,* eine nur vorübergehend aufgetretene maschinenorientierte Programmiersprache. *(IBM)*

SOEMTRON, elektronischer Fakturierautomat mit auswechselbaren Programmkassetten und vier Speichern. (DDR)

software *(sw),* gewissermaßen die „weichen, auswechselbaren Dinge", der ideelle, intellektuelle Teil des →Computers; das sind die Programmiersysteme, die Gesamtheit der Programme, Standardroutinen und Programmgeneratoren, alles, was in irgendeiner Form zur Organisation, zur Problemlösung, zu den Programmen gehört.

Die gesamte Programmausrüstung der Herstellerfirmen zur Erweiterung der Leistungsfähigkeit einer Rechenanlage wird mit *software* oder auch mit *software-packages* bezeichnet.

Man unterscheidet:

1. maschinenorientierte *sw* oder Grund-*software:* z. B. Programme zur Programmübersetzung, Assembler, nicht problemorientierte Compiler, Loch- und Steuerprogramme für Ein-/Ausgabe, Betriebssysteme;
2. problemorientierte *sw* oder Programm- bzw. Anwendungs-*software:* z. B. problemorientierte Compiler, Betriebssysteme, Programmbibliotheken, Unterprogramme, Modularprogramme, Sortier-Misch-Generatoren.

Die *software* beansprucht Kernspeicherplatz, erleichtert aber, je nach ihrer Qualität, die →Programmierung (Pr) erheblich und spart damit Kosten. Die *sw* ist heute zu einem entscheidenden Kriterium in der Beurteilung von DVS geworden. Ihre Entwicklung kostet heute mehr als noch vor wenigen Jahren die gesamte technische Entwicklung betrug. Die *software*-Preise machen etwa 50 bis 70 % der *hardware*-Preise aus. Kostet die Maschine 400 000 DM, so muß man etwa mit 200 000 bis 280 000 DM für *sw* rechnen.

software-Elemente, organisationsbedingte, programmierfähige Einzelschritte bzw. Arbeitsabschnitte innerhalb des Betriebssystems, wobei nach System-*software* und Anwendungs-*software* zu unterscheiden ist.

software-Firmen entwickeln, erarbeiten und liefern erwerbsmäßig Basis-*software* und Problem-*software* und untersuchen *hardware-software*-Fragen. Die entsprechenden Programme werden auf Bestellung geliefert.

software-packages, Weiterentwicklung der bisherigen „klassischen" →*software* für Spezialanwendungen zu universellen Daten-Organisationsprogrammen, i. w. durch *software*-Firmen.

SOGET = *Software Gestione Terminali,* Sammlung von Unterprogrammen zur Bearbeitung von gepufferten *terminals* (Serie 100). *(BGE)*

SOLVE, Programmiersprache zur Simulation von Tischrechnerfunktionen auf Computer-Außenstationen im Dialogverfahren. *(Honeywell)*

Sonderbefehle steuern die Durchführung von Sonderfunktionen, wie sie sich aus besonderen Eigentümlichkeiten eines Maschinentyps ergeben.

Sonderzeichen, *special characters,* alle Zeichen, die nicht Ziffern oder Buchstaben sind, z. B. Komma, Klammer, Prozent, Plus.

SORT, Name einer besonderen →*software (sw)* für Sortierprobleme. *(Honeywell)*

Sorter (So) →Sortiermaschinen.

Sortierbegriffe umfassen innerhalb eines →Datensatzes (DS) die nach einem bestimmten Kennbegriff zu sortierenden Gruppenmerkmale, z. B. Hauptgruppe und Untergruppe.

Sortieren, die Änderung bzw. Festlegung der Reihenfolge nach numerischen oder alphabetischen Gesichtspunkten, und zwar in den meisten Fällen vor der DV. In der EDV ist dieser Vorgang meist sehr zeitraubend und arbeitsaufwendig, da ohne →*multiprogramming (mp)* die Rechenanlage (RA) blockiert wird und von der eingesetzten Peripherie stark abhängig ist. Das Sortieren mit Lochkartenmaschinen (LKM) ist billiger als die Magnetbandsortierung, sofern dazu keine vorbereitenden Arbeiten auf der EDVA notwendig sind. Ein modernes DVS sortiert z. B. 30 000 fünfzigstellige Sätze nach zehn Stellen in 5 bis 10 Minuten.

Sortierer (So) →Sortiermaschinen.

Sortiermaschinen (SM), auch Sorter oder Sortierer genannt, bringen die Lochkarten (LK) in eine steigende oder fallende Reihenfolge von →Ziffern oder →Buchstaben. Der beliebig gemischte Stapel von LK wird in das Magazin eingelegt und an einer Skala wird die → Lochspalte eingestellt, nach der sortiert werden soll. Es wird immer mit der Einerstelle der betreffenden Zahl begonnen. Die 13 bzw. 14 verschiedenen Fächer für die Verteilung (Fassungsvermögen von je rd. 600 LK) entsprechen den 12 vertikalen →Lochstellen einer LK, wobei ein weiteres Fach bzw. zwei der Aufnahme derjenigen Lochkarten dient, die keine →Lochung in der gerade bearbeiteten Spalte haben. Die „Verkürzung" der SM auf 6 und 4 Fächer macht zwei Sortierdurchläufe erforderlich. Die SM ist mit einer Leistung von →elektromechanisch 39 000 bis 60 000 LK/h und →photoelektronisch 120 000 LK/h bei einer Sortierstelle (bei 5stelligem Sortierbegriff 5 Durchläufe) die schnellste Maschine im Lochkartenverfahren (LKV) und dabei wenig aufwendig.

Sortier-Misch-Generator (SMG), *sort-merge-generator,* stellt eine verallgemeinerte →Routine dar, mit der einesteils eine →Datei sortiert wird, die aus willkürlich angeordneten →Sätzen (S) besteht, andernteils mehrere Dateien aus geordneten Sätzen zu einer geordneten neuen Datei gemischt werden können.

Sortiernadel, *sorting needle,* dient zur Auswahl von Karten aus einer Lochkartenkartei. Bei Abfrage der Außenlochreihe einer Karte wird die Nadel in die →Lochstelle für den gefragten Begriff geführt.

Sortierprogramme (SP), Dienstprogramme, die auf einfache Weise die Daten auf die Datenträger, z. B. Magnetband, Magnetkarte, Magnetplatte, in eine seriell-logische Reihenfolge bringen. In erweiterter Form werden sie →Sortier-Misch-Generator *(sort-merge-generator)* genannt. Blocklänge, Satzlänge sowie Länge und Lage des Sortierbegriffes müssen durch →Parameter variabel gestaltet werden können. Sortierprogramme oder Generatoren für SP werden meist von den Herstellern mitgeliefert.

Sortierverfahren, die Daten werden intern im Arbeitsspeicher und extern im Magnetbandspeicher und Randomspeicher nach festgelegten Kennbegriffen sortiert.

Spalte, *column,* die senkrechte Reihe einer →Lochkarte und einer →Matrix.

Speicher (Sp), *storage,* das „Gedächtnis" der EDVA für die Aufnahme, das Festhalten und das Bereitstellen von →Programmen (= Programm- oder Befehlsspeicher) und →Daten (= Datenspeicher) in adressierbaren Plätzen. Fassungsvermögen und →Zugriffszeit (Zug) kennzeichnen einen Sp und seine Wirtschaftlichkeit, wobei interne Speicher (→Arbeitsspeicher) teurer sind als → externe Speicher oder sog. Dauerspeicher. Sp mit großer →Kapazität (Kap) haben auch große →Zugriffszeit (Zug), sie sind in der Herstellung verhältnismäßig billig, kleine Sp und kleine Zug erhöhen die Kosten je →bit (b). Die Zellen des Sp, deren jede ein einzelnes →Zeichen (Z) aufnehmen kann, sind der Reihe nach durchnumeriert, wobei mit →Null begonnen wird.

Nach der Funktion sind zu unterscheiden:

1. Arbeitsspeicher oder Rechenspeicher zur Speicherung von Programmen und Zwischenergebnissen, z. B. Magnetkernspeicher (KSp), Magnettrommelspeicher (MTSp), Magnetdrahtspeicher (MDSp);
2. Hilfsspeicher oder Zusatzspeicher zur Speicherung von Daten für längere Zeit, z. B. Magnetband (MB), Magnetplatte (MP) u. ä.;
3. Archiv-Festwertspeicher zur Dokumentation (Dok) und
4. Assoziativspeicher.

Nach der Kapazität sind zu gruppieren:

Magnetkern-, Magnettrommel-, Magnetdraht-, Magnetkarten-, Magnetstreifenspeicher.

Nach der Zugehörigkeit zur Rechenanlage (RA) sind zu gliedern:

1. interne Speicher (zur RA direkt gehörend): Magnetkern-, Magnettrommel-, Dünnschicht-Filmspeicher;
2. externe Speicher (auswechselbar der RA zugeordnet): Lochkarte, Lochstreifen, Lochstreifenkarte, Magnetband, Magnetplatte, Magnetkarte, Magnetstreifen, Magnettrommel (letztere durch Kanäle mit der Zentraleinheit verbunden).

Speicherabzug →Speicherausdruck.

Speicheradressen (SpAdr) werden für die →Datenfelder (DF) durch numerische Symbolik ausgesprochen. (→ Adressierung)

Speicherausdruck, *storage dump,* auch Speicherabzug, Auflösung des Inhaltes des →Arbeitsspeichers (ASp) beim → Testen (Testfehler) bzw. bei Programmfehlern.

Speicherbank →Datenbank.

Speicherbedarf →Speicherplatzbedarf.

Speicherbefehle übertragen Daten aus einem →Arbeitsspeicher (ASp) in einen anderen oder innerhalb des ASp logische sowie arithmetische →Operationen mit variabel langen Feldern.

Speicherbereiche, *storage areas,* bestimmte abgeschlossene Teile des Kernspeichers für die Daten-, Zwischenergebnis-, Ein-/Ausgabe- und Konstantenspeicher. (→Speicherorganisation)

Speicherbereichsschutz, ein *hardware-* und/oder *software*-Element, das im →*multiprogramming (mp)* und im →*teleprocessing (tp)* für die Absicherung der max. 15 bis 16 nebeneinanderlaufenden →Programme (P) sorgt, so daß keins das andere im →Arbeitsspeicher (ASp) durch Überschreiben zerstört. Bei einigen Anlagen gibt es auch in E/A-Bereichen einen Schutz gegen unbeabsichtigtes Überschreiben von Daten (D) (→Speicherschreibsperren).

Speicherblock, Zusammenfassung aller Magnet- oder Ringkerne, die in einer Anzahl von Ebenen eines Kernspeichers (KSp), den →Matrizen, liegen, wobei es immer günstig ist, daß die Daten (D) wort- oder zeichenweise gruppiert sind.

Speicherdichte, *packing density,* Zeichenanzahl je Längeneinheit (beim Magnetband), Flächeneinheit (bei Magnetplatte) oder Raumeinheit (beim Magnetschichtspeicher). (→Bitdichte,→Zeichendichte)

Speicherebenen →Matrizen.

Speichereinheit (SpE). I. Kleinste adressierbare Einheit: bei Wortmaschinen (WM) ein →Wort (W), das sich aus → Bits (b) (10 bis 60) zusammensetzt; bei Stellenmaschinen (StM) eine →Stelle (Ste); bei Bytemaschinen (BM) ein → Byte (B). — II. Zur Zentraleinheit (ZE) als →Arbeitsspeicher (ASp) gehörig oder als →externer Speicher an die ZE angeschlossen.

Speicherelemente, technische Gebilde zur Informationsspeicherung, entweder elektronische Schaltkreise (→*flip-flops)* oder magnetische Bauelemente (→Magnetkerne) oder Träger von ferromagnetischen Schichten (Magnetband oder Magnetplatte) oder aber →Lochkarten (LK), →Lochstreifen (LS).

Speicherfelder nehmen Befehle und Daten auf.

Speicherhierarchie, Staffelung in der Speicherordnung hinsichtlich Größe, Zugriffszeit, Zykluszeit, Bitdichte, Rechenwerksnähe, Kostenfrage.

Speicherinhalt, sämtliche aufbewahrten →Informationen unter bestimmten Speicheradressen.

Speicherkapazität (SpKap), das Aufnahme- und Fassungsvermögen eines Speichers in →bit, →Byte, Silben (→ *slab),* →Zeichen, →Stellen oder →Worten.

Maximalwerte der Speicherkapazität in Zeichen sind:

Magnetkern	4	Mio.
Magnetband	160	Mio.
Magnetplatte	1	Bio.
Magnettrommel	2,7	Mio.
Magnetkarte	0,5	Mrd.
Magnetstreifen	0,5	Mrd.

Speicherkosten, Kosten für das Speichermedium und das Adreß-, Schreib- und Lesesystem, die mit der gewünschten →Kapazität (Kap) und Übertragungsgeschwindigkeit steigen, aber wieder mit der Länge der zulässigen →Zugriffszeit (Zug) fallen. Sie betragen etwa 30 % bis 40 % des Preises der Gesamtanlage.

Die Kosten liegen je Byte etwa wie folgt:

Magnetband	0.000 005 DM
Lochstreifen	0.000 015 DM
Lochkarte	0.000 081 DM
Magnetplatte	0.000 300 DM

Im Direktzugriff ergeben sich folgende Kosten:

Kernspeicher, Arbeitsspeicher je Byte in μ 5 bis 20 DM;

Magnetplattenspeicher, Magnettrommelspeicher je Byte in ms 0,01 bis 0,05 DM;

Magnetstreifenspeicher, Magnetkartenspeicher je Byte in s 0,001 bis 0,005 DM.

Speichermatrix, *matrix store,* die matrixförmige Anordnung von →Speicherelementen an den Kreuzungspunkten von Zeilen- und Spaltendrähten.

Speichermodul →Modul.

Speichern, *store,* das Festhalten und Aufbewahren von Daten (D) bzw. Informationen (Info), die nicht gebraucht werden oder später zur Verfügung stehen sollen.

Speicherorganisation, *hardware*-Einrichtung sowie auch *software*-Verfahren, ein vielschichtiges Problem, das Art und Umfang der →Programme (P) und den →Datenfluß stark beeinflußt. Es sind zwei Arten der Speicherorganisation möglich: die meist verwendete Strukturadressierung und die Inhaltsadressierung. (→Plattenorganisation)

Speicherplan →Speicherorganisation.

Speicherplatz, die Position im internen Arbeitsspeicher (ASp) bzw. in den externen Speichern, die ein →Wort (W), ein →Byte (B) oder ein →Zeichen (Z) aufnehmen kann, die über eine →Adresse mit einem einzigen →Zugriff ansprechbar ist.

Speicherplatzbedarf, Feststellung der Speicherkapazitäten (SpKap) für die zu speichernden Daten (D) und für die größten Programme (P) aufgrund von Satzgröße, -anzahl sowie →Blockungsfaktor, wobei der Umfang und die Häufigkeit der Zu- und Abgänge zu berücksichtigen sind. Dadurch kann sich der physische Speicherplatzbedarf um bis zu 50 % und mehr erhöhen. Die Tabellen der Hersteller sind dabei eine gute Hilfe.

speicherprogrammiert, Merkmal der Rechenanlagen der 3. Generation, bei denen „sich das Programm in einem Speicher befindet und durch die Anlage selbst abgeändert werden kann" (DIN 44 300). Gegenteil: festverdrahtet.

Speicherprogrammierung, Kennzeichen der EDVA und Grundlage vielseitiger Verwendbarkeit mit der Verarbeitung mehrerer Programme simultan. Gegenteil: festverdrahtete Speicher.

Speicherschreibsperren, *memory protects,* Sicherungen, die verhindern, daß ein →Programm →Speicherstellen überschreibt, in denen noch ein anderes Programm (z. B. das Organisationsprogramm oder spezielle Listen) aufbewahrt wird.

Speicherschutz, Vorrichtung oder Methode gegen unbeabsichtigtes Löschen oder Überschreiben auf externen Speichern.

Speichersplitting, Unterteilung von Speicherwörtern in Teilwörtern, eine Notwendigkeit, wenn die Wortlänge nicht variabel ist.

Speicherstellen (SpSte), kleinste informationstragende Einheiten eines Speichers: →*flip-flops,* Ringkerne oder ein kleines Flächenelement auf Magnetband oder Magnetplatte bei →variabler Wortlänge. Entsprechend dem internen →Code der jeweiligen Maschine besteht jede SpSte aus mehreren Binärstellen. Nur bei →Stellenmaschinen sind einzelne SpSte adressierbar. Ihre Anzahl schwankt je nach Maschinentyp zwischen 3 bis 12 Stellen. Jeder SpSte ist eine bestimmte →Adresse zugeordnet, unter der das entsprechende Byte oder Wort aufgesucht werden kann.

Speichersteuerung (SpST), Methode der zentralen Steuerung in der 3. Generation durch abstrakte, im Speicher festgehaltene Zahlengrößen.

Speicherstruktur hat absteigend folgende Ordnung: →Programm, →Segment, →Seite, Zeile.

Speichertechnik, Sammelbegriff für alle Fragen, die mit der technischen Realisierung von Speichersystemen zusammenhängen.

Speichertransport kann entweder seriell oder parallel erfolgen.

Speichertypen →Speicher.

Speicherung, das Aufbewahren der von der Maschine aufgenommenen Daten, für bestimmte Zeiten und Aufgaben. Tabelliermaschinen benützen →Zähler und →Speicher als Speicherungsaggregate, während bei den EDVA vielfältigere Möglichkeiten bestehen. Zur Speicherung einer Zahl benötigt man soviel →Speicherstellen wie die Stellenzahl dieser Zahl. Als Speicherungsminimum gelten etwa 150 bis 200 Befehle.

Speicherungsdichte, Fassungskraft von →Zeichen (Z) auf dem Magnetband (MB), z. B. 80, 220, 320, 400, 640 oder 800 Z/cm.

Speicherungsformen, die fortlaufende sequentielle (starr oder logisch) und die gesteuerte oder wahlfreie *(random access)* Speicherung. (→Datenmanagement)

Speicherverteilung verlangt permanente und dynamische Zuweisung verschiedener →Speicherbereiche für alle Parallelprogramme innerhalb der →Speicherkapazität.

Speicherwerk (SpW), *storage unit,* sammelt alle für die Lösung der gestellten Aufgaben notwendigen Instruktionseinzeldaten, ist also eine Art elektronischer Kartei und enthält das Programm. Als magnetisches SpW in Verbindung mit einem besonderen Muster-Auswahlsystem kann das Programm mehr als 30 Mio./s elektronische Schaltungen (→Grundschaltungen) ausführen.

Speicherwort, Zusammenfassung mehrerer →Speicherstellen zu einer adressierbaren Gruppe.

Speicherzelle (SpZ), *storage location,* „bei einem Speicher mit Wortstruktur eine Gruppe von Speicherelementen, die ein Maschinenwort aufnimmt" (DIN 44300); Speicher mit →fester Wortlänge.

Speicherzyklus umfaßt alle notwendigen Mikroprogramm-Schritte zum Auslesen oder Abspeichern von Daten im Arbeitsspeicher und zum Regenerieren der Magnetkerne. (→Zyklus)

Sperrzeiten, Zeiten während einer Eingabe oder Ausgabe, in denen das →Verarbeitungsprogramm blockiert ist; sie liegen im Millisekundenbereich.

SPG = *Sort Program Generator,* Programmgenerator zur Generierung von Sortierprogrammen für Plattendateien (Serie 100). *(BGE)*

Spieltheorie, die mathematische Disziplin des Operations Research (OR), die gezielt eine optimale Auswahl einer Strategie aufgrund der Theorie eines Gegners treffen soll. Damit kann das zukünftige Verhalten im Rahmen wirtschaftlicher Gegebenheiten motiviert werden.

SPL = *symbolic programming language* →Symbolsprachen.

SPOOL = *simultaneous peripheral operations on line,* eine bestimmte Vorform des →*multiprogramming (mp),* mit der ersten →Priorität verzahnt. Ein bzw. zwei Hauptprogramme laufen abwechselnd mit einem Dienstprogramm, z. B. Karte — Band oder Band — Drukker, wodurch der Rechner besser genutzt werden kann.

Sprachausgabe →akustische Ausgabe.

Sprache (Spr), *language,* ein System zur Darstellung und Übermittlung von Informationen (Info) zwischen Menschen oder (bei der DV) zwischen Menschen und Maschinen. Hierbei sind eindeutige Zeichen und Regeln zur Kombination der Zeichen zu größeren Einheiten, wie Wörter oder Sätze, festgelegt. Darüber hinaus bestehen Regeln über Wortanordnung und -verwendung zum Erzielen bestimmter Bedeutungen. Die Datenverarbeitung bedient sich folgender Sprachelemente: Zeichen, Wort, Satz, Block und im weiteren Sinne Anweisungen (Befehle), Paragraphen, Kapitel, Divisionen.

Spracheingabe →akustische Eingabe.

Springen, *skip,* die Unterdrückung der Übertragung von Zeichen. (→Sprungbefehle)

SPRINT = *simultaneous print,* Programmiersystem zur einfachen Erstellung von Druckprogrammen, die parallel zu anderen Objektprogrammen (→ Maschinenprogramme) als →*multiprogramming (mp)* ablaufen. *(NCR)*

Sprungadresse gibt den Platz der nächsten Instruktion an, die in Abweichung von der gespeicherten Reihenfolge der Instruktion ausgeführt werden soll.

Sprungbefehle bewirken Änderung der vorgegebenen Befehlsfolge, wonach andere durch den →Adreßteil der Sprungbefehle definierte Befehle (Bef) ausgeführt werden sollen, sie erlauben die Verbindung verschiedener Programmteile, die in →Speicherbereichen aufgeschrieben sein können. Insbesondere ermöglichen sie die mehrfache Wiederholung eines Programmteils, und zwar in zwei verschiedenen Versionen: unbedingt und bedingt. (→Adreßteil, → Transportbefehle, →Programmschleife,· →Verzweigung)

SPS = Symbol-Programm-System mit dem Charakter eines→Assemblers, führt zur Entwicklung einer →Makrosprache. (→AUTOCODER) *(IBM)*

Spule, elektrisches Bauelement, das aus einer Vielzahl von Windungen gut leitenden Drahtes (meist Kupfer) besteht. Der Draht kann um einen magnetischen Kern gewickelt sein. Spulen werden benötigt zur Erzeugung von Magnetfeldern, als Wechselstromwiderstand sowie in Transformatoren.

Spur (Sr), *track,* ein →Kanal oder eine Gruppe von Kanälen auf dem Mantel einer Magnettrommel, eine Zeile eines Magnetbandes oder eines Magnetstreifens. Bei einer Magnetplatte enthält die Spur i. a. 10 →Sektoren mit fester oder variabler Länge (max. 3625 Bytes). Diese Spur und der Platz auf ihr ist durch eine →Adresse erreichbar. Die Spuren über- oder untereinander bilden einen Zylinder, 100 Spuren bilden eine Ebene (= 270 000 bis 350 000 Stellen).

Spurelement, der Platten- oder Trommelplatz, der einem einzigen bit zugeordnet ist.

SRS = *student response system,* Unterrichtssystem, das Lehrern ermöglicht, die Fortschritte einzelner Studenten zu überwachen und rechtzeitig Wiederholungen vorzunehmen. *(BGE)*

Staffel, in „TR 440-Staffel", die Gesamtheit der modular aufgebauten Rechensysteme TR 440. *(AEG-Telefunken)*

Stammadressen bilden den Platteneinheits-Schlüssel bei der Verwendung von Magnetplatten (MP) als Speicher (Sp), auf den sich die →Adressen (Adr) eines →Plattenstapels beziehen.

Stammband, Datenträger (DT), der die Informationen (Info) über die Bewegungen der vergangenen Perioden als Bestandsgröße festhält.

Stammdatei, *masterfile,* Sammlung von Informationen, die über einen längeren Zeitraum hinweg konstant bleiben.

Stammdaten, gespeicherte Angaben über Personenverhältnisse, Materialien, Artikel usw., die sich kaum oder nur recht selten ändern im Unterschied zu den →Bewegungsdaten. Das Berichtigen und Ergänzen von Stammdaten in →Dateien geschieht durch den →Änderungsdienst.

Stammkarten erhalten die im Grundsatz nur wenig veränderlichen Stammdaten der einzelnen Abrechnungsgebiete, z. B. Kunden-, Personal- und Materialdaten. (→Matrizenkarten)

Standardinterface →Schnittstellen.

Standardkennsatz →Kennsatz.

Standardprogramme (StP) bestehen als fertige Programmierhilfen aus selbständigen Abläufen und werden von den Herstellern EDVA für betriebsunabhängige, häufig wiederkehrende Spezialaufgaben (Sortieren, Mischen, Übersetzen, Ausdrucken, Testen usw.) entwickelt. Sie haben einen festen Aufbau, können nur durch Steuerangaben modifiziert werden; StP erleichtern und verkürzen die individuelle Programmierung und ermöglichen die Verarbeitung eines Problems (z. B. Lohnabrechnung, Lagerkontrolle, Finanzplanung) für eine ganze Anzahl von gleich oder ähnlich organisierten Betrieben. StP verlangen aber ggf. betriebliche Umstellung. 80 % der Gesamtprogrammierung wird von ihnen bestritten.

Standleitung, Datenübertragungsleitung, die zwischen zwei entfernt liegenden Punkten fest durchgeschaltet wird, i. d. R. als Mietleitung zur ausschließlichen Benutzung. Gegenteil: Wählleitung.

Stanzeinheit →Abfühl- und Stanzeinheit.

Stanzen geschieht maschinell als mechanischer Vorgang (der innerhalb der EDVA leistungshemmend wirkt) zeilenweise von Spur 12 bis Spur 9 oder spaltenweise, mehrere tausend LK/h, je nach Fabrikat.

Stanzer (St) →Lochkartenstanzer.

Stanzstation, Sitz der 80 Stanzstempel im Lochkartenstanzgerät, wobei eine Geschwindigkeit von 160 Spalten/s oder 5500 Lochkarten/h bei 80 Spalten erreicht wird.

Stanzung, Anbringung von Lochungen in Datenträgern, und zwar zeilen-, spalten- und blockweise.

Stapelverarbeitung →*batch-processing.*

STAR = *standard routine,* Programmierhilfe, Vereinfachung von →RPG, ideal geschaffen für die Umstellung von konventioneller DV auf kleinere EDVA. Oft genügt eine Steuerkarte (STK) mit nur wenigen Angaben zur Problemlösung, so daß kein eigentliches Programmieren notwendig ist. Entsprechend den Grundfunktionen im Lochkartenverfahren gibt es vier STAR-Programme: Mischer-, Doppler-, Listen- und Sortierfunktionen.

Start, Ingangsetzung einer DVA.

Startadreßregister, Register für die Speicherung der Anfangsadresse eines Kernspeicherbereiches bei simultaner Datenübertragung. *(Honeywell)*

Startbefehl löst den Programmablauf aus; über die Starttaste wird die Maschine zum Laufen gebracht.

Startweg und Startzeit, Faktoren, die bei der Betriebsgeschwindigkeit eines Magnetbandes berücksichtigt werden müssen. I. a. stehen sie im umgekehrten Verhältnis zueinander.

Startzeit →Startweg und Startzeit.

statements →Anweisungen.

Stationen →*terminals.*

Stecktafel →Schalttafel, →Schaltplatte.

Stelle (Ste), *position*, die einem Zeichen innerhalb einer Folge von Zeichen zukommende Lage, bzw. der Platz einer Ziffer innerhalb einer Zahl, meist aus sechs Datenbits bestehend. Je Ste sind mindestens sechs →Speicherzellen (SpZ) erforderlich, und in einer Ste kann jeweils ein „einstelliger“ numerischer oder alphanumerischer Wert gespeichert werden.

Stellenmaschine (StM), auch Stellenwert- oder Zeichenmaschine, die Verarbeitungseinheit ist eine →Stelle (auch Zeichen genannt) mit vier oder sechs →bit oder eine doppelte Stelle mit acht bit (→Byte); sie arbeitet mit Befehlen und Speicherfeldern variabler Länge. Jede Dezimalstelle ist einzeln adressierbar, wodurch optimale Ausnutzung der Kapazität erreicht wird. Bei StM handelt es sich meist um →Zwei-Adreß-Maschinen. Gegenteil: →Wortmaschine.

Stellenrechner →Digitalrechner.

Stellenverschiebungen →Stellenversetzen, →Schieberegister.

Stellenversetzen, *shift*, das Verschieben eines →Wortes in einem →Register um eine gegebenen Anzahl von →Stellen nach rechts oder links. Auf der einen Seite gehen Stellen des Wortes verloren oder werden an ein anderes Register abgegeben, auf der anderen Seite kommen i. a. Nullen oder Blankstellen hinzu. Bei →Zahlen entspricht das Stellenversetzen um eine Stelle dem Multiplizieren oder Dividieren der Zahlen mit der Basis des →Zahlensystems dieser Zahl. (→Schieberegister)

Stellenwert →Zahlensysteme.

Stellenwertmaschine →Stellenmaschine.

STEP = *standard tape executive program*, Betriebssystem zur Steuerung aller ständig wiederkehrenden Abläufe bei der Arbeit mit Magnetbändern. *(NCR)*

step, die einzelne Arbeitsaufgabe des Rechners. (→*job*)

Stetigrechner →Analogrechner.

Steueranweisungen (STA). I. Befehle an das Umwandlungsprogramm zur Steuerung der Umwandlung. — II. Spezialanweisungen für die Bearbeitung eines Programms, z. B. für das Wiederholen, Duplizieren, Einsetzen usw. von Programmteilen.

Steuerbefehle →Steueranweisungen.

Steuereinheit (STE), technisches Schaltgerät für zusammengehörige Magnetbänder oder Magnetplatten, wodurch die →Speicherkapazität vervielfacht wird.

Steuergeräte enthalten Takt-, Zeit- und Impulsgeber durch Sinusspannungsgeneratoren, die letztlich alle eine automatische Eingabedatenerzeugung gestatten.

Steuerkarten (STK), *control cards*, Lochkarten, die Eingabedaten oder →Parameter zum Aufrufen und/oder Abwandeln einer allgemeingültigen →Routine auf einen speziellen Anwendungsfall (i. a. einfache Programmierung) enthalten, z. B. bei →Assemblern oder →Compilern. Die Verarbeitung der Einzelkarten ist durch eine Lochung in einer bestimmten Spalte in der X-Zeile (X-Loch) gesteuert.

Steuerloch (STl), Lochung in den Zeilen 12 oder 11 der Spalte 81 der Lochkarte, die nur eine Steuerung bestimmter Maschinenfunktionen in der DVA auslöst und die Richtigkeit der maschinell erstellten Lochkarte belegt.

Steuerlochkarten →Steuerkarten.

Steuern, das Einsetzen von bestimmten Hilfsmitteln, um ein gesetztes Ziel zu erreichen.

Steuerprogramme (STP), *control programs,* die wichtigsten Komponenten eines Betriebssystems (BS). Zu ihnen gehört als Schlüsselelement der →*supervisor (sv),* dann die →*job*-Steuerung und →IPL (= *initial program loader).* STP befinden sich ständig im →Arbeitsspeicher (ASp), ihre Aufgabe ist die Vorbereitung und Steuerung des Ablaufes aller anderen Programme (P). Sie sollen relativ kurz sein und enthalten im wesentlichen die Start- und Verzweigungsbefehle. Für kleinere Anlagen sind diese Programme fest verdrahtet und werden vor der Bedienung durch Tasten am →Bedienungspult (Bp) in der richtigen Weise gesteuert. Größere Anlagen haben das STP im Kernspeicher (KSp) in Form von →Maschinenbefehlen.

Die Funktionsbereiche sind Daten-, *job*- und *task*-Management. Die Informationen für Magnetplattenspeicher (MPSp) und Magnetkartenspeicher (MKSp) können hierbei sequentiell oder selektiv gespeichert werden. Je komfortabler das STP ist, desto mehr Platz benötigt es im KSp, desto weniger Arbeit hat aber auch der Programmierer, da ihm das STP viele Aufgaben abnehmen kann. (→Organisationsprogramme)

Steuerpult (STp) →Bedienungspult.

Steuerpulteinrichtungen, Tasten, Schalter, Anzeigelämpchen u. a. am Bedienungspult einer EDVA.

Steuersignal →Impuls.

Steuerung (ST), *control,* „der Vorgang in einem abgegrenzten System, bei dem eine oder mehrere Größen als Eingangsgrößen andere Größen als Ausgangsgrößen aufgrund der dem abgegrenzten System eigentümlichen Gesetzmäßigkeit beeinflussen" (DIN 19 226). Es ist Einsatz, Messen, gezieltes Einstellen von Stellgliedern, aber auch die Gesamtheit der verwendeten Stellglieder, die eingesetzt wird. In der DV ist sie ein offener Wirkungsablauf durch Auswahl elektrischer, pneumatischer, optischer oder elektronischer Impulse. Man unterscheidet:

1. programmierbare ST durch Schalttafeln oder durch Speicherprogramm,
2. fest vorgegebene (verdrahtete) ST in den einzelnen Teilwerken, z. B. im Rechenwerk (RW) die Divisionssteuerung.

Steuerungseinrichtungen →Selektoren.

Steuerungsproblem, umfassendes Synchronisationsverfahren mit dem Ziel, alle Datenwege und EA-Geräte mit ihrer vollen Übertragungsgeschwindigkeit arbeiten zu lassen, während die Zentraleinheit andere Probleme weiterbearbeiten kann.

Steuerung von Produktionsprozessen, *process control,* →numerische Steuerung.

Steuervorgang, offene Wirkungskette, die im Gegensatz zur →Regelung keine Rückmeldung des gesteuerten Vorganges im Sinne einer korrigierenden Beeinflussung zuläßt.

Steuerwerk (STW), *control unit,* auch Leit- oder Kommandowerk, die sehr komplexe Schaltzentrale der →Rechenanlage, die die Auswahl, Auslegung und Ausführung der Befehle in →Zyklen besorgt und dabei feststellt, ob es sich um Befehle zur Ausführung arithmetischer oder logischer Operationen handelt oder ob sie z. B. Eingabe oder Ausgabe betreffen. Anschließend wird der Befehl ausgelöst, die Adressierung gewählt und die Ausführung überwacht. Die Ausführung der Befehle erfolgt in der →Interpretierphase (Erkennung der aus dem Speicher geholten Befehle) und der →Operationsphase (Verarbeitung der in der Adresse bezeichneten Speicherstellen).

Befehls- und Adreßregister und ein Befehlszähler, insbesondere bei den stark verbreiteten →Ein-Adreß-Maschinen, gehören zum STW. Eingebaute elektronische Uhren überwachen den zeitlichen Programmablauf.

Stibitz-Code →Drei-Excess-Code.

Stochastik, Wort griechischen Ursprungs, deutsch „Vermutung"; ein Verfahren zur Wahrscheinlichkeitsermittlung.

stochastisch *(gr.),* nicht streng festgelegten Gesetzen folgend; eine Maschine arbeitet oder ein Prozeß verläuft stochastisch, wenn die Ausgangssignale oder der Ablauf zufallsbedingt, also nicht vorhersagbar, sind, z. B. Warteschlangensystem. Gegenteil: determiniert.

Stop, Unterbrechung oder Halt einer DVA.

Stopbefehl hält den Programmablauf an, die Maschine kann nur über die Starttaste wieder zum Laufen gebracht werden.

Stopweg und Stopzeit, Faktoren, die bei dem Übergang von der Betriebsgeschwindigkeit in die Ruhelage eines Magnetbandes berücksichtigt werden müssen. I. a. stehen beide im umgekehrten Verhältnis zueinander.

Stopzeit →Stopweg und Stopzeit.

Störgrößen, auf einen Arbeitsvorgang ungewollt wirkende Einflüsse, die beim →Steuern in Kauf genommen werden müssen, dagegen durch →Regelung ausgeglichen werden können.

STORE-Serie (μ-STORE-Serie), Reihe von Magnetkernspeichern mit standardisierten integrierten Schaltkreisen, die untereinander austauschbar sind, für Digitalrechner, in denen schnelle Speicherung oder Pufferung erforderlich ist. Besondere Eigenschaften sind hohe Zuverlässigkeit, einfache Wartung und kleiner Raumbedarf. *(Honeywell)*

Streckensteuerung, eine Art der →numerischen Steuerung für einfache Aufgaben bei Dreh- und Fräsmaschinen, bei denen die Bewegung des Werkzeuges als eine Folge von Einzelbewegungen angegeben werden kann, die jeweils parallel zu einer der Koordinatenachsen erfolgen. Für jede Einzelbewegung wird die Einhaltung des Weges und einer vorgegebenen Geschwindigkeit kontrolliert. (→Punktsteuerung)

Streifenleser (SL) →Lochstreifenleser.

Streifenlocher (Sl) →Lochstreifenlocher.

Streifenspeicher →Magnetstreifenspeicher.

Streifenstanzer (SSt) →Lochstreifenlocher.

STRELA, erster russischer Computer, 1953. (USSR)

STRESS = *structural engineering system solver,* problemorientierte Sprache für baustatische Berechnungen. Die Wörter (W), Buchstaben und Zahlen sind der Sprache des Statikers entnommen. *(IBM)*

STRETCH, auch *IBM* 7030, leistungsfähiger Großrechner der 2. →Generation (1962) mit 160 000 Transistoren, einem Arbeitsspeicher mit über 7 Mio. Ferritkernen und einem externen Plattenspeicher mit 4 Mio. Wörter zu je 72 bit, zwei Rechenwerke und mehrere Programme. Additionszeit für zwei 96stellige Zahlen 150 ns, Multiplikation für zwei 48stellige Zahlen 1,8 ns, Divisionszeit 7 ns. Entwicklung und Baukosten betrugen rund 13,5 Mio. Dollar. *(IBM)*

Strichmarkierung →Zeichenlochkarte.

Struktur, die Art des Zusammenhangs einzelner Elemente in einem gemeinsamen Verband, z. B. Programmstruktur, auch Datenfolge.

Sturkturadressierung, eine Art der Speicherorganisation, bei der jeder Speicherplatz oder der zusammenhängende Speicherbereich als Adresse eine Nummer erhält, durch die er gekennzeichnet ist. Durch die Angabe der Adresse als einer binär verschlüsselten Zahl erlangt man Zugriff.

Stückliste enthält alle Informationen eines Erzeugnisses, die für Fertigungsbereich und Kostenrechnung notwendig sind.

Stücklistenprocessor, *bill of material processor,* kombiniertes *software-hardware*-Element, Modularprogramm für Aufbau einer Stücklistenorganisation (Veredelung bzw. Änderung), bei einem spezifischen *processor,* wobei durch Adreßverkettung zu einer Datenbank auf der Magnetplatte eine Minimierung des Speicheraufwandes und eine Ausgabe aller Stücklistenformen erreicht wird, ein Datenorganisationsprogramm von universeller Anwendbarkeit. (→BOMP, →BIMAP).

Stufe, *level,* gruppiert im Symbolprogramm die Dateneinheiten und Datensätze mit gleicher Stufennummer durch standardisierte Zahlen.

Stützpunkt, *restart point,* Stelle innerhalb des Programms, auf die bei einer Unterbrechung des Programmlaufes zurückgegriffen werden kann, um einen wirkungsvollen →*restart* zu ermöglichen. Bei größeren Programmen werden mehrere Stützpunkte eingegeben. (→Fixpunkt)

Subroutine, Programmteil, der bei der Realisierung eines Programms (P) häufig wiederkehrende organisatorische Aufgaben oder das Berechnen von Zwischenwerten durchführt. (→Unterprogramme)

subset, Abk. aus *subscriber set,* Einrichtung zur Modulation bzw. Demodulation von Nachrichten, wobei die Maschinensignale in eine für die →Übertragung über Leitungen erforderliche Form und die von der Leitung ankommenden →Signale in eine von der Maschine lesbare Form gebracht werden.

subsystems, alle Untersysteme des →Operations Research (OR), wie Auftragserfassung, Auftragsbearbeitung, Materialplanung.

Subtraktion (Sub) im Digitalrechner wird durch Komplementierung auf die Addition zurückgeführt.

Suchen, das Auswählen einer bestimmten, angeforderten Information (Info) aus einer großen Menge von Info, wobei nicht die →Adresse (Adr), sondern nur bestimmte →Merkmale der gesuchten Info bekannt sind. Wir unterscheiden lineares (kleine Tabellen) und logarythmisches (große Tabellen) Suchen. Suchprozesse erfordern i. a. relativ viel Zeit. Hierzu gehört auch das Einstellen des Zugriffsmechanismus auf den richtigen Zylinder (Zyl) des Magnetplattenspeichers (MPSp) bzw. der Magnettrommel (MT) und damit die Auswahl des entsprechenden →Schreib-/→Lesekopfes.

Suchfrage besteht aus →Deskriptoren und leitet jeden →Suchvorgang ein.

Suchkriterium, eine Anzahl von Zeichen innerhalb einer Dateneinheit, die angeben, wann eine Einheit innerhalb eines Suchprozesses als identisch mit der gesuchten Einheit zu gelten hat.

Suchvorgang beruht auf der assoziativen Übereinstimmung zwischen →Deskriptoren der Suchfrage und dem gewünschten Informationsinhalt.

Suchzeit wird durch die Art der Deskriptorenverknüpfung und die Anzahl der →Deskriptoren in einer individuellen Fragestellung bestimmt, z. B. werden bei 300 000 Deskriptoren im → Thesaurus für eine Suchfrage mit 10 Deskriptoren etwa 30 s benötigt.

Summengang →Tabelliermaschine.

Summenkarten enthalten die addierten Werte einer bestimmten Periode eines Stichtages aus anderen Lochkarten.

Summenkontrolle, Prüfung auf Vollständigkeit und Richtigkeit von Datengruppen.

Summenlocher, *summery punch,* Lochgerät, das in Verbindung mit anderen Maschinen, gewöhnlich einer →Tabelliermaschine, die dort ermittelten Ergebnisse übernimmt, die nach zeitlichen, sachlichen oder personellen Gesichtspunkten verdichtet sind. Bei der nächsten Verarbeitungsstufe werden sie anstelle der Einzelkarten eingesetzt und vereinfachen dadurch den Arbeitsablauf.

Summenstanzer ist der Funktion des Summenlochers ähnlich, führt aber die Informationsausgabe neben der → Tabelliermaschine durch.

Supercomputer (SComp), Hochleistungsrechner, Großrechenanlagen ab 512 K/B mit 36 Mio. Befehlen/s, Übertragungsgeschwindigkeit von 10 bis 30 Mio. Zeichen/s und einer Zykluszeit von 500 bis 50 ns.

Superprogramme, große Arbeitsprogramme, bei denen ein Programm durch die Rechenanlage selbst und nicht durch den Programmierer erstellt wird. Je nach Hersteller und Ausbaustufe benötigen sie 32 bis 256 und mehr K zuzüglich einer Plattenkapazität. (→Leitprogramme)

supervisor *(sv),* steuert als Überwachungsprogramm im Betriebssystem den Rechner und die Bearbeitungsprogramme während der Ausführung und koordiniert alle Operationen; der *sv* kontrolliert die Unterbrechungen und spürt die Fehler auf. Er befindet sich ständig im Arbeitsspeicher, „verwaltet" den im Kernspeicher verfügbaren Platz und hat i. w. folgende Aufgaben:

1. Ausführung und Kontrolle der Datenübertragung von und zu den externen Speichern;
2. Aufsuchen und Laden von Programmen aus der →Programmbibliothek oder aus den Eingabe-/Ausgabe-Einheiten in den Arbeitsspeicher;
3. Verständigung zwischen den Programmen untereinander und mit dem Bediener;
4. Zuordnung echter Eingabe-/Ausgabe-Einheiten zu den symbolischen Eingabe-/Ausgabe-Adressen;
5. Dokumentation der durchgeführten Aufgaben und aufgetretenen Ausnahmebedingungen.

(→Betriebssystem, →Organisationsprogramme, →Steuerprogramme)

supervisor nucleus →*nucleus.*

Supraleitung →Kryotron.

SUSA, formatgebundene, maschinenorientierte Programmiersprache für TR 4. *(AEG-Telefunken)*

SWIFT, Programmiersprache für Kleinrechenanlagen. *(Friden)*

Symbion-Technik, Parallelverarbeitung eines Standardkonvertierungsprogrammes neben einem Praxishauptprogramm, was i. a. 32 K, evtl. 16 K voraussetzt. *(Univac)*

Symbolbefehle, auch symbolische Befehle, sind im Gegensatz zu Maschinenbefehlen in Symbolsprache abgefaßt, sie setzen sich je nach Aufgabe aus →Definitionen, →Instruktionen, →Steueranweisungen usw. zusammen.

Symbole (Sy), ein oder mehrere Zeichen oder Wörter zur Darstellung von Informationen für die Kommunikation. Liegt eine Darstellung durch ein Zeichen vor, kann das Sy durch dieses Zeichen ersetzt werden. Die gebräuchlichsten Sy sind alphanumerische Zeichen. In der DV sind zur Darstellung von →Systemen und →Abläufen spezielle Sy eingeführt (für Maschinen und Datenträger, für Vorgänge wie →Mischen, →Sortieren, →Drucken). Die Sy werden von den Herstellern herausgebracht; z. T. stimmen sie untereinander überein, z. T. weichen sie geringfügig voneinander ab (eine Vereinheitlichung wird angestrebt).

Symbolik, Lehre von der Darstellung der Begriffe und Sachverhalte durch Zeichen und Zeichenfolgen.

symbolische Adressen, numerische oder alphanumerische Bezeichnungen für einen →Speicherbereich im Zusammenhang mit einem bestimmten Programm (P). Die P werden oft zunächst mit symbolischen Adressen in einem verständlichen →Code (C) geschrieben und dann mit einem Assemblerprogramm in den →Maschinencode (MC) übersetzt.

symbolische Befehle →Symbolbefehle.

symbolische Logik →Logistik.

symbolische Programmierung. I. Die Verwendung frei gewählter Symbole zur Adressendarstellung für die Vereinfachung der Programmierung. — II. Die Umwandlung der Symbolsprache durch ein eigenes Umwandlungsprogramm in ein Maschinenprogramm.

symbolisches Programm →Symbolprogramme.

symbolisches Programmband, Magnetband, das Programme in Symbolsprache (maschinenorientiert oder anwendungsorientiert) enthält. Gegenteil: binäres Programmband.

symbolische Zahl, eine Zahl beim Programmieren, als Bezug auf eine bestimmte →Speicherstelle (SpSte), die bei der Programmumwandlung durch die eigentliche →Speicheradresse ersetzt wird.

Symbolprogramme, *symbolic programs,* oder Quellenprogramme, auch Ursprungsprogramme, problemorientiert, in einer Sprache geschrieben, die vorwiegend dem Schreibenden die Darstellung seiner Probleme in einer der üblichen Form angenäherten Weise ermöglichen soll. Für die EDVA ist es erst nach der maschinellen Umsetzung in den Maschinencode durch einen Generator, Assembler oder Compiler als Umwandlungsprogramm für die eigentliche Verarbeitung verwendbar.

Symbolsprachen (SSpr), Quellensprachen oder Ursprungssprachen, auch Primär- oder Makrosprachen, Programmiersprachen zur Formulierung oder Codierung eines Programms, und zwar maschinen- oder problemorientiert. Nach der Übersetzung wird daraus ein ladbares oder ablauffertiges Maschinenprogramm. Die Symbolsprachen bestehen aus leicht merkbaren, mnemonischen Abkürzungen, Ausdrücken, Regeln und Zeichen, die es dem Programmierer ermöglichen, durch ein „Umwandlungsprogramm" mit der Maschine sinngemäß zu arbeiten, d. h. aus symbolisch gelochten →Programmkarten werden über den „Umwandler" automatisch „echte" Programmkarten erzeugt. Die SSpr wurden entwickelt, um die äußerst schwierige Programmierung in der →Maschinensprache zu umgehen. Sollen beispielsweise vom Bruttolohn sämtliche Abzüge subtrahiert werden, so lautet der Maschinenbefehl z. B. 31, 08744, 09234, der symbolische Befehl jedoch SUB, BRTL, ABZ.

Für eine rationelle Programmiersymbolik sind folgende Hinweise nützlich:

1. symbolische →Adressen,
2. leicht erlernbarer →Befehlscode
3. ausreichende →Makroanweisungen,
4. bequeme und flexible Definitionen für →Daten, →Konstanten und →Datenfelder,
5. zweckmäßige Behandlung und Ansteuerung der Peripherie.

Die SSpr gelten als →maschinenorientierte Programmiersprachen, wenn der Hersteller für jedes System oder jede Systemfamilie eine eigene SSpr geschaffen hat. Bei den SSpr gibt es einfache und höhere Sprachen. (→Promiersprachen)

SYMOB = *Système Modulaire Bull,* Programmiersystem, speziell zum Aufbau von problemorientierter →*software (sw)*. Es entspricht in seiner Programmierhilfe dem →AUTOCODE mit →Makrobefehlen, wobei der Programmierer noch weitere Makros für die Verwendung in anderen Programmen erstellen kann. *(BGE)*

synchron, zeitliche Übereinstimmung in der Operationsführung zum Maschinenablauf, wobei der →Takt allen Einheiten gemeinsam ist. Der Synchronbetrieb ist dem Asynchronbetrieb insofern überlegen, als die Verlustzeiten für die Start- und Stopbits entfallen, der zeitliche Ablauf übersichtlich und damit auch technisch leichter beherrschbar ist, aber er ist langsamer und durch zusätzlichen Schaltungsaufwand teurer.

Synchronisation, der zeitliche Gleichlauf von zwei oder mehreren autonomen Schaltwerken.

Synchronisator, Steuereinheit, die die Zusammenarbeit zwischen →Magnetband, →Magnetkarte, →Magnetstreifen und der →Zentraleinheit ermöglicht.

Synchronlocher, mit Wechselstrom arbeitende Lochkartenlocher, die an →Abrechnungsmaschinen und Registrierkassen gekoppelt werden, um eine direkte Lochkartenausgabe von Werten bzw. Summen zu erhalten.

Synchrotron, kreisförmiger Teilchenbeschleuniger mit einem Radius von 50 m, in dem Elektronen elektrische Spannungsfelder durchlaufen. Sie erreichen dabei mit einer Energie von mehr als 6 Mrd. Elektronenvolt nahezu Lichtgeschwindigkeit. Im Einklang mit der Relativitätstheorie nimmt dabei die Masse ein Vielfaches ihres ursprünglichen Wertes an.

Synonyme, sinnverwandte oder sinngleiche Wörter; in der DV →Sätze (S), deren →Ordnungsbegriffe durch das Umrechnungsprogramm die gleiche →Speicheradresse (SpAdr) ergeben.

Syntax *(gr.),* Zusammenstellung; Satzlehre, nach der die Elemente einer formalisierten Sprache zusammengefügt werden. Für die Programmiersprache (PSpr) ist die Syntax streng definiert, so daß auch für alle möglichen →Strukturen die Bedeutung (→Semantik) eindeutig festliegt.

SYN-Zeichen, Erkennungszeichen für synchrones Arbeiten des Empfängers mit dem Sender, dargestellt durch vier bis sieben im →Code (C) vereinbarten Zeichen (Z), die dem Synchronübertragungsblock vorangestellt sein müssen.

System (gr. *systema* = *das Zusammengestellte),* eine Menge von Elementen, zwischen denen ein Beziehungsnetz besteht; eine Anordnung von Komponenten und Geräten, die bestimmte Gesamtfunktionen ausüben und exakte Zielsetzungen plangemäß erfüllen sollen. Der organische Aufbau einer DV wie einer DVA stellt in diesem Sinne eine Sammlung von Elementen dar, die in Wechselwirkung untereinander gekoppelt sind und gegenseitig →Informationen (Info) austauschen, gewissermaßen ein zweckorientiertes System. Abstrakte Systeme sind Denkmodelle konkreter Systeme.

Systemanalyse. I. Die Untersuchung eines Vorganges, eines Verfahrens, einer Methode oder eines betrieblichen Ablaufes, um festzustellen, welche Ergebnisse erzielt werden sollen und wie die dazu notwendigen Arbeiten am besten ausgeführt werden können. — II. Die sorgfältige Untersuchung der Computer-Technik und deren Integration in das betriebliche Geschehen mit der Anordnung zum technischen Handeln. Sie ist die Voraussetzung der System-Synthese und verlangt eine virtuose Beherrschung vieler unterschiedlicher Methoden.

Systemanalytiker, *system-analyst,* der Fachmann für die Systemanalyse. Er muß die Gesamtheit eines zu automatisierenden Arbeitsgebietes übersehen, verstehen und bis ins letzte aufgliedern können; ihm obliegt die Koordinierung der differierenden Arbeitsbereiche und Abteilungen, um eine optimale →Integrierung zu realisieren. Er hat das maschinenbezogene Umdenken bis zur Programmvorgabe zu besorgen. Die berufliche Spannweite reicht vom Organisationsassistenten bis zum Systemorganisator. (→Organisator)

systematischer Code, spezieller →Binärcode, der nach bestimmten Gesetzmäßigkeiten aufgebaut ist. Bei diesem Code können Übertragungsfehler korrigiert werden.

Systemberater, Datenverarbeitungsfachleute, die in ihrer herstellerorientierten Funktion Unternehmen über den sinnvollen Einsatz von →Rechenanlagen umfassend beraten, sie anleiten und kreativ dafür tätig sind.

Systembetreuer, Datenverarbeitungsfachleute, die im Dienste der Hersteller tätig sind und eine oder auch mehrere DVA eines Rechenzentrums in ihrer Obhut haben. Systembetreuer stellen Programmierverfahren bereit, beraten bei deren Anwendung, führen systematisches Testen durch und wirken bei der DVA-Organisation mit, indem sie das für die Problemlösungen notwendige systembezogene Wissen an Programmierer und Systemanalytiker weitergeben.

system engineering, Projektierung, Planung und Ausarbeitung von Datenverarbeitungssystemen sowie die optimale Systemausnutzung.

Systemfamilien (SF) oder Rechnerfamilien (RF), auch Serie, sind aus dem Bedürfnis entstanden, mit Rechenanlagen zu arbeiten, die für Anwendung und Auslastung weitgehend flexibel sind. Unter bestimmten, meist aufsteigenden Nummern bieten Hersteller von EDVA Rechenanlagen an, die auf der Grundlage des Baukastenprinzips und der neuesten Technologie der integrierten Schaltkreise jeweils bestimmte Zentraleinheiten zueinander „verträglich“ haben, die gleiche Peripheriegeräte verwenden können und die miteinander in ihrem Programmiersystem aufwärts- oder — bedingt - abwärtskompatibel sind. Dazu verfügen sie über ein gemeinsames Befehlsrepertoire, einheitliche Programmbibliotheken, umfangreiche Programmierhilfen und abgestimmte Standardroutinen für Sortieren, Mischen usw.

Die verschiedenen Rechnertypen eines Herstellers werden in der Weise vereinheitlicht, daß von einer Maschine auf die andere ohne wesentliche Schwierigkeiten übergegangen werden kann. In der Regel gehört zum Familiencharakter die weitgehende Übereinstimmung folgender Merkmale:

1. die *hardware* in der ziemlich gleichartigen Struktur der Zentraleinheit (*hardware*-kompatibel),
2. die parallel damit entwickelte *software* in der auf die Größe der Anlage abgestimmten Beibehaltung der gleichen Programmiersprachen (*software*-kompatibel),
3. der im wesentlichen übereinstimmende Befehlskatalog mit den gleichen Befehlsformaten,
4. das Vorhandensein einheitlicher Peripheriegeräte (datenkompatibel), die an alle Zentraleinheiten einer Familie angeschlossen werden können.

Systemfunktionen fassen die Hilfsprogramme (HiP) und Hilfsroutinen zusammen, die vorhanden sein müssen, um Zentraleinheit (ZE) und periphere Einheiten (PE) in Tätigkeit zu setzen und den Ablauf der Arbeitsprogramme (AP) im System zu überwachen und zu steuern.

Systemingenieur →Systemplaner.

Systemkombinationen, Zusammenstellungen von Zentraleinheiten (ZE) und peripheren Einheiten (PE) mit dem Ziel, für die Lösung der anstehenden Probleme dem wirtschaftlichsten Weg zu finden.

system overhead, gesteigerter Zeitbedarf für die Betriebssystem-Verwaltung und größere Raumbeanspruchung (= Speicher) für die Systemresidenz und die Steuerprogramme.

Systemplaner, *system engineer,* durch langjährige, systematische Schulung in der DV qualifizierte Personen, die die optimalen Beziehungen zwischen den zu lösenden Problemen und den einzusetzenden Maschinenaggregaten herstellen. Sie haben technisch-wissenschaftliche oder organisatorisch-betriebswirtschaftliche Probleme zu lösen. Dabei muß die Lösung so durchgeführt werden, daß sie die Grundlage für die Arbeit des Programmierers bildet.

Systemplanung, alle intellektuellen, organisatorischen und personellen Vorarbeiten, die für den Einsatz einer DVA erforderlich sind, z. B. Gegenüberstellung des Ist- und Soll-Zustandes, analytische Untersuchung sämtlicher Bestimmungsgründe für die Wahl hinsichtlich Modell und Konfiguration. Die mit den verschiedenen Aufgaben betrauten Personen nennt man: Systemplaner, Systemanalytiker, Organisator, Systemberater.

Systemprogramme, alle Programme (P), die vom Programmierer zu schreiben sind oder die vom Hersteller der EDVA angeboten und jedem Benutzer zur Verfügung gestellt werden. Sie befassen sich mit dem →Betriebssystem (BS), mit der →*software (sw),* mit den *utilities* (→Dienstleistungsprogramme) und helfen, den Programmieraufwand der Benutzer zu reduzieren. Entsprechend ihrer Funktion kann man — nach der „Entfernung" der P von der technischen Seite des Systems — gliedern in: Grundprogramme, Übersetzungs- oder Umwandlungsprogramme, Dienstprogramme. Standardprogramme und Programmgeneratoren. Anwendungsprogramme sind ausgenommen.

Systemprogrammierer arbeiten zumeist beim Hersteller für die Schaltung, Wartung und Ergänzung von Systemprogrammen.

Systemprüfung, Prüfung der wesentlichen Funktionen einer DVA durch

Prüf- oder Testprogramme oder einprogrammierte Kontrollen.

system residence →Systemspeicher.

System-software, Betriebssysteme, Compiler, Dienstprogramme usw., von den Herstellern erstellt und gewartet, die maßgerecht auf die *hardware* und praxisgemäß auf den Ablauf des Maschinenbetriebes abgestimmt sind. Gegenteil: Anwendungs-*software*.

Systemspeicher, externe Speicher, z. B. Magnetplattenspeicher (MPSp), Magnetbandspeicher (MBSp), in denen die Systemprogramme (→Betriebssystem und →Programmbibliothek) gespeichert werden. Während des Arbeitsablaufes werden jeweils nur Teile davon im →Arbeitsspeicher (ASp) benötigt.

Systemtest, die letzte Prüfung eines Programmkomplexes in seiner Gesamtheit mit allen Programmvarianten und besonderen →Testdaten, um das richtige Ineinander und Nacheinander der Programmteile zu gewährleisten.

Systemüberwachung →*job control*.

T

Tabellen, Reihen von aufeinanderfolgenden, gleichwertigen Datenwörtern, wobei i. a. dem →Ordnungsbegriff die →Speicheradresse gegenübergestellt wird. Dabei lassen sich Bereichs- und vollständige Tabellen unterscheiden.

Tabellieren, das Rückübertragen der →Lochschrift der sortierten Lochkarten (LK) in →Zahlen und →Buchstaben. Die mit LK oder Lochstreifen (LS) eingegebenen Daten (D) werden auf einem Druckwerk nach bestimmten Gruppenmerkmalen aufgelistet bei gleichzeitiger Anfertigung von Tabellen. Mit Hilfe einer Schalttafel werden die Funktionen des Aufschreibens, Summierens, Saldierens gesteuert.

Tabellierer, der Schaltspezialist im Lochkartenverfahren, der die Schaltungen für die konventionellen Maschinen vorzunehmen und diese zu bedienen hat, wobei er auch die Programme entwirft. Als Planer für die Schalttafelsteuerung hat er technisches Verständnis, organisatorische Fähigkeiten, logisches Denken, Einfühlungsvermögen und betriebswirtschaftliche Kenntnisse aufzuweisen. Nach bestandenem Test kann er in wenigen Wochen ausgebildet werden.

Tabelliermaschine (Tab), *tabulator* oder *accounting machine,* das Kernstück des Lochkartenverfahrens (LKV); mit leicht auswechselbaren →Schalttafeln oder durch ein →Lochband steuert sie Lesen, Ordnen, Rechnen, Speichern, Schreiben, und zwar 100 Zahlen oder Buchstaben in 0,4 s. Sie leistet theoretisch bis 9000 Zeilen/h bei 80 bis max. 150 Zeichen je Zl, d. h. bis über eine Mio. alphanumerischer Z/h. Außerdem erledigt sie gleichzeitig eine Reihe von Nebenfunktionen, wie Gruppentrennen, Abstimmen, Summenlochen, Papiervorschieben usw. Als Schreibmechanismus werden Typenstangen oder -räder verwendet, wobei grundsätzlich eine ganze Zl auf einmal angeschlagen wird. Beim Auflisten unterscheidet man: Einzelgang (9000 LK/h) oder Sammelgang (6000 LK/h).

TABSIM = *Tabulating equipment Simulator,* Standardprogramm, das die Arbeit einer konventionellen Tabelliermaschine simuliert (für alle Anlagen der Serie 200). Mit Hilfe von Steuerkarten werden einzelne Posten von Kartensätzen verarbeitet und in Form einer Liste oder eines Berichtes ausgegeben. Ebenso können →Summenkarten gestanzt werden. *(Honeywell)*

Tagesdaten →variable Daten.

Takt oder Grundtakt, auch Impulsfrequenz, steuert den zeitlichen Prozeßablauf in der EDVA und bestimmt die Zeit zwischen zwei aufeinanderfolgenden Steuerungs- oder Verarbeitungsschritten. (→Taktzeit)

Taktgeber, Impulsgenerator, jener Teil im Steuerwerk (STW) der Zentraleinheit (ZE), der den gesamten Computer (Comp) in kleinsten Zeitintervallen mit →Impulsen (Imp) versorgt, die Programm-Ablaufgeschwindigkeiten festlegt und dadurch die zeitliche Synchronisation der Arbeit des Rechners (Re) gewährleistet. Asynchrone Re haben keinen gemeinsamen Taktgeber für alle Teilwerke.

Taktgeberuhr, auch Zeitgeber, ein zählendes →Register (Reg), das vom →Taktgeber gesteuert wird.

Taktimpuls, *timing pulse,* eine regelmäßige, ununterbrochene Folge von Impulsen (Imp) in gleichmäßigen Abständen, die nie aufhören, solange der Elektronenrechner (ER) in Betrieb ist. Die Zeitdauer entspricht einer Bitlänge, ggf. einer →Wortlänge, sie sind die genauesten und kürzesten Impulse.

Taktspur, *clock track,* insbesondere beim Magnettrommelspeicher, auf ihr sind Orientierungssignale aufgebracht, z. B. Zeitmarken, zur Vorwahl einer → Spur oder eines →Speicherbereiches mit Aufsuchen einer Stelle innerhalb dieser Spur.

Taktstraßen →Transferstraßen.

Taktzeit, *clock-time,* die Zeit, die eine →Echtzeituhr, ein→Taktgeber oder auch ein astabiler →Multivibrator *(flip-flop)* zur Ausführung bzw. Weitergabe einer Information (Info) benötigt.

TAS = *Telefunken* Assembler-Sprache, eine formatfreie, maschinenorientierte Programmiersprache für TR 440 mit Makrobefehlen und einem besonders flexiblen Ersetzungsmechanismus für Zeichenketten. *(AEG-Telefunken)*

Taschenlocher, *port-a-punch,* handliches Gerät zum Festhalten von Daten am Entstehungsort in einer Lochkarte, ohne maschinelle Hilfsmittel zu benötigen. *(IBM)*

task, eingespeichertes Anwendungsprogramm, die kleinste, unabhängige Arbeitseinheit für die Zentraleinheit (ZE) aus der Sicht des →Steuerprogramms (STP), des →*operating system (os).* Sie gilt als Einheit für die *multiprogramming*-Verarbeitung und besteht aus einem →Algorithmus und den zu verarbeitenden Daten (D). Sie kann aber auch eine aus mehreren Programmen (P) (→System- und/oder →Anwendungsprogramme) bestehende Programmkette sein. (→*job)*

task-management steuert und überwacht die Durchführung der Aufgabe auf der Basis einer →Einzelverarbeitung oder eines →*multiprogramming* bei Überlappung mehrerer Aufgaben. *(IBM)*

Tastatur (Ta), *keyboard,* Einrichtung für die manuelle Eingabe (E) von Einzelinformationen bei Lochkartenlochern (LKl), Konsol-Schreibmaschinen, *terminals* in eine DVA über Schalter oder Tasten zum Auslösen bestimmter Maschinen- oder Programmfunktionen.

Tätigkeiten →Aktivität.

TCAM = *telecommunications access method,* Makrosprache für eine einfache Methode der Steuerung des Informationsaustausches, des Leitungsnetzwerkes und der Datenstationen bei Datenfernverarbeitung. *(IBM)*

TEACH, Programmiersprache für Informationswiedergewinnung und programmierten Unterricht, abgestellt auf das →*time-sharing-system (tss)* H 1648. *(Honeywell)*

teamwork = Zusammenarbeit, Gruppenarbeit, die sich besonders bei der Lösung differenzierter Probleme in der DV bewährt hat.

Technik, i. w. S. jede planmäßige Verwendung bestimmter Mittel, um vorgegebene Ziele zu erreichen, i. e. S. Beherrschung der Natur durch Geist, Handfertigkeit und Maschine.

technische Zuverlässigkeit, die Fähigkeit eines Erzeugnisses (häufig in Prozenten der Wahrscheinlichkeit angegeben), den Anforderungen des Verwendungszweckes während einer bestimmten Zeitdauer zu genügen.

Technokratie, (seit etwa 1920) die Tatsache der durch die Technik gewaltig gesteigerten Produktionsleistung und zugleich die Ansicht, daß man Produktionsmöglichkeiten messen und berechnen könne.

Technologie *(griech., techne = Kunst, auch Gewerbe; logos = Lehre),* alle Lehren, Methoden, Mittel und Verfahren der physikalischen (mechanischen) und chemischen Gewinnung und der Be- und Verarbeitung aller Werk- und Baustoffe sowie die Beschreibung der Fertigerzeugnisse in den verschiedenen Gewerbezweigen.

Teilnehmerbetrieb, *remote computing and time-sharing,* eine Datenfernverarbeitung (DFV), bei der von den angeschlossenen Benutzer- oder Datenstationen unabhängig Aufgaben zur Bearbeitung eingegeben werden, im Stapel- oder im Dialogbetrieb, bei letzterem in der Aufgliederung: Jobfernverarbeitung, Dialogjobverarbeitung, programmkontrollierte Dialogverarbeitung, benutzerkontrollierte Dialogverarbeitung. *(→time-sharing)*

Teilnehmer-Rechensysteme, „digitale Rechensysteme mit mehreren angeschlossenen Benutzerstationen" (DIN 44 300), die auf *real-time-sharing (rts)* basieren und eine wohlorganisierte Speicher- und Zeitzuteilung verlangen. *(→time-sharing)*

TELCOLLECTA, optimales, peripheres Datensammelsystem zur rationellen Erfassung und Aufbereitung sowie Übertragung aller erforderlichen Informationen (Info). *(Siemens)*

TELDOK = Telefunken-Dokumentationssystem, weitgehend maschinenunabhängiges programmiertes System zur Lösung anspruchsvoller Dokumentationsprobleme (z. B. Bibliotheksautomatisierung) auf Großrechenanlagen. *(AEG-Telefunken)*

TELEBANDA, Datenerfassungssystem mit Lochstreifen (LS), bei dem die in der Peripherie gesammelten Eingabedaten schnell und fehlerfrei zur Zentraleinheit (ZE) gelangen. *(Olivetti)*

Tele-Computer-Center, Einrichtung einer zentralen Rechenanlage (RA) mit Telefon- oder Fernschreiber-Verbindungslinien zu Außenstationen für die Eingabe (E) und Ausgabe (A) von Daten (D) an entfernte Orte.

Telegraphie, die Übertragung des Nachrichteninhaltes durch elektrische Impulse. Mit Hilfe einer Codierung können bis zu 10 Zeichen/s übertragen werden; besonders günstig bei großen Entfernungen und großen Datenmengen.

Telephonie, elektrische Nachrichtenübertragung der Sprache; es können rd. 160 Zeichen/s übertragen werden, bei speziellen Mietleitungen bis rd. 300 Zeichen/s.

teleprocessing *(tp),* Datenfernverarbeitung (DFV) durch fernmeldetechnische Übertragungswege, was die Bereitstellung einer entsprechenden Kapazität (Kap) an Fernmeldeleitungen, die Gewährleistung einer sicheren Übertragung (Ü) und die Überarbeitung bestehender tariflicher öffentlicher Bestimmungen voraussetzt. Sie ist äußerst flexibel, dynamisch, anpassungsfähig und bringt folgende Vorteile: direkte Eingabe (E), Datentransport anstelle Belegtransport, sofortige Bearbeitung, Entfernungsüberwindung und vielseitigen Stellenzugriff.

TELEX (TEX), öffentliches deutsches bzw. europäisches Fernschreibwählnetz mit über 60 000 Anschlüssen in der BRD; in den USA die Bezeichnung des von der *Western Union* aufgebauten Fernschreibnetzes. Auf Datenübertragung umgeschaltet werden Geschwindigkeiten bis zu 50 bit/s = 50 Baud erreicht. Die Geschwindigkeit ist 400 Anschläge/min bei $7^1/_2$ bit für jedes Zeichen (Z), d. s. $6^2/_3$ Z/s.

TENOGRAPH, digitales Datenerfassungssystem. Mit ihm können bis zu 20 verschiedene Dateneingabeplätze für permanente oder variable Daten erfaßt werden. Sie werden an die Zentraleinheit des Tenographen gegeben, dort verarbeitet und an max. sechs Datenausgabegeräte *(off line)* übermittelt oder an einen Computer *(on line)* weitergeleitet. Der Tenograph erhöht die Genauigkeit, Schnelligkeit und Übertragungssicherheit der Datenerfassung. *(Telefonbau und Normalzeit)*

terminals, Datenendstationen, nachgeordnete Ein- und Ausgabegeräte, z. B. Tastaturen, Schreibmaschinen, Leser für →Datenträger (DT), Bildschirme u. dgl., mit der Sonderaufgabe, die Datenendstellen zu erfassen und einzuordnen, insbesondere bei Datenfernübertragung (DFÜ).

Ternärsystem (TS), dreiwertiger Code mit der Basis 3, der nur die Ziffern 0, 1 und 2 kennt. Aus Gründen der Betriebssicherheit wird als Basis in → Digitalrechnern (DR) fast ausschließlich das →Binärsystem verwendet. Speicherelemente mit drei eindeutig unterscheidbaren stabilen Zuständen sind bei weitem nicht so einfach zu realisieren wie Binärspeicherelemente, z. B. Magnetkerne (Ke). Im TS wird ein unmagnetisierter Ke mit der Ziffer 0, der positiv magnetisierte Ke mit der Ziffer 1 und der negativ magnetisierte Ke mit der Ziffer 2 dargestellt. Die Benutzung dieses Systems kann erreichen, daß die EDVA noch kompakter gebaut werden könnten und darüber hinaus in ihrer Arbeitsweise leistungsfähiger würden.

Ternärziffer, aus jeweils drei Ziffern aufgebaute Zahlendarstellung.

Tertiärspeicher, externe Speicher für große Datenmengen mit →direktem und →seriellem Zugriff.

Test (T), ein- oder mehrmaliger Durchlauf eines Programms (P), bevor es zur allgemeinen Benutzung freigegeben wird.

Testdaten (TD) werden speziell für den Test (T) eines Programmablaufes oder eines Systems verwendet. Sie sind entweder tatsächliche Werte aus einem früheren Lauf oder künstlich zusammengestellt für den vorgesehenen Zweck. Sie müssen alle möglichen Varianten des Abrechnungskreises enthalten.

Testen, das Überprüfen der Richtigkeit eines Programms (P), das Heraussuchen und Richtigstellen von Fehlern, wobei die formalen von der EDVA automatisch erkannt und die logischen Funktionen durch besonders erstellte Testaufgaben ermittelt werden. Alle zum Testen benötigten Unterlagen und Dinge müssen in einer tadellosen Ordnung sein. Testen zählt zu den wenigen unwirtschaftlichen Einsätzen einer EDVA, da zwischen Programmeingabe und Testergebnisrückgabe Stunden und sogar Tage vergehen können.

Testhilfen, z. T. automatische Voränge zur Sicherung des Arbeitsablaufes. Hierher gehören: (1) das Programmprotokoll, (2) der Speicherauszug, (3) die Diagnostikliste mit den Angaben über falsche →Operationen (O), fehlerhaftes →Sortieren, unterlassene →Definition, übergangene →Merkmale usw.

Testlauf →Test.

Testprogramme (TP). I. Von den Herstellern nach technischen Gesichtspunkten aufgestellt und zur Feststellung bestimmt, ob alle Funktionen der Anlage störungsfrei laufen. — II. Zur Unterstützung des Austestens von →Anwendungsprogrammen, also speziellen → Standardprogrammen (z. B. Autotest). (→Diagnoseprogramme)

Testunterlagen →Testdaten.

Testvordrucke, planende Schemata mit allen Angaben für einen reibungslosen Ablauf der Testarbeiten.

Testzentrum, vom Hersteller eingerichtet, um den Benutzern von DVA das Testen (T) der von ihnen geschriebenen Programme (P) vor der Erstellung des Systems zu ermöglichen.

Tetrade, vier Bits als zusammenhängend betrachtet, Byte zu vier Bits. (→BCD)

TEXAS, maschinenorientierte formatfreie Programmiersprache (PSpr). *(AEG-Telefunken)*

TEXT EDITOR, maschinenunabhängige Sprache für Datenspeicherung und -verwaltung. *(IBM)*

Textverarbeitung (TV), „der Bürobereich, der nicht oder noch nicht mit der DVA zu tun hat. Die Rationalisierung dieses Gebietes ist seit 1965 ein neues Ziel der DV, aber bisher noch rückständig organisiert. Wenn man moderne Methoden der Büroorganisation und elektronischen Versuchsergebnisse eingesetzt und entsprechend realisiert hat, können von den geschätzten 115 Mrd. DM für TV (Personal- und Arbeitsplatzkosten für 2 Mio. Schreibkräfte und etwa 3 Mio. Diktierer) etwa 50 % der ca. 37,5 Mrd. DM für reine Schreibarbeit eingespart werden, wobei ein jährlicher Aufwand je Schreibplatz von rund 20 000 DM, je Diktatplatz von 25 000 DM zugrunde gelegt ist" (nach *IBM).*

TFZ-Speicher dienen insbesondere bei Kleincomputern der Speicherung von Texten, Funktionen und Ziffern, ermöglichen auch die Steuerung von Programmabläufen durch 50- bzw. 100-stellige Lochstreifen. *(Akkord)*

Thermodrucker, mit kleinen, sehr schnellen, ansprechenden Hertz-Elementen ausgerüsteter Drucker (Dr), der ohne Farbstoff oder Farbband ein schnelles, geräuschloses Drucken ermöglicht. Ein speziell für den Druck entwickeltes hitzeempfindliches Thermopapier wird mit ca. 300 Worten/min, 30 Zeichen/s bei einer Zeilenlänge von 80 Zeichen bedruckt. *(NCR)*

Thesaurus *(lat.),* Schatz, Informationswiedergewinnung, Sammlung von „Schlagwörtern" mit Verweisung auf zugeordnete Nummernschlüssel, wenn das Schlagwort nicht gleichzeitig Schlüsselwort ist. Jedes Schlüsselwort trägt eine Kennzeichnung über seine Stellung in einer fachlichen, hierarchisch oder alphabetisch aufgebauten Ordnung. Es ist auch die Gesamtheit der in einem Informationssystem (IS) verwendeten →Deskriptoren.

throughput, Durchsatz, Gesamtheit der Durchführung eines Arbeitsgebietes von der Eingabe (E) bis zur Ausgabe (A). (→Durchlauf, →Datenfluß)

Thyristoren, steuerbare Leistungs-Gleichrichter aus Silizium, die in der Steuerungs- und Regelungstechnik die bisher verwendeten Quecksilberdampf- und Glüh-Kathoden-Gleichrichter, Maschinenformer und Transduktoren ersetzen.

timer, Zeitgeber, Programmgeber auf der Basis einer →Zeitsteuerung.

time-shared, zeitmultiplex, →simultan.

time-sharing *(ts),* Zeitteilung, Zeitzerstückelung; eine wirtschaftliche Verfahrensweise zur gemeinsamen, direkten Nutzung einer technischen Einrichtung. Insbesondere bedeutet Zeitteilverfahren, Zeitzuteilung, zeitliche Überlappung (ÜL) bei Großrechenanlagen (GRA) die Kapazitätsausnutzung, unterstützt durch die *on-line*-Belegung mit einer Vielzahl von unabhängigen Benutzern (→Teilnehmerbetrieb), u. U. weit über 1000. Die Gemeinschaftsbenutzer greifen — wie bei einem Elektrizitätswerk — gleichzeitig, zu jeder Zeit und unabhängig voneinander auf das System zu *(multiple access),* wobei ein auf *ts* ausgerichtetes →*operating system (os)*, ein Zugriff zum →*time-sharing-system (tss)*, für den notwendigen Systemschutz zur Vermeidung der gegenseitigen Behinderung und für die Systemabschirmung zum Zweck der Geheimniswahrung sorgt. Die zeitliche Kapazität (Kap) wird nach einer bestimmten Vorschrift durch einen elektrischen Verteiler so aufgeteilt, daß jedem Beteiligten abwechselnd bestimmte Zeitintervalle zur Lösung seiner Aufgabe zur Verfügung stehen. Voraussetzung für *ts* sind besondere maschinentechnische Einrichtungen, z. B. *dynamic address translation* und *dynamic relocation*. Für ein System mit 50 bis 100 Benutzern teilen sich die Kosten etwa so auf: Anschlußstellen *(terminals)* = 40 %, Zentraleinheit (ZE) = 20 %, Speicher (Sp) für Direktzugriff = 20 %, periphere Einheiten (PE) = 20 %. Die Teilnehmer können gleichzeitig mit verschiedenen Programmiersprachen (PSpr) arbeiten.

time-sharing-system *(tss)*, Zeitteilverfahren zum optimalen Einsatz und zur Kapazitätsausnutzung von Großrechenanlagen, denen viele Unternehmen angeschlossen sind und die mit Hunderten von Programmen (P) arbeiten.

Die wesentlichen Voraussetzungen dafür sind:

1. Die zentrale Recheneinheit muß für die parallele Bearbeitung verschiedener Arbeitsvorgänge geeignet sein und eine besondere, gesicherte Möglichkeit zur getrennten Speicherung von Daten (D) besitzen.
2. Die angeschlossenen Ein- und Ausgabegeräte müssen genügend Kontrolleinrichtungen haben, damit sie aus der gesamten Zahl der vom Zentrum ausgegebenen Daten die für sie bestimmten herausfinden können.
3. Das gesamte DVS muß durch eine Vielzahl von Leitungen miteinander verbunden sein.
4. Der →Rechner (Re) hat nach vorgegebener Einteilung jedem Benutzer ein bestimmtes Zeitintervall zuzuteilen (→Zeitscheiben, *time-slices)*, d. h. jeder Benutzer bekommt innerhalb eines festgelegten Taktes nacheinander Rechnerzeit zugeteilt.
5. Im Rechner müssen die ein- und auszuladenden Programmteile, jeweils 4 K-*pages*, dynamisch verschieblich sein.
6. Die Programme sind durch ein → Organisationsprogramm in gleich große Programmteile (→*paging)* aufgeteilt.
7. Es müssen spezielle Sicherungseinrichtungen zum mehrfachen automatischen Umschalten auf andere Speichermedien gegeben sein.

In der umfassendsten Form als „Informationspool" zeigt sich das *tss* z. B. bei der EDVA B 8500 (rund 14 Mio. Dollar Wert) mit sechs Speichereinheiten (SpE) zu 98 304 Wörtern (W) zu je 52 bit (b). Die Geschwindigkeit der B 8500 ist so schnell, daß das Alte und Neue Testament der Bibel 20mal in jeder Sekunde übertragen werden könnte.

time-slices →Zeitscheiben.

TMU = *time measurement unit*, die Zeiteinheit des MTM.

tooping system, ein Gefüge, bei dem mehrere Maschineneinheiten zu einem vollautomatischen System ineinandergeschaltet werden. Der Mensch, der bei Einzelautomaten noch die Werkstücke zuführt, fällt hierbei weg. Der Transport von Maschine zu Maschine erfolgt mechanisch.

TOPIC, Planspiel, das der Grundausbildung im unternehmerischen Planungs-, Bewertungs- und Entscheidungsvermögen dient. *(IBM)*

TOPICS = *total on-line program and information control system,* Computersystem für die Betreuung von etwa 640 Fernsehproduktionen vom Planungsstadium bis zur Überwachung ihrer Ausstrahlung. *(IBM)*

TOS = *Tape Operating System,* magnetbandorientiertes *operating system, GE*-115. *(BGE)*

Totspeicher →Festspeicher.

Totzeit, ungenutzte Zeit zwischen zwei voneinander abhängigen Funktionen.

TR ... = Telefunken-Rechensystem *(hardware* und *software)* oder Telefunken-Rechenanlage *(hardware)* mit Digitalrechner(n), z. B. TR 10, TR 84, TR 86, TR 88, TR 4, TR 440. *(AEG-Telefunken)*

TRACE, Fehlersuchprogramm zur Registrierung aller Vorgänge eines Programmlaufes und versteckter Fehler. *(ICL)*

TRACER, Überwacher, Dienst- und Testprogramm. *(Anker)*

tracing, überwachen, ein programmschrittweises Ausdrucken.

trailer →Nachsatz.

TRANSDATA, Schnellübertragungssystem (1200 Baud/s) für große Datenmengen über beliebige Entfernungen auf Fernschreib- und Fernsprechwegen, z. B. →DATEX. *(Siemens)*

Transferbefehle →Transportbefehle.

Transfergeschwindigkeit →Geschwindigkeiten.

Transferstraßen oder Taktstraßen, Ketten von verkoppelten programmgesteuerten Maschinen, die ein wirksames Automationsmittel bilden. Z. B. werden 555 verschiedene Operationen zur Bearbeitung von achtzylindrigen Motorblöcken für Automobile durch dieses Medium auf wenige Kontrollstellen zusammengedrängt. Akustische und optische Signale verzeichnen den Ablauf. Die Auswirkungen der Taktstraßen sind groß.

Beispiele:

	früher	heute
(1) Transferstraßen für Bremsträgerplatten:		
Anzahl und Art der Maschinen	12 Einzelpressen	1 Pressenstraße
Anzahl der Maschinenbediener	12	1
Anzahl der Transportarbeiter	4	—
Material	Blechstreifen	Bandblech
Abfall	außer Stanzabfall viele Endstücke	nur Stanzabfall
(2) Walzstraßen:		
Schichten	3	2
Leistung	18 to/h	36 to/h
Arbeiter	153	104

Transistoren (Tr), seit 1948 (Spitzen-Tr) bzw. seit 1955 (Flächen-Tr) als Bauelemente der DV bekannt. Sie bestehen aus halbleitendem Material, wie Germanium oder Silizium, sind elektronische Verstärker, die heute in der DVA statt der →Elektronenröhren (Er) wegen ihrer günstigen Abmessungen, der →Schaltzeiten und des geringen Widerstandes verwendet werden. Sie lösen die Elektronen aus dem Verband eines Atoms und lenken sie durch positive und negative Spannungen entsprechend, sind gewöhnlich sehr klein, nur Bruchteile von mm (Oberfläche ist kleiner als 1 mm^2), haben geringe Wärmeabgabe, nahezu unbegrenzte Lebensdauer und jederzeitige Betriebsbereitschaft. Schaltzeit bis hinunter zu einer Nanosekunde (ns), Raumbedarf ein bis 0,001 cm^3, Energiebedarf 0,1 bis 10 mW. Sie haben den Bau von Elektronenrechnern (ER) verbilligt. Man setzt sie auf postkartengroße Isolierstoff-Brettchen, verbindet sie durch dünne Drähte oder durch Leitungen aus aufgedampftem Metall (sog. gedruckte Schaltungen), bringt Kontaktfedern an und steckt die Brettchen senkrecht nebeneinander an der Rückwand des Rechners (Re) fest. Die sog. Planar-Tr sind so winzig, daß 50 000 davon in einen Fingerhut gehen.

Translator oder Übersetzer, ein Programm (P), das die →Umwandlung von P oder Programmteilen aus einer bestimmten Programmiersprache (PSpr) in eine andere vornimmt. Auch die Maschinensprachen (MSpr) sind in diesem Zusammenhang als PSpr anzusehen. Beispiele für solche Übersetzer sind →Assembler, →Compiler, →Generatoren.

Transportbefehle oder Transferbefehle speichern Daten (D) von einer →Adresse (Adr) zur anderen mit nur einem →Operanden (Op). Bei Zwei-Adreß-Maschinen brauchen sie zwei Adr, bei Ein-Adreß-Maschinen kann nur vom und zum Akkumulator (Akk) transportiert werden. Der Transfer erfolgt blockweise, z. B. bei Magnetbandgeräten, Lochkartenlesestreifen usw., oder zeichenweise, z. B. bei Lochstreifenlesern und -stanzern und Schreibmaschinen.

Transportzeit, als Teilbegriff der →Zugriffszeit (Zug) umschließt sie die Zeit für den Transport der Magnetkarten (MK) aus dem Magazin zur Trommel und zurück.

Treiberleitungen oder -stufen, Drähte der Magnetkernspeichermatrix, die die Stromimpulse für Auswahl und Blokkierung erzeugen.

Treiberstufen →Treiberleitungen.

Trennmarken teilen bei den →Stellenmaschinen (StM) den Kernspeicher (KSp) auf. Damit kein KSp-Platz verlorengeht, übernehmen diese Trennmarken zusätzliche Funktionen, sie sind z. B. Vorzeichen oder übernehmen Indexspeicherungen.

Trialsystem, aus Ternärziffern aufgebaute Zahlendarstellung, darstellbar z. B. Mitte-links-rechts. (→ Ternärsystem)

Trigger, Auslöseimpuls für elektronische oder elektrische Schaltungen, die zwei Gleichgewichtszustände besitzen und durch den Eingangsspannungssprung gesteuert werden. *(→flip-flop)*

TRIM = *Test Rules for Inventory Management*, Simulationsmodell, Computerprogramm, analytisches Werkzeug, das dem Betriebsingenieur ermöglicht, wirtschaftlichere Lagerhaltungssysteme zu entwerfen, einzuführen und zu überwachen. *(BGE)*

triplex (tx), Datenverarbeitung parallel auf drei DVA, unabhängig voneinander mit demselben Programm.

Trockentest, EDV-Slogan, Durchspielen der Programme (P) am Schreibtisch, um logische Fehler aufzudecken.

Trommeldrucker →Drucker.

Trommelrechner, DVA mit Magnettrommel als Arbeitsspeicher.

Trommelspeicher (TSp) →Magnettrommelspeicher.

TTL = *Transistor-Transistor-Logic,* moderne Form der integrierten → Schaltkreistechnik auf der Monolith-Basis (→Monolith-Technik) mit höherer Geschwindigkeit bei geringerem Energiebedarf, geringer Störanfälligkeit und guter Ausfächerung.

Tunneldioden, auf den „Tunneleffekt" aufgebaute Halbleiter-Elemente, die i. w. aus einer stark dotierten Schicht aus verschiedenen Halbleitermaterialien bestehen und die über einen Teil der Kennlinie einen negativen Widerstand in Vorwärtsrichtung aufweisen. Sie eignen sich für rauscharme Verstärkung bei Frequenzen bis zu etwa 1000 MHz. Diese derzeitig schnellsten und unempfindlichsten →Speicherelemente (eine Nanosekunde je bit), die auch einfacher und kostengünstiger als →Transistoren (Tr) herzustellen sind, wurden 1958 durch den japanischen Physiker *L. Esaki* entwickelt.

Turing-Maschine, das mathematische Modell eines von dem britischen Professor *Turing* (1936) zur Präzisierung der Begriffe Algorithmus, Entscheidbarkeit und Berechenbarkeit entwickelten Computers (Comp).

Typendrucker erzeugen die Schriftzeichen durch gravierte Typen.

Typenketten →Typenträger.

Typenräder, zylindrische Walzen, die am Mantel Symbolzeichen tragen, die jeweils zur Schreibstelle in die richtige Position gedreht werden, z. B. Tabelliermaschine (Tab).

Typenstäbe →Typenstangen, →Typenträger.

Typenstangen, Bestandteil eines → Druckers (Dr), der auf einer Seite übereinandergestellte Symbolzeichen trägt, die horizontal so verschoben werden, daß gerade die richtige Type an der Schreibstelle liegt, max. 2½ Zeichen/s, z. B. bei der Tabelliermaschine (Tab).

Typenträger, Teil der Druckaggregate, die mit entsprechenden Typen den Druck der gewünschten Zeichen vollziehen: Schreibmaschine = Typenhebel, Tabelliermaschine = Typenstangen oder -räder, Drucker = Typenwalzen oder -ketten (teilweise auswechselbar).

Typentrommel dreht sich in den mechanischen →Schnelldruckern kontinuierlich vor dem Papier und hat für jede Schreibstelle eine eigene Typenreihe.

Typenwalzen →Typenträger, →Typenräder.

U

Überlappung (ÜL), ein meist technisches Verfahren zur simultanen Durchführung von Eingabe- und Ausgabe-Operationen bei gleichzeitig in der Zentraleinheit (ZE) durchgeführten Rechenoperationen (RO). Der sich aus der Addition von Eingabe und Ausgabe und Überlappung und Verarbeitungszeit ergebende →Durchlauf *(through put)* wird erheblich verkürzt.

Überlauf, *overflow,* kann bei Rechenanlagen (RA) mit →fester Wortlänge eintreten, wenn in einem →Register (Reg) oder einem →Zähler ein Wort (W) mit mehr Stellen (Ste) erzeugt wird als Kapazität (Kap) dafür vorhanden ist. Die Addition (Add) zweier Zahlen beispielsweise kann eine Summe ergeben, die ein Stelle mehr hat, als es die Kapazität der Worte des Registers zuläßt. Der Überlauf kann ggf. durch eine →Verzweigung (Vz) programmtechnisch berücksichtigt werden.

Überlaufanzeige erfolgt automatisch am Bedienungspult (Bp) durch Lampen, wenn die Kapazität eines Registers (Reg) überschritten wird.

Überlaufregister, i. a. mit Akkumulator (Akk) verbunden, registriert den auftretenden →Überlauf.

Überlöcher bestimmen die Maschinen dazu, welche Leerlochungen aus der Lochkarte (LK) addiert oder subtrahiert werden müssen. (→X-Loch und →Y-Loch)

Überlochzone, Teil der Lochkarte, der zur Aufnahme von Steuer- oder Buchstabenlochungen dient.

Übersetzen →Übersetzung.

Übersetzer →Assembler, →Compiler, →Translator.

Übersetzerprogramme (ÜP) →Umwandlungsprogramme.

Übersetzung. I. Umrechnung einer Dezimalzahl in die entsprechende Dualzahl mit gleichem Betrag und umgekehrt. — II. Der Vorgang der Umsetzung von externen in interne Codes (C), z. B. eines Symbolprogramms in ein Maschinenprogramm. — III. Die Übertragung eines Textes einer Sprache in eine andere Sprache.

Übersetzungsmaschinen arbeiten für Sprachübersetzung, z. Z. mit einem Wortschatz von etwa 50 000 Wörtern, der aber bis auf 5 Mio. gesteigert werden soll, dazu mit einer drei- bis viermal größeren Geschwindigkeit als bisher.

Übertragen →Übertragungen.

Übertragungen (Ü), Transporte von →Zeichen (Z) oder →Wörtern (W) von den →Eingabegeräten zu den →Speichern (Sp), von einem oder mehreren Speicherplätzen oder →Registern (Reg) zu anderen Plätzen und Registern, von den Speichern zu den →Ausgabegeräten. Im wesentlichen gibt es drei Übermittlungsmöglichkeiten: Schallsignale, Lichtsignale und elektrische Impulse (Imp). Im Gegensatz zu den arithmetischen und logischen Befehlen benötigen sie u. U. verhältnismäßig lange Zeit. Abhilfe schaffen größere →Schnellspeicher, asynchrones und gepuffertes Arbeiten und →Parallelverarbeitung. Die Übertragungsgeschwindigkeit wird in bit/s oder →Baud (Bd) gemessen.

Übertragungsbefehle bringen als Maschinenbefehle sowohl den Inhalt eines Arbeitsspeicherbereiches in einen zweiten Speicherbereich als auch die Daten (D) vom Kernspeicher (KSp) zum externen Speicher. (→Transportbefehle)

Übertragungsgeschwindigkeit oder Schrittgeschwindigkeit, die „Summe der bit bzw. Bytes, die je Sekunde übertragen werden können" (DIN 44 302). Wichtigste Kenngröße für die Auslegung eines DVS. Auf die Wahl der zweckmäßigsten Übertragungsgeschwindigkeit haben Einfluß: (1) die Datenlänge (genaue Begrenzung), (2) die Datenmenge, (3) die Dringlichkeit der Daten (D), (4) die Anforderungen an die Fehlersicherheit. (→Geschwindigkeiten)

Übertragungskanäle, elektrische, physikalische Medien zwischen mehreren Punkten einer Rechenanlage (RA). Ihre Kapazität (Kap) ist gleich der Anzahl von Bits (b), die je Sekunde über die Kanäle übertragen werden können (→duplex, →halbduplex, →simplex). (→Kanal)

Übertragungssicherheit, Maß für die Güte einer Datenübertragungsleitung.

Übertragungsverfahren, zeitliche Anordnung der Bits eines Zeichens auf dem Übertragungsweg.

Übertragungsweg →DATEX, →TELEX.

Überwachungsprogramme, von Fall zu Fall vorgesehene Protokolle zur Kontrolle des einwandfreien Programmablaufes.

UM, Rechenanlage für Prozeßsteuerung und technische Optimierung. (USSR)

Umcodierung →Übersetzung, →Umwandlung.

Umkehrschaltung →NICHT-Funktion.

Umkehrstufe →Inverter.

Umladeregister →Akkumulator.

Umpacken →Entpacken.

Umsatzkarten, mit Hilfe von Matriz- oder Stammkarten bearbeitete Lochkarten (LK), die i. w. variable Daten (D) enthalten.

Umschalter bieten die Möglichkeit der Weichenstellung für ein Programm über das Bedienungspult.

Umsetzer →Converter.

Umsetzerprogramme →Umwandlungsprogramme.

Umstellungszentrum, Herstellerhilfe für praktische Ausbildung von EDV-Interessenten. *(BGE)*

Umwandeln →Kompilieren.

Umwandlung, Umsetzung eines Symbolprogramms in ein Maschinenprogramm mit Hilfe eines →Umwandlungsprogrammes, was z. T. in mehreren Schritten (Phasen) vor sich geht.

Umwandlungsgeräte, spezielle Geräte für Umwandlung: Lochstreifen — Lochkarte, Lochstreifen — Magnetband, Magnetband — Lochkarte, Magnetband — Druckformulare u. ä.

Umwandlungsprogramme oder Umsetzerprogramme, *processors,* auch *interpreters,* Programmierhilfe der →*software (sw)*; alle Programme (P), insbesondere bei der numerischen Steuerung von Werkzeugmaschinen, die →Ursprungsprogramme in →Maschinenprogramme umwandeln, und zwar aus symbolisch gelochten Programmkarten (PK) automatisch in „echte" problemorientierte Benutzersprachen. Auf ihnen baut sich die gesamte Programmierung (Pr) auf. Für eine Makroinstruktion generieren sie eine ganze →Sequenz (bis zu 1000 und mehr) von →Maschinenbefehlen. Ohne sie müßte jedes P in Maschinensprache (MSpr) geschrieben werden, was schwierig und unwirtschaftlich ist. Den mit einer Systemumstellung verbundenen Aufwand reduzieren sie weitgehend.

UND-Funktion oder Konjunktion bzw. Koinzidenzgatter, auch logische Multiplikation, eine der drei wesentlichen Formen logischer Schaltungen (nach *Boole*) mit zwei oder mehr Eingängen und einem Ausgang, wobei ein Impuls (Imp) am Ausgang nur dann erscheint, wenn Impulse an allen Eingängen vorhanden sind. (→Schaltkreise)

UND-Schaltung →Gatter.

unechte Programme →Pseudoprogramme.

UNIDAR-Speicher = *Universal Data Recorder,* Magnetband-Massenspeicher mit 50 Mrd. Datenbits je Bandspule. Durch 32 Spuren auf dem Magnetband und durch Verwendung des sog. Trinärcodes haben auf einer Länge von 2,54 cm einige Mio. bit Platz. (USA)

UNIDISC, Wechselplattenspeicher. *(Univac)*

UNIPRET, Maschinenprogramm in Form eines Interpretiersystems für kombiniert lochkartengesteuertes und speicherprogrammiertes DVS, obwohl die zu verarbeitenden Befehle, als Makroinstruktionen gesteuert, die entsprechende Folge von Maschinenoperationen auslöst. *(Univac)*

UNISCOPE 100 und 300, Bildschirmgerät, als visuelles Kommunikationsmittel zwischen entfernt liegenden (max. 450 m) Geschäftsstellen oder Produktionsstätten und einem zentral liegenden →Rechenzentrum einsetzbar. Es ist mit einer alphanumerischen Eingabetastatur (Additionsmaschine), einer Reihe von Funktionstasten (bis auf 40) und Anzeigelämpchen sowie einem rechteckigen Bildschirm (Kathodenstrahlröhre) zur Wiedergabe von Informationen und →Klartext in 512 bzw. 1024 alphanumerischen Zeichen in 16 oder 18 Zeilen zu je 64 Z auf einem Sichtfeld von 25,4 × 12,7 cm ausgestattet. Die Bildschirmgeräte können entweder als unabhängige Einzelstationen mit eigener Steuerlogik und eigenem Kernspeicher (KSp) (mit 1024 Stellen) oder als Multistationen, bei denen an eine gemeinsame Steuereinheit bis zu 24 Bildschirme (mit je 1024 Z) oder 48 Bildschirme (mit je 512 Z) angeschlossen werden können, eingesetzt werden. Zeichengröße beträgt 3,8 × 2,9 mm. Einsatzgebiete: Versicherungswesen, Kassenschalter, Fahrplanauskunft u. ä. *(Univac)*

UNISERVO, leistungsstarke Magnetbandeinheit, die je nach Modell 68 320 bis 192 000 Bytes/s überträgt, wobei bis 320 Zeichen/cm bei 7-Spur-Bändern und bis 640 Zeichen/cm bei 9-Spur-Bändern aufgezeichnet werden. *(Univac)*

UNISET, Flugplatzreservierungsgerät. *(Univac)*

UNITEST, Betriebssystem für Testzwecke. *(Univac)*

UNIVAC = *universal automatic computer,* Bezeichnung der ersten kommerziellen EDVA der *Remington Rand Corp.* (1952) mit Koinzidenzspeicher. Die bisher größte Anlage dieser Serie (11 Mio. DM) führt 3 Mio. Rechenoperationen/s durch. *(Univac)*

Universalrechner, DVA für die Lösung jeder beliebigen DV-Aufgabe.

Univibrator wird durch einen einzigen Impuls (Imp) umgeschaltet in den quasistabilen Zustand und kippt selbsttätig nach einer durch die Dimensionierung bestimmten Zeit in den stabilen Zustand zurück (monostabile Kippschaltung). I. a. wird er zur Synchronisation gebraucht.

Unterbrechung, *interrupt,* Abbruch der gerade laufenden Programmfolge aufgrund eines eingetroffenen Unterbrechungssignals einer selbständig arbeitenden Teileinheit, wobei je nach Typ und Größe des Rechners (Re) etwa 3 bis 30 verschiedene Anlässe möglich sind. Bevor die Programmfolge wieder aufgenommen wird, werden zuerst die mit der Unterbrechung zusammenhängenden Informationen (Info) verarbeitet.

Unterbrechungssteuerung, Bestandteil der Befehl- und Programmsteuerung, bei der der reguläre Programmablauf an beliebigen oder vorgegebenen Stellen unterbrochen werden kann.

Unternehmensspiele, dynamische Übung in einem Entscheidungsprozeß, in dem an einem →Modell für mehrere Unternehmungen der Zusammenhang ihrer Grundfunktionen, ihre Interaktion im Fertigungsbereich und auf den Absatzmärkten sowie die damit zusammenhängenden finanziellen Probleme dargestellt werden. Sie bestehen i. a. aus einem Aktions- und einem Reaktionsbereich. (→Planspiele)

Unternehmungsforschung →Operations Research.

Unterprogramme (UP), auch Subroutinen oder Module oder Makros, an beliebigen Stellen in das →Hauptprogramm (HP) eingesetzte, in sich geschlossene Teilprogramme für Teilprobleme, z. B. Sortieren der Daten (D), Dateneingabe in den Speicher (Sp), Lohnsteuerverrechnungen, Provisionsaufstellungen usw., die von einem oder mehreren sog. Absperrungsprogrammen angesteuert werden können und die einen festen oder mehrere variable Ausgänge besitzen. Sie steuern die Ein-/Ausgabe-Geräte und den Datenaustausch, übernehmen die Datenaufbereitung, Datenbereitstellung und Datenumwandlung, werden in den →Arbeitsprogrammen (AP) aufgerufen und gewährleisten die optimale Nutzung des Elektronenrechners sowie die Kontrolle der richtigen DV. Jedes UP muß einen festen Namen und eine Kennummer haben. Ein UP kann wieder UP enthalten; das übergeordnete UP ist dann →Steuerprogramm (STP). Normalerweise werden sie in halb kompilierter Form auf →Magnetband (MB) oder →Magnetplatte (MP) gespeichert. Der Hersteller stellt den Benutzern der Anlage eine →Programmbibliothek (PB) standardisierter, ausgetesteter UP zur Verfügung.

up-dating-Lauf, Programmlauf, bei dem →Stammdaten mittels →Bewegungsdaten auf den neuesten Stand gebracht werden. (→Änderungsdienst)

ur = *unit record,* Einzeldatenträger wie die Lochkarte (LK), aber inzwischen ein Sammelbegriff für die konventionellen Lochkartenmaschinen (LKM) und Hilfsmaschinen. *(IBM)*

Urbelege, hand- oder maschinenschriftliche Erstaufschreibungen der →Ursprungsdaten mit zum maschinellen und visuellen Lesen bestimmten Schriftzeichen. Sie sind Ausgangsdaten für die Datenerfassung (DE) und beim Beleglesen unmittelbare Eingabemedien.

Ursprungsdaten oder Primärdaten, noch nicht verarbeitetes Datenmaterial, wie Angaben über Materialmenge, Arbeitszeit, Maschinenleistung u. ä., das in nicht maschinenlesbarer Form vorliegen kann.

Ursprungsprogramme, die vom Programmierer in einer →Symbolsprache oder problemorientierten Programmiersprache aufgestellten Programme (P). (→Symbolprogramme)

Ursprungssprache →Symbolsprachen.

utility programs, →Dienstleistungsprogramme.

V

Vakuumröhren →Elektronenröhren.

Variable, im Gegensatz zu den → Stammkarten veränderliche Größen, wie Auftragsnummer des Kunden, Auftragsdatum, Liefertermin, Liefermenge, Versandangaben u. ä. Die max. Anzahl verschiedener Werte, die eine Variable bei einem gegebenen Problem annehmen kann, muß von vornherein in das Programm (P) eingeplant werden.

variable Daten, Eingabe-, Ausgabe- und Speicherdaten, die sich laufend oder innerhalb gewisser Zeiträume ändern. (→Bewegungsdaten)

variable Informationslänge →variable Wortlänge.

variable Wortlänge, Möglichkeit, beliebig viele →Stellen (Ste) eines Speichers (Sp) nebeneinander zu einem zusammengehörenden →Feld zusammenzufassen, das in seiner Größe einmal auf die gewünschte Stellenzahl zugeschnitten werden kann und zum anderen lediglich durch die verfügbare Kernspeicher-Kapazität begrenzt wird. Auf diese Weise läßt sich die vorhandene →Speicherkapazität voll ausnutzen.

Variante (V), Befehl aus einer Klasse von Befehlen, die sich alle nur durch Modifikation unterscheiden, z. B. Sprungbefehle mit verschiedenen Abfragen.

Vector, Datenkonzentrator, ein Kompaktrechner mit 4—22 K Zeichen Speicherung zur Bedienung von *terminals. (Olivetti)*

Verarbeitung, *process,* Sammelbegriff, der alle Aufgaben der Assemblierung, Compilierung, Programmgenerierung, Umwandlung und des Programmlaufes umfaßt.

Verarbeitungseinheit, die →Zahl der Binärstellen, die parallel zu verarbeiten sind. Die kleinste Verarbeitungseinheit beträgt 4 bit (b) = eine →Dezimalstelle, 8 b (= 1 Byte) = ein Halbwort, 16 b = ein Wort.

Verarbeitungsformen, starr fortlaufend, logisch fortlaufend, wahlweise mit direkter oder indirekter Adressierung.

Verarbeitungsgeschwindigkeit, interne Verarbeitungszeit einer EDVA, in Stellen- oder Wortzeichen ausgedrückt. Jede Maschineninstruktion benötigt für ihre Durchführung eine bestimmte Zeit, die meist von der Länge einer Information abhängig ist. (→Geschwindigkeiten)

Verarbeitungsprogramme (VP), die im Arbeitsspeicher initialisierten Programme, die unmittelbar ausgeführt werden, z. B. →Umwandlungs-, →Dienstleistungs-, →Anwendungsprogramme. Hierbei werden die →*jobs* zu →*tasks.* Die VP werden vom →Steuerprogramm kontrolliert.

Verarbeitungszeit hängt vom Umfang des zu verarbeitenden Datenbestandes ab, sie entspricht i. a. der Zeit einer Umdrehung eines Speichermediums abzüglich der Lesezeit.

Verarbeitungszyklus besteht bei Speichermedien im Suchen, Aufsuchen, Lesen und Schreiben und in der Schreibprüfung.

Verbinden, *link,* Übergang von einer Datei in eine andere.

Verbindung →*linkage.*

Verbindungskanäle →Übertragungskanäle.

Verbindungsprogramme →*linkage editor.*

Verbundanlagen (VA), eine Form des externen Rechenzentrums (RZ), bei der die Benutzer eigene Eingabe- und Ausgabegeräte haben und mit dem zentralen Rechner (Re) über Telefon verbunden sind.

Verbundcomputer, Rechnersysteme, bei denen mehrere Rechner ganz oder teilweise den Kernspeicher und die peripheren Einheiten gemeinsam benützen. (→duplex)

Verbundkarten (VK), Lochkarten (LK) mit entsprechendem, weitgehend maschinellen Belegaufdruck, bei denen die in →Zwischenraumzeilen (ZwRZl) manuell eingetragenen Daten (D) in die gleiche LK eingelocht sind. Durch sie spart man ein besonderes Belegformular. Sie fungieren als Originalbelege, z. B. Lohnzettel, Materialentnahmeschein, Überweisungsauftrag usw.

Verdichtung, Zusammenfassung von Zahlen nach vorgegebenen Gesichtspunkten zu wenigen, aber aussagefähigen Daten.

Verdrahtung, Verbindung zwischen →Bauelementen und →Baugruppen durch feinste Drähte, automatisiert durch das →*wire-wrap*-Verfahren.

Vergleiche ergeben sich befehlsmäßig aus der Gegenüberstellung eines Registerinhaltes oder →Zählers mit einem vorgegebenen Wert oder einem Speicherinhalt. Als Ergebnis wird im Rechenwerk (RW) festgehalten, ob die Werte in der Beziehung „gleich", „größer" oder „kleiner" stehen.

Vergleichen, das Prüfen der Befehlsausführung auf Paarigkeit, Gleichheit und/oder Ungleichheit.

Vergleichsbefehle dienen der Durchsuchung einer Folge alphanumerischer Zeichen auf ein bestimmtes Zeichen und evtl. der Mitteilung seiner Stellung an ein →Register.

Verketten, *chaining,* die Verbindung von Dateien in beiden Richtungen bzw. von Befehlen.

Verkettung, das Verknüpfen logisch zusammengehöriger →Sätze (S), d. h. ein S enthält eine Verbindungsadresse zum nächsten dazugehörigen →Datensatz (DS). (→Datenkettung)

Verknüpfungen →logische Verknüpfung.

Verknüpfungsbefehl →logischer Befehl.

Verknüpfungsglieder, Schaltglieder zur Verknüpfung von Schaltvariablen in logischen Schaltungen zu einem Ausgangssignal, z. B. →UND-, →ODER-, →NICHT-, →NAND-, →NOR-Funktionen.

Verknüpfungssymbole →Verknüpfungsglieder.

Vermittler, Standardprogramme für Dienstleistungen der Eingabe oder Ausgabe bei TR 440. *(AEG-Telefunken)*

Verneinung →NICHT-Funktion.

Verschiebebefehle veranlassen, daß Informationen (Info) i. a. im Akkumulator (Akk) um eine bestimmte Anzahl von →Speicherstellen (SpSte) nach links oder rechts verschoben werden, was bei der Multiplikation (Mlt) zweier Zahlen nötig wird. Die freiwerdenden SpSte werden mit Nullen aufgefüllt. (→Schieberegister)

Verschieben →Verschiebebefehle.

Verschlüsseln, das Umsetzen von Informationen (Info) oder Daten (D) in einen bestimmten Code (C).

Verschlüsselung, Darstellung einer Information (Info) durch →Codewörter (CW) nach einem bestimmten →Schlüssel, der Voraussetzung für den Einsatz einer DVA ist. Die Art der Verschlüsselung hängt von ihrem Zweck ab; sie dient zum Identifizieren (Unterscheiden), Klassifizieren (Gruppieren), Informieren (Kurztext), Abkürzungsverwendung), Kontrollieren (Prüfen), Selektieren (Aussortieren). Durch sie kann der Programmieraufwand verringert werden. Der Aufbau lautet beispielsweise (1) Leitziffer, (2) Warenbereich, (3) Warengruppe, (4) Artikelgruppe, (5) bis (7) lfd. Zahlnummern. (→Code)

vertikale Prüfung, Prüfung bei einigen Magnetspeichern (MSp) mit Hilfe vertikaler →Prüfbits auf gerade oder ungerade Bitzahl.

verträglich →kompatibel.

Verzweigen, das Aufteilen eines Programms bzw. von Programmabschnitten in verschiedene Ablaufrichtungen, z. B. Bedingungen, Entscheidungen, Sprünge.

Verzweigung (Vz), *branch,* eine logische Operation (O), durch die bei Überschreitung einer →Marke neue Arbeiten veranlaßt werden, durch die der Programmablauf von einer Befehlsfolge zur anderen, die nicht in fortlaufender Reihenfolge liegt, umgeschaltet wird. Sie bedeutet die Teilung eines Programms (P) in verschiedene Ablaufrichtungen, wobei zu entscheiden, zu springen u. dgl. ist (→Sprungbefehle). Es gibt bedingte Vz (im Anschluß an eine Frage) und unbedingte Vz (im Anschluß an einen Befehl).

Vielfachzugriff, *multiple access,* Multikonsolbetrieb, gibt einer Vielzahl von Teilnehmern unmittelbar →Zugriff zur Rechnerleistung in Anruf-, Abruf- (Platzbuchung) oder Dialogverkehr mit sog. „ansprechbaren Programmen“. In Verbindung mit einer Datenhaltungsorganisation oder einem Dokumentationssystem ermöglicht dies die Ablesung mehrerer, nach unterschiedlichen Ordnungsbegriffen aufgestellter Dateien und die Auswertung ihres Inhaltes. Die erforderliche Rechenanlage verlangt 128 K.

virtuelle Adressierung →*paging*-System, →virtuelle Speicher.

virtuelle Speicher simulieren einen einzelnen großen Speicher (Sp) mit schnellem Direktzugriff (→direkter Zugriff), indem sie eine ganze Speicherhierarchie (Stufenfolge von Speichern) mit einem Steuermechanismus versehen, der die Informationen (Info) in der Hierarchie aufwärts und abwärts bewegt, z. B. die →Befehlsliste um 5 bis 10 Befehle (Bef) im voraus abtastet, gewissermaßen ein (logischer) Adressenraum, der bis zu achtmal größer sein kann als die Kernspeicherkapazität.

Visicorder, ein Lichtstrahl-Oszillograph zur gleichzeitigen Registrierung von max. 4—6 elektrischen Meßwerten im Frequenzbereich von 0 — 13 000 Hz. Er ist dem Elektronenstrahl-Oszillographen weit überlegen. *(Honeywell)*

VOCODER = *voice-coder,* digitales Sprachausgabegerät, das eine in der DVA gespeicherte analysierte Sprache wieder synthetisiert und somit Auskünfte in Sprachform durch das Telefon geben kann. *(Siemens)*

vollduplex, gleichzeitiges Senden und Empfangen in beiden Richtungen der verwendeten Leitungen, insbesondere bei der →Datenfernübertragung.

Vorauswahlzeit, Teil der →Zugriffszeit (Zug), die Zeit der Interpretation des Suchbefehls zu Beginn der Datenübertragung (DÜ) sowie die Zeit für das Auswählen der Magnetkarte (MK) oder des Magnetstreifens (MS) aus dem Magazin.

Vorbereitungsarbeiten zum Gebrauch einer EDVA bestehen in der mathematischen Problemfassung, in der Verfahrenswahl und in der Programmierung (Pr). Der Schwerpunkt aller Vorbereitungsarbeiten ist erfahrungsgemäß nicht technisch-organisatorisch, sondern psychologisch-soziologisch.

Vorbereitungszeit für einen Computereinsatz beträgt für mittlere Betriebe etwa 1 bis 2 Jahre, für größere 3 bis 4 Jahre, abhängig vom Organisationsgrad und von den gestellten Aufgaben.

Vorlauf →Vorsatz.

Vorlaufkarte →Steuerkarten.

Vorlaufprogramme stehen vor dem → Hauptprogramm (HP) und können das Einlesen des HP in den →Speicher (Sp) übernehmen.

Vorrangsteuerung, eine Technik für die Durchführung von Programmen (P) nach vorgegebener →Priorität, insbesondere bei Prozeßrechnern (PR). Die Daten (D) sind dann abzugeben, wenn und wo sie gebraucht werden. Die Steuerung (ST) erfolgt durch den → *supervisor (sv),* der dafür sorgt, daß dem P mit der höheren Priorität der Vorrang gegenüber eventuell gerade im →Arbeitsspeicher (ASp) befindlichen P eingeräumt wird. Hierbei erfolgt ein *„program interrupt"*. Das laufende P wird in den „*wait*-Status" versetzt, so lange, bis das P mit höherer Priorität abgewickelt ist bzw. in diesem P ein automatischer *interrupt* auftritt, z. B. durch das Warten auf Druckkapazität. Die Steuerung hat auch dafür zu sorgen, daß die schnellen peripheren Einheiten (PE) vor den langsamen bedient werden.

Vorrangverarbeitung →Priorität, →Vorrangsteuerung.

Vorsatz oder Vorlauf, *leader,* der erste Teil einer →Datenfolge, der alle zur Kennzeichnung und Steuerung (ST) der DV erforderlichen Angaben enthält, z. B. → Bandvorsatz. (→Kennsatz)

Vorschub, Formularbewegung zu einer vorher bestimmten (programmierten) Zeile (Zl) hin, unabhängig von der Anzahl der übersprungenen Zeilen.

Vorschubeinrichtung sorgt für den Weitertransport des bei der Datenausgabe zu bedruckenden →Endlosstreifens.

Vorschublochband haben Tabelliermaschinen (Tab) und einige Schnelldrukker (SchDr), um größere Formularvorschübe mit Hilfe eines Mehrkanallochbandes mit entsprechenden Steuerlochungen zu ermöglichen.

Vorzeichen (VZ), die Stelle innerhalb eines →Maschinenwortes (MW), die zur Darstellung eines Plus oder eines Minus für eine bestimmte Zahl verwendet wird. Normalerweise haben alle numerischen Werte von der Eingabe (E) her ein positives VZ. EDVA, die mit Bytes (B) arbeiten, benötigen für die Darstellung eines VZ ein halbes oder ein ganzes B. Speichert man zwei Ziffern auf einem B, um den Platz besser auszunutzen, so ist für das VZ ein gesonderter Platz zu reservieren.

W

wahlfreier Zugriff, das programmierte Lesen und Schreiben von Daten in einen Speicher, bei dem die Reihenfolge der Adressen (Adr) der Speicherplätze die →Zugriffszeit (Zug) kaum beeinflußt, insbesondere bei →Magnetplatte (MP), →Magnettrommel (MT), →Magnetkarte (MK) und →Magnetstreifen (MS). Gegenteil: →serieller Zugriff.

Warteaufruf →Wartebefehl.

Wartebefehl stoppt das Programm bis zum Eintreffen einer bestimmten Meldung, z. B. „Ausgabeoperationen beendet". Das →Signal startet die Anlage erneut.

Warteschlangen, *queues,* ein Ausdruck bei →*multiprogramming (mp),* speziell im Zusammenhang mit der →Datenfernverarbeitung (DFV). Hier werden Warteschlangen aufgebaut, um die anfallenden Arbeiten und Daten (D) ihrer Rangfolge (→Priorität) entsprechend zu behandeln.

Warteschlangentheorie, Lehre über die Bestimmung der durchschnittlichen Warteschlangenlänge und der durchschnittlichen Wartezeit.

Wartestatus, Systemzustand bei Unterbrechung des Programmablaufes.

Wartezeit →Zugriffszeit.

Wartungsfeld, abgeschirmte Baueinheit, nur dem Wartungstechniker zugänglich.

Wartungsvertrag, *maintenance contract,* er enthält u. a. einen festgelegten, pauschalierten Betrag für die vorbeugende Wartung, die Störanfälligkeit der Maschinen, den Ersatz von Teilen und die Technikerzeit. I. a. betragen diese Kosten 2 bis 5 % p. a. vom Kaufpreis. Die Summe aus Kaufpreis und Wartungsbetrag für fünf Jahre entspricht etwa 45 Monatsmieten (→Mietkosten).

Wechselbetrieb →simplex, →duplex → halbduplex.

Wechselplattenspeicher bestehen aus auswechselbaren →Magnetplatten (MP) mehrfacher Anzahl (bis 250 Mio. Zeichen), die dadurch unbegrenzte →Speicherkapazität besitzen. Sie werden dort eingesetzt, wo nicht immer alle Daten (D) zur Verfügung stehen müssen und ein gelegentliches Auswechseln keine Schwierigkeiten bereitet oder wo kleine →Dateien den Einsatz kleiner Magnetplattenspeicher (MPSp) rechtfertigen. Eine Wechselplatteneinheit kann aus einer oder mehreren Stationen bestehen. Fast sämtliche Hersteller bieten Wechselplattenspeicher an. Das Auswechseln eines Magazins dauert ungefähr eine halbe Minute. (→Randomspeicher)

Weiche, durch Programmodifikation unterdrückte oder initialisierte Verzweigungsinstruktion während des Programmablaufes.

Weitschweifigkeit →Redundanz.

Wertanalyse, Methode zur Rationalisierung und Kostensenkung, die systematische Untersuchung eines laufend erzeugten Produktes und seiner Bestandteile nach Funktion und zugeordneten Kostenwerten mit dem Ziel einer Kostensenkung, wobei die Funktion weiter gewährleistet sein muß und keine Qualitätsminderung eintreten darf, also echte Rationalisierung, unterstützt durch den Computer (Comp).

Widerstände, elektrische Bauelemente, die aus einem (meist) gewickelten, schlecht leitenden Draht, einer dünnen Schicht schlecht leitenden Materials, wie Kohle, oder aus einem Stab schlecht leitenden Werkstoffes bestehen. Widerstände vermindern den elektrischen Stromfluß.

Wiederanlaufpunkt →Fixpunkt.

wirelog-Programm, konstruktionstechnisches Verfahren, bei dem mit Standardbefehlen der →Computer alle entsprechenden Angaben, wie Verdrahtungslisten, logische Identität und logische Funktion, in die Gesamtkonstruktion aufnimmt, gewissermaßen eine Schaltverbindungsmaschine mit 1000 Verbindungen/h und 36 Mio. Prüfungen in einer Viertelstunde. *(ICL)*

wire-wrap-Verfahren, Drahtwickeltechnik, automatische lochkartengesteuerte Herstellungsmethode, die mit angelernten Hilfskräften durch ein spezielles Gerät die rationelle, lötlose Verdrahtung von *hardware*-Teilen eines Elektronenrechners (ER) ermöglicht, was einen guten und sicheren Kontakt zwischen Draht und Anschlußpunkt gibt. *(Philips Electrologica)*

Wirkungsgrad eines Computers (Comp) ist das Verhältnis der Zeitdauer, in der der Comp arbeitsbereit war, zu der Zeitdauer, die für Wartung und Ausfälle verbraucht wurde.

Wirtschaftlichkeit der reinen Rechnerleistung hängt von Kapazität (Kap), leistungsfähiger Peripherie und Geschwindigkeit ab. Beim Übergang von der ersten auf die zweite →Generation wurde sie um 100 %, von der zweiten zur dritten um 50 % gesteigert, d. h. der Computer der dritten Generation verursacht nur den dritten Teil der Kosten gegenüber der ersten Generation. Als Formel gilt: kostenbezogenes Leistungsverhältnis = absolutes Leistungsverhältnis : Mieteverhältnis. Oft kann anstelle einer Wirtschaftlichkeitsrechnung nur die Bewertung der Ergebnisse treten.

Wort (W), *word*, speichertechnischer Begriff, „eine Folge von Zeichen, die in einem bestimmten Zusammenhang als eine Einheit betrachtet wird" (DIN 66 001). Diese Gesamtheit von Zeichen oder Signalen (elektrisch) stellt die Elemente einer Information dar. Bei vielen Elektronenrechnern ist das W die Informations-Grundeinheit, und zwar als reine →Zahl, als echtes W der Umgangssprache oder als →Maschinenbefehl. Es können Instruktionsworte oder Befehlsworte und auch Datenworte gespeichert werden. Die W werden adressiert und durch eine →Wortmarke begrenzt. Das W besteht entweder als →feste Wortlänge, d. h. stets und immer mit der gleichen Anzahl von Ziffern arbeitend, die nur als Ganzes adressierbar sind (bei technisch-wissenschaftlicher Anwendung), oder als →variable Wortlänge (bei kaufmännischer Anwendung), wobei sich die Länge des W nach den Gegebenheiten richtet. „Elektronenrechner arbeiten mit Worten von 10 bis 20 Dezimalstellen, also mindestens 40 bis 80 Binärstellen, wenn die einzelnen Dezimalstellen einzeln codiert werden, andernfalls 34 bis 68 Binärstellen. Hierfür braucht man in einem reinen Parallelsystem 40 bis 80 Verbindungsdrähte, in einem Seriensystem nur einen einzigen Verbindungsweg." *(K. Steinbuch)*

Wortadressierung umfaßt mehrere →Speicherstellen (SpSte), die immer zu einer Gruppe (Wort) zusammengefaßt sind und nur zusammen adressiert und angesprochen werden können. Gegenteil: →Einzeladressierung.

Wortlänge, Anzahl der Binär- bzw. Dezimalstellen eines Wortes (W) oder der Zeichen (Z), die jeweils ein Wort bilden, meistens als Anzahl von Bits (b) definiert. Die Wortlänge kann variabel oder fest sein, sollte aber im Interesse der Genauigkeit möglichst groß sein; sie ist entscheidend für den Umfang an Informationen (Info).

Wortleiter, ein Begriff und ein Teil des →Dünnschicht-Filmspeichers (DFSp).

Wortmarke (WMa), bei Maschinen mit →variabler Wortlänge die Begrenzung eines Wortes (W) bzw. Feldes im Speicherbereich durch Programmbefehl. Sie bestimmt die Ausdehnung des →Datenfeldes (DF) im Kernspeicher (KSp), wobei sie immer in der höchsten linksbündigen →Stelle (Ste) gesetzt wird.

Wortmaschine (WM), Maschine, deren kleinste adressierbare Einheit ein Wort (W) mit 10, 12, 16, 24, 36, 48 oder einer anderen Anzahl von Bits (b) ist. Da es sich bei WM meist um →Ein-Adreß-Maschinen handelt, ist der Instruktionsaufwand für ein Programm (P) naturgemäß etwas höher, da zur Erzeugung von zwei Adreß-Funktionen gewöhnlich zwei Worte benötigt werden. Es gibt Maschinen mit →fester Wortlänge, die also immer mit der gleichen Anzahl von →Zeichen (Z) arbeiten, und wo eine →Adresse (Adr) stets ein gespeichertes Wort definiert, und Maschinen mit →variabler Wortlänge, bei denen sich die Wortlänge nach den Gegebenheiten richtet und jedes Zeichen eine bestimmte Adresse hat. Eine WM braucht u. a. weniger →Takte und damit weniger Zeit für die Ausführung der arithmetischen Befehle (Bef). Da Wortlänge und Datenlänge meist nicht übereinstimmen, bilden die modernen Rechenanlagen (RA) verhältnismäßig kleine Worte (zu 16 bit) als →Verarbeitungseinheit und verarbeiten mehrere Worte parallel, um Speicherstellen (SpSte) nicht ungenutzt zu lassen. Gegenteil: →Stellenmaschine.

Wortsymbol, Zeichen (Z) eines Alphabetes, das aus mnemotechnischen Gründen durch eine Buchstabenfolge beschrieben wird.

Wortzeit, Zeitspanne des →Durchlaufes eines →Wortes (W) unter einem →Lese-/→Schreib-Kopf.

X, Y

Xenograph, Drucker (Dr), bei dem die hellen und dunklen Stellen des Originals als ungeladene und geladene Bereiche auf dem Papier erscheinen.

Xerographie, elektrostatisches Druckverfahren, bei dem eine elektrostatisch aufgeladene, photoleitende Schicht auf einer Trommel mit Typenbildern belichtet wird.

Xeronicdrucker, elektrostatischer Drukker, bei dem die Zeichen durch eine Kathodenstrahlröhre erzeugt und auf das Papier projiziert werden. An den durch die Projektion „belichteten" Stellen bleibt das Druckpulver durch die elektrostatische Aufladung haften und wird anschließend durch Wärmeeinwirkung fixiert.

X-Loch, ein „Überloch" in der Reihe über der Nullserie einer 80spaltigen Lochkarte, oft auch Elfer-Loch genannt. Diese Lochung kennzeichnet auch Minusbeträge und ermöglicht Sprünge über mehrere →Spalten, die nicht gelocht werden sollen.

X-Y-Schreiber oder Zwei-Koordinaten-Schreiber zeichnen im rechtwinkligen Koordinaten-System auf, sind oft an einen →Analogrechner (AR) angeschlossen. (→Plotter)

X-Y-Zeichner →Plotter.

Y-Loch, ein „Überloch" in der obersten Reihe einer 80spaltigen Lochkarte, oft auch Zwölfer-Loch genannt, als Steuer- oder Auswahllochung oder zur Kennzeichnung eines positiven Vorzeichens.

Z

Zahlen, in der DV Codewörter (CW) aus einer oder mehreren →Ziffern zur Darstellung eines Mengen- oder Wertbegriffes. In Rechenanlagen (RA) sind besonders zu unterscheiden: Festkomma- und Gleitkomma-Zahlen.

Zahlensysteme, Darstellung von Zahlenwerten durch Ziffernsymbole. Sie können auf jeder ganzen Zahl aufbauen, die größer als Eins ist. Die Grundzahl eines Zahlensystems entspricht der Anzahl der Einheiten einer →Stelle (Ste), z. B. einem Dezimalsystem die Anzahl 10, einem Oktalsystem die Anzahl 8, einem Binärsystem (Dualsystem) die Anzahl 2.

Zähler oder Indikator, *counter,* technische Einrichtung zum Aufsummieren und Speichern der Anzahl von Einzelereignissen. In der EDV werden i. a. elektrische Impulse (Imp) gezählt. Es gibt mechanische und elektronische Zähler, und es gibt Zähler in verschiedenen Zahlensystemen, z. B. Dezimal- und Dualzähler. Im Lochkartenverfahren (LKV) besteht der Zähler aus einer Gruppe von →Zählrädern, die von rechts nach links die Einer- Zehner-, Hunderterstellen bezeichnen. Mit jedem Imp wird der Wert, bei Null beginnend, je um Eins erhöht. In der EDV besteht der Zähler in elektronischen Schaltungen (→Grundschaltungen) im Sinne von →Registern (Reg.) Die zu Steuerzwecken eingesetzten Zähler gruppieren sich in Multiplikationszähler, Quotientenzähler, Verschiebungszähler und Programmschrittzähler.

Zählräder haben Abrechnungs- und und Lochkartenmaschinen zum Durchführen der Rechenoperationen (RO). Sie drehen sich →synchron mit der LK-Bewegung an den →Abfühlstationen.

Zählring →Ringzähler.

Zählvorgänge setzen sich aus einer Folge von Impulsen (Imp) zusammen.

Zählwerk, die relativ langsam arbeitenden mechanischen oder elektromechanischen Zähleinrichtungen..

Z 3, die erste funktionierende, programmgesteuerte Rechenanlage der Welt (1941), ein elektromechanisch arbeitender Relaisrechner. *(Zuse)*

Zeichen (Z), *characters,* Elemente aus einer vereinbarten endlichen Menge von (verschiedenen) Elementen. Die Menge wird Zeichenvorrat genannt. Die gebräuchlichsten Z sind die alphanumerischen Z, d. h. →Ziffern, →Buchstaben und einige →Sonderzeichen wie Punkt, Komma usw. In Rechenanlagen (RA) gibt es nur die Binärzeichen 0 und 1, mit denen alle anderen Z codiert werden. 7 BCD-Code-bits ergeben ein Z, 10 bis 12 Z ergeben bei Wortmaschinen (WM) ein Wort (W). Die Arbeitsskala steigert sich folgendermaßen: Zeichen, →Wort (W), →Satz (S), →Block (B), Abschnitt (→Datenbank). Für Z wird häufig auch →Stelle (Ste) eingesetzt.

Zeichenabtastungen gliedern sich in parallele (Photowandlermatrix), teilparallele und serielle Abtastung (Lichtpunktabtaster) von optischen Kontrasten.

Zeichendichte, die Anzahl der Zeichen (Z), die je Längeneinheit gespeichert werden können, z. B. 320 Bytes/cm oder 640 Bytes/cm beim Magnetband. (→Packungsdichte, →Speicherungsdichte)

Zeichendrucker bringen Zeichen für Zeichen hintereinander zu Papier, wodurch sie langsamer als Zeilendrucker sind. Zu ihnen gehören Schreibmaschine, Blattschreiber und Fernschreiber.

Zeichenerkennung, das Identifizieren von maschinenlesbaren Zeichen (Z); einige 1000 Z/s.

Zeichenleser →Belegleser.

Zeichenlocher →Zeichenlochverfahren.

Zeichenlochkarten, *mark sensing cards,* erhalten ihre Daten (D) manuell durch leitende Bleistiftstriche an bestimmten Stellen und werden dann maschinell gelocht, was heute mit einer →Zeichenerkennung von rd. 80 bis 100 Z/s erfolgt. (→Marksensing-Verfahren)

Zeichenlochverfahren, die →Umwandlung von Markierungen in einer Lochkarte (LK) in Stanzungen in die gleiche LK durch spezielle Lochkartenmaschinen (LKM), etwa 6000 bis 9000 LK/h. Man unterscheidet i. b. (1) →Marksensing-Verfahren *(IBM/ICL),* (2) →Photolecteurverfahren *(BGE, Univac),* (3) →Magnetolecteurverfahren *(BGE).*

Zeichenmaschine →Stellenmaschine..

Zeichenrahmen gibt die Gesamtzahl der Bits an, die bei der Übertragung ein Zeichen darstellen.

Zeichenschablonen, Hilfsmittel zur Darstellung von Sinnbildern in →Diagrammen für den →Programmablauf und zur Erstellung des →Datenflußplans.

Zeichenverschlüsselung →Code.

Zeichenvorrat →Zeichen.

Zeile (Zl), *line,* horizontale Einteilung auf der Lochkarte und bei der Druckausgabe. Die Zeile nimmt die Lochungen, Stanzungen und den Druck auf.

Zeilendrucker (ZlDr), Tabelliermaschinen (Tab) und Schnelldrucker (SchDr), bei denen im Unterschied zur Schreibmaschine gleichzeitig eine ganze Zeile (Zl) gedruckt wird. Mit 144 000 Zl/h übertreffen sie die Thermodrucker an Geschwindigkeit.

Zeilenvorschub (ZlV) →Vorschub.

Zeitbeteiligung →*time-sharing (ts).*

Zeitgeber, *timer,* ein *hardware*-Element, das die Zeitbegrenzung für bestimmte Arbeiten ermöglicht und Zeitpunkte für bestimmte Routineabläufe gibt. (→Taktgeberuhr)

zeitmultiplex →simultan.

Zeitmultiplexbetrieb →*multiprogramming,* →*multiprocessing,* →*time-sharing.*

Zeitmultiplexspeicher →Simultanspeicher.

Zeitscheiben, *time-slices,* Teile der Benutzerperioden beim →*time-sharing-system (tss),* in denen der Rechner (Re) ausschließlich für einen Benutzer tätig ist.

Zeitsteuerung, eine vielfach mit Motorantrieb oder auch elektronisch arbeitende →Programmsteuerung (PST), bei der zu bestimmten vorgegebenen Zeitpunkten Impulse (Imp) ausgelöst werden, die eine Fortschaltung des →Programmgebers bewirken.

Zeitteilung →*time-sharing (ts).*

Zeitzerstückelung →*time-sharing (ts).*

Zelle, →Speicherzelle.

Zentraleinheit (ZE) oder Zentralteil, auch CPU = *control processing unit,* Mittelpunkt und Kopf jeder EDVA, die

Zusammenfassung von →Rechenwerk (RW) (= arithmetische Einheit), → Haupt- oder →Arbeitsspeicher, → Steuerwerk (STW) und verschiedenen →Registern (Reg). Je Sekunde (s) können 2,5 und mehr, max. 15 Mio. Instruktionen (Instr) ausgeführt werden. Die ZE besitzt Anschlüsse (→Kanal) für alle externen Aggregate über Standard-Signalverbindungen (EA-Schnittstelle) und ist nahezu unbegrenzt ausbaufähig. Sie enthält 16 allgemeine Register, die sowohl als Akkumulatoren bei der Festkomma-Arithmetik als auch bei der Adressenbildung als Indexregister oder Basisregister dienen. Im Baukastenprinzip wächst sie mit den vom Unternehmen gestellten Problemen. Den →peripheren Einheiten (PE) ist die ZE derart übergeordnet, daß diese nur arbeiten können, wenn sie von der ZE über das STW entsprechende Befehle (Bef) erhalten, gewissermaßen die „Arbeitsanweisungen". An eine ZE können Hunderte von PE angeschlossen werden. Die Eigenschaften und damit auch die Leistungsfähigkeit einer ZE sind sehr schwierig zu beurteilen und vor allem zu bewerten, da einerseits die Maschinen, ihre Kapazität (Kap) und die Grundgeschwindigkeit, andererseits die zu lösenden Aufgaben (Rechnen oder Intensität der Eingabe und Ausgabe) für das Zusammenspiel von ZE und PE entscheidende Maßstäbe setzen.

zentrale Steuerung vollzieht sich in zwei voneinander abweichenden Methoden: →Schalttafel- und →Speichersteuerung.

Zentralspeicher →Arbeitsspeicher.

Zentralteil →Zentraleinheit.

zero-defects-program →Nullfehler-Programm.

Ziehkartei, *tube file,* eine vorgelochte Handkartei, deren einzelne Lochkarten (LK) manuell gezogen werden können, und zwar mehrere Hundert je Stunde. Rationeller ist der Einsatz von →Magnetband (MB) und →Magnetplatte (MP).

Ziffern, *digits,* Zeichen aus einem Zeichenvorrat, die der Darstellung einer →Zahl dienen, speziell die Dezimalziffern. Im Lochkartenverfahren werden sie durch Lochungen dargestellt, in der elektronischen DV durch mindestens 4 bit (b), z. B. Magnetkerne. Als einzelne →Stellen dienen sie der quantitativen Aussage. Bei der Zahlendarstellung erhalten sie einen Stellenwert, der von rechts nach links jeweils mit dem Faktor der Zahlenbasis steigt. (→Buchstaben).

Ziffernrechner →Digitalrechner.

Ziffernsymbol, Zahlendarstellung in für das Auge lesbarer und in nur für Maschinen lesbarer Form.

Ziffernteil, Lochungen in den Zeilen 0—9 zur Darstellung der Dezimalziffern 0—9.

Zone. I. Bei Lochkarten der Bereich zur Aufnahme von Teilen von →Lochungen, insbesondere →alphabetische Lochungen, der durch drei Lochzeilen (12, 11, 0 bei *IBM* und *ICL,* 7, 8, 9 bei *BGE)* begrenzt ist. — II. Bei Magnetkernspeicher, Magnetband, Magnetplatte Magnettrommel der zur Aufnahme von alphanumerischen Kennzeichnungen bestimmte →Speicherbereich.

Zonenlochungen, Elfer- und Zwölfer-Lochungen.

Zonenteil, Lochungen in den Zeilen 12, 11 und 0 zur Darstellung nichtnumerischer Zeichen.

ZRA, Computer aus der DDR.

Zubringeranlage →Satellitensystem.

Zubringerspeicher →Massenspeicher.

Zugriff, *access,* Vorgang des Lesens oder eines andersgearteten Erlangens von bestimmten Daten (D) oder Informationen (Info) aus dem Speichermedium, sowie der Vorgang des Schreibens (Abspeicherns) oder andergearteten Ablegens von bestimmten D oder Info nach einem Speichermedium. Der Zugriff erfolgt durch die →Adressierung. Je größer der Speicher (Sp), um so länger ist die →Zugriffszeit.

Zugriffsarm, der Teil der Magnetplattenspeichereinheit, der das →Speichern und →Lesen von Informationen (Info) auf Magnetplatten (MP) ermöglicht. Der Zugriffsarm ist mit →Schreib- und →Leseköpfen für die obere und untere Seite der MP ausgerüstet.

Zugriffsarten zum Speicher (Sp) erfolgen meist asynchron, sie bestehen in drei Formen: (1) direkter (wahlfreier) Zugriff (= Kernspeicher), (2) periodischer Zugriff (= Magnettrommel) oder (3) serieller (sequentieller) Zugriff (= Magnetband). — Der direkte Zugriff ist am meisten gefragt, doch sind auch die Kosten je bit am höchsten.

Zugriffskamm, Teil des Magnetstreifenspeichers (MSSp) mit 20 Lese-/Schreibköpfen; er ist horizontal gelegen, verschiebbar und kann auf 5 Zylinder mit jeweils 20 Spuren eingestellt werden.

Zugriffszeit (Zug), *access time,* Zeitspanne zwischen Aufruf einer →Speicherstelle (SpSte) und dem Ende des Schreib- und Lesevorganges, die Zeit, die benötigt wird, um Angaben im Speicher (Sp) unterzubringen, zu ändern und von dort wieder abzuholen. Die Zugriffs- oder kleinste adressierbare Einheit für Programmbefehle wie auch für den Datenbereich kann die →Stelle (Ste), das →Byte (B) oder das →Wort (W) sein. Die Zug setzt sich bei Magnetkarten (MK) und Magnetstreifen (MS) aus Vorauswahl-, Transport- und Daten-Übertragungszeit zusammen. Da der Sp bei allen Rechenoperationen (RO) sehr häufig angerufen wird, hat die Zug unmittelbar Einfluß auf die Leistungsfähigkeit der Gesamtanlage. Die →Steuerung (ST) der verfügbaren SpSte vollzieht sich im Mikrosekundenbereich. Beim Magnetband (MB) variiert die Zug zwischen Bruchteilen von Millisekunden und mehreren Minuten.

Die mittlere Zugriffszeit liegt wie folgt:

Kernspeicher 6—8 ms
Magnettrommel 8 ms
Magnetplatte 85 ms
Magnetstreifen 510 ms
Magnetband 0,5—3 min

Sie setzt sich bei MT und MP aus der halben Umlaufzeit und der Zeit für Zu- und Abspeichern zusammen.

Der Zeitanteil für Zugriffszeit und →Übertragungen (Ü) beläuft sich innerhalb eines Programms (P) auf 30 bis 80 %. I. a. ist die Zugriffszeit um so kürzer, je kleiner die Informationsmenge ist, die die Anlage zu untersuchen hat. Neben den Herstellkosten ist die Zugriffszeit ein wesentlicher Maßstab für die Wirtschaftlichkeit eines Speichers.

Zuordnungskriterien, Aufgliederungspunkte für die Verarbeitung der Daten, z. B. Sachnummern, Kontonummern, Kostenstellen usw.

Zuordnungstabelle, *cross reference,* programmierte Testhilfe für Assembler-Umwandlungen, COBOL-Compiler u. ä.

Zurückschreiben →Regenerieren.

Zusammenführung, *junction,* Stelle im Programmablaufplan, an der mehrere Zweige wieder zusammengeführt werden.

Zusatzbefehle sind mit Eingabe- und Ausgabebefehlen direkt gekoppelt, sie enthalten ergänzende Angaben zur →Modifikation der Hauptbefehle.

Zusatzeinrichtungen, zusätzliche Steuerelemente, zusätzliche Speicher (Sp), Multiplikations- und Divisionseinrichtungen, Druckpuffer, Eingabepuffer usw., womit die Basisausstattung funktionell erweitert werden kann.

Zusatzmaschinen →Ergänzungsmaschinen.

Zusatzspeicher →Hilfsspeicher.

Zuweisung, Instruktionen, Konstante, Merkmale u. ä. werden in einem →Umwandlungsprogramm einem bestimmten Platz im Kernspeicher zugeordnet.

Zwei-Adreß-Befehle beinhalten je nach Anlage zwei Operanden oder einen Operanden mit dem Speicherplatz des nächsten auszuführenden Befehls. Zwei-Adreß-Befehle ermöglichen eine günstigere Ausnutzung des Arbeitsspeichers.

Zwei-Adreß-Maschinen stehen zwischen den →Ein-Adreß-Maschinen und den →Drei-Adreß-Maschinen neuerer Bauart, arbeiten mit zwei Speicheradressen und einem Operationsteil. Das Befehlswort (BefW) enthält die →Adressen (Adr) der zwei →Operanden (Op) einer Rechenoperation (RO), wobei das Ergebnis dann einen der beiden Op im Speicher (Sp) überschreibt. Oft gibt die zweite Adresse die Speicherzelle des folgenden Befehls (Bef) an.

Zwei-aus-fünf-Code, mit fünf bit arbeitender Binärcode für Dezimalziffern. Durch erschwertes Rechnen und größere Stellenzahl ist er dem einfachen BCD unterlegen.

Zweiersystem →Binärsystem, →Dualsystem.

Zwei für eins, die Verwendung von 8 bit (b) zur Darstellung alphanumerischer Zeichen (Z) und von nur 4 für rein numerische Ziffern.

Zwei-Koordinaten-Schreiber →X-Y-Schreiber.

Zwischenräume (ZwR), *spaces,* etwa 1,9 cm lange, leere Bandabschnitte, die die Datengruppen auf den Magnetbändern (MB) trennen.

Zwischenraumzeile (ZwRZl), der freie Raum zwischen den →Lochzeilen der Lochkarte (→Verbundkarten), der den Eintragungen in Klarschrift (Druck- oder Handschrift) dient.

Zwischenspeicher (ZwSp), *intermediate data storage,* auch Interimsspeicher, i. a. Speicher (Sp), der während einer Verarbeitung kurzzeitig wechselnde Informationen (Info) beinhaltet, vielfach als Ein-Zeichen-Speicher, der nur zum Überbrücken der zeitlichen Unterschiede der Datenübertragung dient. Ein spezieller ZwSp ist z. B. ein Magnetkernspeicher (KSp) mit kleiner Magnetkernzahl und kurzer Schaltzeit, der Mehrzweck-, Gleitkomma- und verschiedene Register für die Steuerung (ST) des Programmablaufs und der Eingabe- und Ausgabeoperationen enthält. Er besteht z. B. aus 128 4-Byte-Wörtern und hat eine →Zykluszeit (Zyk) von 300 Nanosekunden (ns) je Wort (W). *(Siemens)* (→Puffer)

Zwitterrechner →Hybridrechner.

zyklische Programmierung →Programmschleife.

Zyklus, Abschnitt des periodischen Grundsteuerablaufes (= Befehlsaufruf und Befehlsausführung) in der Zentraleinheit (ZE). Er ergibt sich aus der Datenaufnahme aus einem Register, der Verarbeitung im Addierwerk und dem Zurückstellen des Ergebnisses in ein Register. Im Unterschied zu den Rechenanlagen (RA) früherer →Generationen wird heute der Zyklus als fest zugeteilte Zeitspanne genommen, da immer stärker die →Überlappung (ÜL) im Sinne des →*multiprogramming (mp)* Platz greift.

Zykluszeit (Zyk), interne Verarbeitungszeit des Kernspeichers (KSp) für →Lesen und →Schreiben oder auch: Lesen — Puffern — Regenerieren; im strengen Sinne die →Zugriffszeit (Zug) des KSp zu einer bestimmten Anzahl von Zellen (Ze), die Zeit also, die erforderlich ist, um Zeichen (Z) von einem Speicherplatz abzulesen und die Magnetkerne (Ke) wieder in den ursprünglichen Zustand zurückzuversetzen, und zwar in Mikrosekunden (μs) bis Nanosekunden (ns). Man unterscheidet Programm- und Speicherzykluszeit. Für die Praxis ist die Zykluszeit von größerer Bedeutung als die Zugriffszeit.

Zylinder (Zyl), die Zuordnung von → Spuren auf Magnetplatten (10 bis 45) und Magnettrommeln (200 bis 400) zu einer Einheit. Dabei müssen alle Spuren eines Zylinders im gleichen Abstand von der Achse der Magnetplatte oder Magnettrommel liegen, d. h. direkt über- oder untereinander.

Zylinderindex verweist bei der logisch fortlaufenden Speicherung über den Ordnungsbegriff auf den richtigen Zylinder.

Zylinderkonzept, die bit-serielle Datenspuraufzeichnung auf allen Spuren innerhalb eines Zylinders.

Zylinderzugriff, das technische Verfahren, mit dem bei Wechselplattenspeichern mit Hilfe des Zugriffsarms ohne Veränderung alle gleichen Spuren des ganzen Zylinders angesprochen werden können.

Abkürzungen in der Datenverarbeitung und bei den Datenverarbeitungsanlagen

Die Terminologie der DV hat uns bereits bewiesen, daß das gesamte Gebiet der DV mit seinen anschließenden Teilbereichen eine zum großen Teil neuartige, dazu reiche und vielfältige Sprache besitzt, eine Fülle von Wort- und Sacherklärungen bringt und begrifflich ebenso genau erfaßt wie auch verdichtet werden muß. Dazu gehört aber auch als Folge und aus Rationalisierungsgründen eine exakte Festlegung einheitlicher Abkürzungen, die aus Gründen der Raum- und Zeiteinsparung zweckmäßig und geboten erscheinen. Mit der anschließenden Aufstellung — die im wesentlichen den bisherigen Gepflogenheiten in der Praxis folgt — wollen wir dazu beitragen.

A

A	Ausgabe
AB	Arbeitsbereich
AD	Ablaufdiagramm
Add	Addition
Adr	Adresse
AdrReg	Adreßregister
ADU	Analog-Digital-Umwandler
ADV	Arbeitsgemeinschaft für Datenverarbeitung Österreich; Automatische Datenverarbeitung
Akk	Akkumulator
AM	Abrechnungsmaschine
AP	Arbeitsprogramm
A-Phase	Ausführungsphase
AR	Analogrechner
ASp	Arbeitsspeicher
Ass	Assembler
AssSpr	Assemblersprache
AW	Addierwerk

B

B	Byte
b	bit
BA	Buchungsautomat
BBS	Band-Betriebssystem
BC	Binärcode
BD	Blockdiagramm
Bd	Baud
Bef	Befehl
BefC	Befehlscode
BefReg	Befehlsregister
BefW	Befehlswort
BefZ	Befehlszähler
BefZReg	Befehlszählregister
BefZyk	Befehlszyklus
BM	Bytemaschine
BP	Bibliotheksprogramm
Bp	Bedienungspult
bp	*batch-processing*
BR	Betriebsrechner
BS	Betriebssystem
bw	*brainware*

C

C	Code
Com	Compiler
Comp	Computer
Con	Converter
CW	Codewort

D

D	Daten
DAU	Digital-Analog-Umwandler
DB	Datenbestand
Dd	Dividend
DDV	Direkte Datenverarbeitung
DE	Datenerfassung
DEE	Datenendeinrichtung
DF	Datenfeld
df	dialogfähig
DFSp	Dünnschicht-Filmspeicher
DFÜ	Datenfernübertragung
DFV	Datenfernverarbeitung
Dio	Diode
Div	Division
DK	Dezimalklassifikation
Do	Doppler
Dok	Dokumentation
DP	Dienstleistungsprogramm, Dienstprogramm
DR	Digitalrechner
Dr	Drucker
DrS	Druckstreifen
DrSL	Druckstreifenleser
DS	Datensatz
DSp	Datenspeicher
DST	Datenstation
DStSp	Dünnschichtstäbchenspeicher
DT	Datenträger
DÜ	Datenübertragung
DÜE	Datenübertragungseinrichtung
Dup	Duplizieren
DV	Datenverarbeitung
Dv	Divisor
DVA	Datenverarbeitungsanlage
DVS	Datenverarbeitungssystem
dx	duplex (voll-)

E

E	Eingabe
EAK	Eingabe-Ausgabe-Kanal
EAO	Eingabe-Ausgabe-Operation
EAS	Eingabe-Ausgabe-System
EAST	Eingabe-Ausgabe-Steuerung
EAW	Eingabe-Ausgabe-Werk
EDV	Elektronische Datenverarbeitung
EDVA	Elektronische Datenverarbeitungsanlage
ER	Elektronenrechner
Er	Elektronenröhre
Ex	Exponent

F

FD	Flußdiagramm
FK	Festkomma
FSp	Festspeicher
fw	*firmware*

G

G	Geschwindigkeit
GA	Gemeinschaftsanlage
GK	Gleitkomma
GM	Gruppenmarke
GR	Großrechner
GRA	Großrechenanlage
GSp	Großraumspeicher

H

h	Stunde (hour)
HiP	Hilfsprogramm
HiSp	Hilfsspeicher
HP	Hauptprogramm
HR	Hybridrechner
HRS	hybrides Rechnersystem
HS	Hauptsatz
HSp	Hauptspeicher
HSTP	Hauptsteuerprogramm
hw	*hardware*
hx	halbduplex
Hz	Hertz (Maßeinheit der elektrischen Frequenz)

I

IB	Informationsbank
IDS	Integrierte Datenspeicherung
IDV	Integrierte Datenverarbeitung
IE	Informationseinheit
Imp	Impuls
Ind	Indikator
Info	Information
Instr	Instruktion
Int	Integrierung, Integration
I-Phase	Instruktionsphase
IR	Interpolationsrechner
ir	*informations retrieval*
IReg	Indexregister
IS	Informationssystem
iS	integrierte Schaltung
IT	Informationsträger
IV	Informationsverarbeitung
IVS	Informationsverarbeitendes System

K

K	1024 Kernspeicherstellen (Maßeinheit)
Kap	Kapazität
KB	Kilo-Bytes
KE	Karteneinheit
Ke	Kern, Magnetkern
KL	Kartenleser
Kl	Kartenlocher
KlC	Kleincomputer
KRA	Kleinrechenanlage
KSp	Kernspeicher, Magnetkernspeicher
KSpSte	Kernspeicherstelle
KSt	Kartenstanzer

L

LA	Lehrautomat
LB	Lochband
ld	*logarithmus dualis*
LDr	Listendrucker
le	*linkage editor*
LK	Lochkarte
LKA	Lochkartenanlage
LKL	Lochkartenleser

Lkl Lochkartenlocher
LKM Lochkartenmaschine
LKSt Lochkartenstanzer
LKV Lochkartenverfahren
LS Lochstreifen
LSK Lochstreifenkarten
LSL Lochstreifenleser
LSl Lochstreifenlocher
LSSt Lochstreifenstanzer
LSÜ Lochschriftübersetzer
LP Ladeprogramm
lp *linear programming*
LZ Leerzeichen

M

Man Mantisse
MB Magnetband
MBSp Magnetbandspeicher
MBST Magnetbandsteuerung
MC Maschinencode
mc *multicomputing*
MDFSp Magnetdünnschicht-Filmspeicher
MDSp Magnetdrahtspeicher
MDT Mittlere Datentechnik
MFKE Mehrfunktions-Karteneinheit
MFSp Magnetfilmspeicher
MHz Megahertz (Maßeinheit der elektrischen Frequenz)
Mi Mischer
min Minute
MK Magnetkarte
MKC Magnetkontencomputer
MKK Magnetkontenkarten
MKSp Magnetkartenspeicher
ML Markierungsleser
Mlt Multiplikation
MP Magnetplatte
mp *multiprogramming*
mpc *multiprocessing*
mpm *metra potential method*
MPSp Magnetplattenspeicher
MPX Multiplexer
MR Mittelrechner
MS Magnetstreifen
ms Millisekunde
MSchSp Magnetschichtspeicher
MSp Maschinensprache
MSSp Magnetstreifenspeicher
MStSp Magnetstäbchenspeicher
MT Magnettrommel
mt *multitasking*
MTSp Magnettrommelspeicher
μs Mikrosekunde
MW Maschinenwort
mZL magnetischer Zeichenleser

N

N Nachricht
nc *numerical control*
NP Netzplan
NPT Netzplantechnik
ns Nanosekunde
NT Nachrichtentechnik
NÜ Nachrichtenübertragung
NV Nachrichtenverarbeitung
NW Netzwerk

O

O Operation
o *operating, operation*
OC Operationscode
OP Objektprogramm
Op Operand
OpAdr Operandenadresse
OR Operations Research
OReg Operationsregister
Org Organisation
os *operating system*
OSpr Objektsprache
OST Operationssteuerung

P

P Programm
p *processor*
PB Programmbibliothek
PBS Platte-Betriebssystem
PC Pseudocode
PE periphere Einheit
PG Programmgenerator
PK Programmkarte
PP Pseudoprogramm
pp *post-processor*
PPSpr problemorientierte Programmiersprache
PR Prozeßrechner

Pr	Programmierung
PS	Programmiersystem
ps	Picosekunde
PSp	Plattenspeicher
PSpr	Programmiersprache
PST	Programmsteuerung
PSW	Programmstatuswort
PU	Programmunterbrechung
pU	programmierte Unterweisung

Q

QuP	Quellenprogramm

R

R	Regelung
RA	Rechenanlage
RE	Randeinheit
Re	Rechner
Reg	Register
RegBef	Registerbefehl
RegSp	Registerspeicher
Rel	Relais
RF	Rechnerfamilie
RK	Randlochkarte
Rl	Rechenlocher
RM	Rechenmaschine
RO	Rechenoperation
RReg	Rechenregister
RSp	Randomspeicher
RSt	Rechenstanzer
rtp	*real-time-processing*
RW	Rechenwerk
RWST	Rechenwerksteuerung
RZ	Rechenzentrum

S

S	Satz
s	Sekunde
SB	Servicebüro
SC	Symbolcode
SchDr	Schnelldrucker
SchReg	Schieberegister
SComp	Supercomputer
SE	Schaltelement
Se	Systemeinheit
SF	Systemfamilie
Sim	Simulation, Simulator
SimP	Simulationsprogramm
SL	Streifenleser
Sl	Streifenlocher
SM	Sortiermaschine
SMG	Sortier-Misch-Generator
So	Sortierer, Sorter
SP	Sortierprogramm
Sp	Speicher
SpAdr	Speicheradresse
SpE	Speichereinheit
SpKap	Speicherkapazität
Spr	Sprache
SPS	Symbol-Programm-System
SpST	Speichersteuerung
SpSte	Speicherstelle
SpW	Speicherwerk
SpZ	Speicherzelle
SR	Satellitenrechner
Sr	Spur
SS	Satellitensystem
SSp	Simultanspeicher
ssp	*scientific subroutine package*
SSpr	Symbolsprache
SSt	Streifenstanzer
ST	Steuerung
St	Stanzer
STA	Steueranweisung
STE	Steuereinheit
Ste	Stelle
STK	Steuerkarte
STl	Steuerloch
StM	Stellenmaschine
STP	Steuerprogramm
STp	Steuerpult
StP	Standardprogramm
STW	Steuerwerk
Sub	Subtraktion
SV	Simultanverarbeitung
sv	*supervisor*
sw	*software*
sx	simplex
Sy	Symbol

T

T	Test
Ta	Tastatur
Tab	Tabelliermaschine
TD	Testdaten
TEX	TELEX

TP	Testprogramm
tp	*teleprocessing*
Tr	Transistor
TS	Ternärsystem
ts	*time-sharing*
TSp	Trommelspeicher
tss	*time-sharing-system*
TV	Textverarbeitung
tx	*triplex*

U

U	Umdrehung
Ü	Übertragung
ÜL	Überlappung
ÜO	Übertragungsoperation
UP	Unterprogramm
ÜP	Übersetzerprogramme

V

V	Variante
VA	Verbundanlage
VK	Verbundkarten
VP	Verarbeitungsprogramm
VS	Verarbeitungssystem
VZ	Vorzeichen
Vz	Verzweigung

W

W	Wort
WM	Wortmaschine
WMa	Wortmarke
WRL	Wagenrücklauf

Z

Z	Zeichen
ZE	Zentraleinheit
Zl	Zeile
ZlDr	Zeilendrucker
ZlV	Zeilenvorschub
Zug	Zugriffszeit
ZwR	Zwischenraum
ZwRZl	Zwischenraumzeile
ZwSp	Zwischenspeicher
Zyk	Zykluszeit
Zyl	Zylinder

Diese Aufstellung ist noch zu ergänzen durch die Abkürzungen, die einige Herstellerfirmen an Stelle ihres vollständigen Firmennamens verwenden und eingeführt haben.

AEG-TFK	Allgemeine Elektrizitäts-Gesellschaft-Telefunken
B	Burroughs Corporation
BBC	Brown-Bovery-Companie
BGE	Bull General Electric
CDC	Control Data Corporation
C.I.I.	Compagnie Internationale pour l'Informatique
DEC	Digital Equipment Corporation
EAI	Electronics Associates Incorporated
H	Honeywell
IBM	International Business Machines Corporation
ICL	International Computers Ltd
ITT	International Telephon and Telegraph Corporation
NCR	(The) National Cash Register Company
P	Philips Electrologica
RCA	Radio Corporation of America
RR	Remington Rand Corp.
S	Siemens
SEL	Standard Elektrik Lorenz
Z	Zuse

Fachausdrücke im britischen und im amerikanischen Englisch

Automation und Datenverarbeitung haben ihren Ausgang in den USA genommen. Daher ist es ganz natürlich, daß auch eine Fülle von amerikanischen Fachausdrücken von uns übernommen wurde. Sämtliche Maschinenaggregate der Datenverarbeitung und ihre gesamten Funktionen werden mit Wörtern erfaßt, die sich nicht nur bei den Fachleuten, sondern auch immer mehr in der Öffentlichkeit durchsetzen. Die folgende Aufstellung erfaßt die wesentlichen Begriffe aus dem britischen und dem amerikanischen Englisch.

A

access	Zugriff, Zugang, Zutritt
access cycle	Zugriffsperiode
access time	Zugriffszeit (zu einer Speicherstelle)
accounting machine	Abrechnungsmaschine, Buchungs-, Tabelliermaschine
accumulate	anhäufen, ansammeln, speichern, summieren
accumulator	Zwischenspeicher (Sp im RW), Register, Akkumulator (für Ergebnisbildung)
accuracy	Genauigkeit (einer Rechnung), Fehlerfreiheit
action statement	Arbeitsanweisung
adapt	anpassen (einer RA zur Problemlösung)
adapter	Adapter, Anpassungseinrichtung, Vorsatzstück
adder	Addierwerk (im RW)
addition slip	Additionsstreifen
address	Adresse
address counter	Befehlszählregister, Befehlsfolgezähler
address file	Adreßregister
agent's set	Buchungsplatz
air conditioning	Klimatisierung
algorithm	Algorithmus
alternate area	Wechselbereich
alternate instruction	Sprungbefehl
analog-to-digital-converter	Analog-Digital-Umwandler
analytical engine	analytische Maschine
application program library	Bibliotheksprogramm
arithmetic instruction	arithmetischer Befehl
arithmetic unit	Rechenwerk
array	Datenfeld, Bereich, reihenförmige Anordnung (von Magnetkernen)
assembler	Programmumsetzer, Umwandlungsprogramm
assembler routine	zusammensetzendes Programm
assembly	Baugruppe, Montage
associative storage	Assoziativspeicher
at object time	während des Programmablaufes
attach	anschließen (von Einheiten)
automatic checking	automatische Prüfung
automatic controller	automatisches Steuerwerk
automaton	Automat
auxiliary program	Hilfsprogramm (etwa zum Testen)
auxiliary storage	Hilfsspeicher

B

backing	Arbeitsrückstände
backing storage	Hilfs-, Neben-, Zusatzspeicher
back up a program	Wiederanlauf eines Programms von einem Stützpunkt aus
backspace	zurückfahren, schrittweise zurücksetzen
bandwidth	Bandbreite
base	Basis
basic address	Basisadresse
basic code	Maschinensprache
batch	Stapel, Abschnitt
batch processing	Stapelverarbeitung, schubweise Verarbeitung der Informationen
baud	Baud, Meßeinheit der Telegrafiergeschwindigkeit
bill of material processor	Stücklistenprocessor
binary	binär, dual
binary character	Binärzeichen
bit (binary digit)	Binärziffer, Binärstelle, Magnetpunkt, auch Maßeinheit
bit density	Bitdichte
bit rate	Bitgeschwindigkeit, Impulsfolge
blank	leer, unbeschriftet, ungelocht, Leerstelle
blank character	Leerzeichen
block	blockieren, sperren
block diagram	Blockschaltbild
block size	Blocklänge
block-time	Blockzeit
bookkeeping machine	Buchhaltungsmaschine
bootsstrap	Ladeprogramm
bound	begrenzen, ab-, aufrunden
branch	verzweigen; Sprung, Weiche, Verzweigung
breakpoint	Schalterstop, Zwischenstop (im Programm), Unterbrechungsstelle
buffer	Puffer
buffer storage	Pufferspeicher (im Ein- und Ausgabebereich)
bug	Störung (im Gerät), zeitweises Versagen, Fehler
bulk information	große Informationsmenge
bulk memory	Mammutspeicher
bulk store	Großraumspeicher
business machine	Büromaschine

C

cabinet	Schrankgestell, Gehäuse
cable	Kabel, Leitung
calculating operation	Rechengang, Rechenoperation
calculation	Rechnung, Berechnung
calculation computer	Rechner
calculator unit	Recheneinheit

call-in	Aufruf in einer Programmfolge (UP)
cancel	löschen, streichen
cancel key	Löschtaste
capacity	Kapazität, Fassungsvermögen (etwa von Speichern)
card cycle	Kartengang
card deck	Kartenpaket, Kartensatz
card file	Kartei
card punch	Kartenstanzer, Lochkartenlocher
card sorter	Sortiermaschine
card stacker	Kartenablagefach
card to tape	Karte - Band (Übertragung)
card track	Kartenbahn
carriage	Vorschub, Wagen
carry	Übertrag
cell	Speicherzelle (technischer Ausdruck im Gegensatz zu „position" als programmtechnischer Ausdruck)
chaining	Aneinanderketten von Programmteilen
change card	Änderungskarte
change tape	Änderungsband
channel	Kanal, Informationskanal (an den etwa ein MB-Gerät oder ein Dr angeschlossen ist)
character	(Schrift-)Zeichen, Symbol
character representation	Zeichendarstellung
chart	Diagramm
check	kontrollieren, prüfen, abstimmen
checkout	testen, ausprüfen; Test
chip	Bezeichnung für Mikrobauteil
chopper	Zerhacker
circuit	Schaltung, Stromkreis
circuitry	Schaltungsanordnung
circuit switching	Hand- oder Wählvermittlung (im Gegensatz zur Nachrichten- bzw. Speichervermittlung: message switching)
circuit technique	Schaltkreistechnik
clear	löschen (gespeicherte Nachricht), beheben (Fehler), rückstellen (z. B. Zähler)
clock	Takt, Zeitgeber
clock-time	Taktzeit
clock-track	Taktspur
clock unit	Zeitgeber
closed-loop	geschlossene Schleife, geschlossener Vorgangskreis
closed-loop-circuit	Rückführungsschaltung
closed-shop-organization	geschlossener Arbeitsablauf (räumlich)
code section	Befehlsreihe eines Programmabschnittes
code structure	Aufbau eines Codes
collate	ordnen, zuordnen, mischen
collator	Lochkartenmischer

collating sequence	Sortierfolge
column	Spalte
command	Befehl, Steuerbefehl
command list	Befehlsliste
communication	Mitteilung, Nachricht, Nachrichtenverkehr
compare	vergleichen
compilation	Übersetzung
compile	zusammentragen
compiler	Programmumsetzer, Übersetzung von weitgehend symbolischen Befehlen oder Befehlsgruppen in die Maschinensprache; Programmerzeuger
complement	Ergänzung, Komplement
computer	Rechenmaschine, Rechenanlage
computer language	Befehlssprache eines Computers, Maschinensprache
concatenation	Verkettung
conditional	bedingt
conditional jump	bedingter Sprung (in einer Befehlsfolge)
connect	anschließen, schalten, verbinden
console	Bedienungstisch, Steuerpult
constant	Konstante
control	steuern, regeln, überwachen; Steuerung
control card	Steuerkarte
control code	Steuersymbol
control console	Bedienungspult
control counter	Befehlszähler
control program	Steuerprogramm
control stream	Exekutivroutine
control unit	Steuerwerk, Steuereinheit, Leitwerk
conversational job (remote) batch entry	Dialog-Job(fern)verarbeitung
conversion	Umcodierung, Übersetzung, Umwandlung
convert	umwandeln, umsetzen
core	Kern, Magnetkern (Speicherkern)
core array	Kernmatrix (Anordnung von Speicherkernen)
core memory core storage core store	Kernspeicher, Magnetkernspeicher, Zentralspeicher
counter	Zähler, Zählwerk, Zählschaltung (elektronisch)
coursewriter	Lehrprogrammsprache, Programmiersprache
cross reference	Zuordnungstabelle
cryogenic circuit	Tieftemperaturschaltung
cue	Unterprogrammaufruf
curser	Lichtwinkel (beim Bildschirm)
curve plotter	Kurvenschreiber, Registriergerät
cycle	Zyklus, Schleife, Umlauf
cycle loop	Programmschleife
cycle stealing	Speicherzyklenauswahl (nach Prioritäten)
cycle time	Zykluszeit, innere Rechenzeit im Computer

D

data	Angaben, Daten (im Gegensatz zur Nachricht [information], die auch analog sein kann)
data addressed memory	Assoziativspeicher
data block	Datenblock
data busing	Datenbank
data-center	Servicebüro
data chaining	Datenkettung
data collection	Datenerfassung
data communication	Datenfernübertragung
data description	Datenbeschreibung
data division	Datenteil, Datenfolge (COBOL-Programme)
data flow	Datenfluß
data flow chart	Datenflußplan
data item	Datenwort (Oberbegriff für Daten-Elemente und Daten-Gruppe)
data processing	Datenverarbeitung
data processing center	Rechenzentrum
data processing system	Datenverarbeitungssystem, DVA
data record	Datensatz
data recording	Datenaufzeichnung
data reduction	Datenverdichtung
data representation	Datenformat
data transmission	Datenübertragung
debug	Fehler beseitigen (z. B. im Programm)
debugging	Entstörung, Programmkorrektur
decipher	entschlüsseln (z. B. Lochstreifen)
deck	Satz
deck of cards	Kartenpaket, Kartenstapel
decode	decodieren, entschlüsseln
delay	verzögern
delete	löschen
density	Dichte, etwa auf MB-Geräten
desk calculator	Tischrechenmaschine
destructive	löschend
detection unit	Demodulator, Signalgleichrichter
device	Gerät, Vorrichtung, Aggregat
diagnostic program	Diagnoseprogramm
diagram	Schaltbild, Programm-, Rechenschema
digit	Ziffer, Stelle
digital	ziffernmäßig
digital subset	Datenendgerät
diode	Zweipolröhre, Richtleiter
disc	Scheibe, Platte
disc file	Plattendatei
disc pack disc storage	Plattenspeicher
display device	Anzeigevorrichtung

display unit	Anzeigeeinheit, Bildschirm
document	Beleg
document reader	Belegleser
document sorter	Belegsortierer
down time	Totzeit, Ausfallzeit (z. B. einer Rechenanlage)
drop out	Lesespannungsausfall, starke Abschwächung des Lesesignals (magnetische Speicher)
drum storage	Trommelspeicher
dual card	Verbundkarte
dummy record	Pseudosatz
dump	abschalten, (Fehler) ausgeben, Speicher ausdrucken; Speicherauszug

E

edge notched card	Randlochkarte
electric accounting machine	Abrechnungsmaschine, Tabelliermaschine
edit	Aufbereiten (z. B. von Ausgabedaten)
electronic data processing machine	elektronische Datenverarbeitungsanlage
eliminate	ausschalten, aussteuern
emitter	Impulsgeber
end mark	Bandnachsatz
environment division	Maschinenteil (COBOL-Programme)
erase	löschen (Daten auf einem Nachrichtenträger)
error	Fehler, Irrtum
error correcting	Fehlerverbesserung
error detecting	Fehlererkennung
error indicator	Fehleranzeige
error light	Kontrollampe
even	geradzahlig, auf gleicher Höhe
execute	Ausführen (z. B. Operationen)
executive program	Steuerprogramm
executive routine	Organisationsprogramm, ausführendes Programm
expression	Ausdruck

F

fastband	Schnellzuggriffsspur
fast register	Schnellspeicher
feed	eingeben, zuführen (z. B. Lochkarten), laden
feedback	Rückführung, Rückkopplung
field	Feld, Lochkartenfeld, Speicherfeld
figure	Zeichen, Ziffer, Figur
file	Datenmenge, Kartei, Datei, Bestand
file control	Kontrollprogramm, Dateisteuerung
file name	Dateiname, Bestandsname
file packing	Belegungsdichte

fixed point	Festpunkt bzw. Festkomma
flexibility	Beweglichkeit, Anpassungsfähigkeit
flip-flop	Eccles-Jordan-Schaltung, bistabile Kippschaltung, bistabiler Multivibrator
floating address	symbolische Adresse, Pseudoadresse
floating point	Gleitpunkt bzw. Gleitkomma
flow-chart flow-diagram	Flußdiagramm, Befehlsschema, Datenflußplan (zwischen den ER), Programmablauf (im ER)
form feeding	Formularvorschub (z. B. im Drucker)
frame	Bandsatz, Bandsprosse oder Lochstreifenspalte; Rahmen, Bild (auf einem Datensichtgerät)
functional unit	Funktionseinheit

G

gang	Gruppe, Ansammlung
gang punch	Duplizieren (von Speicherinhalten)
gang summary punch	Summenstanzer
gap on tape	Blocklücke auf MB, Kluft auf MP
gate	Gatter(schaltung)
gate circuit	Gatterschaltung
general storage	Hauptspeicher
generate	erzeugen (z. B. einen Code)
go to statement	Sprungbefehl
group item	Datengruppe

H

halt	stoppen, unterbrechen
handling	Arbeiten mit der Maschine
handling condition	Arbeitsbedingungen
hard copy	maschinengeschriebenes Dokument
hardware	Bauelemente, Baugruppen, Maschinenteile
heading	Titel, Kopf, Rubrik
hierarchy	Rangordnung
high-speed-printer	Schnelldrucker
high-speed-storage	Schnellspeicher
history card	Grundkarte
hopper	Kartenmagazin, Kartenzuführung
hub	Buchse (z. B. in einer Schalttafel)
hysteresis loop	Hysteresesschleife, Magnetisierungsschleife

I

identification division	Erkennungsteil (COBOL-Programme)
implant	Nahübertragung
index	zeitliche Einteilung eines Maschinenspiels
index register	Indexregister, Nummernregister
indicator	Anzeigevorrichtung

informate storage and retrieval	Informationsbank (Speicherung und Wiederauffinden von Info)
input	Eingabe, Eingangsinformationen
input device input equipment	Eingabegerät
inquiry	Abfrage
inquiry response	Dialogbetrieb
inquiry station	Abfragestation
in real time	simultan, „gleichzeitig"
insert	einfügen, einsetzen
instruction	Befehl, Maschinenanweisung
instruction cycle	Befehlskreislauf
instruction counter	Befehlszähler
instruction set	Befehlsliste, Befehlsvorrat
integer	ganze Zahl
integrate	in ein Ganzes einordnen
interblock space	Blocklücke
interlock	ineinandergreifen; Verriegelung, Sperre
interface	Kanalanschlußtechnik
intermediate data storage	Zwischenspeicher
interpret	auswerten (z. B. Operationscode)
interpreter	Zuordner, Zuordnungsprogramm; Lochschriftübersetzer, Umwandlungsprogramm, Umsetzerprogramm
interrogating typewriter	Abfrageblattschreiber
interrogation pulse	Abfrageimpuls
interrupt	Unterbrechung (z. B. eines Programmablaufes)
invalid	ungültig
inventory data	Bestandsdaten
i-o-control	Eingabe-Ausgabe-Steuerung
item	Posten, Position (in einer Aufstellung)
iteration	Programmschleife

J

job	Beschäftigung, (einzelne) Arbeit (am DVS), Programmteil
job control	Ablaufsteuerung
journal tape	Journalstreifen
jump	Sprung, Satz
junction	Verbindung, Zusammenführung, Kreuzung (von Leitungen)

K

key	Schlüssel, Taste
keyboard	Tastenfeld, Tastatur

key punch	Lochkartenlocher, Lochstreifenlocher
keyword	Schlüsselwort

L

label	bezeichnen, beschriften; Merkmal, Kennsatz, Marke, Bandsprosse, auch Bandvorsatz
language	Sprache
large board	Grund-, Stammkarte
leader	Vorsatz, Vorlauf
level	Stand, Stufe, Status
library	Bibliothek, Programmbibliothek
library subroutine	Bibliotheksprogramm
light-pen	Lichtgriffel, Lichtstift, Leuchtstift
light switch	Leuchttaste
line	Linie, Zeile
linear programming	lineare Programmierung
line by line	zeilenweise
line feed	Zeilenvorschub (z. B. im Blattschreiber)
line printer	Zeilendrucker
line-to-line spacing	Zeilenabstand (Drucker)
link	Verbindungsstück, Bindeglied; Wiedereintritt, Rücksprungbefehl
linkage editor	Binder, Verbindungsprogramm, Programmverknüpfer
list	in Listenform ausdrucken, „auslisten"; Liste, tabellarische Aufstellung
list attachment	Listenzusatz
list of instructions	Befehlsliste
load	füllen (Magazin), laden (Programm), belasten (Leitung)
load mark	Bandvorsatz
location	Speicherplatz, Speicherstelle
logical circuit	logische Schaltung
logical decision	logische Entscheidung, logische Funktion
logical connection	logische Verknüpfung
logical record	Datensatz (im Gegensatz zu Block)
logic variable	Schaltvariable
loop	Schleife, Programmschleife

M

machine	bearbeiten (maschinell); Maschine
machine accounting	Maschinenbuchhaltung
machine cycle	Maschinengang
machine instruction	Maschinenbefehl
machine language	Maschinensprache
machine word	Maschinenwort
macro-instruction	Makro-Befehl
magnetic card	Magnetkarte

magnetic head	Magnetkopf
magnetic tape	Magnetband
magnetic tape controller	Magnetbandsteuerung
magnetic tape storage	Magnetbandspeicher
main storage	Hauptspeicher
maintenance	Wartung
mainprocessor	Hauptzentraleinheit
manual perforator	Handlocher (für Lochstreifen)
marginal check	Grenzwertprüfung
mark-sensing	Zeichenabfühlung, Zeichenlochung
mark sensing card	Zeichenlochkarte
mass-memory mass-storage	Großraumspeicher, Massenspeicher
master	Hauptrechner, Hauptsatz
masterfile	Stammdatei
master tape	Bestandsband
match	vergleichen (Lochkarten)
memory	Speicher, Datenspeicher
memory dump	Speicherauszug
memory protect	Speicherschreibsperre
merge	mischen, vereinigen
message	Nachricht
message switching	Nachrichten vermitteln
meta language	Metasprache
mnemonic	mnemotechnisch, Gedächtnishilfe
mnemonic name	symbolischer Maschinenname
module	Baustein, einheitliche Baugruppe
move into	übertragen, einlesen
move statement	Übertragungsbefehl
multiple	vielfach
multiple access	Vielfachzugriff
multiplex	bündeln (Kanäle)
multiprocessing	Mehrfachverarbeitung
multiprocessor	Mehrfachrechner
multiprogramming	Mehrfachprogrammierung

N

network	Netz, Netzwerk, Schaltung
no operation	Null-Operation, Leerbefehl
normalize	normalisieren
notation	Schreibweise, Zahlendarstellung
number	Zahl, Anzahl
numerical control	numerische Steuerung

O

object code	Maschinencode
object program	Programm in Maschinensprache, übersetztes Programm

odd	ungerade, ungeradzahlig
off line	von der Hauptanlage getrennt, in sich selbständig, nicht angeschlossen
on line	mit der Hauptanlage verbunden, nicht selbständig, angeschlossen, schritthaltend
on size error	Fehler bei nicht erfaßtem Überlauf
operand	Rechengröße, Operand
operation	Operation
operational program	Operationsprogramm
operations part	Operationsteil
operation speed	Arbeitsgeschwindigkeit
operator	Bedienungsperson, Maschinenbediener
operator control panel	Bedienungsfeld
optical recognition	optisches Lesen
output	Ausgabe
output area	Ausgabebereich
output device	Ausgabegerät
overflow	Überlauf (z. B. Überschreiten des Speicherraumes in einem Register)
overlap	Überlappung
overpunch	Überloch

P

pack	packen, verdichten, anhäufen (z. B. Informationen)
package	Gerätebaugruppe, Programmpaket
packing density	Speicherdichte, Zeichendichte auf einem Speichermedium, Schreibdichte
page	Seite
pageprinter	Blattschreiber
paging	Aufteilung eines Programms in Seiten
paper carriage paper feed	Papiervorschub (im Drucker)
paper tape	Lochstreifen, Lochband
paper tape reader	Lochstreifenleser
paragraph	Paragraph, Absatz
parity check	Vollständigkeitsprüfung, Paritätsprüfung, Codeprüfung auf gleich
partel	Korrekturbefehl
partion	Programmbereich, Hauptspeicherbereich
password	Kennwort
patchboard	Schalttafel
path control	Bahnsteuerung
pattern	Muster, Figur, Zeichen
period	Zeitraum
physical record	Block (im Gegensatz zum Datensatz)
picture	Feldstruktur, auch Maske (im Gegensatz zum Datensatz)
plain writing	Klarschrift

plated wire memory	Magnetdrahtspeicher
plotter	Kurvenschreiber, Registriergerät
plug-board	Schaltplatte, Schalttafel, Buchsenfeld
pocket	Ablagefach (z. B. in einer Sortiermaschine)
point	Punkt bzw. Komma (in einer Zahl)
pointer	Zeiger
point-to-point control	Punktsteuerung
position	Stelle
post-mortem-program	Stützpunktprogramm
power	Leistung, Potenz (einer Zahl)
power of two	quadratisch
preset	vorgeben
print	drucken
printer	Drucker
printer carriage tape	Lochband (besonderer Lochstreifen)
print out	Ausdruck (vom Schnelldrucker)
problem oriented language	problemorientierte Programmiersprache
procedure	Verfahren
procedure branching statement	Steuerungsbefehl
procedure division	Programmteil (COBOL-Programme)
process	Verarbeitung (z. B. Daten)
process control	Steuerung von Produktionsprozessen, Prozeßsteuerung
processing data	Verarbeitungsdaten
processing section	Operationsbereich
processor	Zentraleinheit, Umwandlungsprogramm, Umsetzerprogramm
production control	Fertigungssteuerung
program drum	Programmtrommel
program flow chart	Programmablaufplan
program interrupt	Programmunterbrechung
program library	Programmbeschreibung
programmer	Programmierer
programming language	Programmiersprache
program step	Programmierschritt
proof figure	Prüfzahl
pulling file	Ziehkartei
punch	stanzen, lochen
punch card	Lochkarte
punching multiple	Mehrfachlochung
punch tape	Lochstreifen

R

radix	Basis (eines Zahlensystems)
random	direkt, wahlfrei
random access	direkter Zugriff, wahlfreier Zugriff

random access storage	Randomspeicher
rapid memory	Schnellspeicher
read (forward/backward)	lesen (vorwärts/rückwärts)
reader	Abtaster
read in	Einlesen
reading brush	Abfühlbürste
reading station	Abfühlstation
read unit	Abfühleinheit
real-time operation real-time processing	Betrieb ohne zeitliche Verzögerung
record	aufzeichnen; Unterlage, Satz (z. B. Magnetband)
record mark	Satzmarke (z. B. auf Magnetband)
redundancy	Redundanz, „Weitschweifigkeit"
reel	Spule, Rolle
regulator	Regler
reject	zurückweisen, aussteuern (z. B. Lochkarte)
reject pocket	Aussteuerfach, Rückweisungsfach
relation test	Vergleich
reliability	Zuverlässigkeit, Betriebssicherheit
remote	entfernt
remote computing and time sharing	Teilnehmerbetrieb
remote job entry	Außenstation
report	Bericht, Liste
representation	Darstellung
reproduce	Doppeln
reproducer	Kartendoppler
rerun	Wiederholungslauf (eines Programms)
reset	löschen, zurückstellen (auf Ausgangslage oder Anfangswert)
restart	Wiederanlaufen eines Programms
restart point	Stützpunkt
restore	in Ausgangsstellung bringen, wieder in Betrieb nehmen (z. B. nach einer Störung)
retrieve	suchen und holen (von Sätzen), wiederauffinden
return	Rücksprung (zum Unterprogramm)
rewind	zurückspulen (z. B. von Magnetband)
round off	(auf- oder ab-)runden
route	Richtung, Leitweg, Übertragungsweg
routine	Maschinenprogramm, Programmablauf
routine work	laufende Arbeiten
run	Maschinendurchlauf, Programmablauf
running	Ablauf
run time	Laufzeit

S

scale factor	Skalenfaktor, Maßstabfaktor
scan	abtasten, absuchen (z. B. Magnetbandspeicher)

schedule	Zeitplan, Verzeichnis, Tabelle
scratch pad memory	Zwischenspeicher mit kleiner Kapazität (z. B. zwei Datenworte)
screen	Bildschirm
search time	Suchzeit (z. B. zum Auffinden eines Merkmals in einer Datei)
secondary storage	externer Speicher
section	Abschnitt, Teil, Kapitel
sector area	Normallochzone (von Lochkarten)
segment	Abschnitt (z. B. vom Programm, vom Magnetband)
select	aussteuern
selector	Wähler, Schalter mit einem Eingang und mehreren Ausgängen
semiconductor	Halbleiter
sense	abfühlen, abtasten
sentence	Programmsatz, Satz
separator	Trennungszeichen
sequence	Folge (zeitlich oder räumlich)
sequence control	Folgekontrolle
sequence counter	Befehlszähler
sequence link	Folgeadresse
sequence of instructions	Befehlsfolge
sequencing	Folgesteuerung
serial	serienmäßig
serial access	serieller Zugriff, Reihenfolgezugriff
set	Satz, Gerät, Gruppe, Menge
setting	vorbereitender Teil bei Schleifen
setting-time	Setzzeit (z. B. eines Magnetkernes), Umpolzeit, Rüstzeit
set-up-time	Rüstzeit
shift	verschieben, versetzen; Verschiebung, Stellenversetzen
shift register	Schieberegister
single cycle	Einzelgang
sign	Vorzeichen, Zeichen
skew	Schräglauf (z. B. von Magnetband)
skip	überspringen (z. B. Schreibstellen), springen
slave	Nebenrechner
slow scan	Zeilenfrequenz
small boards	Schaltkarten
software	(Gesamtbegriff für) Programme und Programmierhilfen
sort	sortieren, gruppieren
sort-merge-generator	Sortier-Misch-Generator
sorter	Sortiermaschine
sort file	Sortierdatei
sorting needle	Sortiernadel
sort pocket	Ablagefach (z. B. in einer Sortiermaschine)
source modul	Quellenmodul, symbolisches Programm

source program	Primärprogramm, Quellenprogramm
space	Zwischenraum (z. B. Blattschreiber)
special character	Sonderzeichen
spot	Punkt, Fleck
stack	aufeinanderlegen (z. B. Bauteile); Stapel
stacker	Kartenstapler, Ablagefach
stage	Stufe (Schaltung)
standard label	Standardkennsatz
start	anlaufen
statement	Anweisung, Steuerungsbefehl, Basiselement
stop	anhalten
step	Programmschritt
storage	Speicher, Speicherung
storage dump	Speicherausdruck
storage location	Speicherzelle
storage swapping	Programm- und Datenaustausch zwischen Massen- und Kernspeichern
storage register	Speicherzelle, Speicherregister
storage unit	Speicherwerk
store	speichern; Speicher, Speicherung
string	geordnete Gruppe von Daten (z. B. auf Magnetband)
styling	Formgestaltung
subroutine	Unterprogramm, Zweigprogramm
subscriber set (subset)	spezielle Einrichtung zur Nachrichtenübertragung
subscript	tiefgestelltes Zeichen, Index (z. B. X_2)
summary punch	Summenstanzer, Summenlocher
supervisor	Ablauf-Überwacher, „Überwachungsbeamter“
surrender	Rücklauf
switch	schalten; Schalter
switching circuit	Schaltkreis, logische Schaltung
switchover	Umschaltung
symbolic program	Symbolprogramm
synchronizer	Puffer, Zwischenspeicher für Eingabe/Ausgabe
system-analyst	Systemanalytiker
system engineer	Systemplaner, technisch-wissenschaftlicher Spezialist
system engineering	Systemprojektierung
system men	Datenverarbeitungsfachleute

T

tab	tabellieren, listenförmig aufschreiben
table	Tabelle
tabulate	tabellieren, listenförmig aufschreiben
tabulating machine tabulator	Tabelliermaschine
tag	Marke, Markierstelle im Befehlswort, Kennzeichen
tally	Stückliste

tally register	Zählregister, Indexregister
tally roll	Additionsstreifen
tape	Band (z. B. Magnetband, Lochstreifen, Lochband)
tape mechanism	Magnetbandgerät
tapeprinter	Streifenschreiber
tapepunch	Streifenlocher
tape station	Magnetbandgerät
tape unit	Bandeinheit, Magnetbandgerät
teaching machine	Lehrmaschine
telecommunications system	Weitverkehrssystem
teleprinter	Fernschreiber
teleprocessing	Datenfernverarbeitung
terminal station	Datenendstelle, Endeinrichtung
tester	Prüfgerät
test routine	Prüfprogramm
thinfilm storage	Dünnschicht-Filmspeicher
throughput	Durchlauf
time sharing	Zeitteilung, Parallelarbeit, „mehrgleisiger" Betrieb, Überlappung, Simultanzeit-multiplex-Betrieb
time slices	Zeitscheiben
timing chart	Ablaufdiagramm
timing pulse	Taktimpuls
tooling	Arbeitsvorbereitung (Bereitstellung der Werkzeuge und Vorrichtungen)
total cycle	Summengang
trace a curve	Kurve zeichnen
tracing	protokollieren (automatisch) beim Testen
track	Spur, Bahn (z. B. auf Magnetband, Magnettrommel)
trailer	Nachsatz, Endesatz
trailer record	Beisatz
transfer	Übertragung (etwa von Daten), Versetzung, Sprung, Verzweigung
transit time	Laufzeit
translator	Code-Umsetzer, Funktionsschalter, Umwerter
transmitter	Sender, Geber
trigger	Auslöser
truncate	abbrechen, verkürzen
tub file	Ziehkartei
trunk	Sammelschiene, Weg, Amtsleitung
turn off	abschalten
turn on	einschalten
type setting	automatische Satzherstellung

U

unconditional	unbedingt
unit	Gerät, Einheit

unload	entladen
unpack	„auseinanderpacken“, durch Intersektionsbefehle aufteilen; Entpacken
update	auf den neuesten Stand bringen
updating	Änderungsdienst
updating tape	Änderungsband

V

valid	gültig
validity check	Gültigkeitsprüfung
variable	Variable, Veränderliche
variable word length	variable Wortlänge
verb	Befehlswort
vibrator	Wechselrichter
visual check	Sichtprüfung, Kontrolle durch Überprüfung einer Anzeige
visual display	optische Anzeige
visual file	Sichtkartei
visual record	optische Aufzeichnung (i. a. in Klartext)

W

wire	verdrahten, anschalten; Draht, Leitung
wired-in	festverdrahtet
word	Wort (Maschinenwort, Datenwort)
word format	Wortaufbau, Einteilung eines Befehls- bzw. Datenwortes
word mark	Wortmarke
working area	Arbeitsbereich
working storage	Arbeitsspeicher
write	schreiben, einschreiben
write enable ring	Schreibschutzring
write pulse	Schreibimpuls
writing action	Schreibvorgang, Einspeicherung

Z

zero	Null, Nullstelle
zero access storage	Schnellspeicher
zero check	Nullkontrolle
zero defects	Nullfehler
zero defects program	Nullfehler-Programm
zero suppression	Nullenunterdrückung
zone	Zone, Bereich
zone position	Spaltenlage (z. B. einer Lochung)

Systemfamilien

System- oder Rechnerfamilien sind EDV-Systeme mit universeller Ausbaufähigkeit, die aus dem Bedürfnis entstanden, mit Rechenanlagen zu arbeiten, die für Anwendung und Auslastung weitgehend flexibel sind. Unter bestimmten, meist aufsteigenden Nummern bieten Hersteller von EDV-Anlagen Rechner der sogenannten dritten Generation an, die auf der Grundlage des Baukastenprinzips und der neuesten Technologie der integrierten Schaltkreise jeweils bestimmte Zentraleinheiten zueinander „verträglich" haben, die gleiche Peripheriegeräte verwenden können und die miteinander in ihrem Programmiersystem aufwärts- oder — bedingt — abwärtskompatibel sind. Dazu verfügen sie über ein gemeinsames Befehlsrepertoire, einheitliche Programmbibliotheken, umfangreiche Programmierhilfen und abgestimmte Standardroutinen für Sortieren, Mischen usw.

Die verschiedenen Rechnertypen eines Herstellers werden in der Weise vereinheitlicht, daß von einer Maschine auf die andere ohne wesentliche Schwierigkeiten übergegangen werden kann.

In der Regel gehört zum Familiencharakter die weitgehende Übereinstimmung folgender Merkmale:

a) die *hardware* in der ziemlich gleichartigen Struktur der Zentraleinheit *(hardware*-kompatibel),

b) die parallel damit entwickelte *software* in der auf die Größe der Anlage abgestimmten Beibehaltung der gleichen Programmiersprachen *(software*-kompatibel),

c) der im wesentlichen übereinstimmende *Befehls-Katalog* mit den gleichen *Befehlsformaten,*

d) das Vorhandensein einheitlicher *Peripheriegeräte* (datenkompatibel), die an alle Zentraleinheiten einer Familie angeschlossen werden können.

Zu a) und b) ist ergänzend zu bemerken, daß die *hardware* nur in der Relation zur *software* gesehen und beurteilt werden kann, da sie für die Effizienz der Anlage das Primäre ist.

Nach diesen Gesichtspunkten sind die folgenden Systemfamilien zusammengestellt.

Hersteller:	*AEG-Telefunken AG* *Fachbereich Informationstechnik* *7750 Konstanz, Bücklestr. 1—5*	
Systemfamilie:	**AEG 60**	
Modelle:	*AEG 60—10, AEG 60—50*	
Maschinensystem:	Wortmaschine mit fester Wortlänge	
a) Hardware:	*AEG 60—10*	*AEG 60—50*
Datenstruktur:	bit	bit
Wortlänge (bit):	12	24
Bits:	12 und 1 Prüfbit	24 und 1 Prüfbit
Bytes:	—	—
Dezimalziffern:	3	6
Zeichen:	2	4
Gleitkommadarstellung:	über Quasibefehle (*software*-Unterprogramme)	
Mantisse (bit):	17 und 1 Vorzeichen	17 und 1 Vorzeichen
Exponent (bit):	6	6
Zentraleinheit:		
Arithmetik:	binär	binär
Operandenlänge (bit):	12	14
Adressen je Instruktion:	1	1
Operationszeiten (μs):		
Addition:	4,5— 3	3
Subtraktion:	4,5— 3	3,2
Multiplikation:	13,3—11,8	12,1—8,9
Division:	durch *software*	13,7
Prüfung:	*parity*	*parity*
Anzahl der Indexregister:	7	7
Adressierung:	direkt, indirekt, relativ, indiziert (beide Modelle)	
Programmunterbrechung:	4 Ebenen	128 Ebenen
Konsolschreiber:	Bedienung und Ablaufprotokoll	
Hauptspeicher:		
Art:	Magnetkernspeicher	
	AEG 60—10	*AEG 60—50*
Größe (K/Wort):	4, 8, 16, 32	8, 16, 32
Zugriffszeit (μs):	1,5—1,0 je nach Speichergröße	1,6 je nach Speichergröße
Zykluszeit:	1,7 μs bei 4 K 1,2 μs bei 8 K	1,6 μs

Art der Schaltkreise:	integriert, Monolith-Technik			
Übertragungsleistung (Wort/s):	330 000		660 000	
Prüfung:	*parity*			
Gleichzeitige Operationen:	ja			
Datenkanäle:	*AEG 60—10*		*AEG 60—50*	
Art:	Selektor	Multiplex	Selektor	Multiplex
Anzahl:	2	1	27	3
Parallelfunktionen:	ja		ja	
Simultanverarbeitung:	ja		ja	
Datenübertragung:	ja		ja	
Datenfernverarbeitung:	ja		ja	
b) Software:				
Programmiersprachen:	ASSEMBLER, FORTRAN IV			
Betriebssysteme:	ja			
Programmierhilfen:	ja			
c) Befehle:	*AEG 60—10*		*AEG 60—50*	
Katalog: *(hardware)*	66 Ein-Adreßbefehle		93 Ein-Adreßbefehle	
(software)	30 Quasibefehle		20 Quasibefehle	
Format:	24 bit		24 bit	
d) Periphere Einheiten:	Lochkartenleser, Lochkartenstanzer, Lochstreifenleser, Lochstreifenstanzer, Drucker, Bildschirm, Verkehrsverteiler-Processor usw.			

Hersteller:	*AEG-Telefunken AG* *Fachbereich Informationstechnik* *7750 Konstanz, Bücklestr. 1—5*	
Systemfamilie:	**TR 8**	
Modelle:	*TR 84, TR 86*	
Maschinensystem:	binäre Wortmaschine	
a) Hardware:	*TR 84*	*TR 86*
Datenstruktur:		
Wortlänge (bit):	18	24
Bits:	5 (= 1 Zeichen)	6 (= 1 Zeichen)
Bytes:	—	—
Dezimalziffern:	—	—
Textdarstellung (Hexaden):	3	4
Zentraleinheit:		
Arithmetik:	dual, Festkomma verdrahtet	
Operandenlänge:	Ganzwort	
Adressen je Befehl:	1	
Operationszeiten (μs):	*TR 84*	*TR 86*
Addition:	4	2
Subtraktion:	4	2
Multiplikation:	8	8
Division:	8	8
Adressierung:	direkt	direkt und indirekt
Programmunterbrechung:	8 Ebenen	8—24 Ebenen
Kontrollfernschreiber:	zur Bedienung und für Ablaufprotokoll	
Hauptspeicher:		
Art:	Koinzidenz-Ferritkernspeicher	
Größe (K/Wort):	4—16 8 Standardversionen	4—16 8—64
Zugriffszeit (μs):	0,7	0,3
Zykluszeit (μs):	2	0,9
Art der Schaltkreise:	integriert, Monolithe in Flachkapseln (ECTL)	
Übertragungsleistung (Worte/s):	200 000	1 Mio.
Prüfung:	Dreierprobe	Dreierprobe (auf Wunsch)
Gleichzeitige Operationen:	jeder Speichermodul ab 16 K arbeitet autonom	
Datenkanäle:	*TR 84*	*TR 86*
Anzahl und Art:	1 Rechnerkernkanal (für 64 Geräte)	1 Rechnerkernkanal (< 224 Geräte) 4 Standardkanalwerke 4 Sonderkanalwerke

Parallelfunktionen:	—	Rechenwerk, Speicher- und Eingabe-/Ausgabe-Werk
Simultanverarbeitung:	—	ja
Datenfernübertragung:	—	vielfältige Möglichkeiten
Zusätze:	—	Sichtgerätekanalwerk (< 16 Geräte) Multiplexkanalwerk (< 32 Geräte)

b) Software:

Programmiersprachen:	*TR 84:* ASSEMBLER *TR 86:* ASSEMBLER, ALGOL, FORTRAN IV
Betriebssysteme:	BESY, gestuft nach Anlagenausbau *(TR 86)*
Programmierhilfen:	*TR 84:* Programmbeschreibung; *TR 86:* Programmbibliothek, Testprogramme für *hardware* und *software*

c) Befehle:

Katalog:	30 Operationsarten (beide Modelle)
Format:	*TR 84:* 4 bit Operationsteil, 14 bit Adresse oder Spezifikationen *TR 86:* 6 bit Operationsteil, 1 bit indirekte Adresse, 1 bit Adreßumrechnung, 16 bit Adresse oder Spezifikationen

d) Periphere Einheiten:	Lochkartenleser, Lochkartenstanzer, Lochstreifenleser, Lochstreifenstanzer, Digital-Analog-Umsetzer, Analog-Digital-Umsetzer, Schnelldrucker, Sichtgeräte, Magnetband-, Magnetplattenspeicher, Analogrechner, Informationsumsetzer (Modem, Fernschreibmultiplexer)
e) Ergänzungen:	gleiche Programmstruktur in diesem Rechnersystem

Hersteller:	*AEG-Telefunken AG* *Fachbereich Informationstechnik* *7750 Konstanz, Bücklestr. 1—5*		
Systemfamilie:	**TR 440**-Staffel		
Modelle:	zahlreiche Konfigurationen je nach Aufgabe und Leistungsbedarf		
Maschinensystem:	Wortmaschine mit fester Wortlänge		
a) Hardware:			
Datenstruktur:			
Wortlänge:	52 bit		
Bits:	48 für Daten oder Befehle 2 für Typenerkennung 2 für Dreierprobe		
Bytes:	8 bit		
Textdarstellung:	beliebig, z. B. 12 Tetraden, 8 Hexaden, 6 Oktaden		
Zahlendarstellung:	Halbwort	Ganzwort	Doppelwort
Festkomma, dual:	6 Dezimalen	13 Dezimalen	27 Dezimalen
Gleitkomma, sedezimal:			
Mantisse:	—	10 Dezimalen	24 Dezimalen
Exponent:	10^{-155} bis 10^{+152} bei Ganzwort und Doppelwort		
Zentraleinheit:			
Arithmetik:	Festkomma und Gleitkomma verdrahtet, dezimale Arithmetik durch Makros		
Operandenlänge:	Zeichen (nichtnumerische Operationen), Halbwort, Ganzwort, Doppelwort		
Adressen je Befehl:	1		
Operationszeiten (μs):	Festkomma	Gleitkomma	
Addition:	0,5	1,75	
Subtraktion:	0,5	1,75	
Multiplikation:	3,44	3,38	
Division:	13,75	13,31	
Gibson-Mix:	1,25		
Prüfung:	Dreierprobe		
Anzahl der Indexregister:	beliebig, durch *software* im Hauptspeicher definiert		
Adressierung:	Seitenadressierung, dynamische Adreßtransformation und Modifikation		
Programmunterbrechung:	durch Eingriff und Alarme		
Kontrollschreibmaschine:	zur Bedienung und für Ablaufprotokoll		

Hauptspeicher:

Art:	Koinzidenz-Ferritkernspeicher aus 16 K-Moduln	
Größe:	16, 32, 64, 128, 256 K-Zellen zu je 52 bit	
Zugriffszeit:	0,3 μs je Modul	
Zykluszeit:	0,9 μs bis herab zu 0,125 μs (Schreiben), je nach Speicherausbau (Überlappung und Verschränkung)	
Art der Schaltkreise:	integriert, Monolithe in Flachkapseln (ECTL)	
Übertragungsleistung:	4,4 bis 10 Mio. Worte/s, je nach Speicherausbau	
Prüfung:	Dreierprobe	
Gleichzeitige Operationen:	jeder Speichermodul von 16 K arbeitet autonom	

Datenkanäle:

Art:	Selektor	
Benennung:	Standardkanal (für 4 Geräte)	Schnellkanal (für 1 Gerät)
Transfergeschwindigkeit (Zeichen/s):	0,7 Mio.	3 Mio.
	(Zeichen = 8 bit + Kontrollbits [Anruf und Bestätigung])	
Anzahl:	max. 12	max. 4
Parallelfunktionen:	Rechenwerk, Steuerwerk, Speicherwerk und Eingabe-/Ausgabe-Werk arbeiten parallel	
Simultanverarbeitung:	Mehrprogrammbetrieb	
Datenfernübertragung:	vielfältige Möglichkeiten (Satellitenrechner, Teilnehmerstationen, Rechnerverband)	
Zusätze:	Massenkernspeicher bis zu 2048 K-Zellen, bis zu 2 zusätzlichen Rechnerkernen	

b) Software:

Programmiersprachen:	ALGOL, COBOL 68, FORTRAN IV, TASS
Betriebssysteme:	1. für gemischte Auslastung mit Stapelverarbeitung in Mehrprogrammbetrieb und Dialogverkehr in Zeitwechselbetrieb 2. für Stapelverarbeitung in Mehrprogrammbetrieb
Programmierhilfen:	Standardabwickler, Programmiersystem, Anwendersysteme, Dienstleistungssysteme, individuelle und gemeinschaftliche Programmbestände
Datenhaltung:	individuelle und gemeinschaftliche Datenbasen auf Hintergrundspeichern

c) *Befehle:*	
Katalog:	240
Format:	16 bit Adreßteil 8 bit Operationsteil 2 Befehle je Wort
d) *Periphere Einheiten:*	Lochkartenleser, Lochkartenstanzer, Lochstreifenleser, Lochstreifenstanzer, Schnelldrucker, Magnetband- und Magnetplattenspeicher, Sichtgeräte, Satellitenrechner *(TR 86)*, Multiplexer, Fernschreiber, Informationsumsetzer, Analogrechner
e) *Ergänzungen:*	vielfältiger Speicherschutz bewahrt Programme vor gegenseitiger Beeinflussung und Daten vor Zugriff und Veränderung durch Unberechtigte; *TR 440* ist aufwärtskompatibel für *TR 4*-Befehle und -Daten

Hersteller:	*Bull General Electric GmbH* *5000 Köln-Mülheim, Wiener Platz 2*
Systemfamilie:	**GE-50**
Modelle:	*GE-53, GE-55, GE-58*
Maschinensystem:	Bytemaschine

a) Hardware:

Datenstruktur:		
Wortlänge:	1 Byte bzw. 1 alphanumerisches Zeichen	
Bits:	8 und 1 Prüfbit	
Dezimalziffern:	1 bzw. 2	
Zeichen:	1	
Gleitkommadarstellung:		
Mantisse:	7 Stellen	
Exponent:	2 Stellen von $0{,}1 \times 10^{-49}$ bis $0{,}9999999 \times 10^{+49}$	
Zentraleinheit:		
Arithmetik:	parallel	
Operandenlänge:	99 Stellen	
Adressen je Instruktion:	bis 4	
Operationszeiten (ms):		
Addition:	2,0	bei zwei 9stelligen Zahlen
Subtraktion:	2,0	bei zwei 9stelligen Zahlen
Multiplikation:	45,82	bei zwei 5stelligen Zahlen
Division:	195,6	bei 10stelligem Dividend und 5stelligem Divisor (*software*mäßig)
Prüfung:	*parity*	
Anzahl der Indexregister:	10	
Adressierung:	direkt und indirekt	
Programmunterbrechung:	—	
Konsolschreiber:	—	

Hauptspeicher:			
Art:	Magnetkernspeicher		
	GE-53	*GE-55*	*GE-58*
Größe (K/Bytes):	2,5	5	10
Zugriffszeit (μs):	10,0	7,9	1,8
Zykluszeit:	—		
Art der Schaltkreise:	monolithisch integriert		
Übertragungsleistung:	bis 126 kHz		
Prüfung:	Prüfbit auf Unpaarigkeit je Byte		
Gleichzeitige Operationen:	—		

Datenkanäle:		
Art:	Selektor	Multiplex
Anzahl:	4	3
Parallelfunktionen:	*multiprogramming*	
Simultanverarbeitung:	Gleichzeitigkeit zwischen Zentraleinheit und peripheren Einheiten und periphere Einheiten untereinander	
Datenübertragung:	zwischen den Serien *GE-50* und *GE-100, GE-400, GE-600*	
Datenfernverarbeitung:	—	
b) *Software:*		
Programmiersprachen:	Maschinencode, ASSEMBLER, GESAL	
Betriebssysteme:	BOS, EOS	
Programmierhilfen:	Basis-*software,* Serviceroutinen	
c) *Befehle:*		
Katalog:	64 (variable Länge)	
Format:	Zwei- bis Vieradreßbefehle	
d) *Periphere Einheiten:*	Lochkartenleser, Lochkartenstanzer, Lochstreifenleser, Lochstreifenstanzer, Zeichendrucker, Zeilendrucker, numerische Tastatur gepuffert, Alpha-Tastatur, 1—2 Magnettrommeln, Magnetplatte *(GE-58)*	
e) *Ergänzungen:*	Mehrfunktions-Magnetfilmeinheit	

Hersteller:	*Bull General Electric GmbH* *5000 Köln-Mülheim, Wiener Platz 2*			
Systemfamilie:	**GE-100**			
Modelle:	*GE-105, GE-115, GE-120, GE-130*			
Maschinensystem:	Bytemaschine			

a) Hardware:

Datenstruktur:				
Wortlänge:	1 Byte bzw. 1 alphanumerisches Zeichen			
Bits:	8 und 1 Prüfbit			
Dezimalziffern:	1 bzw. 2			
Zeichen:	1			
Gleitkommadarstellung:				
Mantisse:	8 Stellen (= 4 Bytes)			
Exponent:	1 Stelle von —64 bis +63			
Zentraleinheit:				
Arithmetik:	parallel			
Operandenlänge:	256 Stellen			
	GE-105 und *GE-115*		*GE-120* und *GE-130*	
Arithmetik:	16		31 + Vorzeichen	
Adressen je Instruktion:	1 oder 2			
Operationszeiten (μs):	*GE-105*	*GE-115*	*GE-120*	*GE-130*
Addition:	138	120	68	34
Subtraktion:	138	120	68	34
Multiplikation:	114 000	98 000	1 020	510
Division:	148 000	124 000	1 648	824
Prüfung:	*parity*			
	GE-105	*GE-115*	*GE-120*	*GE-130*
Anzahl der Indexregister:	—	—	8	8
Adressierung:	direkt und indirekt			
Programmunterbrechung:	—			
Konsolschreiber:	—			
Hauptspeicher:				
Art:	Magnetkernspeicher			
	GE-105	*GE-115*	*GE-120*	*GE-130*
Größe (K/Bytes):	4—8	4—16	12—24	16—32
Zugriffszeit (μs):	4,1	3,6	2,2	1,1
Zykluszeit (μs):	7,5	6,5	4,0	2,0
Art der Schaltkreise:	monolithisch integriert			
Übertragungsleistung:	bis 500 kHz			

Prüfung:	Prüfbit auf Unpaarigkeit je Byte			
Gleichzeitige Operationen:	—			
Datenkanäle:				
Art:	Selektor			
Anzahl:	*GE-105*	*GE-115*	*GE-120*	*GE-130*
	2	2	3	3
Parallelfunktionen:	Eingabe/Ausgabe			
Simultanverarbeitung:	Eingabe/Ausgabe und Programme *(GE-120* und *GE-130)*			
Datenfernübertragung:	DATANET *(single* und *multiline)*			
Datenfernverarbeitung:	ja			
b) Software:				
Programmiersprachen:	AUTOCODE, Makro-AUTOCODE, APS, PGS; bei den Modellen *GE-115, GE-120, GE-130* zusätzlich RPG, COBOL 65, FORTRAN IV			
Betriebssysteme:	DOS, EDOS, ETOS; bei den Modellen *GE-115, GE-120, GE-130* zusätzlich TOS			
Programmierhilfen:	Konvertierungs- und Standardprogramme, Test- und Serviceroutinen, Tracer			
c) Befehle:	(variable Länge)			
	GE-105	*GE-115*	*GE-120*	*GE-130*
Katalog:	39	59	63	63
Format:	Ein- und Zweiadreßbefehle			
d) Periphere Einheiten:	Lochkartenleser, Lochkartenstanzer, Lochstreifenleser, Lochstreifenstanzer, Drucker; bei den Modellen *GE-115, GE-120, GE-130* zusätzlich Belegleser, Magnetband- und Magnetplattenspeicher, DATANET			

Hersteller:	*Bull General Electric GmbH* *5000 Köln-Mülheim, Wiener Platz 2*
Systemfamilie:	**GE-400**
Modelle:	*GE-415, GE-425, GE-435*
Maschinensystem:	Wortmaschine mit fester Wortlänge

a) Hardware:

Datenstruktur:			
Wortlänge:	4 alphanumerische Zeichen		
Bits:	24 und 1 Prüfbit		
Dezimalziffern:	4		
Zeichen:	4		
Gleitkommadarstellung:			
Mantisse:	38 bit } einfache Genauigkeit		
Exponent:	8 bit } einfache Genauigkeit		
Zentraleinheit:			
Arithmetik:	parallel		
Operandenlänge:	1 und 2 Worte, 3 und 4 Worte bei Arithmetik		
Adressen je Instruktion:	1 oder 2		
Operationszeiten (μs bei Festkomma):			
Addition:	23,2—11,6		
Subtraktion:	23,2—11,6		
Multiplikation:	65,6—39,2		
Division:	130,2—86,7		
Prüfung:	*parity*		
Anzahl der Indexregister:	6 und Allwortindizierung		
Adressierung:	direkt, indirekt, wortweise, zeichenweise über Spezialbefehle		
Programmunterbrechung:	ja		
Konsolschreiber:	ja, 15 Zeichen/s		
Hauptspeicher:			
Art:	Magnetkernspeicher		
Größe (K/Wort):	8—128		
Zugriffszeit (μs):	3,1—1,4		
	GE-415	*GE-425*	*GE-435*
Zykluszeit (μs):	5,95	3,9	2,8
Art der Schaltkreise:	monolitisch integriert		
Übertragungsleistung:	bis 689 kHz		

Prüfung:	Prüfbit auf Unpaarigkeit je Wort
Gleichzeitige Operationen:	alle Eingaben/Ausgaben parallel zum Programm
Datenkanäle:	
Art:	Selektor
Anzahl:	max. 12
Parallelfunktionen:	alle Eingaben/Ausgaben
Simultanverarbeitung:	Programm zu allen Eingaben/Ausgaben, *multiprocessing*
Datenfernübertragung:	DATANET *(single* und *multiline),* TELEX Bildschirm, Spezialterminals
Datenfernverarbeitung:	ja

b) *Software:*

Programmiersprachen:	AUTOCODE, COBOL 61 und COBOL 65, FORTRAN IV, IDS, MAP, RPG, SMG
Betriebssysteme:	MTPS (BOS/EOS), DPS (BOS/EOS), DAPS
Programmierhilfen:	Dienst-, Service- und Wartungsprogramme, Testhilfen, mathematische und technisch-wissenschaftliche Bibliothek

c) *Befehle:*

Katalog:	ca. 170 (ohne Gleitkommabefehle)
Format:	Ein- und Zweiadreßbefehle

d) *Periphere Einheiten:*	Lochkartenleser, Lochkartenstanzer, Lochstreifenleser, Lochstreifenstanzer, Drucker, Plotter, Belegleser, Belegsortierer, Magnetband-, Magnetkarten-, Magnetplatten- und Magnettrommelspeicher

Hersteller:	*Bull General Electric GmbH* *5000 Köln-Mülheim, Wiener Platz 2*
Systemfamilie:	**GE-600**
Modelle:	*GE-615, GE-635, GE-655*
Maschinensystem:	Wortmaschine mit fester Wortlänge

a) Hardware

Datenstruktur:			
Wortlänge:	6 alphanumerische Zeichen		
Bits:	36 und 1 Prüfbit		
Bytes:	4		
Dezimalziffern:	6		
Zeichen:	6		
Gleitkommadarstellung:			
Mantisse:	28 bzw. 64 bit		
Exponent:	8 bit		
Zentraleinheit:			
Arithmetik:	parallel		
Operandenlänge:	1 und 2 Worte		
Adressen je Instruktion:	1		
Operationszeiten (µs):	*GE-615*	*GE-635*	*GE-655*
Addition:	4,1	1,8	0,6
Subtraktion:	4,1	1,8	0,6
Multiplikation:	16,6	7,0	2,9
Division:	29,0	14,2	6,0
Prüfung:	*parity*		
Anzahl der Indexregister:	13 (mit 57 Adreßmodifikationsmöglichkeiten)		
Adressierung:	direkt, indirekt, wortweise, zeichenweise über Spezialbefehle		
Programmunterbrechung:	ja		
Konsolschreiber:	ja, 15 Zeichen/s		
Hauptspeicher:			
Art:	Magnetkernspeicher		
Größe (K/Wort):	32—256		
	GE-615	*GE-635*	*GE-655*
Zugriffszeit (µs):	1,0	0,5	0,25
Zykluszeit (µs):	2,9 (1 Wort)	1,0 (2 Worte)	0,5 (2 Worte)
Art der Schaltkreise:	monolithisch integriert		
Übertragungsleistung:	1700 kHz		

Prüfung:	Prüfbit auf Unpaarigkeit je Doppelwort	
Gleichzeitige Operationen:	alle Eingaben/Ausgaben parallel zum Programm	
Datenkanäle:	*GE-615*	*GE-635* und *GE-655*
Art:	Selektor	Selektor
Benennung:	Standard	Hochleistung
Anzahl:	5—10	3—6
Parallelfunktionen:	alle Eingaben/Ausgaben	
Simultanverarbeitung:	Programm zu allen Eingaben/Ausgaben, *multiprocessing*	
Datenfernübertragung:	DATANET-Systeme 30, 355	
Datenfernverarbeitung:	ja	

b) Software:

Programmiersprachen:	COBOL 61-, COBOL 65-, USASI-, FORTRAN II- und FORTRAN IV - Compiler, ALGOL, JOVIAL, IDS, GMA
Betriebssystem:	GECOS zur gleichzeitigen Verarbeitung in *local-batch, remote-batch, time-sharing* für max. 300 Benutzer; *multiprogramming, multiprocessing, real-time*
Programmierhilfen:	ca. 30 Dienst- und Standardprogramme, ca. 200 mathematische und technisch-wissenschaftliche Routinen

c) Befehle:

Katalog:	176 (feste Länge)
Format:	Ein- und Zweiadreßbefehle
d) Periphere Einheiten:	Lochkartenleser, Lochstreifenleser, Lochkartenstanzer, Lochstreifenstanzer, Belegleser, Schnelldrucker, Kurvenschreiber, Magnetband-, Magnetkarten-, Magnetplatten-, Magnettrommelspeicher
e) Ergänzungen:	Programmiersprachen für *time-sharing:* BASIC, FORTRAN, CARDIN (erledigt *batch-processing* in *time-sharing),* SCAN (Absuchen von Dateien), Texteditor

Hersteller:	*Burroughs GmbH* *6000 Frankfurt am Main, Große Gallusstr. 1—7*			
Systemfamilie:	**B 500**			
Modelle:	*B 2500, B 3500, B 6500, B 7500*			
Maschinensystem:	Wort-Byte-Maschine			

a) Hardware:

Datenstruktur:				
Wortlänge:	1 Wort = 2 Bytes			
	B 2500	*B 3500*	*B 6500* und *B 7500*	
Bits:	16	16	48 Daten-, 3 Kontroll- und 1 Prüfbit	
Bytes:	8 bit und 1 Prüfbit			
Dezimalziffern:	2			
Zeichen:	1			
Gleitkommadarstellung (fest verdrahtet):				
Mantisse:	1—100 Stellen			
Exponent:	2 Stellen			
Zentraleinheit:				
Arithmetik:	rein dezimal			
Operandenlänge:	1—100 Stellen			
Adressen je Instruktion:	0, 1, 2, 3			
Operationszeiten (bei fünfstelligen Operanden, ms):	*B 2500* und *B 3500*		*B 6500* und *B 7500*	
Addition:	0,41		0,0375	
Subtraktion:	0,41		0,033	
Multiplikation:	3,3		0,208	
Division:	1,7		0,905	
Prüfung:	*parity*			
Anzahl der Indexregister:	3 je Programm			
Adressierung:	Ein- und Mehradreß			
Programmunterbrechung:	automatisch			
Konsolschreiber:	ja			
Hauptspeicher:	*B 2500*	*B 3500*	*B 6500*	*B 7500*
Art:	Magnetkernspeicher		Dünnschichtspeicher	
Größe:	10—60 K/Bytes	bis 500 K/Bytes	1—32 Speichermodule mit je 16 384 Worten	
Zugriffszeit (mittlere, ns):	100	100	75	75
Zykluszeit (μs):	2	1	1,2	0,6

Art der Schaltkreise:	monolithisch integriert		
Übertragungsleistung	*B 2500* und *B 3500*		*B 6500* und *B 7500*
(Bytes je Kanal):	200 000		400 000
Prüfung:	*parity*		
Gleichzeitige Operationen:	ja		
Datenkanäle:	*B 2500*	*B 3500*	*B 6500* und *B 7500*
Art:	Selektor		Multiplex
Anzahl:	4—8	6—20	20 möglich
Parallelfunktionen:	auf allen Kanälen gleichzeitig		
Simultanverarbeitung:	ja		
Datenübertragung:	ja		
Datenfernverarbeitung:	ja		
Zusätze:	1—2 Multiplexer für Datenfernverarbeitung mit max. 20 Parallelübertragungen		

b) Software:

Programmiersprachen:	ASSEMBLER, Extended Compiler, RPG, COBOL, FORTRAN IV, ALGOL 60
Betriebssysteme:	*B 2500:* BCP *(basic control program)* *B 3500:*, *B 6500:*, *B 7500:* MCP *(master control program)* *multiprocessing; multiprogramming* für 1—15 Programme
Programmierhilfen:	Sortier- und alle erforderlichen Dienstprogramme

c) Befehle:

Katalog:	ca. 100 (variable Länge)
Format:	3—12 Bytes

d) Periphere Einheiten:	Lochkartenleser, Lochkartenstanzer, Lochstreifenleser, Lochstreifenstanzer, Belegleser, Schnelldrucker, Bildschirm, Datenfernübertragung, Datenfernverarbeitung (max. 256 Einheiten mit 2048 Datenlinien anschließbar), Magnetband- (7- oder 9-Kanal), Magnetplattenspeicher (= 47,5 Mrd. Bytes)

Hersteller:	*C.I.I. — Datenverarbeitungssysteme für Wissenschaft und Wirtschaft GmbH 6000 Frankfurt-Niederrad 1, Lyoner Straße, C.I.I.-Haus*		
Systemfamilie:	**10 000**		
Modelle:	*10 010*	*10 020*	*10 070*
Maschinensystem:	Bytemaschine	Bytemaschine	Wortmaschine
a) Hardware:			
Datenstruktur:			
Wortlänge:			
Bits:	8	16 + 1 Paritätsbit	32
Bytes:	1	2	4
Dezimalziffern:	—	—	—
Zeichen:	—	—	—
Gleitkommadarstellung (bit):			
Mantisse:	16	24 bzw. 56	24
Exponent:	8	8	8
Zentraleinheit:			
Arithmetik:	—	—	—
Operandenlänge:	—	—	—
Adreßteil (bit):	8	8	17
Befehlsteil (bit):	4— 6	4	7
Operationszeiten (μs):	5—10	2,25—10	1,2—4,9
Anzahl der Indexregister:		2 (Vor-/ Nachindex)	7
Anzahl der Arbeitsregister:	2	7	9
Programmunterbrechung (Ebenen):	4	132	240
Konsolschreiber:	ja	ja	ja, bzw. Display
Hauptspeicher:			
Art:	Magnet-kernspeicher	Magnet-kernspeicher	Magnet-kernspeicher
Größe (K/Bytes):	4—64	max. 64	16—516
Zugriffszeit:	—	—	—
Zykluszeit (ns):	1000	900	850
Art der Schaltkreise:	—	—	—
Übertragungsleistung:	660 K Bytes/s	4 Mio. bit/s	4 Mio. bit/s
Prüfung:	—	—	—
Gleichzeitige Operationen:	—	—	—

Datenkanäle:			
Art:	Programmierter Kanal	Multiplex	Selektor
Anzahl:	1, 1, 1	4, 20, 180	1, 1, 8
Parallelfunktionen:	—	—	—
Simultanverarbeitung:	möglich	ja	Standard
Datenfernübertragung:	möglich	ja	ja
Datenfernverarbeitung:	—	—	—

b) *Software:*

Programmiersprachen:
10 010 = Symbol, FORTRAN, Interpr.-Sprache
10 020 = Symbol, Extended Symbol, ALGOL 60, COBOL 65, Basic FORTRAN
10 070 = Symbol, Meta-Symbol, FORTRAN IV, FORTRAN IV-H, ALGOL, COBOL, Basic

Betriebssysteme:
10 010 = —
10 020 = BCM *(basic-control-monitor)*, RBM *(real-time-batch-monitor)*
10 070 = *basic-control-monitor, real-time-batch-monitor, batch-processing-monitor, batch-time-sharing*

Programmierhilfen:
10 010 = AMAP
10 020 = DEBUG
10 070 = Monitor, *multiprogramming,* Monitor Simulationsprogramme, Editing, File Manage usw.

c) *Befehle:*	*10 010*	*10 020*	*10 070*
Katalog:	26	80	120
Format (bit):	4—6	4	7

d) *Periphere Einheiten:* Lochkartenleser, Lochkartenstanzer, Lochstreifenleser, Lochstreifenstanzer, Zeilendrucker, Magnetband-, Magnetplattenspeicher *(10 070:* Fest- und Wechselspeicher); *10 020:* Wechselplattenspeicher; *10 070:* Display, Plotter

e) *Ergänzungen:* *10 070* ist aufwärts (auch auf Assembler-Ebene) mit IRIS 80 kompatibel

Hersteller: *Control Data Corporation, Minneapolis*
Control Data GmbH
6000 Frankfurt am Main, Bockenheimer Landstraße 10

Systemfamilie: **CD 3000**

Modelle: *CD 3100, CD 3150, CD 3300*

Maschinensystem: Wortmaschine

a) Hardware:

Datenstruktur:			
Wortlänge:	6, 24 und 48 bit		
Bits:	—		
Bytes:	1, 4 und 8 (1 Byte = 6 bit)		
Dezimalziffern:	1, 4 und 8		
Zeichen:	1, 4 und 8		
Gleitkommadarstellung:	*CD 3100*	*CD 3150*	*CD 3300*
Mantisse:	36	36	48
Exponent:	11	11	23
Zentraleinheit:			
Arithmetik:	—	—	—
Operandenlänge (bit):	15 bzw. 17	15 bzw. 17	39 bzw. 41
Adressen je Instruktion:	1	1	1
Operationszeiten (μs):			
Addition:	3,5	3,5	2,75
Subtraktion:	3,5	3,5	2,75
Multiplikation:	11,5—15	11,5—15	7,25
Division:	15	15	11,625
Prüfung:	je Wort 1 Paritätsbit		
	CD 3100	*CD 3150*	*CD 3300*
Anzahl der Indexregister:	3	3	3
Adressierung:	direkt, indirekt und Adreßmodifikation		
Programmunterbrechung:	ja		
Konsolschreiber:	ja		
Hauptspeicher:			
Art:	Magnetkernspeicher		
	CD 3100	*CD 3150*	*CD 3300*
Größe (K/Wort):	8—32	16—32	16—256
Zugriffszeit (μs):	1	1	0,75
Zykluszeit (μs):	1,75	1,75	1,25
Art der Schaltkreise:	gedruckte Schaltungen mit Transistoren		

Übertragungsleistung (Millionen bit/s):	*CD 3100* 13,7	*CD 3150* 13,7	*CD 3300* 19,2
Prüfung:	je Wort 4 Paritätsbit		
	CD 3100	*CD 3150*	*CD 3300*
Gleichzeitige Operationen:	1	1	9
Datenkanäle:			
Art:	duplex		
	CD 3100	*CD 3150*	*CD 3300*
Anzahl:	1 (24 bit)	2 (je 12 bit)	8 (je 12 bit) 4 (je 24 bit)
Parallelfunktionen:	6	6	10
Simultanverarbeitung:	möglich	Vorder- und Hinter- programm gleichzeitig	max. 8 Pro- gramme
Datenübertragung:	möglich		
Datenfernverarbeitung:	ja		

b) *Software:*

Programmiersprachen: Assembler COMPASS, COBOL, FORTRAN, ALGOL

Betriebssysteme: MASTER MSOS *(master storage operating system)*, Tape SCOPE, real-time SCOPE

Programmierhilfen: Data Processing Packages, SCOPE Utility, Sort Merge, PERT/TIME, PERT/COST, APT, ADAPT, REGINA I, SAINT, SIPP COSY, Report Generator, lineare Programmierung

c) *Befehle:*	*CD 3100*	*CD 3150*	*CD 3300*
Katalog:	156	156	202
Format:	2 Haupt- formate	2 Haupt- formate	26 verschiedene Formate

d) *Periphere Einheiten:* Lochkartenleser, Lochkartenstanzer, Lochstreifenleser, Lochstreifenstanzer, optischer Belegleser, Schnelldrucker, Plotter, Bildschirm, Mikrofilmverarbeitung, Magnetband-, Magnetplattenspeicher, System für automatisches Konstruieren usw.

Hersteller:	*Control Data Corporation, Minneapolis* *Control Data GmbH* *6000 Frankfurt am Main, Bockenheimer Landstraße 10*
Systemfamilie:	**CD 6000**
Modelle:	*CD 6400, CD 6500, CD 6600*
Maschinensystem:	Wortmaschine

a) Hardware:

Datenstruktur:	*CD 6400*	*CD 6500*	*CD 6600*
Wortlänge (bit):	60	60	60
Bits:	60	60	60
Bytes (1 Byte = 12 bit):	5	5	5
Dezimalziffern:	10	10	10
Zeichen:	10	10	10
Gleitkommadarstellung (bit):			
Mantisse:	48	48	48
Exponent:	11	11	11
Zentraleinheit:			
Zentralprocessoren:	1	2	1
Periphere Processoren:	10	je 10	10
Arithmetik:	—	—	—
Operandenlänge (bit):	60	60	60
Adressen je Instruktion:	1	1	1
Operationszeiten (µs für 10 Dezimalziffern bei Gleitkommadarstellung):			
Addition:	0,6	0,6	0,3
Subtraktion:	0,6	0,6	0,3
Multiplikation:	5,7	5,7	1,0
Division:	5,6	5,6	2,9
Prüfung:	entfällt	entfällt	entfällt
Anzahl der Indexregister:	8	8	8
Adressierung:	direkt, Adreßmodifikation möglich		
Programmunterbrechung:	ja (vom peripheren Rechner)		
Konsolschreiber:	Operator arbeitet mit 2 Bildschirmen		
Zusätze:	die 10 peripheren Processoren sind einzeln programmierbar		

Hauptspeicher:			
Art:	Magnetkernspeicher		
	CD 6400	*CD 6500*	*CD 6600*
Größe (K/Wort):	131	131	131
Zugriffszeit (μs):	0,1	0,1	0,1
Zykluszeit (μs):	1,0	1,0	1,0
Art der Schaltkreise:	gedruckte Schaltungen mit Transistoren		
Übertragungsleistung (Millionen Worte/s):	10	10	10
Prüfung:	entfällt	entfällt	entfällt
Gleichzeitige Operationen:	1	1	10
Datenkanäle:			
Art:	duplex		
Anzahl:	12	12	12
Parallelfunktionen:	ja, 10 können gleichzeitig arbeiten		
Simultanverarbeitung:	ja		
Datenübertragung:	möglich		
Datenfernübertragung:	möglich		

b) Software:

Programmiersprachen:	Assembler COMPASS, COBOL, FORTRAN, ALGOL 60
Betriebssysteme:	SCOPE *(supervisor control of program execution)*
Programmierhilfen:	APT, OPTIMA, PERT, Simscript, Sort, Merge, RESPOND, Export/Import, Simulator IBM 7094

c) Befehle:

Katalog:	64 in den Zentralprocessoren 64 in den peripheren Processoren
Format:	15 und 30 bit in den Zentralprocessoren 12 und 24 bit in den peripheren Processoren

d) Periphere Einheiten: Lochkartenleser, Lochkartenstanzer, Lochstreifenleser, Lochstreifenstanzer, optischer Belegleser, Schnelldrucker, Plotter, Bildschirm, Mikrofilmverarbeitung, Magnetband-, Magnetplattenspeicher, System für automatisches Konstruieren usw.

Hersteller:	*Digital Equipment Corporation GmbH* *8000 München 19, Leonrodstr. 58*
Systemfamilie:	**PDP**
Modelle:	*PDP 8, PDP 10, PDP 11*
Maschinensystem:	Wortmaschine

a) Hardware:

Datenstruktur:	*PDP 8/I*	*PDP 8/L*	*PDP 10*	*PDP 11*
Wortlänge:	fest	fest	variabel	variabel
Bits:	12	12	36	16
Bytes:	—	—	variabel	2
Dezimalziffern:	3	3	9	—
Zeichen:	2	2	6	—
Gleitkommadarstellung (bit):				
Mantisse:	24	24	28	24
Exponent:	12	12	8	8
Zentraleinheit:				
Arithmetik:	binär und parallel (alle Modelle)			
Operandenlänge (Wort):	1	1	1	1
Adressen je Instruktion:	1	1	1	2
Operationszeiten (μs):				
Addition:	3	3,2	2,5	2
Subtraktion:	4,5	6,4	2,5	2
Multplikation:	6	355 *(software)*	9,5	—
Division:	6,5	474 *(software)*	16	—
Prüfung:	—	—	—	—
Anzahl der Indexregister:	8	8	15	8
Anzahl der Arbeitsregister:	1	1	16	6
Adressierung:	direkt, indirekt	direkt, indirekt	direkt, indirekt, indiziert	
Programmunterbrechung:	ja	ja	ja	ja
Konsolschreiber:	ASR-33	ASR-33	KSR-35	ASR-33
Hauptspeicher:				
Art:	Magnetkernspeicher (alle Modelle)			
Größe (K/Wort):	4—32	4—8	8—256	4—28
Zugriffszeit (ns):	900	950	500	500
Zykluszeit (μs):	1,5	1,6	1	1
Art der Schaltkreise:	integriert (alle Modelle)			
Übertragungsleistung (Wort/s):	660	625	1 Mio.	1,3 Mio.

Prüfung:	*parity* (alle Modelle)			
Gleichzeitige Operationen:	—	—	ja,	ja, 1 je Kernspeicher-Block
Datenkanäle:				
Art:	Eingabe/Ausgabe (alle Modelle)			
Anzahl:	je 1	je 2	128	4096
Parallelfunktionen:	ja	ja	ja	ja
Simultanverarbeitung:	ja	ja	ja	—
Datenfernübertragung:	ja	ja	ja	ja
Datenfernverarbeitung:	ja	ja	ja	ja

b) Software

Programmiersprachen:	ASSEMBLER, ALGOL, COBOL, FORTRAN, BASIC, FOCAL
Betriebssysteme:	TECO, DDT, EDITOR, mathematische Routinen, FLOATING POINT, UTILITY und MAINTENANCE PL/6
Programmierhilfen:	SINGLE USER, BATCH, *multiprogramming, time-sharing*

c) Befehle:	*PDP 8*	*PDP 10*	*PDP 11*
Katalog:	6 BASIC- u. 242 MICRO-Instruktionen	366	über 400
Format:	7-bit-*address*, 1-bit-*memory-page*, 1-bit-indirekt-*addressing*	18-bit-Adreß-teil	1-, 2-, 3-Wort-Befehle

d) Periphere Einheiten:	Lochkartenleser, Lochkartenstanzer, Lochstreifenleser, Lochstreifenstanzer, Drucker, Bildschirm, Magnetband-, Magnetplattenspeicher, Teletypes, Analog-Einheiten, Interface-Module

Hersteller:	*Honeywell GmbH — Geschäftsbereich EDV 6000 Frankfurt am Main, Theodor-Heuss-Allee 112*
Systemfamilie:	**H 200**
Modelle:	*H-110, H-120, H-125, H-200, H-1200, H-1250, H-2200, H-3200, H-4200*
Maschinensystem:	Stellenmaschine; ab *H-3200* gleichzeitiger Zugriff zu mehreren Stellen

a) Hardware:

Datenstruktur:	
Wortlänge:	variabel
Bits:	6 Daten-, 1 Prüf- und 2 Markierungsbit
Bytes:	—
Zeichen:	1 bzw. 2
Gleitkommadarstellung:	ab *H-200 (hardware option)*
Mantisse:	36 bit
Exponent:	12 bit
Zentraleinheit:	
Arithmetik:	binär und dezimal
Operandenlänge:	variabel, Begrenzung durch Satz- und Wortmarkenbits
Adressen je Instruktion:	2
Operationszeiten (µs):	
Addition:	69—10
Subtraktion:	69—10
Multiplikation:	2472—81
Division:	2067—50
Prüfung:	Paritäts-, Adreß- und arithmetische Prüfung
Anzahl der Indexregister:	6; ab *H-1200* 30
Adressierung:	direkt, indirekt, indexiert
Programmunterbrechung:	mehrstufig
Konsolschreiber:	ja
Hauptspeicher:	
Art:	Magnetkernspeicher
Größe:	2048—524 288 alphanumerische Zeichen
Zugriffszeit (µs):	2,0—94
Zykluszeit (µs):	4,0—188
Art der Schaltkreise:	SLT-Logik, Monolith-Technik
Übertragungsleistung (Zeichen/s):	333 000—3 833 333

Prüfung:	*parity*
Gleichzeitige Operationen:	3—17
Kontrollspeicher:	
Art:	Registerspeicher
Anzahl der Register:	max. 55
Zugriffszeit (μs):	250—125
Zykluszeit (μs):	500—250
Datenkanäle:	
Art:	halbduplex
Anzahl:	2—16
Parallelfunktionen:	ja
Simultanverarbeitung:	ja, *multiprogramming*
Datenübertragung:	ja
Datenfernverarbeitung:	ja
b) *Software:*	
Programmiersprachen:	COBOL, FORTRAN IV, EASYCODER, TABSIM, CPS, EASYTAP, GAMMATRAN, ECSL
Betriebssysteme:	Basis-Betriebssystem, os 200, System Mod. 1, System Mod. 2, System Mod. 4
Programmierhilfen:	alle erforderlichen Hilfs-, Unterstützungs- und Konversationsprogramme
c) *Befehle:*	
Katalog:	23, 37, 39; ab *H-1200* 55 Grundbefehle zuzüglich mehrere Varianten je Befehl
Format:	Zweiadreßbefehl (variable Länge) 1—3 Stellen zu je 9 bit
d) *Periphere Einheiten:*	Lochkartenleser, Lochkartenstanzer, Lochstreifenleser, Lochstreifenstanzer, Klarschriftleser für optische Schrift, Drucker, Bildschirm, Datenerfassungsgeräte (KEYTAPE), Schalterquittungsmaschinen, Datenfernverarbeitungsgeräte, Magnetband-, Magnetplatten- (Fest- und Wechsel-), Magnettrommel- und Magnetstreifenspeicher (= 2,4 Mrd. Zeichen)

Hersteller:	*IBM Deutschland* *Internationale Büromaschinen GmbH* *7032 Sindelfingen, Postfach 66*
Systemfamilie:	**IBM/360**
Modelle:	*20, 25, 30, 40, 44, 50, 65, 67, 75, 85, 91*
Maschinensystem:	Wort-Stellen-Maschine

a) Hardware

Datenstruktur:	Halbwort	Wort	Doppelwort
Wortlänge (Bytes):	2	4	8
Bits:	8 und 1 Prüfbit		
Bytes:	1		
Dezimalziffern:	2		
Zeichen:	1		
Gleitkommadarstellung:	ab Modell *30*		
Mantisse:	24 bit		
Exponent:	7 bit und 1 Vorzeichenbit		
Zentraleinheit:			
Arithmetik:	dezimal und binär		
Operandenlänge:	variabel		
Adressen je Instruktion:	1 und 2 Bytes		
Operationszeiten:	Die Operationszeiten liegen bei den zwölf sehr unterschiedlichen Modellen weit auseinander. Sie sind für jedes Modell durch umfangreiche Formeln vorgegeben und können bei der IBM erfragt werden.		
Prüfung:	*parity*		
Anzahl der Indexregister:	16 (Index-, Basis- und Rechenregister)		
Adressierung:	direkt, indirekt		
Programmunterbrechung:	ja		
Konsolschreiber:	ja, ab Modell *30*		
Hauptspeicher:			
Art:	Magnetkernspeicher		

Größe (K/Bytes):			
Modell *20:*	4— 16	Modell *65:*	65—1048
Modell *25:*	16— 49	Modell *67/1:*	262—1048
Modell *30:*	8— 65	Modell *67/2:*	524—2097
Modell *40:*	16—262	Modell *75:*	262—1048
Modell *44:*	32—131	Modell *85:*	524—4194
Modell *50:*	32—524	Modell *91:*	1 Mio.—6 Mio.

Zugriffszeit:	3,5 μs bis 0,15 μs, je nach Modell
Zykluszeit:	2,5 μs bis 0,75 μs, je nach Modell und variierend von 1 bis 8 Bytes
Art der Schaltkreise:	SLT- und Monolith-Technik

Übertragungsleistung:	200 000 bis 1 300 000 Zeichen/s	
Prüfung:	*parity*	
Gleichzeitige Operationen:	ja, mit Überlappung	
Datenkanäle:		
Art:	Multiplex (alle Modelle)	Selektor (ab Modell *30)*
Anzahl:	1 mit max. 256 Unterkanälen	2—6
Parallelfunktionen:	ja	
Simultanverarbeitung:	ja	
Datenübertragung:	ja	
Datenfernverarbeitung:	ja	

b) Software:

Programmiersprachen:	ASSEMBLER, RPG *(report programm generator),* COBOL, FORTRAN, PL/1
Betriebssysteme:	BPS (Basisprogrammunterstützung), BOS (Basis-Betriebssystem ab 8 K), DOS (Magnetplatten-Betriebssystem ab 16 K), TOS (Magnetband-Betriebssystem ab 32 K), OS *(operating system* ab 32 K) zur gleichzeitigen Ausführung von 15 voneinander unabhängigen Aufgaben, SPOOL *(simultaneous peripheral operations on-line), multiprogramming, teleprocessing, real-time-processing, time-sharing-system* für Modell *67*
Programmierhilfen:	alle erforderlichen Dienstprogramme wie Sort, Merge usw., ausgedehnte Programmbibliothek, Benutzerorganisation zum Austausch von Programmen und Programmiererfahrungen

c) Befehle:

Katalog:	84 bis 142 (Modell *65),* variable Länge in fünf Instruktionsformen, je nach Art der erforderlichen Adressierung
Format:	Ein- und Zweiadreßbefehle, variabel 16—48 bit (RX, SI und SS)
d) Periphere Einheiten:	Lochkartenleser, Lochkartenstanzer, Lochstreifenleser, Lochstreifenstanzer, Schnelldrucker, Abfragestation, Mehrfunktionskarteneinheit, Belegleser für CMC-7-, E-13-B-, OCR-A- und IBM-1428-Schrift, Markierungsleser, Plotter, Sprachein- und -ausgabe, Bildschirmein- und -ausgabe, Film- und Mikrofilmverarbeitung, Prozeßdatenerfassungsgeräte, Magnetband-, Magnetplatten-, Magnetstreifenspeicher

Hersteller:	*ICL Deutschland* *International Computers GmbH* *4000 Düsseldorf, Immermannstr. 7*
Systemfamilie:	**1900**
Modelle:	*1901 A, 1902 A, 1903 A, 1904 A, 1906 A*
Maschinensystem:	Wortmaschine mit fester Wortlänge

a) Hardware:

Datenstruktur:	
Wortlänge:	24 bit und 1 Prüfbit
Bits:	24 und 1
Bytes:	—
Dezimalziffern:	4
Zeichen (alphanumerisch):	4
Gleitkommadarstellung:	
Mantisse:	37 bit und 1 Vorzeichenbit
Exponent:	8 bit und 1 Vorzeichenbit
Zentraleinheit:	
Arithmetik:	binär
Operandenlänge:	1 Wort
Adressen je Instruktion:	1
Operationszeiten (μs bei Festkomma):	
Addition:	28,5—0,9
Subtraktion:	28,5—0,9
Multiplikation:	100,0—1,5
Division:	105,0—4,3
Prüfung:	*parity*
Anzahl der Indexregister:	3 je Programm
Adressierung:	Einadreß
Programmunterbrechung:	ja
Konsolschreiber:	ja
Hauptspeicher:	
Art:	Magnetkernspeicher
Größe (K/Wort):	6—1024
Zugriffszeit (μs):	6
Zykluszeit (μs):	4—0,75
Art der Schaltkreise:	integrierte Schaltungen
Übertragungsleistung:	—
Prüfung:	*parity*
Gleichzeitige Operationen:	ja

Datenkanäle:	
Art:	Standard-Interface
Anzahl:	64
Parallelfunktionen:	ja
Simultanverarbeitung:	ja
Datenübertragung:	ja
Datenfernverarbeitung:	ja
b) Software	
Programmiersprachen:	AUTOCODE, COBOL, FORTRAN, ALGOL, PLAN
Betriebssysteme:	EXECUTIVE, GEORGE, MOP
Programmierhilfen:	SMG, BP, MIS (u. a. PERT, SCAN, FIND, PROMPT)
c) Befehle:	
Katalog:	ca. 120
Format:	1 Wort
d) Periphere Einheiten:	Lochkartenleser, Lochkartenstanzer, Lochstreifenleser, Lochstreifenstanzer, Belegleser, Schnelldrucker, optisches Anzeigegerät, Kurvenschreiber, Bildschirm, Magnettrommel-, Magnetband-, Magnetplattenspeicher, Datenfernverarbeitungs-Einrichtungen

Hersteller:	*National Registrier Kassen GmbH* *8900 Augsburg, Ulmer Straße 150*
Systemfamilie:	**NCR 315**
Modelle:	*NCR 315-100, NCR 315-RMC, NCR 315-RMC-Multiprogramming*
Maschinensystem:	Silben-Wort-Maschine

a) Hardware:

Datenstruktur:	*NCR 315-100*	*NCR 315-RMC*
Wortlänge:	Silbe	Silbe
Bits:	12	12
Bytes:	—	—
Dezimalziffern:	3	3
Zeichen:	2	2
Gleitkommadarstellung:	fest verdrahtet	fest verdrahtet
Mantisse:	4 Silben	4 Silben
Exponent:	1 Silbe (11 Stellen + 1 Vorzeichen)	1 Silbe (11 Stellen + 1 Vorzeichen)
Zentraleinheit:		
Arithmetik:	dezimal und binär	dezimal und binär
Operandenlänge:	Akkumulator 8 Silben	Akkumulator 8 Silben
Adressen je Instruktion:	Ein- und Zweiadreß	Ein- und Zweiadreß
Operationszeiten (bei 5stelligen Operanden, μs):		
Addition:	48	7,5
Subtraktion:	48	7,5
Multiplikation:	582	98
Division:	1145	440
Prüfung:	längs und quer *parity*	längs und quer *parity*
Anzahl der Indexregister:	64	64 127 bei *multiprogramming*
Adressierung:	direkt, indirekt	direkt, indirekt
Programmunterbrechung:	ja	ja
Konsolschreiber:	ja	ja
Hauptspeicher:		
Art:	Magnetstabspeicher	Magnetstabspeicher
Größe (Stellen):	10—80 000	20—160 000
Zugriffszeit (μs):	4	0,5
Zykluszeit (μs):	6	0,8

Art der Schaltkreise:	SLT-Technik	SLT-Technik
Übertragungsleistung:	—	—
Prüfung:	*parity*	*parity*
Gleichzeitige Operationen:	beschränkt	beschränkt, bei *multiprogramming* unbeschränkt
Datenkanäle:		
Art:	Selektor	Selektor
Anzahl:	6	6
Parallelfunktionen:	ja	ja
Simultanverarbeitung:	ja	ja
Datenübertragung:	ja	ja
Datenfernverarbeitung:	—	—
b) Software:		
Programmiersprachen:	COBOL, FORTRAN	
Betriebssysteme:	BEST, FAST	
Programmierhilfen:	erprobte technisch-wissenschaftliche Routinen	
c) Befehle:	*NCR 315-100*	*NCR 315-RMC*
Katalog:	108	123
Format (Silben):	2	4
d) Periphere Einheiten:	Lochkartenleser, Lochkartenstanzer, Lochstreifenleser, Lochstreifenstanzer, optischer Belegleser, Magnetschriftleser, Drucker, online-Gerät für real-time-Verarbeitung, Magnetband-, Magnetkartenspeicher (CRAM)	

Hersteller:	*National Registrier Kassen GmbH* *8900 Augsburg, Ulmer Straße 150*
Systemfamilie:	**NCR CENTURY**
Modelle:	*NCR CENTURY 100, NCR CENTURY 200*
Maschinensystem:	Bytemaschine

a) Hardware

Datenstruktur:	*NCR CENTURY 100*	*NCR CENTURY 200*
Wortlänge (Bytes):	1—256	1—256
Bits:	8 und 1 Prüfbit	8 und 1 Prüfbit
Bytes:	8 und 1 Prüfbit	8 und 1 Prüfbit
Dezimalziffern:	1 bzw. 2	1 bzw. 2
Zeichen:	1	2
Gleitkommadarstellung:	festverdrahtet	durch *software*
Zentraleinheit:		
Arithmetik:	dezimal und binär	dezimal und binär
Operandenlänge (Bytes):	4 oder 8	4 oder 8
Adressen je Instruktion:	Ein- und Mehradreß	Ein- und Zweiadreß
Operationszeiten (μs):		
Addition:	106,4	30,1
Subtraktion:	106,4	30,1
Multiplikation:	—	—
Division:	—	—
Prüfung:	längs und quer *parity*	längs und quer *parity*
Anzahl der Indexregister:	63	n $\times$ 63 (bei *multiprogramming)*
Adressierung:	direkt, indirekt	direkt, indirekt
Programmunterbrechung:	ja	ja
Konsolschreiber:	ja	ja
Hauptspeicher:		
Art:	Kurzstabspeicher	Kurzstabspeicher
Größe (K/Bytes):	16 oder 32	32 bis 512
Zugriffszeit (μs):	0,4 je Byte	0,4 je 2 Bytes
Zykluszeit (μs):	0,8 je Byte	0,8 je 2 Bytes
Art der Schaltkreise:	Monolith-Technik	Monolith-Technik
Übertragungsleistung:	—	—
Prüfung:	*parity*	*parity*
Gleichzeitige Operationen:	beschränkt	beschränkt
Datenkanäle:		
Art:	Selektor	Selektor

Anzahl:	2	4 oder 8
Parallelfunktionen:	ja	ja
Simultanverarbeitung:	3fach	5- oder 9fach
multiprogramming:	nein	ja
Datenübertragung:	ja	ja
Datenfernverarbeitung:	ja	ja

b) Software:

Programmiersprachen:	NEAT/3, COBOL, FORTRAN
Betriebssysteme:	anlagenunabhängig, modular aufgebaut
Programmierhilfen:	Programmbibliothek mit zahlreichen Dienstprogrammen

c) Befehle:	*NCR CENTURY 100*	*NCR CENTURY 200*
Katalog:	18 interne und Eingabe-/Ausgabe-Befehle	38 interne und 27 zusätzliche und Eingabe-/Ausgabe-Befehle
Format:	Ein- und Zweiadreßbefehle, 4 und 8 Bytes (beide Modelle)	

d) Periphere Einheiten:	Lochkartenleser, Lochkartenstanzer, Lochstreifenleser, Lochstreifenstanzer, Belegleser und Belegsortierer, optischer Journalstreifenleser, Schnelldrucker, Datenfernübertragungsendgerät, Multiplexer für Datenfernverarbeitung, Magnetband-, Magnetplatten-, Magnetkartenspeicher (CRAM)

Hersteller:	*Philips Electrologica GmbH* *4000 Düsseldorf, Liesegangstr. 15*		
Systemfamilie:	**P 1000**		
Modelle:	*P 1100, P 1200, P 1400*		
Maschinensystem:	Wortmaschine		

a) Hardware:

Datenstruktur:	Oktade		
Wortlänge:	1, 2 bzw. 4 Oktaden (alle Modelle)		
	P 1100	*P 1200*	*P 1400*
Bits:	8 und 1 Prüfbit	16 und 1 Prüfbit	32 und 1 Prüfbit
Bytes:	4 (= Oktaden)		
Dezimalziffern:	8		
Zeichen:	4		
Gleitkommadarstellung:			
Mantisse:	24 bzw. 56 bit (einfache bzw. doppelte Genauigkeit)		
Exponent:	7 bit		
Zahlenbereich:	$5{,}4 \times 10^{-79}$ bis $7{,}2 \times 10^{75}$		
Zentraleinheit:			
Arithmetik:	Festkomma-, Gleitkomma-, Dezimalarithmetik		
Operandenlänge:	1 Oktade = 8 bit, 1 Halbwort = 2 Oktaden, 1 Wort = 4 Oktaden, 1 Doppelwort, 1 Datenfeld (1—256 Zeichen)		
Adressen je Instruktion:	1 oder 2 je nach Befehlsart		
Operationszeiten (ms/Wort):	*P 1100*	*P 1200*	*P 1400*
Addition:	21,5	7	2,5
Subtraktion:	21,5	7	2,5
Multiplikation:	135,5	60	12
Division:	75—375	75	8,75—16,25
Prüfung:	Unterbrechungsbedingungen		
Indexregister:			
Art:	arithmetisch		
Anzahl:	14 + 2		
Adressierung:	direkt, indirekt, einfache und verschobene Adreßmodifikation		
Programmunterbrechung:	ja		
Konsolschreiber:	—		
Hauptspeicher:			
Art:	Magnetkernspeicher		

	P 1100	P 1200	P 1400
Größe (K/Wort):	16—64	64—256	128—512
Zugriffszeit:	—		
Zykluszeit (Oktade/ms):	1	2	4
Art der Schaltkreise:	mikrominiaturisiert		
Übertragungsleistung (Millionen Oktaden/s):	P 1100: 1	P 1200: 2	P 1400: 4
Prüfung:	ungerade Parität/Oktade		
Gleichzeitige Operationen:	ja		

Datenkanäle:	Selektor	Multiplex
Art:	BATCH, integrierte BATCH	CATCH
Anzahl:	P 1100 = 2 P 1200 = 3 P 1400 = 6	P 1100 = 1 P 1200 = 2 P 1400 = 2

	P 1100	P 1200	P 1400
Unterkanäle:	9	19	19
davon Erweiterungen:	8	8	8
Parallelfunktionen:	ja		
Simultanverarbeitung:	ja		
Datenübertragung:	ja		
Datenfernverarbeitung:	ja		
Zusätze:	Speicherschutz, Zeitgebereinrichtung, Direktsteuerung		

b) Software:

Programmiersprachen:	AUTOCODE, ALGOL, COBOL, FORTRAN, RUG (LPG)
Betriebssysteme:	5 modular aufgebaute Systeme für einfache Stapel-, SPOOL-, *multiprogramming-* und *time-sharing*-Verarbeitung
Programmierhilfen:	Steuer-, Eingabe-/Ausgabe-, Übersetzungs-, Dienstprogramme

c) Befehle:

Katalog:	ca. 200 Grund- und Ergänzungsbefehle
Format:	Wortbefehle (32 bit), Doppelwortbefehle (64 bit) in 5 Hauptformaten

d) Periphere Einheiten:	Lochkartenleser, Lochkartenstanzer, Lochstreifenleser, Lochstreifenstanzer, Schnelldrucker, Plotter; Magnetband (7 und 9 Kanäle), Magnetplatte, Datenfernverarbeitung
e) Ergänzungen:	*P 1200, P 1400:* Zusatzhauptspeicher 2 097 152 Oktaden / 2,5 ms Zykluszeit

Hersteller:	*Remington Rand GmbH* *Geschäftsbereich UNIVAC* *6000 Frankfurt am Main, Neue Mainzer Str. 57*	
Systemfamilie:	**UNIVAC 400**	
Modelle:	*UNIVAC 418-II, UNIVAC 418-III, (UNIVAC 491/492), UNIVAC 494*	
Maschinensystem:	Wortmaschine mit fester Wortlänge	
a) Hardware:		
Datenstruktur:		
Wortlänge:	fest, 6 bit	
	UNIVAC 418	*UNIVAC 494*
Bits:	18 Daten- und 1 Prüfbit	30 Daten- und 2 Prüfbit, je Halbwort 1 Prüfbit
Bytes:	Byteverarbeitung ist möglich	
Dezimalziffern:	binäre Darstellung oder im Maschinencode	
Zeichen:	6 bit je Zeichen (6 bit *Field-Data-Code)*	
Gleitkommadarstellung:	*UNIVAC 418-II* *UNIVAC 491/492*	= *software*mäßig
	UNIVAC 418-III	= *hardware-* oder *software*mäßig
	UNIVAC 494	= *hardware*mäßig
	UNIVAC 418	*UNIVAC 494*
Mantisse:	27 bit	48 bit
Exponent:	8 bit	11 bit
Zentraleinheit:		
Arithmetik:	binär (subtraktiv im Einer-Komplement)	
Operandenlänge:	*UNIVAC 418* 18 oder 32 bit	*UNIVAC 491/492/494* 15, 30 oder 60 bit; bei *UNIVAC 494* zusätzlich dezimal
Adressen je Instruktion:	1	
Operationszeiten (μs):	*UNIVAC 418*	*UNIVAC 494*
Addition:	1,5	0,75
Subtraktion:	1,5	0,75
Multiplikation:	6,5	7,277
Division:	6,5	7,277
Prüfung:	*parity*	
Anzahl der Indexregister:	*UNIVAC 418* 8	*UNIVAC 494* je 8 für Benutzer und Betriebssystem
Adressierung:	direkt, indirekt	

Programmunterbrechung (automatisch; Unterbrechungsstufen):	*UNIVAC 418* 20	*UNIVAC 494* 25
Konsolschreiber:	ja, mit oder ohne Bildschirm	
Hauptspeicher:		
Art:	Magnetkernspeicher	
	UNIVAC 418	*UNIVAC 494*
Größe (K/Wort):	32—128	64—262
	UNIVAC 418-III	*UNIVAC 494*
Zugriffszeit (μs):	0,75	0,75
Zykluszeit (μs):	0,75	0,75
Art der Schaltkreise:	monolithisch integriert	
	UNIVAC 418-III	*UNIVAC 494*
Übertragungsleistung (Worte/s):	2 666 666	1 333 000
Prüfung:	*parity*	
Gleichzeitige Operationen:	ja; *UNIVAC 418-III:* Drei-Weg-Simultanität, *UNIVAC 494: overlapping*	
Datenkanäle:		
Art:	Allzweckkanäle	
	UNIVAC 418-III	*UNIVAC 494*
Anzahl:	8—32	12—24
Parallelfunktionen:	Eingabe/Ausgabe mit interner Verarbeitung	
Simultanverarbeitung:	ja, *multiprogramming*	
Datenübertragung:	simplex, halbduplex, vollduplex (ESI-Verfahren)	
Datenfernverarbeitung:	ja	
Zusätze:	ausbaufähig zu Doppelanlagen *(transfer switch)*	
b) *Software:*		
Programmiersprachen:	ASSEMBLER (bei *UNIVAC 494* SPURT IV und ASM), COBOL, FORTRAN IV	
	UNIVAC 418-III	*UNIVAC 494*
Betriebssysteme:	EXEC	RT-Operating-System OMEGA
Programmierhilfen:	umfangreiche Programmbibliothek, Monitor, TRACE, SORT/MERGE; bei *UNIVAC 418-III dumps;* bei *UNIVAC 494* umfangreiches Testsystem, SORT/MERGE, REPORT WRITER, LP, REXECUTOR	
c) *Befehle:*	*UNIVAC 418-III*	*UNIVAC 494*
Katalog:	104	99
Format:	Einandreßbefehle, variabel in der Aufgliederung, typisiert	

d) Periphere Einheiten:	Lochkartenleser, Lochkartenstanzer, Lochstreifenleser, Lochstreifenstanzer, Schnelldrucker; max. Anzahl der Einheiten als Untersystem je Kanal: 8 Schnellzugriffstrommeln (Sekundärspeicher), 8 Massenspeicher FASTRAND III und Wechselplattenspeicher, 16 Magnetbandeinheiten UNISERVO, Satellitenrechner: *UNIVAC 1004, UNIVAC 9300,* Datenübertragungsuntersystem mit angeschlossenen Bildschirmgeräten, Datenfernverarbeitungsstationen DCT, Fernschreiber

Hersteller:	*Remington Rand GmbH* *Geschäftsbereich UNIVAC* *6000 Frankfurt am Main, Neue Mainzer Str. 57*	
Systemfamilie:	**UNIVAC 1100**	
Modelle:	*UNIVAC 1106, UNIVAC 1108 Unit Processor, UNIVAC 1108 Multi Processor*	
Maschinensystem:	Wortmaschine mit fester Wortlänge	
a) Hardware:		
Datenstruktur:		
Wortlänge:	6 bit	
Bits:	36 Daten- und 2 Prüfbit, je Halbwort 1 Prüfbit	
Bytes:	Byteverarbeitung ist möglich	
Dezimalziffern:	binär oder im Maschinencode	
Zeichen:	6 bit je Zeichen	
Gleitkommadarstellung:	*hardware*mäßig, auch mit doppelter Genauigkeit	
	UNIVAC 1106	*UNIVAC 1108*
Mantisse:	27 bit = 1 Wort	60 bit = Doppelwort
Exponent:	8 bit = 1 Wort	11 bit = Doppelwort
Zentraleinheit:		
Arithmetik:	binär (subtraktiv im Einer-Komplement)	
Operandenlänge:	6, 9, 12, 18, 36 und 72 bit	
Adressen je Instruktion:	1	
Operationszeiten (μs):	*UNIVAC 1106*	*UNIVAC 1108*
Addition:	1,5	0,75
Subtraktion:	1,5	0,75
Multiplikation:	3,666	2,375
Division:	13,950	10,125
Prüfung:	ja	
Anzahl der Indexregister:	je 15 für Benutzer und Betriebssystem	
Adressierung:	direkt, indirekt	
Programmunterbrechung:	automatisch, 28 Unterbrechungsstufen	
Konsolschreiber:	ja, mit Bildschirm	
Hauptspeicher:		
Art:	Magnetkernspeicher	
Größe (K/Wort):	64, 128, 192, 256	
	UNIVAC 1106	*UNIVAC 1108*
Zugriffszeit (μs):	1,5	0,75
Zykluszeit (μs):	1,5	0,75
Art der Schaltkreise:	monolithisch integriert	

Übertragungsleistung:	1 333 333 Worte/s bzw. 8 000 000 Zeichen/s
Prüfung:	*parity*
Gleichzeitige Operationen:	ja *(overlapping/interleaving)*
Datenkanäle:	
Art:	Allzweckkanäle
Anzahl:	8—16 je Processor
Parallelfunktionen:	Eingabe/Ausgabe mit interner Verarbeitung (Symbiontechnik)
Simultanverarbeitung:	ja *(multiprogramming* und *multiprocessing)*
Datenübertragung:	simplex, halbduplex, vollduplex (ESI-Verfahren)
Datenfernverarbeitung:	ja
Zusätze:	ausbaufähig bis zum MP-System mit 3 Processoren und 2 Eingabe-/Ausgabe-Zeiteinheiten
b) Software	
Programmiersprachen:	ASSEMBLER, COBOL 65, FORTRAN V, CONVERSATIONAL FORTRAN, ALGOL 60
Betriebssysteme:	EXEC II, EXEC 8
Programmierhilfen:	FUR/PUR-Routinen, *post-mortem-dump,* diagnostische *dumps,* umfangreiche Programmbibliothek (SORT/MERGE, LP, APT III, PERT, MATH-PACK, STAT-PACK, LIFT usw.)
c) Befehle:	
Katalog:	über 140
Format:	Einadreßbefehle, variabel in der Aufgliederung
d) Periphere Einheiten:	Lochkartenleser, Lochkartenstanzer, Lochstreifenleser, Lochstreifenstanzer, Schnelldrucker; max. Anzahl der Einheiten als Untersystem je Kanal: 8 Schnellzugriffstrommeln (Sekundärspeicher), 8 Massenspeicher FASTRAND III und Wechselplattenspeicher, 16 Magnetbandeinheiten UNISERVO, Satellitenrechner: UNIVAC 1004, UNIVAC 9300, Datenübertragungsuntersystem mit angeschlossenen Bildschirmgeräten, Datenfernverarbeitungsstationen DCT, Fernschreiber
e) Ergänzungen:	UNIVAC 1106 ist zu einer UNIVAC 1108 MP mit 3 Zentraleinheiten und 2 Eingabe-/Ausgabeeinheiten ausbaufähig

Hersteller:	*Remington Rand GmbH* *Geschäftsbereich UNIVAC* *6000 Frankfurt am Main, Neue Mainzer Str. 57*
Systemfamilie:	**UNIVAC 9000**
Modelle:	*UNIVAC 9200, UNIVAC 9200-II, UNIVAC 9300, UNIVAC 9300-II, UNIVAC 9400*
Maschinensystem:	Stellen-Byte-Maschine

a) Hardware:

Datenstruktur:			
Wortlänge:	fest und variabel		
Bits:	9		
Bytes:	8 Daten- und 1 Prüfbit		
Dezimalziffern:	2 je Byte, 1 je Byte plus Vorzeichen		
Zeichen:	1 je Byte		
Gleitkommadarstellung:	durch *software*		
Mantisse:	9 Stellen		
Exponent:	von — 50 bis + 49		
Zentraleinheit:			
Arithmetik:	binär und dezimal		
Operandenlänge:	1—256 Bytes		
Adressen je Instruktion:	1 und 2		
Operationszeiten (μs):	*UNIVAC 9200*	/ *UNIVAC 9300*	*UNIVAC 9400*
Addition:	103	52	25,8
Subtraktion:	154	77	30,6
Multiplikation:	2020	1000	376
Division:	950	475	140
Prüfung:	Paritäts-, Adreß- und Divisionsprüfung		
	UNIVAC 9200	*UNIVAC 9300*	*UNIVAC 9400*
Anzahl der Indexregister:	16, davon 8 für *software*		32, davon je 8 für Betriebssystem und Arbeitsprogramm
Adressierung:	direkt, indirekt über Indexregister		
Programmunterbrechung:	automatisch		
Konsolschreiber:	—		
Hauptspeicher:			
Art:	Magnetdrahtspeicher		

	UNIVAC 9200 / UNIVAC 9300		*UNIVAC 9400*
Größe (K/Bytes):	8—32		24—132
Zugriffszeit (μs):	1,2—0,6 je Byte		0,6 je 2 Bytes
Zykluszeit (μs):	1,2—0,6		0,6
Art der Schaltkreise:	monolithisch integriert		
Prüfung:	Byte-*parity*		
Gleichzeitige Operationen:	ja		
Übertragungsleistung (Bytes/s):	333 000		
Datenkanäle:	*UNIVAC 9200*	*UNIVAC 9300*	*UNIVAC 9400*
Art:	Selektor	Selektor	Multiplex
Anzahl:	2	3	1 mit 8 Unterkanälen und 64 Anschlußpunkten
Parallelfunktionen:	Eingabe/Ausgabe mit Verarbeitung *(cycle-stealing)*		
Simultanverarbeitung:	bis zu 5 Programme		
Datenübertragung:	simplex, halbduplex, vollduplex		
Datenfernverarbeitung:	ja		

b) Software:

Programmiersprachen:	ASSEMBLER, COBOL, FORTRAN IV, RPG
Betriebssysteme:	Basis-Betriebssystem, Betriebssystem für Einzel- und Parallellauf
Programmierhilfen:	Dienstprogramme, SMG, Testhilfen, umfangreiche Programmbibliothek

c) Befehle

Katalog:	35 bzw. 68
Format:	RX, SI, SS 1 und SS 2; *UNIVAC 9400* auch RR, RS

d) Periphere Einheiten — Lochkartenleser, Lochkartenstanzer, Lochstreifenleser, Lochstreifenstanzer, Drucker, Schnelldrucker, Journalstreifenleser, optischer Beleg- und Kartenleser, zweiter Lochstreifenstanzer; Zusatz: *UNIVAC 1001,* max. 16 Magnetbandeinheiten, Magnetplattenspeicher

Hersteller: *Siemens Aktiengesellschaft*
8000 München 25, Hoffmannstr. 51

Systemfamilie: **S 300**

Modelle: *S 301, S 302, S 303, S 304, S 305, S 306*

Maschinensystem: Wortmaschine mit fester Wortlänge

a) Hardware:

Datenstruktur: bit
- Wortlänge: 24 bit
  - Bits: 24 bit und 1 Prüfbit
  - Dezimalziffern: Teilwort = 6 bit
  - Zeichen: 6 bit

Gleitkommadarstellung: nur Modelle *S 305, S 306*
- Mantisse: 24 oder 34 bit
- Exponent: 12 bit

Zentraleinheit:
- Arithmetik: binär
- Operandenlänge: 14 Stellen eines Wortes
- Adressen je Instruktion: 1

Operationszeiten (μs):	*S 301*	*S 302*	*S 303*	*S 304*	*S 305*	*S 306*
Addition:	3,0	3,0	91,6	3,0	3,0	1,2
Subtraktion:	3,0	3,0	91,6	3,0	3,0	1,2
Multiplikation:	—	—	308—1410	16,5	16,5	9,0
Division:	—	—	—	16,5	16,5	9,0

- Anzahl der Indexregister: 6
- Adressierung: direkt oder Substitution
- Programmunterbrechung: bei Modell *S 304, S 305* und *S 306* unbedingte und bedingte Anforderung an die Programmsteuerung
- Konsolschreiber: ja

Hauptspeicher:
- Art: Magnetkernspeicher

	S 301	*S 302*	*S 303*	*S 304*	*S 305*	*S 306*
Größe (K/Wort):	4	8—16	4 + 8 12 + 16	8 + 16	8 + 16	16, 32, 48, 64

- Zugriffszeit (μs): max. 2
- Zykluszeit (μs/Wort): max. 0,6
- Art der Schaltkreise: Monolith-Technik
- Übertragungsleistung (Worte/s): max. 667 000
- Prüfung: *parity*
- Gleichzeitige Operationen: Rechenwerk und Datensteuerung

Datenkanäle:		
Art:	Selektor	
Benennung:	Standardkanal (alle Modelle)	Schnellkanal (ab Modell *S 304*)
Anzahl:	max. 10	max. 5
Transfergeschwindigkeit:	167 000 Teilworte/s	667 000 Worte/s
Parallelfunktionen:	ja	
Simultanverarbeitung:	max. 128 unabhängige Anwendungsprogramme, 1 Überwachungsprogramm	
Datenübertragung:	ja	
Datenfernverarbeitung:	ja	
b) *Software:*		
Programmiersprachen:	ASSEMBLER, PROSA 300, ALGOL 300, FORTRAN 300	
Betriebssysteme:	mehrere, je nach Ausstattung	
Programmierhilfen:	Makrobefehle	
c) *Befehle:*		
Katalog:	max. 55 Einadreßbefehle und 12 Gleitkommabefehle	
Format:	24 bit	
d) *Periphere Einheiten:*	Lochkartenleser, Lochkartenstanzer, Lochstreifenleser, Drucker, Datenübertragungseinrichtungen, externe Speicher, Eingabe/Ausgabe von Prozeßsignalen, Prozeßelement zum Anschluß rechnernaher und rechnerferner Prozeßsignalformer	

Hersteller:	*Siemens Aktiengesellschaft* *8000 München 25, Hoffmannstr. 51*
Systemfamilie:	**S 4004**
Modelle:	*16, 26, 35, 45, 46, 55*
Maschinensystem:	Bytemaschine (Verarbeitung: 1 bit, 4 Bytes parallel)
a) Hardware:	
Datenstruktur:	Byte
Wortlänge:	—
Bits:	32
Bytes:	4
Dezimalziffern:	2 bzw. 8
Zeichen:	1 je Byte
Gleitkommadarstellung:	nur Modelle *35, 45, 46, 55*
Mantisse:	24 oder 56 bit
Exponent:	7 bit
Zentraleinheit:	
Arithmetik:	7—88 Befehle
Adressen je Instruktion:	2
Operationszeiten (μs):	
Addition:	24,6—1,9
Subtraktion:	24,6—1,9
Multiplikation:	112—12,1 ab Modell *26*
Division:	140—19,2 ab Modell *26*
Anzahl der Indexregister:	15—43
Programmunterbrechung:	max. 32
Konsolschreiber:	ja
Hauptspeicher:	
Art:	Magnetkernspeicher
Größe (K/Bytes):	4—524
Zugriffszeit (μs):	2—0,84
Zykluszeit (μs):	1,44—0,84
Art der Schaltkreise:	Monolith-Technik
Übertragungsleistung (KB/s):	568—1390
Gleichzeitige Operationen:	ja
Datenkanäle:	
Art:	Multiplex ab Modell *35;* Selektor ab Modell *16*
Anzahl:	1 bis 6
Parallelfunktionen:	ja

Simultanverarbeitung:	ja
Datenübertragung:	ja
Datenfernverarbeitung:	ja
b) Software:	
Programmiersprachen:	ASSEMBLER, ALGOL-, COBOL-, FORTRAN-Compiler, LPG
Betriebssysteme:	mehrere, je nach Aufgabe und peripheren Einheiten, *multiprogramming, real-time, teleprocessing*
Programmierhilfen:	Sortier- und Mischgeneratoren usw., zahlreiche Bibliotheksprogramme in Form vielseitiger Anwendungsprogramme
c) Befehle:	
Katalog:	27—144
Format:	2, 4 und 6 Bytes
d) Periphere Einheiten:	Lochkartenleser, Lochkartenstanzer, Lochstreifenleser, Lochstreifenstanzer, Schnelldrucker, optischer und magnetischer Belegleser, Datensichtgerät, Datenübertragungseinrichtungen, Emulatoren, Magnetband-, Magnetkarten-, Magnetplattenspeicher

Hersteller:	*Zuse KG* *6430 Bad Hersfeld*
Systemfamilie:	Z
Modell:	*Z 25*
Maschinensystem:	Wortmaschine

a) Hardware:

Datenstruktur:	binär
Wortlänge:	
Bits:	18
Bytes:	—
Dezimalziffern:	5
Zeichen:	3
Gleitkommadarstellung:	
Mantisse:	29 bit
Exponent:	7 bit Bereich $0{,}5 \times 2^{-63}$ bis $0{,}99999999 \times 2^{+63}$
Zentraleinheit:	
Arithmetik:	—
Operandenlänge:	Einfach- oder Doppelwort
Adressen je Instruktion:	1
Operationszeiten (μs):	
Addition:	85
Subtraktion:	85
Multiplikation:	1700
Division:	1800
Prüfung:	Quersummenbit je Wort
Kernspeicherzellen:	992 (als Indexregister einsetzbar)
Adressierung:	direkt, indirekt
Programmunterbrechung:	über 28 Interruptkanäle
Konsolschreiber:	Fernschreiber
Hauptspeicher:	
Art:	Magnetkernspeicher
Größe (K/Wort):	4—16
Zugriffszeit:	—
Zykluszeit (μs):	10
Art der Schaltkreise:	Transistor
Übertragungsleistung:	85 μs je Wort = 11,8 Worte je ms
Prüfung:	Quersummenbit je Wort
Gleichzeitige Operationen:	—

Datenkanäle:	
Art:	Multiplex
Anzahl:	32, davon 18 mit je 4 Unterkanälen
Parallelfunktionen:	—
Simultanverarbeitung:	—
Datenfernübertragung:	—
Datenfernverarbeitung:	—
b) *Software:*	
Programmiersprache:	ALGOL
Betriebssystem:	—
Programmierhilfen:	—
c) *Befehle:*	
Katalog:	32
Format:	1 Wort = 18 bit je Befehl
d) *Periphere Einheiten:*	Lochkartenleser, Lochkartenstanzer, Lochstreifenleser, Lochstreifenstanzer, Schnelldrucker, Fernschreiber, Magnetband-, Magnettrommel-, Magnetplattenspeicher, Kontaktausgabe, Impulseingabe, Anschluß automatischer Zeichentisch „Graphomat“, Mehrrechnersystem durch Zusammenschalten mehrerer Zentraleinheiten
e) *Ergänzung:*	festverdrahtete Programmspeicher 2 × 2048 Worte, austauschbar

Symbol-Darstellungen

Symbole sind willkürlich oder durch Norm festgelegte Kurzbezeichnungen bzw. graphische Darstellungen von Gegenständen, Bewegungen, Eigenschaften, mathematischen Begriffen usw. Besonders in der Informationsverarbeitung finden Symbole zur anschaulichen Darstellung des Datenflusses, des Ablaufs von Operationen und von Geräten allgemeine Anwendung.

Die Hersteller Elektronischer Datenverarbeitungsanlagen haben zur graphischen Darstellung von maschinellen Arbeitsabläufen, Organisationsanweisungen usw. eine Reihe von Sinnbildern entwickelt, die jedoch zum Teil voneinander abweichen. Um für die Bearbeiter und die Leser von Informationen aus dem Bereich der Datenverarbeitung eine bessere Verständigungsmöglichkeit zu schaffen, die nur durch die Benutzung einheitlicher Symbole möglich ist, hat der Fachnormenausschuß Informationsverarbeitung (FNI) im Deutschen Normenausschuß (DNA) im Zusammenhang mit den Empfehlungen der ISO (International Organization for Standardization) für die Darstellung von Datenfluß- und Programmablaufplänen Sinnbilder ausgearbeitet, die unter DIN 66 001 veröffentlicht wurden.

Im folgenden sind zunächst die „allgemeinen" Symbole abgebildet, im Anschluß daran finden Sie einige der wichtigsten Symbole für Datenfluß- und Programmablaufpläne nach DIN 66 001 (Ausgabe Oktober 1969). Die Normblatt-Angaben werden mit Genehmigung des Deutschen Normenausschusses wiedergegeben.

1. Allgemeine Symbole

Symbol	Bedeutung
$<$	kleiner als
$\leq$	kleiner als oder gleich
$>$	größer als
$\geq$	größer als oder gleich
$\Longrightarrow$	ergibt
	Lochstreifen, Lochstreifenleser, Lochstreifenstanzer
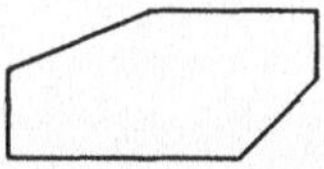	Datenträgersammlung, z. B. Lochkartenkartei
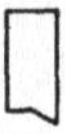	Abstimmstreifen, z. B. einer Additionsmaschine
	Manuelle Arbeiten, z. B. Schreiben, Markieren, Karten in eine Kartei einstellen bzw. aus einer Kartei herausziehen
	Arbeiten an der Tabelliermaschine

2. Symbole für Datenflußpläne

Symbol	Bedeutung
	Bearbeiten (allgemein), z. B. Rechnen
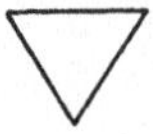	Mischen
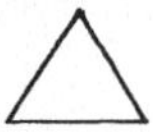	Trennen

Symbole

Mischen mit gleichzeitigem Trennen

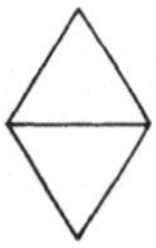

Sortieren

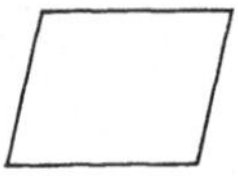

Datenträger (allgemein)

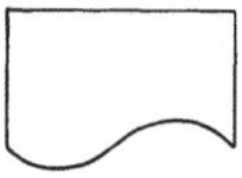

Schriftstück, maschinell gewonnene Berichte, Listen usw.

Lochkarte, Lochkartenleser, Lochkartenstanzer

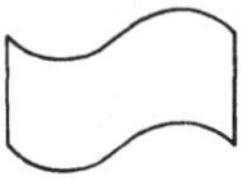

Lochstreifen

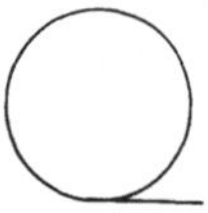

Magnetband

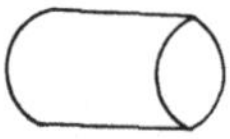

Trommelspeicher

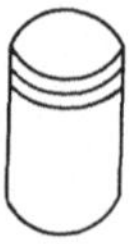

Plattenspeicher

Matrixspeicher, auch für Kernspeicher oder andere Speicher mit gleichartigem Zugriffsverhalten

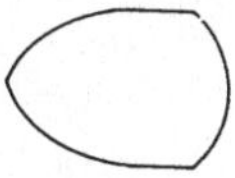

Anzeige, optische oder akustische

Ablauf, Flußlinie

3. Symbole für Programmablaufpläne

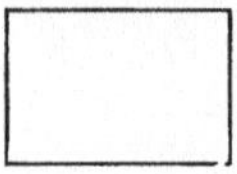

Operation (allgemein)

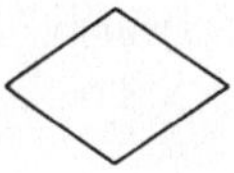

Verzweigung, Arbeiten an Zusatzmaschinen

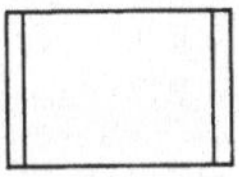

Unterprogramm; es können mehrere Eingänge und Ausgänge vorhanden sein

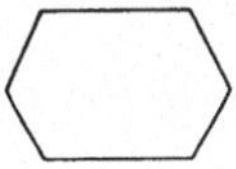

Programmodifikation

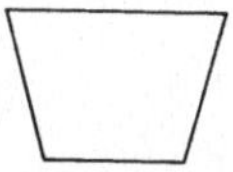

Operation von Hand, z. B. Bandwechsel

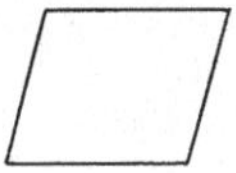

Eingabe, Ausgabe (maschinell oder manuell)

Zusammenführung

Übergangsstelle, Abschlußpunkt

Grenzstelle

Ausbildungsstätten für den Datenverarbeitungskaufmann

Mit den sich immer schneller entwickelnden Möglichkeiten der Datenverarbeitung und dem verstärkten Einsatz von Datenverarbeitungsanlagen in jeder Form und Größe wird der Beruf des Datenverarbeitungskaufmanns als funktionell „integrierte", notwendige und herausgehobene Überlagerung oder Ergänzung zu den traditionellen Kaufmannsberufen zum Schlüsselberuf der neuen ökonomischen Welt. Die Kenntnis bestimmter (konventioneller wie elektronischer) Datenverarbeitungsanlagen und ihrer verschiedenen Maschinenmodelle sind dabei allerdings sekundärer Natur. Primär sind vielmehr neben dem analytischen Denkvermögen die organisatorisch, mathematisch fundierten Kenntnisse der maschinen- und problemorientierten Programmierung und die wissenschaftlich begründeten Betriebsvorstellungen bestimmend.

Der Gesamtkomplex der Datenverarbeitung bewegt sich in vier, miteinander verzahnten Bahnen:

Computerologie als Wissenschaft,

Computertechnik als Verfahrensweise,

Computerökonomie als Einsatzmöglichkeit und

Computersoziologie als gesellschaftsbildender Faktor.

Die Vielgestaltigkeit der Tätigkeiten in der Datenverarbeitung wird in einer Schrift des Amerikanischen Arbeitsministeriums mit der Anzahl von 23 verschiedenen Arten (Berufen) belegt. Bei uns handelt es sich im wesentlichen um folgende Berufsgruppen, die auch in Kombination auftreten können:

a) Maschinenbediener oder Operator: Hilfs-, System- und Chefoperator.

b) Programmierer: Programmierungsassistent (Codierer), Programmierer für maschinen- oder problemorientierte (sach- und anwendungsbezogene) Programmierung, qualifizierter Programmierer (mathematisch-technischer Assistent, Systemprogrammierer, Systembetreuer), Chefprogrammierer.

c) EDV-Organisator bzw. Systemplaner oder Systemanalytiker: Organisationsassistent, mathematisch-technischer Assistent, Organisationsleiter.

d) Datenverarbeitungs-Sachbearbeiter (Mittler zwischen DV-Abteilung und Fachbereich).

e) Wartungstechniker im Innen- und Außendienst (Installation, Maschinenwartung, Entstörung, Programmwartung).

f) Systemberater bzw. Systemingenieur (herstellerbezogene Verkäufer).

In der BRD ist seit Juli 1969 durch Gesetz des Bundesministeriums des Innern der Datenverarbeitungskaufmann als Lehr- und Prüfungsberuf anerkannt. Im besonderen verdient der „ADL Verband für Informationsverarbeitung eV"(mit Landesverbänden) für diese Berufsausbildung hervorgehoben zu werden. Ferner das 1967 gegründete „Deutsche Institut für Angewandte Datenverarbeitung" (DIFAD) mit

Ausbildungsstätten in Berlin, Frankfurt, Hamburg und München. Es arbeitet auf folgenden drei Ebenen:

Stufe A: Grundstufe (einfache Programmierer oder Programmierer-Assistenten),

Stufe B: Fachstufe (qualifizierte Programmierer und DV-Organisatoren),

Stufe C: Führungsstufe (DV-Fachkräfte mit akademischer Vorbildung, insbesondere Leiter von Rechenzentren oder DV-Organisationen).

Einige Hochschulen (Aachen, Berlin, Bonn, Braunschweig, Darmstadt, Hamburg, München und Stuttgart) und einige Industrie- und Handelskammern (Dortmund, Konstanz und Ludwigshafen) haben sich für die Ausbildung mit Prüfungsabschluß für den mathematisch-technischen Assistenten eingesetzt. Die Ausbildungszeit schwankt nach Lehrstoff und Zielstellung bei den verschiedenen Instituten zwischen drei Monaten und 2½ Jahren.

Zum Inhalt der Ausbildung des Datenverarbeitungskaufmanns gehören nach dem ministeriellen Erlaß i. w.

a) *betriebswirtschaftliche Grundlagen*, wie Kenntnisse über Aufgabe, Gliederung und Stellung des Betriebes, Kenntnisse in den betrieblichen Grundfunktionen, Verwaltungs- und Betriebsbereichen, in der Büroorganisation und -technik, im Rechnungswesen, in der Kostenrechnung und in der Mathematik;

b) *Datenverarbeitungstechnik* (vorwiegend *hardware*), z. B. Kenntnisse über Schlüsselsysteme und Zahlensysteme, Datenträger, Speicher, Datenflußpläne, Programmablaufpläne, Datenverarbeitungsanlagen, Lochkartenverfahren, elektronische Datenverarbeitung usw.;

c) *Datenverarbeitungsorganisation* und *Anwendungsmöglichkeiten der Datenverarbeitung* (vorwiegend *software*). Hierher gehören Betriebssysteme, maschinen- oder problemorientierte Programmiersprachen, Programmierhilfen, Programmiertechniken, Testen, Dokumentation und Archivierung.

Im einzelnen bieten sich — soweit bekannt — folgende Ausbildungs- und Fortbildungsmöglichkeiten an:

In der BRD:

Akademie Meersburg, 7758 Meersburg, Neues Schloß

Akademie für Führungskräfte der Wirtschaft, 3380 Bad Harzburg, Amsbergstr. 9 a

Angestellten-Fachschule, 2800 Bremen, Postfach 1009, Büro: Balgebrückstr. 2 II

ADL-Fachschule, 8000 München 15, Schillerstr. 24—26

ADL Verband für Informationsverarbeitung eV, 2000 Hamburg 1, Postfach 1030

APA Abiturienten-Programmierer-Ausbildung, 8000 München 2, Mazaristr. 1 I, am Dom

Arbeitsgemeinschaft für wirtschaftliche Betriebsführung und soziale Betriebsgestaltung (ASB) eV, 6900 Heidelberg 1, Neuenheimer Landstr. 28—30

Berliner Institut für Betriebsführung eV, 1000 Berlin 12, Hardenbergstr. 16—18

Berufsförderungswerk der Bundesanstalt für Arbeitsvermittlung, 6900 Heidelberg, Gutachweg (vorwiegend für Umschulung)

Berufsfortbildungswerk des DGB GmbH, 4000 Düsseldorf 1, Hans-Böckler-Str. 39

Betriebswirtschaftliches Institut für Organisation und Automation an der Universität zu Köln, 5000 Köln-Lindenthal, Universitätsstr. 45

Bildungswerk der Deutschen Angestellten Gewerkschaft eV, 2000 Hamburg 36, Karl-Muck-Platz 1

Bundesfachschule für maschinelle Datenverarbeitung des DGB, 4000 Düsseldorf, Erkrather Str. 370 (auch für Umschulung)

Deutsche Gesellschaft für Betriebswirtschaft eV (DGfB), 1000 Berlin W, Rankestr. 23

Deutsches Institut für Betriebswirtschaft eV (DIB), 6000 Frankfurt am Main 1, Börsenstr. 8—10

Deutsches Institut für Angewandte Datenverarbeitung (DIFAD), 1000 Berlin 30, Traunsteiner Str. 10

EDV-Akademie (Deutsches Institut für Betriebswirtschaft eV), 6000 Frankfurt am Main 1, Börsenstr. 8—10

Gesellschaft für Organisation eV, 8000 München, Geroltstr. 37

Gesellschaft für Technik und Wirtschaft eV, 4600 Dortmund, Märkische Str. 120

Haus der Technik eV, 4300 Essen, Hollestr. 1

Haus Friedrichsbad, 5830 Schwelm, Brunnenstr. 28

Institut Nachrichtenverarbeitung eV, 2952 Weener (Ems) (vorwiegend für Umschulung)

Institut für Organisierung und Automatisierung der Deutschen Angestellten-Akademie eV, 4000 Düsseldorf, Jülicher Str. 85

Management-Institut, 6903 Neckargemünd, Postfach 130

Mathematischer Beratungs- und Programmierungsdienst GmbH, Rechenzentrum Rhein—Ruhr, 4600 Dortmund, Kleppinger Str. 26

Rationalisierungs-Kuratorium der Deutschen Wirtschaft eV (RKW), 6000 Frankfurt am Main, Gutleutstr. 163—167 (mit Landesgruppen)

REFA — Kurt-Hegner-Institut für Arbeitswissenschaft des Verbandes für Arbeitszeitstudien — eV, 6100 Darmstadt, Wittichstr. 2

Technische Akademie eV, 7300 Esslingen, Vogelsangstr. 1

Technische Akademie eV, Institut für Führungslehre, 5600 Wuppertal-Elberfeld, Hubertusallee 18

VDI-Bildungswerk, 4000 Düsseldorf, Graf-Recke-Str. 84

Württembergische Verwaltungs- und Wirtschafts-Akademie, 7000 Stuttgart 1, Konestr. 20

Lehrgänge und Seminare bei verschiedenen Industrie- und Handelskammern.

Vorlesungen und Übungen über EDV im Rahmen eines Normalstudiums, z. B. Mathematik, Elektrotechnik usw., finden heute an sehr vielen Universitäten statt.

Höhere Wirtschaftsfachschulen in Berlin, Bielefeld, Bochum, Bremen, Dortmund, Frankfurt am Main, Kassel, Köln, Ludwigshafen, Mainz, Mönchengladbach, München, Nürnberg, Pforzheim, Saarbrücken, Siegen, Wilhelmshaven.

Staatliche und staatlich anerkannte höhere technische Lehranstalten, Ingenieurschulen und -akademien.

Fernlehrinstitute.

Systematisch aufgebaute Lehrgänge folgender Herstellerfirmen:

AEG-Telefunken, 7750 Konstanz, Bücklestr. 1—5

Bull General Electric GmbH, 5000 Köln-Mülheim, Wiener Platz 2

Control Data GmbH, 6000 Frankfurt am Main, Bockenheimer Landstr. 10

Honeywell GmbH, 6000 Frankfurt am Main, Theodor-Heuss-Allee 112

IBM Deutschland, Internationale Büromaschinen GmbH, 7032 Sindelfingen, Postfach 66

ICL Deutschland, Internationale Computers GmbH, 4000 Düsseldorf, Immermannstr. 7

National Registrier Kassen GmbH, 8900 Augsburg, Ulmer Str. 150

Philips Electrologica GmbH, 4000 Düsseldorf, Liesegangstr. 15

Remington Rand GmbH — Univac, 6000 Frankfurt am Main, Mainzer Str. 57

Siemens AG, 8000 München 25, Hoffmannstr. 51

Zuse KG, 6430 Bad Hersfeld

Für die mittlere Datentechnik:

Anker-Werke AG, 4800 Bielefeld, Am Stadtholz 69

Kienzle Apparate GmbH, 7730 Villingen

Nixdorf Computer AG, 4790 Paderborn

Philips-Siemag GmbH, 5904 Eiserfeld

In Österreich:

ADV Arbeitsgemeinschaft für Datenverarbeitung, A 1130 Wien 1, Feldmühlgasse 11

Institut für Unternehmensführung, Schloß Hernstein bei Wien

Österreichisches Produktivitätszentrum, A 1010 Wien 1, Renngasse 5

Wirtschaftsförderungsinstitut der Bundeskammer der gewerblichen Wirtschaft, A 1011 Wien 1, Hoher Markt 3

Wirtschaftsförderungsinstitut der Kammer der gewerblichen Wirtschaft für Wien, A 1181 Wien, Währinger Gürtel 97

In der Schweiz:

Schweizerisches Institut für höhere kaufmännische Bildung, CH 8005 Zürich, Löwenstr. 17

VLA Verband der Lochkarten- und Automationsfachleute, CH 8005 Zürich, Talacker 34

Alle vorgenannten Stellen (die zum Teil die Schulung nur für ihre eigenen Mitarbeiter durchführen) geben den Interessenten gern Unterlagen über Umfang und Kosten der gebotenen Ausbildung.

Ausbildungszeiten

a) Datenverarbeitungskaufmann: drei Jahre in Betriebswirtschaft, Datenverarbeitungstechnik, Programmierung, Datenverarbeitungs-Organisation und betriebswirtschaftlicher Anwendung;

b) Mathematisch-technischer Assistent: im allgemeinen zwei Jahre in Mathematik (45 %), Programmieren (25 %), Betriebswirtschaft (22 %), technische Ergänzungsfächer (8 %). Etwa die Hälfte der Zeit entfällt auf Übungen und praktische Mitarbeit.

Zeittafel zur Datenverarbeitung

Die Geschichte der Datenverarbeitung beginnt bereits in grauer Vorzeit. Uns interessiert aber vorrangig die Entwicklung auf dem Gebiet der Rechenmaschinen. Hierbei können wir drei große Zeitabschnitte unterscheiden:

1. Stufe: Mechanische Rechenmaschinen etwa ab 1620/25
2. Stufe: Elektromechanische Rechenmaschinen etwa ab 1820/24
3. Stufe: Elektronische Rechenmaschinen etwa ab 1944/48

Die Übergänge sind fließend. Zum Beispiel sind im ersten Zeitraum bereits Anfänge einer Programmsteuerung und Datenspeicherung zu erkennen; im zweiten Zeitraum entstehen Lochkartenmaschinen auf mechanischer und elektrischer Grundlage, die auch noch in der dritten Stufe eine beachtliche Rolle spielen. Gegenwärtig verläuft die Entwicklung in den USA, in Europa, in der USSR, in Japan, Kanada und Australien ziemlich parallel und recht stürmisch.

Zeit	Erbauer/Hersteller/Land	Maschine/Apparat/Entwicklungspunkt/ Merkmale/Besonderheiten
1. Stufe		
1614	Lord John Napier (1550—1617)	Rechenstäbe zum Multiplizieren
1617	Lord John Napier	logarithmische Rechentafel
1623	Wilhelm Schickhard (1592—1635)	Rechenmaschine („Rechenuhr") für die Grundrechenarten
1642—1643	Blaise Pascal (1623—1662)	Rechenmaschine mit Radgetriebe und Zylinder, *„machine arithmetique"*, für Addition und Subtraktion
1663—1673	Gottfried Wilhelm Freiherr von Leibniz (1646—1716)	Dualsystem entwickelt, Rechenmaschine mit Staffelwalzen für die Grundrechenarten
1774	Phil. Matth. Hahn (1758—1819)	verbesserte Rechenmaschine mit Staffelwalze für alle Ziffern
1784	Johann Helfrich v. Müller (1746—1830)	Rechenmaschine für Addition, Subtraktion, Multiplikation
1786	James Watt (1736—1819)	Dampfmaschine mit Fliehkraftregler, selbstregulierend
1800—1805	Joseph-Marie Jacquard (1752—1834)	lochbandgesteuerte Webmaschine (Vorläufer der Programmsteuerung)
1809	Samuel Thomas von Soemmerring (1755—1830)	Telegraph auf elektromechanischer Grundlage

2. Stufe

1823	Charles Babbage (1792—1871)	*„difference engine“* mit Abrechnung und Überprüfung mathematischer Tabellen
1833—1834	Charles Babbage	*„analytical engine“* mit Speicher *(store)*, Rechenwerk *(mill)* und Steuerung *(control)*; Konzept eines Digitalrechners
1829	Gustav Theodor Fechner (1801—1887)	Telegraph auf elektromagnetischer Grundlage
1847	George Boole (1815—1864)	Schaltalgebra begründet
1861	Johann Philipp Reis (1834—1874)	Telephon, für elektrische Nachrichtenübertragung
1867	James Clerk Maxwell (1831—1879)	Regelungstheorie begründet
1869	USA	mechanisches Fließband für Fleischfabriken in Chicago
1880	Hermann Hollerith (1860—1929)	Erfindung des Lochkartenverfahrens (Lochkarten mit 240 Lochpositionen)
1884	Hermann Hollerith	Lochkartenmaschine für Zähl- und Sortiervorgänge
1885	W. S. Burroughs	Additionsmaschine mit Volltastatur
1888	Heinrich Hertz (1857—1894)	elektromagnetische Wellen, Erzeugung und Anwendung
1889	Hermann Hollerith	Lochkarten-Zählmaschine
1890	USA	erste Volkszählung mittels Lochkarten
1896	USA	*IBM*-Gründung *(Tabulating Machine Comp)*
1903	Karl Ferdinand Braun (1850—1918)	Oszillographenröhre mit Kathodenstrahlen
1906	Robert von Lieben (1878—1914)	elektronische Verstärkerröhre erfunden und entwickelt
1907	USA	Beginn der Lochkartenmaschinen-Produktion durch James Powers
1908	Deutschland	Fernsprech-Selbstwählamt in Hildesheim
1910	Deutschland	Elektronik wird Spezialgebiet der Elektrotechnik
1910	Deutschland	Lochkartenfabrik durch *Deutsche Hollerith-Maschinengesellschaft* in Berlin
1910	Deutschland	erste Lochkartenabteilung bei *Farbenfabriken Fr. Bayer & Co.*, Barmen

1912	Deutschland	elektronische Verstärkerröhren durch *AEG*
1913	Deutschland	Rückkopplungsschaltung erfunden von Alexander Meißner
1919	Großbritannien	*flip-flop*-Schaltung entwickelt von Eccles und Jordan
1924	USA	numerische Tabelliermaschine durch *IBM*
1928	USA	80-Spalten-Lochkarte durch *IBM*
1930	USA	automatisches Fließband für die Autoproduktion in Milwaukee
1930	USA	saldierende Tabelliermaschine durch *IBM*
1930	USA	„Elektronik" wird Sammelbegriff für die Technik der Elektrizität als Nachrichtenträger
1931	USA	elektromechanische Integrieranlagen durch V. Bush
1932	Österreich	magnetische Informations-Speicherung durch G. Tauschek
1934—1936	Deutschland	Z 1: programmgesteuerte elektro-mechanische Rechenmaschine durch Konrad Zuse
1936	USA	D 11: Tabelliermaschine mit Schalttafel durch *IBM*
1941	Deutschland	Z 3: programmgesteuerter, marktfähiger Relaisrechner durch Konrad Zuse
1937—1944	USA	ASCC *(Automatic Sequence Controlled Computer MARK I):* Großrechenanlage von Howard H. Aiken *(IBM)*, Dualsystem mit Gleitkomma, Schalttafelprogrammierung, mechanisches Rechenwerk, duales Zahlensystem
1946	USA	ENIAC *(Electronic Numerical Integrator and Computer):* vollelektronische Großrechenanlage (5000 Add/s) von J. P. Eckert, J. W. Mauchly und Goldstine
1947—1948	Großbritannien	Transistoren-Erfindung von Shockley-Bardem-Bretaien
1948	Großbritannien	Informationstheorie durch C. E. Shannon und W. Weaver
1948	USA	SSEC *(Selectiv-Sequence Electronic Calculator):* Elektronenrechner mit Selbstwahl-Programmierung von J. von Neumann

1948	USA	Entwicklung des Kybernetik-Begriffs durch Norbert Wiener
3. Stufe		
ab 1946—1959		**1. Generation** (ms-Bereich) Elektronenröhren-Technik (und Magnettrommeln)
1948	Deutschland	Elektronenrechner-Aufstellung: TH Darmstadt, A. Walther; Göttingen, H. Billing und Biermann; München, H. Piloty
1948	USA	Magnettrommelspeicher entwickelt durch *RR-UNIVAC*
1950—1951	USA	UNIVAC I (kommerzieller Computer) in Serie; Beginn der Serienherstellung von *RR-UNIVAC*
1951	Deutschland	Programmsteueranlagen für Schiffe in Serien durch *AEG*
1951	USSR	erste vollautomatische Fabrik für Autoteile in Moskau
1952	USA	EDVC: Elektronenrechner mit Speicherprogramm von *RR-UNIVAC*
1952	Deutschland	IBM 650: Elektronenrechner der *IBM*
1954	Deutschland	Z 11: *K. Zuse KG*
1954	USA	erster Schnelldrucker durch *RR-UNIVAC*
1955	USA	erster Magnetbandspeicher durch *IBM*
1956	USA	erster Magnetplattenspeicher durch *IBM*
1957	Deutschland	spezielles Informationssystem „Quelle" von *SEL* mit Transistoren und Vielfachzugriffstechnik für ca. 200 *terminals*/min
1958	Deutschland	Z 22: *K. Zuse KG*
ab 1958/59		**2. Generation** (μs-Bereich) Transistoren- und Dioden-Technik (Kernspeicher)
1958	USSR	BESM: erster russischer Elektronenrechner
1958	USA	erster Simultanrechner durch *RCA*
1958	USA	Anwendung der Magnetschrift-Symbole durch die amerikanische *Bankers Association*
1958	Deutschland	Halbleiter-Bauelemente für Elektronenrechner
1958	Japan	Tunneldiode durch L. Esaki

1959	Deutschland	Lochstreifenkarte von *Siemens AG*
1959	USA, Österreich, Deutschland	ALCOR-Gruppe für ALGOL-Verbesserung
1959	Deutschland	1400er-Serie von *IBM*
1960	Deutschland	Z 23, Z 31: Serien der *K. Zuse KG*
1960	Deutschland	Lernmatrix von K. Steinbuch
1961	USA	COBOL-Normung
1961	USA	UNIVAC 1107 mit Dünnschichtspeicher durch *Sperry Rand Corp.*
1962	Deutschland	IBM 1412 und 1419: Magnetschriftleser
1962	Deutschland	IBM 1418 und IBM 1428: optischer Belegleser
1963	USA	integrierte Schaltkreise
1963	Deutschland	3003 Siemens und H 200 *(Honeywell):* binär/dezimales Verfahren
1963	Deutschland	NCR 500: CRAM-Magnetkartenspeicher
1963	Deutschland	TR 4: Großrechenanlage von *AEG-Telefunken*
ab 1964/65		**3. Generation** (ns-Bereich) Monolith-Schaltglieder und Dünnschichtspeicher
1964	USA	UNIVAC 1050: Fastrand-Großraumspeicher
1964	USA	CD 6600 *(CONTROL DATA):* Großrechenanlage
1964	Niederlande	EL *(ELECTROLOGICA):* Magnetstäbchenspeicher
1964	USA	IBM/360 mit 7 Modellen: Systemfamilie mit gleicher Programmierungstechnik
1964	USA	spezielle Programmiersprache PL/1 der *IBM*
1964	USA	IBM 7770 und 7772 für Sprachausgabe
1964	USA	IBM 2250 als optisches Eingabe-/Ausgabegerät über Fernsehschirm mit Lichtstift als Eingabemedium
1964	USA	IBM 1050/1440: Datenfernverarbeitungssystem
1964	USA	IBM/360 mit *multiprogramming*-Betriebssystemen
1964	USA	Siemens 4004 bringt die Monolith-Technik

1965	USA	IBM 2560 und UNIVAC 1001: Mehrfunktions-Karteneinheiten
1965	USA	CD- und UNIVAC-Maschinen mit optischer Beleglesung
1965	USA	IBM 2314: Großraum-Wechsel-Magnetplattenspeicher mit 230 Mio. Bytes im direkten Zugriff
1965	USA	IBM 360: *time-sharing-system*
1966	USA	IBM/360—91: Supercomputer
1966	USA	UNIVAC 9000: Magnetdrahtspeicher
1966	USA	IBM 1287: Mehrfunktionsbelegleser
1968	Deutschland	TR 440 von *AEG-Telefunken* bringt Teilnehmer-Rechensystem mit universalem, dialogfähigem Betriebssystem
1968	USA	B 8500 *(Burroughs):* Supercomputer
1969	USA	CD 7600 *(CONTROL DATA):* Supercomputer
1970	USA	Planartechnik

Voraussichtliche Entwicklung:
(Schätzung nach K. Steinbuch und File 68, Kopenhagen)

1973	USA	Prozeßsteuerung in verzehnfachter Investition gegenüber 1963
1978	BRD	80 % kleine und mittlere DV-Anlagen
1978	USA	*software* wird durch *hardware* ersetzt
1979	USA	automatische Sprachübersetzung
1980	USA und andere Länder	zentrale Informationsbanken mit allgemeinem Zugriff
1981	Welt	Lochkarte und Lochstreifen verlieren ihre Einsatzbreite
1984	USA	selbststeuernde Computer
1984	Welt	Arbeitseinsatz durch Automation 50 % geringer als heute
1984	Welt	Computerpreise 50 % niedriger als heute
1989	Welt	Hausunterricht durch *terminals*
1995	Welt	Kraftfahrzeuge werden ferngelenkt
1998	Welt	Hauscomputer (wie z. B. heute das Telephon)
2000	Welt	wissenschaftliche Universalsprache an Stelle der heutigen Mathematik

Abgeschlossen mit Stand vom 31. 1. 1970